“十二五”职业教育
国家规划教材修订版

高等职业教育
新形态一体化教材

国家职业教育应用化工技术专业
教学资源库配套教材

Inorganic
Chemistry

无机化学

（第二版）

高等职业教育化学教材编写组　编

高等教育出版社·北京

内容提要

本书是“十二五”职业教育国家规划教材修订版，也是高等职业教育新形态一体化教材。

全书共分为八章，内容包括原子结构、分子结构、化学反应速率和化学平衡、电解质溶液、氧化还原反应、配位反应、非金属元素和金属元素等。

“无机化学”是高职高专应用化工技术专业必修的入门基础课程。通过本书的学习，可使学生具备无机化学的基本理论和基础知识，熟练地掌握无机化学基本操作技能、技巧及仪器的使用方法，培养学生具备良好的实验素养和动手能力，突出知识的实际、实用、必需和够用，为后续课程的学习奠定基础。

本书配套建设有授课用演示文稿、习题解答、教学动画、微视频等数字化教学资源。书中重要知识点的动画和视频资源可通过移动终端扫描二维码观看。

本书可作为高职高专院校应用化工技术专业及其他相关专业的教材，也可供相关企业、科技人员参考。

图书在版编目（CIP）数据

无机化学 / 高等职业教育化学教材编写组编. -- 2版. --北京 : 高等教育出版社，2021.9

ISBN 978-7-04-056500-3

Ⅰ. ①无…　Ⅱ. ①高…　Ⅲ. ①无机化学-高等职业教育-教材　Ⅳ. ①O61

中国版本图书馆 CIP 数据核字(2021)第 145584 号

策划编辑　陈　瑛　　责任编辑　董淑静　　封面设计　姜　磊　　版式设计　童　丹
插图绘制　邓　超　　责任校对　刘娟娟　　责任印制　赵　振

出版发行　高等教育出版社
社　　址　北京市西城区德外大街 4 号
邮政编码　100120
印　　刷　高教社（天津）印务有限公司
开　　本　787 mm×1092 mm　1/16
印　　张　19.75
字　　数　460 千字
插　　页　1
购书热线　010－58581118
咨询电话　400－810－0598
网　　址　http://www.hep.edu.cn
　　　　　http://www.hep.com.cn
网上订购　http://www.hepmall.com.cn
　　　　　http://www.hepmall.com
　　　　　http://www.hepmall.cn
版　　次　2013 年11月第 1 版
　　　　　2021 年 9 月第 2 版
印　　次　2021 年 9 月第 1 次印刷
定　　价　49.80 元

物 料 号　56500－00

第二版前言

无机化学是高职高专应用化工技术专业必修的入门基础课程。《无机化学》自第一版(2013年)出版以来,得到了广大教师和使用者的肯定,同时使用本教材的各院校提出了很多修改建议。

第二版教材保持了第一版的基本结构和编写特色,对有关内容作了适当修改、精选、调整和补充。更加突出高职特色,与时俱进,不断扬弃教材内容,使其简明扼要、重点突出,体现知识的准确性、实用性和先进性,为后续课程的学习奠定基础。实验部分把无机化学理论与操作技能和知识的应用相结合,训练学生基本操作技能、技巧及仪器的使用,培养学生具备良好的实验素养和动手能力,突出知识的实用性。

再版后本书具有以下特点:

1. 教材内容编排符合教学规律,与高中化学有机衔接,避免重复。贴近学生的认知水平和接受能力,体现"由浅入深,由易到难"的教学规律。体现高职特色,知识必需、够用、管用。

2. 勘误了教材中的错误、不通顺、不合理的叙述和文字,修订后的本章小结更加精炼,起到画龙点睛的作用。

3. 更新、补充了教材部分内容,第六章配位反应重新进行了编写,文字叙述更流畅、严谨,让学生易学、易懂、易掌握。

4. 精选理论内容,少而精、简明扼要,以基础知识和基础理论为主,深入浅出、循序渐进,以适合高职院校的教学需要。满足化工类相关专业的基本需要,为专业培养目标服务。

5. 对无机化学实验的内容进行了补充,增加了部分实验,选择典型、简洁、示范性强、符合环保的实验项目。实验教学原则是懂原理、会操作、理论联系实际,教、学、做一体化。

全书共八章,主要包括原子结构、分子结构、化学反应速率和化学平衡、电解质溶液、氧化还原反应、配位反应、非金属元素和金属元素。

本教材由王英健教授主编,苏雪兰、符荣担任副主编,卢鑫、苏英兰、张小丽、刘晓东参与了编写。本次修订由王英健负责第一章、第二章、第三章、部分实验、附录的修改;苏雪兰负责第四章、第五章、第六章的修改;符荣负责第七章、第八章、部分实验的修改;全书由王英健统稿。本次修订过程中参考了大量文献资料,谨向有关专家及原作者表示敬意与感谢!

由于编者水平有限,可能出现疏漏和错误,敬请批评指正。

编　者

2020年10月

第一版前言

无机化学是高职高专应用化工技术专业必修的入门基础课程。通过本课程的学习，使学生能较好地掌握化学平衡、解离平衡、沉淀-溶解平衡、配位平衡、氧化还原平衡等无机化学的基本理论和基础知识，理解原子结构、分子结构的基本知识，熟悉金属、非金属元素及其化合物的性质、用途等。无机化学实验将无机化学理论与实践知识相结合，训练学生的基本操作技能、技巧及仪器的使用方法，培养学生具备良好的实验素养和动手能力，突出知识的实际、实用，为后续课程的学习奠定基础。

本书共分为八章，主要内容包括原子结构、分子结构、化学反应速率和化学平衡、电解质溶液、氧化还原反应、配位反应、非金属元素和金属元素等。本书具有以下特点：

1. 教材内容的选取注意了与中学化学知识之间的衔接，避免重复。

2. 教材体现高等职业教育特色，知识必需、够用、实用，突出应用性，使学生学以致用。

3. 重点突出，精选理论内容，言简意赅，简明扼要。以基础知识和基本理论为主，深入浅出，循序渐进，通俗易懂。

4. 知识编排体现系统性、完整性、规律性，层次清晰，符合学生的认知规律，便于学生阅读和自学。

5. 教材内容满足化工类及相关专业的基本需要，为专业培养目标服务，培养学生分析问题、解决问题的能力和学习能力。

6. 注重教材的思想性、启发性，章前的知识目标、能力目标，章后的本章小结和思考与练习题等，以学生学习为本，为教学服务。

7. 将实验内容与理论知识有机地融合，实现理实合一。以学生步入实验室作为起点，选择典型、简洁、微型、示范性强、直观、符合环保及经济的实验项目，按由低到高、由简单到复杂的规律学习和掌握实验技术，教、学、做、练完整统一。培养学生的自学认知能力、实践动手能力和创新思维能力。

8. 本教材采用中华人民共和国国家标准 GB3102—1993 所指定的符号和单位。

本书由王英健教授主编，卢鑫、苏英兰、张小丽担任副主编，刘晓东、孙平、冯璐参与编写，全书由王英健统稿。本书由南京化工职业技术学院王建梅教授担任主审，并邀请部分高职院校的专家对书稿进行审阅，他们提出了许多宝贵的建议，在此一并表示感谢。

由于编者水平有限，疏漏和错误在所难免，敬请读者批评指正。

编　者

2013 年 6 月

二维码资源提示

续表

资源标题	对应章	对应页码
分子间力	二	46
水分子间的氢键	二	49
晶体的几何外形	二	51
金属键	二	54
试剂的取用	二	55
pH 试纸	二	56
托盘天平的使用	二	57
托盘天平的使用	二	57
电子天平的使用	二	59
称量瓶的取样过程	二	60
减量法称量	二	60
容量瓶配制溶液	二	62
容量瓶的清洗	二	62
搅拌与溶解	二	62
气体分压定律	三	70
气体分体积定律	三	72
真实气体状态方程	三	73
液体的蒸气压	三	73
液体的沸点	三	73
高原上煮鸡蛋	三	73
碘的升华	三	74
压力对反应速率的影响	三	76
温度对反应速率的影响	三	77
催化剂对反应速率的影响	三	77
压力对化学平衡的影响	三	83
温度对化学平衡的影响	三	84
强弱电解质的区别	四	96
同离子效应	四	98
盐效应	四	100
溶液酸碱性及酸碱指示剂变色范围	四	103
pH 计的使用与校准	四	103
pH 的测量	四	103

续表

资源标题	对应章	对应页码
缓冲作用原理	四	105
醋酸钠的水解	四	108
硫酸铝的水解	四	109
沉淀-溶解平衡中的同离子效应	四	113
氢氧化镁沉淀的溶解	四	116
分步沉淀(沉淀的先后)	四	117
沉淀的转化	四	119
氧化还原电对	五	129
原电池	五	131
铜锌原电池	五	132
标准氢电极	五	134
标准电极电势的测定	五	135
铜氨配离子的形成	六	150
简单离子和配离子性质的比较	六	151
EDTA 合钙离子的结构	六	156
配离子稳定性的比较	六	161
配位平衡与沉淀平衡	六	163
配离子的解离	六	167
实验室制取氯气	七	176
密写信显影	七	178
氯酸盐的氧化性	七	181
木器刻花	七	187
硫代硫酸根离子的鉴定	七	189
浓硝酸的氧化性	七	196
焰色反应	八	214
Na_2O_2 与 H_2O 的反应	八	216
$NaHCO_3$ 性质实例(发酵粉)	八	218
CaO 与 H_2O 的反应	八	219
$AlCl_3$ 二聚分子的结构	八	223
铅铋合金的溶解	八	224
Sn(Ⅱ)的还原性	八	224
Pb(Ⅳ)的氧化性	八	225

续表

资源标题	对应章	对应页码
锑的氯化物性质实例(阻燃织物)	八	229
$ZnCl_2$作焊药	八	239
歧化反应	八	245
铁离子的鉴定	八	246
$Co(OH)_3$的生成和性质	八	247
Ni^{2+}的鉴定	八	248
六价铬的鉴定	八	250
重铬酸铵的分解	八	253
Mn^{2+}的鉴定	八	253
$KMnO_4$的氧化能力	八	255
乙醛的银镜反应	八	258

目 录

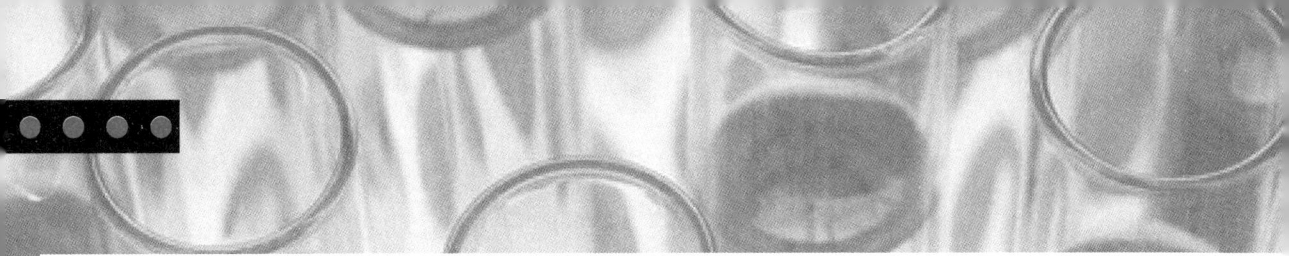

第一章　原子结构

学习目标

知识目标

1. 了解原子核外电子运动状态的基本特点，了解原子轨道和电子云的概念。

2. 掌握描述核外电子运动状态四个量子数的意义及取值规则，掌握能级的概念。

3. 掌握核外电子排布的基本原理。

4. 掌握有效核电荷、原子半径、电离能、电子亲和能、电负性等基本概念及它们与元素性质的关系。

能力目标

1. 能用四个量子数描述原子核外电子的运动状态。

2. 能熟练写出1—36号元素的核外电子排布式。

3. 能正确分析原子的电子层结构与元素性质之间的关系。

第一节　原子核外电子的运动状态

一、核外电子的波粒二象性

(一) 玻尔原子结构理论

议一议

原子的组成，原子核外电子的运动规律。

化学反应是原子之间的化合和分解，而原子核并不发生变化，只是原子核外电子的数目或运动状态发生变化。在道尔顿原子模型、汤姆孙原子模型及卢瑟福原子模型的基础上，1913 年丹麦青年物理学家玻尔(Bohr N)提出了原子模型的假设，被称为玻尔原子结构理论。**玻尔原子结构理论**主要阐述以下几点：

(1) 原子中的电子在确定的轨道上运动，这些轨道的能量不随时间而改变，称为稳定轨道(或定态轨道)。电子既不吸收能量，也不放出能量。

(2) 电子只有从一个轨道跃迁到另一个轨道时，才有能量的吸收和放出。离核越近电子被原子核束缚越牢，其能量越低。反之，离核越远则能量越高。

(3) 电子从一个定态轨道跳到另一个定态轨道，在这个过程中放出或吸收能量，其频率与两个定态轨道之间的能量差有关。电子激发后所处的能级的能量(E_2)和跳回的能级的能量(E_1)之差(E_2-E_1)不同时，放出的能量不同，释放出频率(ν)不同的光子，从而形成波长(λ)不同的光谱。

玻尔原子结构模型成功地解释了氢原子和类氢原子(如 He^+、Li^{2+}、Be^{3+} 等)的光谱现象，但不能解释多电子原子光谱等，电子在固定轨道上绕核运动不符合微观粒子的运动特性。随着科学的发展，玻尔原子结构理论被原子的量子力学理论所代替。

所谓量子化，是指表征微观粒子运动状态的某些物理量只能是不连续的变化。原子核外电子运动能量的量子化，是指电子运动的能量只能取一些不连续的能量状态，又称为电子的能级。轨道不同，能级也不同。在正常状态下，电子尽可能处于离核较近、能量较低的轨道上运动，这时原子所处的状态称为基态，其余的状态称为激发态。

(二) 核外电子的波粒二象性的含义

议一议

举例说明波动性和粒子性。

波粒二象性是指物质既具有波动性又具有粒子性。波动性是物质在运动过程中呈现波的性质，主要表现在具有一定的波长和频率，如光的干涉、衍射等现象。粒子性是指物质在运动过程中具有动量或动能，如光电效应、光的发射、光的吸收等现象。光具有波动和粒子两重性，称为光的波粒二象性。

光的波粒二象性启发了法国物理学家德布罗依(de Broglie),1924 年他提出了一个大胆的假设:认为微观粒子都具有波粒二象性。也就是说,微观粒子除具有粒子性外,还具有波的性质,这种波称为德布罗依波或物质波。其波长公式为

$$\lambda=\frac{h}{p}=\frac{h}{mv} \tag{1-1}$$

式中:p——微观粒子的动量;

m——微观粒子的质量;

v——微观粒子的运动速度。

式(1-1)称为**德布罗依关系式**,由此式可计算电子的波长。

具有波粒二象性的微观粒子,其运动状态和宏观物体的运动状态不同。如对于导弹、人造卫星等的运动,人们在任何瞬间都能根据经典力学理论,准确地同时测定它们的位置和动量,也能精确地预测出它们的运动轨道。但是像电子这类微观粒子的运动,由于兼有波动性和粒子性,所以人们在任何瞬间都不能准确地同时测定电子的位置和动量,它也没有确定的运动轨道,即**不确定性原理**。不确定关系即

$$\Delta x \cdot \Delta p \geqslant \frac{h}{2\pi} \tag{1-2}$$

式中:Δx——确定粒子位置时的不确定量;

Δp——确定粒子动量时的不确定量。

由不确定关系可知,Δx 越小(粒子位置测定准确度越大),则其 Δp 越大(粒子动量测定准确度越差)。

二、波函数和原子轨道

每个波的振幅是其位置坐标的函数,称为波函数,常用符号 ψ 表示。电子在原子核外空间运动的波动性,可以用波函数来描述。**波函数**是描述原子核外电子运动状态的数学函数,每一个波函数代表电子的一种运动状态,波函数决定电子在核外空间的概率分布,相似于经典力学中宏观物体的运动轨道。在量子力学中,通常把原子中电子的波函数称为**原子轨道**,每一个波函数代表一个原子轨道,这里的轨道指的是电子在原子核外运动的空间范围,而不是绕核一周的圆。

1926 年,奥地利物理学家薛定谔(Schrödinger E)把电子运动和光的波动性理论联系起来,提出了描述原子核外电子运动状态的数学方程,称为薛定谔方程。**薛定谔方程**把作为粒子物质特征的电子质量(m)、位能(V)和系统的总能量(E)与其运动状态的波函数(ψ)列在一个数学方程式中,即体现了波动性和粒子性的结合。

解薛定谔方程的目的就是求出波函数及与其相对应的能量 E,这样就可以了解电子运动的状态和能量的高低。求得(x、y、z)的具体函数形式,即为方程的解。某些原子轨道的角度分布图如图 1-1 所示,图中的"+""-"号表示波函数的正、负值。

三、核外电子的运动状态

(一) 概率密度和电子云

按照量子力学的观点,原子核外的电子并不是在一定的轨道上运动,只能用统计的

方法,给出概率的描述。电子在原子核外空间单位体积内出现的概率,称为**概率密度**。为了形象地表示出电子在原子核外空间出现的概率密度,常用密度不同的小黑点来表示,这种图像称为**电子云**。黑点较密的地方,表示电子出现的概率密度较大。黑点较稀疏处,表示电子出现的概率密度较小。

电子在原子核外空间出现的概率和波函数 ψ 的平方成正比,即可以表示为电子在原子核外空间某点附近出现的概率。原子轨道角度分布图带有正、负号,电子云的角度分布图均为正值,图形比原子轨道的角度分布图"瘦"一些。

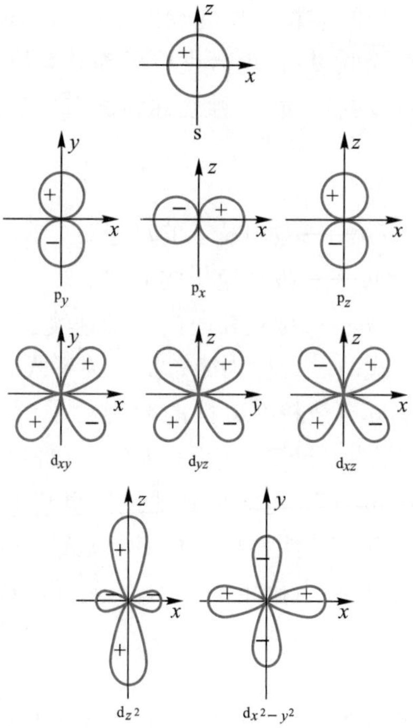

图 1-1　s、p、d 原子轨道的角度分布图(平面图)

(二) 四个量子数

【案例 1-1】 用一套量子数表示某一个原子核外电子的运动状态,正确的是(　　)。

A. $n=3, l=3, m=2, m_s=1/2$

B. $n=3, l=1, m=-1, m_s=1/2$

C. $n=1, l=0, m=0, m_s=0$

D. $n=2, l=0, m=-2, m_s=1/2$

解薛定谔方程时引入三个常数项,分别称为主量子数 n、角量子数 l 和磁量子数 m,取值相互制约,它们表示原子轨道或电子云离核的远近、形状及其在空间伸展的方向。此外,还有用来描述电子自旋运动状态的自旋量子数 m_s,用这四个量子数描述原子核外电子运动的状态(或分布情况)。

1. 主量子数 n

主量子数是描述电子所属电子层离核远近的参数。取值为 1,2,3,…,n 等正整数,迄今已知的最大值为 7。n 值相对应的电子层符号如表 1-1 所示。

表 1-1　电子层及其符号

n	1	2	3	4	5	6	7
电子层名称	第一层	第二层	第三层	第四层	第五层	第六层	第七层
电子层符号	K	L	M	N	O	P	Q

主量子数决定了原子轨道能级的高低,n 越大,电子的能级越高,能量越高。n 是决定电子能量的主要量子数。n 相同,原子轨道能级就相同。

2. 角量子数 l

在同一电子层内,电子的能量也有所差别,运动状态也有所不同,即一个电子层还可分为若干个能量稍有差别、原子轨道形状不同的亚层。**角量子数**是描述电子所处能级(或亚层)的参数。取值为 0,1,2,…,$(n-1)$,有 n 个。l 的取值如表 1-2 所示。

表 1-2　l 的取值

n	1	2	3	4
l	0	0,1	0,1,2	0,1,2,3

l 的每个值代表一个亚层。第一电子层只有一个亚层，第二电子层有两个亚层，以此类推。角量子数、亚层符号及原子轨道形状的对应关系如表 1-3 所示。

表 1-3　角量子数、亚层符号及原子轨道形状的对应关系

l	0	1	2	3
亚层符号	s	p	d	f
原子轨道或电子云形状	球形	哑铃形	花瓣形	—

在同一电子层中，随着 l 的增大，原子轨道能量也依次升高，即 $E_{ns}<E_{np}<E_{nd}<E_{nf}$，也就是在多电子原子中，角量子数 l 与主量子数 n 一起决定电子的能级。每一个 l 值表示一种形状的电子云。与主量子数决定的电子层间的能量差别相比，角量子数决定的亚层间的能量差要小得多。

3. 磁量子数 m

磁量子数是描述电子所属原子轨道的参数。取值为 0，±1，±2，±3，…，$\pm l$，共 $(2l+1)$ 个。磁量子数决定原子轨道（或电子云）在空间的伸展方向，如 $l=1$，$m=0$、±1，即 p 轨道在空间有 3 个伸展方向（即 p_x、p_y、p_z）。

电子的能量与磁量子数 m 无关，即 n 和 l 相同而 m 不同的各原子轨道，其能量完全相同，这种能量相同的原子轨道，称为**等价轨道**（或**简并轨道**）。例如，$2p_x$、$2p_y$、$2p_z$ 三个轨道的能量相同，属于等价轨道。由此可知，同一亚层的 3 个 p 轨道，5 个 d 轨道，7 个 f 轨道都属于等价轨道。n、l 和 m 的关系如表 1-4 所示。

表 1-4　n、l 和 m 的关系

主量子数(n)	1	2		3			4			
电子层符号	K	L		M			N			
角量子数(l)	0	0	1	0	1	2	0	1	2	3
电子亚层符号	1s	2s	2p	3s	3p	3d	4s	4p	4d	4f
磁量子数(m)	0	0	0 ±1	0	0 ±1	0 ±1 ±2	0	0 ±1	0 ±1 ±2	0 ±1 ±2 ±3
亚层轨道数 $(2l+1)$	1	1	3	1	3	5	1	3	5	7
电子层轨道数 n^2	1	4		9			16			

练一练

有一个多电子原子，讨论在其第三电子层中：

（1）亚层数有多少？请用符号表示各亚层。

（2）各亚层上的轨道数是多少？该电子层上的轨道总数是多少？哪些是等价轨道？

4. 自旋量子数 m_s

自旋量子数是描述电子自旋运动状态的参数。电子除了在原子核外做高速运动外，本身还做自旋运动。电子自旋运动的方向用 m_s 来确定。m_s 取值只有两个：$\pm 1/2$，即顺时针方向或逆时针方向，分别用符号"↑"和"↓"表示。由于 m_s 只有两个取值，因此，每一个原子轨道最多只能容纳两个电子，其能量相等。

根据四个量子数 n、l、m 和 m_s 就能全面地确定原子核外每一个电子的运动状态，其中 n、l、m 三个量子数确定电子所处的原子轨道，m_s 确定电子的自旋运动状态，n 只能确定电子的电子层。

如基态钠原子最外电子层中的一个电子，其运动状态为 $n=3, l=0, m=0, m_s=+1/2$（或 $-1/2$）。此外，根据四个量子数还可以推算出各电子层有多少个亚层（能级），每个亚层有多少个原子轨道，以及每个电子层或电子亚层最多能容纳多少个电子（也就是有多少种运动状态）。

电子在空间的运动状态用波函数来描述，以四个量子数来确定。

【案例 1-1 解答】 正确的是 B。

练一练

下列未知量子数的取值范围。

（1）$n=?, l=2, m=0, m_s=+1/2$　（2）$n=2, l=?, m=-1, m_s=-1/2$

（3）$n=4, l=3, m=0, m_s=?$　（4）$n=3, l=1, m=?, m_s=+1/2$

第二节　原子核外电子的排布

一、多电子原子轨道的能级

（一）鲍林近似能级图

议一议

不同电子层的同类亚层，能级的变化顺序；同一电子层的不同亚层，能级的变化顺序。

1939 年,鲍林(Pauling L)根据光谱实验结果总结出多电子原子中各原子轨道能级的相对高低的情况,并用图近似地表示出来,称为**鲍林近似能级图**,如图 1-2 所示。

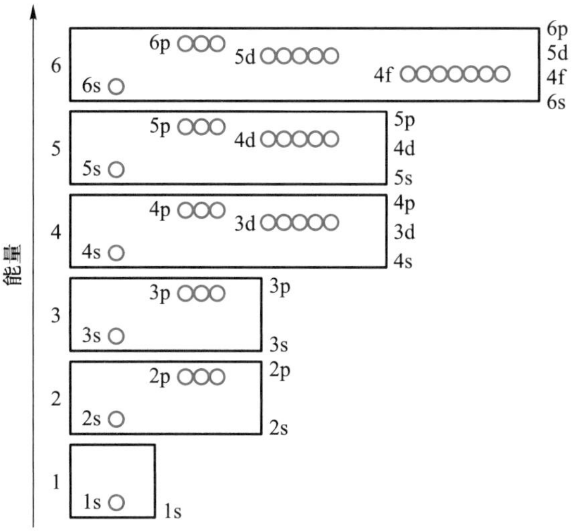

图 1-2　鲍林近似能级图

鲍林近似能级图按照能量由低到高的顺序排列,并不是按离核远近排的。从严格意义上只能叫做"顺序图",顺序是指轨道被填充的顺序或电子填入轨道的顺序。图中的每个小圆圈代表一个原子轨道,小圆圈位置的高低,表示能级的高低,处在同一水平高度的几个小圆圈,表示能级相同的等价轨道。图中还把能量相近的能级合并为一组(方框部分),称为**能级组**,共分为七个能级组,能级组间的能量差较大。

能级图只有近似的意义,不可能完全反映出每个原子轨道能级的相对高低;只能反映同一原子内各原子轨道能级的相对高低,不能用鲍林近似能级图来比较不同元素原子轨道能级的相对高低。在多电子原子中,能级高低的基本规律如下:

(1) 角量子数相同时,主量子数越大,轨道的能量(或能级)越高。例如:

$$E_{1s}<E_{2s}<E_{3s}<E_{4s}<\cdots$$

$$E_{2p}<E_{3p}<E_{4p}<E_{5p}<\cdots$$

(2) 主量子数相同时,角量子数越大,轨道的能量(或能级)越高。例如:

$$E_{3s}<E_{3p}<E_{3d}$$

(3) 主量子数和角量子数都不相同时,轨道的能级变化比较复杂。当 $n \geqslant 3$ 时,可能发生主量子数较大的某些轨道的能量反而比主量子数小的某些轨道能量低的现象,这一现象称为**能级交错**。例如:

$$E_{4s}<E_{3d}, \quad E_{5s}<E_{4d}, \quad E_{6s}<E_{4f}<E_{5d}$$

(二) 屏蔽效应和钻穿效应

1. 屏蔽效应

原子核与电子之间存在着静电引力,该引力与原子核所带的正电荷数成正比。对于氢原子,核外只有一个电子,其能量仅由主量子数 n 决定。

在多电子原子中,外层电子既受到原子核的吸引,又受到其他电子的排斥,前者使电

动画
屏蔽效应

子更靠近原子核,后者使电子离原子核更远。这种排斥力的存在,实际上相当于减弱了原子核对外层电子的吸引力。由于其余电子的存在减弱了原子核对该电子吸引作用的现象称为**屏蔽效应**。屏蔽效应使原子核对电子的吸引力减小,因而电子具有的能量增大。

2. 钻穿效应

钻穿是指电子(一般指价电子)具有渗入原子内部空间而靠原子核更近的本领。电子钻穿的结果是避开了其他电子的屏蔽,起到了增加有效核电荷(见元素性质的周期性)、降低轨道能量的作用。这种外层电子钻到内层空间,靠近原子核,避开内层电子的屏蔽,使其能量降低的现象称为**钻穿效应**。

对于钻穿效应 $ns>np>nd>nf$,因而轨道能量的高低顺序为 $E_{ns}<E_{np}<E_{nd}<E_{nf}$。故在多电子原子中,$n$ 相同 l 不同时,l 越大电子能量越高。

小贴士

对于多电子原子,屏蔽效应和钻穿效应是影响轨道电子能量的两个重要因素,两者互相联系又相互制约。一般说来,钻穿效应大的电子受其他电子的屏蔽作用较小,电子的能量较低,反之,则电子的能量较高。

二、原子核外电子排布原则

议一议

元素周期表中的所有元素其电子排布都遵守泡利不相容原理、能量最低原理和洪特规则吗?

(一) 泡利不相容原理

1925 年,奥地利科学家泡利(Pauli W)提出:在同一原子中不可能有四个量子数完全相同的两个电子存在,这个规律称为**泡利不相容原理**。即一种运动状态只能有一个电子,每个原子轨道只能容纳两个电子,且自旋方向相反。因此 s、p、d、f 亚层最多容纳的电子数分别为 2、6、10 和 14,各电子层最多可容纳 $2n^2$ 个电子。

动画

电子填充顺序

(二) 能量最低原理

自然界中的任何系统总是能量越低所处的状态越稳定,这个规律称为**能量最低原理**。多电子原子处于基态时,在不违背泡利不相容原理的前提下,电子尽可能先占据能量较低的轨道,而使原子系统的总能量最低,处于最稳定状态。

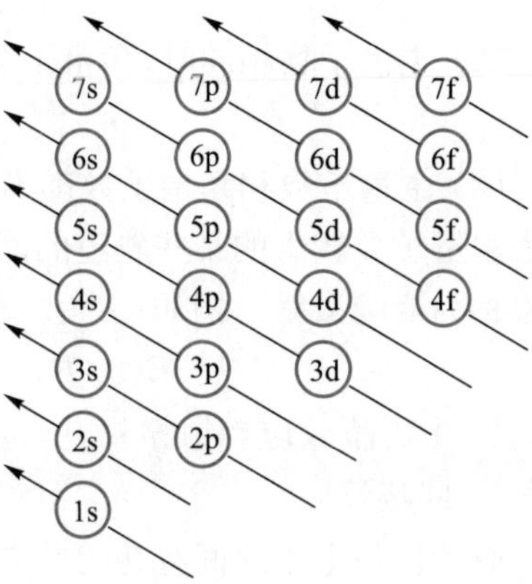

图 1-3　基态原子外层电子的填充顺序

基态原子外层电子的填充顺序(如图 1-3 所

示)为

$$ns \to (n-2)f \to (n-1)d \to np$$

但要注意的是基态原子失去外层电子的顺序为

$$np \to ns \to (n-1)d \to (n-2)f$$

和填充时的并不对应。

(三) 洪特规则

【案例 1-2】 说明铬(Cr)原子的外层电子排布是 $3d^5 4s^1$,而不是 $3d^4 4s^2$;铜(Cu)原子的外层电子排布是 $3d^{10} 4s^1$,而不是 $3d^9 4s^2$。

1. 洪特规则的概述

德国理论物理学家洪特(Hund F)根据大量的光谱实验数据总结出一条规律(即**洪特规则**):在同一亚层的等价轨道上的电子尽可能分占不同的轨道且自旋方向相同。

实验证明,洪特规则符合能量最低原理。这是由于电子之间存在静电斥力,当某一轨道上已有一个电子时,要使另一个电子与之成对,必须提供能量(称为电子成对能)以克[illegible]斥力。因此,各占据一个轨道的两个成单电子的能量低于处于同一轨道的一对电子[illegible]

[illegible],等价轨道中的电子处于半充满、全充满或全空的状态时是[illegible]

p^6 或 d^{10} 或 f^{14}	全充满
p^3 或 d^5 或 f^7	半充满
p^0 或 d^0 或 f^0	全空

[illegible]、**全空规则**,亦称为**洪特规则的特例**。

[illegible]铬(Cr)原子外层电子排布 $3d^5 4s^1$ 都为半充满稳定。铜(Cr)原子外层电子排布[illegible]为半充满稳定。

练一练

下列各元素原子的核外电子排布式违背了什么原理?请写出正确结果。

(1) $_3Li$ $1s^2 2p^1$ (2) $_8O$ $1s^2 2s^2 2p_x^2 2p_y^2$ (3) $_4Be$ $1s^3 2s^1$

三、原子核外电子排布式

根据上述原理、规则,可以确定大多数元素的基态原子中电子的排布情况。电子在原子轨道中的排布方式称为**电子排布式**(电子层结构),简称**电子构型**。表示原子的电子构型通常有三种形式。

【案例 1-3】 写出基态 $_{26}Fe$ 原子核外电子排布式和轨道表示式。

动画
洪特规则

（一）电子排布式

按电子在原子核外各亚层中分布的情况，在亚层符号的右上角注明排列的电子数。如$_{35}Br$，其电子排布式为

$$1s^2 2s^2 2p^6 3s^2 3p^6 3d^{10} 4s^2 4p^5$$

参加化学反应的只是原子的外层电子，用“原子实”来表示原子的内层电子构型。当内层电子构型与稀有气体的电子构型相同时，就用该稀有气体的元素符号来表示原子的内层电子构型，并称之为**原子实**。例如：

$$_{35}Br \quad [Ar]3d^{10} 4s^2 4p^5$$

（二）轨道表示式

按电子在核外原子轨道中的排布情况，用一个圆圈或一个方格表示一个原子轨道（等价轨道的圆圈或方格连在一起），用向上或向下的箭头表示电子的自旋状态。如氧（O）原子的轨道表示式为

这种形式形象而直观。

（三）用量子数表示

按所处的状态用整套量子数表示。原子核外电子的运动状态是由四个量子数确定的，为此可表示如下：

$_{15}P([Ne]\ 3s^2 3p^3)$，则$3s^2$这 2 个电子用整套量子数表示为

3、0、0、+1/2，　3、0、0、−1/2

$3p^3$这 3 个电子用整套量子数表示为

3、1、−1、+1/2，　3、1、0、+1/2，　3、1、1、+1/2

价层电子构型（或最外层电子构型）是价电子（即能参与成键的电子）所排布的电子层构型。主族$ns^{1\sim2}np^{1\sim6}$，副族$(n-1)d^{1\sim10}ns^{1\sim2}$，如铁（Fe）的价层电子构型为$3d^6 4s^2$。

【案例 1-3 解答】 $_{26}Fe$原子核外电子排布式：

$$1s^2 2s^2 2p^6 3s^2 3p^6 3d^6 4s^2$$

轨道表示式：

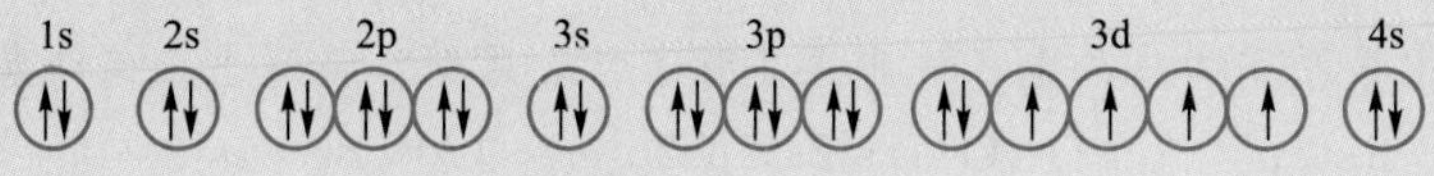

练一练

写出$_{11}Na$、$_{20}Ca$、$_{50}Sn$、$_{56}Ba$的电子排布式；写出$_6C$、$_7N$原子的轨道表示式；写出$_{15}P$中$2s^2$、$3p^6$上 8 个电子的整套量子数。

第三节　元素周期律

一、核外电子排布与元素周期律

元素的原子最外层电子排布呈周期性变化，这种周期性变化导致元素的性质也呈现周期性变化，这个规律称为**元素周期律**。元素周期律的图表形式称为**元素周期表**。

【案例 1-4】 已知某元素位于第四周期ⅥA 族，试写出它的价层电子构型和电子层结构。

（一）周期

现今，人们已发现了 118 种元素，它们在元素周期表中共处于七个横行，每个横行表示一个周期，一共有七个周期。

第一周期有 2 种元素，称为特短周期；第二周期、第三周期各有 8 种元素，称为短周期；第四周期、第五周期各有 18 种元素，称为长周期；第六周期有 32 种元素，称为特长周期；第七周期有 32 种元素，过去尚未填满，一直称为不完全周期。若再发现新元素，很可能改变人们过去的思维定式。

第 57—71 号的 15 种元素称为镧系元素。第 89—103 号的 15 种元素称为锕系元素。

(1) 元素周期表中的周期数就是能级组(电子层)数。有七个能级组，相应就有七个周期。元素的周期划分，实质上是按原子结构中能级组能量高低的顺序划分元素的结果。

(2) 元素所在的周期序数，等于该元素原子外层电子所处的最高能级组序数，也等于该元素原子最外电子层的主量子数。各周期元素的数目，等于相应能级组内各轨道所能容纳的电子总数。如第四能级组内包含 4s、3d 和 4p 轨道，共可容纳 18 个电子，故第四周期共有 18 种元素。

(3) 每一周期中的元素随着原子序数的递增，总是从活泼的碱金属开始(第一周期例外)，逐渐过渡到稀有气体为止。电子构型从 ns^1 开始至 np^6 结束，如此周期性地重复出现。在长周期或特长周期中，其电子构型还夹着 $(n-1)d$ 或 $(n-2)f(n-1)d$ 亚层。按理论推断，第七周期最末一种元素(第 118 号)是一种稀有气体。由此充分证明，元素性质的周期性变化，是各元素原子中核外电子周期性排布的结果。

（二）族

元素周期表中的纵行，称为族，一共有 18 个纵行，分为 16 个族：8 个主族，ⅠA～ⅧA，其中ⅧA 族也可写成 0 族；8 个副族，ⅠB～ⅧB，其中ⅧB 族也可写成Ⅷ族。副族元素又称为**过渡元素**，镧系和锕系元素统称为**内过渡元素**。

同族元素具有相同或相似的价层电子构型，族序数与价层电子的电子数密切相关。

1. 主族元素

凡原子核外最后一个电子填入 ns 或 np 亚层上的元素，都是主族元素。其价层电子构型为 $ns^{1\sim2}$ 或 $ns^2np^{1\sim6}$，价电子总数等于其族数。由于同一族中各元素原子核外电子层数从上到下递增，因此同族元素的化学性质具有相似性。

2. 副族元素

凡原子核外最后一个电子填入$(n-1)$d 或$(n-2)$f 亚层上的元素，都是副族元素，也称为过渡元素。其价层电子构型为$(n-1)d^{1\sim10}ns^{0\sim2}$。ⅢB～ⅦB 族元素原子的价电子总数等于其族数。ⅧB 族有三个纵行，它们的价电子数为 8～10，与其族数不完全相同。ⅠB、ⅡB 族元素由于其$(n-1)$d 亚层已经填满，所以最外层(即 ns)上的电子数等于其族数。

小贴士

同一副族元素的化学性质也具有一定的相似性，但其化学性质递变性不如主族元素明显。镧系和锕系元素的最外层和次外层的电子排布近乎相同，只是倒数第三层的电子排布不同，使得镧系 15 种元素、锕系 15 种元素的化学性质最为相似，在元素周期表中只占据同一位置，因此将镧系、锕系元素单独列出来，置于元素周期表下方各列一行来表示。

可见，价层电子构型是元素周期表中元素分类的基础。元素周期表中“族”的实质是根据价层电子构型的不同对元素进行分类。

(三) 区

议一议

价层电子构型为 ns^1 的元素一定是碱金属元素吗？

元素周期表中的元素除按周期和族的划分外，还可以根据元素原子的核外电子排布的特征，分为五个区。

1. s 区元素

包括ⅠA 和ⅡA 族的元素，价层电子构型为 $ns^{1\sim2}$。

2. p 区元素

包括ⅢA 到ⅧA 族的元素，价层电子构型为 $ns^2np^{1\sim6}$。

3. d 区元素

包括ⅢB 到ⅧB 族的元素，价层电子构型为$(n-1)d^{1\sim9}ns^{1\sim2}$[Pd 为$(n-1)d^{10}ns^0$]。

4. ds 区元素

包括ⅠB 和ⅡB 族的元素，价层电子构型为$(n-1)d^{10}ns^{1\sim2}$。

5. f 区元素

包括镧系和锕系元素。电子层结构在 f 亚层上增加电子，价层电子构型为$(n-2)f^{1\sim14}(n-1)d^{0\sim2}ns^2$。

对于多数元素来说，如果知道了元素的原子序数，便可以写出该元素原子的电子构型，从而判断它所在的周期和族。反之，如果已知某元素所在的周期和族，便可以写出该元素原子的电子构型，也能推知它的原子序数。

【案例 1-4 解答】 根据周期数＝最外电子层的主量子数，主族元素族数＝($ns+np$)轨道电子数之和，可知该元素的 $n=4$，具有 6 个价电子，故价层电子构型为 $4s^2 4p^4$。根据主族元素“原子实”各亚层具有全满的特点和电子层最大容纳电子数 $2n^2$，可知该元素的各层电子数为 2、8、18、6，故其电子构型为：$1s^2 2s^2 2p^6 3s^2 3p^6 3d^{10} 4s^2 4p^4$ 或 [Ar]$3d^{10} 4s^2 4p^4$，该元素是硒(Se)。

练一练

已知某元素在元素周期表中位于第五周期ⅥA 族，试写出该元素原子的电子排布式、名称和符号。

二、元素性质的周期性

【案例 1-5】 根据元素在元素周期表中的位置，指出 P、Cl 和 F 下列性质的递变规律。

(1) 原子半径　(2) 元素的电负性　(3) 元素的非金属性

（一）有效核电荷(Z^*)

核电荷(Z)由于屏蔽效应而抵消掉一部分，所剩余的部分正电荷称为**有效核电荷**，以 Z^* 表示。有效核电荷是指多电子原子中某一电子实际受到的核电荷的吸引力。有效核电荷越大，核对该电子的吸引力越大，电子的能量越低。有效核电荷越小，核对该电子的吸引力越小，电子的能量越高。有效核电荷 Z^* 与核电荷 Z 的关系如下：

$$Z^* = Z - \sigma \tag{1-3}$$

式中：σ——屏蔽常数，表示被抵消的那部分电荷。

随着原子序数的递增，有效核电荷呈周期性变化，如图 1-4 所示。

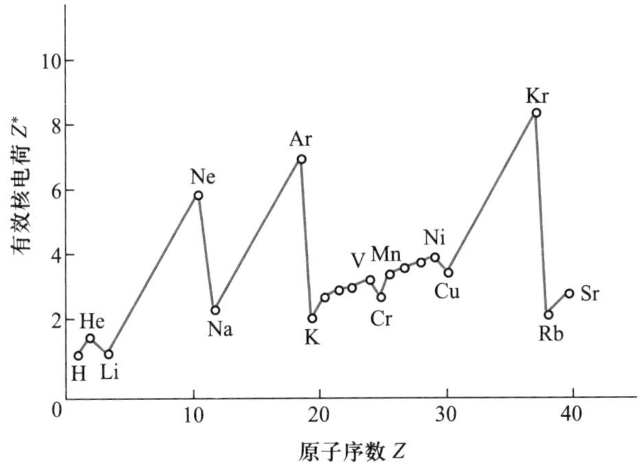

图 1-4　有效核电荷的周期性变化

动画 有效核电荷

有效核电荷随原子序数的增加而增加，并呈周期性变化。

同一周期的主族元素，从左到右随原子序数的增加，Z^* 有明显的增加，而副族元素 Z^* 增加不明显。造成这种差别的原因是前者的同层电子间屏蔽作用减弱，而后者的内层电子对外层电子的屏蔽作用较强。同族元素由上到下，虽然核电荷增加得较多，但上、下相邻两元素的原子依次增加一个电子内层，使屏蔽作用增大，结果有效核电荷增加不明显。

(二) 原子半径(r)

电子在原子核外的运动是概率分布的，没有明显的界线，所以原子的大小无法直接测定。原子不能单个存在而是与其他原子为邻，因此单个原子的真实半径是很难测得的。

通常所说的原子半径，是通过实验测得相邻两原子的原子核之间的距离(核间距)，核间距被形象地认为是该两原子的半径之和，单位是 nm 或 pm。通常根据原子之间成键的类型不同，将原子半径分为以下三种。

1. 金属半径

金属半径是指金属晶体中相邻的两个原子核间距的一半。

2. 共价半径

共价半径是指某一元素的两个原子以共价键结合时，两核间距的一半。

3. 范德华半径

范德华半径是指两个原子只靠范德华力(分子间作用力)互相吸引时，它们原子间距的一半。

由于作用力性质不同，所以三种原子半径相互之间没有可比性。同一元素原子的范德华半径大于共价半径。如氯原子(Cl)的共价半径为 99 pm，而范德华半径为 180 pm，两者的区别如图 1-5 所示。

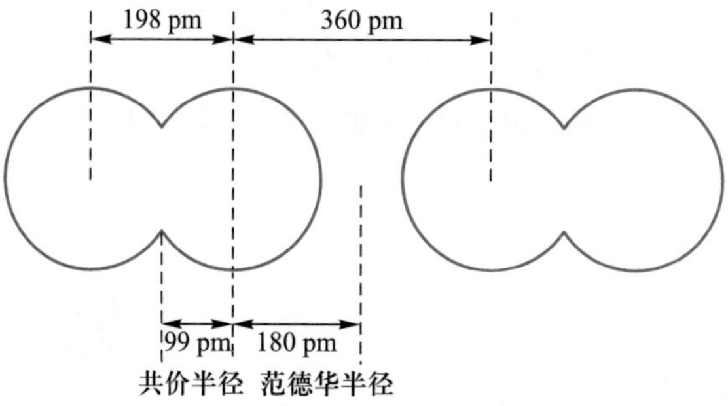

图 1-5　氯原子的共价半径与范德华半径

同一主族元素从上到下原子半径增大。过渡元素从左到右原子半径缓慢减小，从上到下原子半径略有增大。同一周期中原子半径的递变按短周期和长周期有所不同。在同一短周期中，由于有效核电荷的逐渐递增，从左到右原子半径减小。在长周期中，从左到右原子半径减小较缓慢。

(三) 电离能(I)

基态的气态原子或气态离子失去一个电子所需要的最小能量称为元素的**电离能**。常用符号 I 表示，单位常用 kJ/mol。对于多电子原子，失去第一个电子所需的能量称为第一电离能(I_1)；失去第二个电子所需的能量称为第二电离能(I_2)；依次还有第三电离能、第四电离能等，$I_1<I_2<I_3<\cdots$。由于原子失去电子必须消耗能量克服核对外层电子的引力，所以电离能总为正值。通常如果不特别说明，指的都是

第一电离能。

电离能的大小反映了原子失去电子的难易程度，即元素的金属性的强弱。电离能越大，原子失电子越难。反之，电离能越小，原子失电子越容易。电离能的大小主要取决于原子的有效核电荷、原子半径和原子的电子构型。周期表中各元素的第一电离能变化呈现出明显的周期性，如图 1－6 所示。

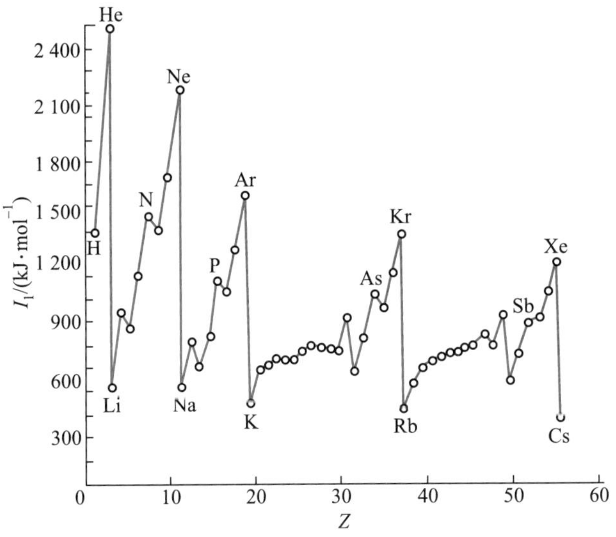

图 1－6　第一电离能的周期性变化

同一周期元素从左到右，电离能总的趋势是逐渐增大。但有些元素的电离能比相邻元素的电离能高一些，出现了异常。如铍的电离能比硼的大，氮的电离能比氧的大，这些次序的颠倒，主要是这些元素的价层电子构型达到了全充满或半充满的稳定构型，使它们的电离能突然增大。同一周期元素的第一电离能如表 1－5 所示。

表 1－5　同一周期元素的第一电离能

原子	Na	Mg	Al	Si	P	S	Cl
第一电离能/(kJ·mol^{-1})	496	738	578	786	1 012	1 000	1 251

同一主族元素自上而下电离能依次减小。同一副族中，自上而下电离能的变化幅度不大，而且不甚规则。同一主族元素的第一电离能如表 1－6 所示。

表 1－6　同一主族元素的第一电离能

原子	F	Cl	Br	I
第一电离能/(kJ·mol^{-1})	1 681	1 251	1 140	1 008

(四) 电子亲和能(Y)

与电离能相反，元素原子结合电子的难易，可以用电子亲和能来衡量。基态的气态原子得到一个电子形成气态负离子所放出的能量叫做元素的**电子亲和能**。常以符号 Y 表示，单位常用 kJ/mol 表示。像电离能一样，电子亲和能也有第一、第二……之分。正值表示放出能量,负值表示吸收能量。

电子亲和能是衡量元素非金属性强弱的一个重要参数。电子亲和能越大(指放出的能量),表示元素的原子越容易得到电子,非金属性就越强。反之,电子亲和能越小,元素的原子越难得到电子,元素的非金属性越弱。金属元素的电子亲和能都很小。另外,所有元素的第二电子亲和能均为正值,表明由气态-1价离子再结合一个电子变成-2价离子时,都必须吸收能量,以克服第一个电子的斥力。

同一周期元素从左到右,电子亲和能一般逐渐增大。这是因为有效核电荷递增,原子半径递减,核对电子的引力增强,使其得到电子的能力增强。同一周期元素的第一电子亲和能如表1-7所示。

表1-7 同一周期元素的第一电子亲和能

原子	Na	Mg	Al	Si	P	S	Cl
第一电子亲和能/($kJ \cdot mol^{-1}$)	-52.7	-230	-44	-133.6	-71.7	-200.4	-348.8

同族元素(卤族,其他族数据不全)自上而下电子亲和能逐渐减小。但第二周期元素的电子亲和能一般均小于同族的第三周期元素。这是因为第二周期的元素(氟、氧等)原子半径最小,核外电子云密度最大,电子之间的斥力很强,当结合一个电子时由于排斥力而使放出的能量减小。同一主族元素的第一电子亲和能如表1-8所示。

表1-8 同一主族元素的第一电子亲和能

原子	F	Cl	Br	I
第一电子亲和能/($kJ \cdot mol^{-1}$)	-327.9	-348.8	-324.6	-295.3

应当指出,电子亲和能难以直接测定,而且测定结果的可靠性也较差。

(五) 元素的电负性

当两个不相同的原子相互作用形成分子时,它们对共用电子对的吸引力是不同的。**电负性**是分子中原子对成键电子吸引能力相对大小的量度。指定最活泼的非金属元素氟(F)的电负性为4.0,然后通过对比再求出其他元素的电负性。可见,元素的电负性是一个相对数值,没有单位。

同一周期主族元素从左到右,电负性递增,表示元素的非金属性逐渐增强,金属性逐渐减弱。同一周期元素的电负性如表1-9所示。

表1-9 同一周期元素的电负性

原子	Na	Mg	Al	Si	P	S	Cl
电负性	0.9	1.3	1.6	1.9	2.2	2.6	3.2

同一主族元素自上而下,电负性一般表现为递减,表示元素的金属性逐渐增强,非金属性逐渐减弱。副族元素电负性的变化规律较差,同一周期从左到右,总的趋向于增大。同族元素的电负性变化很不一致,这与镧系收缩有关。另外,对同一元素的不同氧化态有不同的电负性值,通常随氧化态升高,电负性值增大。同一主族元素的电负性如表1-10所示。

表 1-10 同一主族元素的电负性

原子	F	Cl	Br	I
电负性	4.0	3.2	3.0	2.7

(六) 元素的金属性与非金属性

元素的金属性是指原子失去电子成为阳离子的能力,通常可用电离能来衡量。元素的非金属性是指原子得到电子成为阴离子的能力,通常可用电子亲和能来衡量。元素的电负性综合考虑了原子得失电子的能力,故可作为元素金属性与非金属性统一衡量的依据。一般来说,金属的电负性小于 2,非金属的电负性则大于 2。

同一周期主族元素从左到右,元素的金属性逐渐减弱,非金属性增强。同一主族从上到下,元素的非金属性逐渐减弱,金属性逐渐增强。同一副族元素自上而下,除钪副族以外,其他各族元素金属活泼性有所减弱。主族元素金属性和非金属性的递变规律如图 1-7 所示。

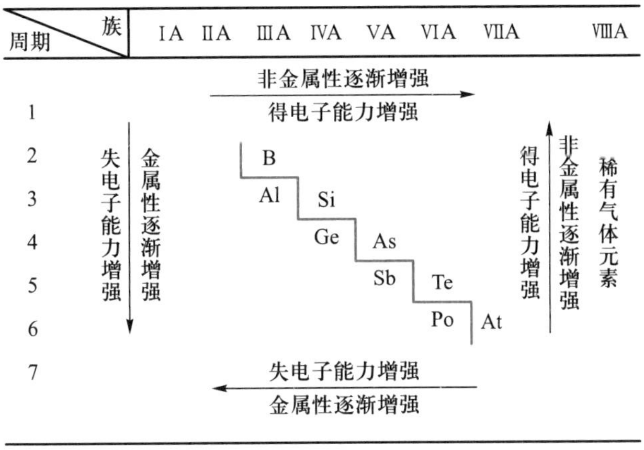

图 1-7 主族元素金属性和非金属性的递变规律

【案例 1-5 解答】

原子半径	元素的电负性	元素的非金属性
P>Cl>F	P<Cl<F	P<Cl<F

(七) 元素的氧化数

元素的氧化数(详见第五章)与其价层电子构型有关,元素参加化学反应时,可达到的最高氧化数等于价电子总数,也等于所属族数。非金属元素最高氧化数与负氧化数的绝对值之和等于 8。由于元素价层电子构型是周期性的重复,所以元素的最高氧化数呈周期性变化,如表 1-11 所示。

表 1-11 元素常见的最高氧化数与价层电子构型

主族	ⅠA	ⅡA	ⅢA	ⅣA	ⅤA	ⅥA	ⅦA	ⅧA
价层电子构型	ns^1	ns^2	ns^2np^1	ns^2np^2	ns^2np^3	ns^2np^4	ns^2np^5	ns^2np^6
最高氧化数	+1	+2	+3	+4	+5	+6	+7	+8(部分元素)

续表

副族	ⅠB	ⅡB	ⅢB	ⅣB	ⅤB	ⅥB	ⅦB	ⅧB
价层电子构型	$(n-1)d^{10}$ ns^1	$(n-1)d^{10}$ ns^2	$(n-1)d^1$ ns^2	$(n-1)d^2$ ns^2	$(n-1)d^3$ ns^2	$(n-1)d^{4\sim5}$ $ns^{1\sim2}$	$(n-1)d^5$ ns^2	$(n-1)d^{6\sim10}$ $ns^{1\sim2}$
最高氧化数	+3（部分元素）	+2	+3	+4	+5	+6	+7	+8（部分元素）

在ⅧA族、ⅧB族元素中，至今只有少数元素（如Xe、Kr和Ru、Os等）有氧化数为+8的化合物。ⅠB族元素最高氧化数不等于族数，如Cu为+2，Ag为+1，Au为+3。

元素周期表对于研究、认识元素和化合物性质变化的指导作用，在后面的元素化学部分将会得到充分的体现。

实验一　无机化学实验基本操作

一、玻璃仪器的使用

（一）玻璃仪器的洗涤

不同的实验对仪器洁净程度的要求不同，应达到倾去水后器壁上不挂水珠的程度。

1. 水洗法

水洗法包括冲洗和刷洗。可溶性污物和灰尘可直接用水冲洗，污物被溶解而除去，振荡可以加速溶解。其操作方法是先往仪器中注入不超过容积量1/3的水，手持容器颈用力来回振荡，保持器底振幅大于器颈，注意不能把水洒出，如图1-8所示，然后把水倾出，如此反复冲洗数次直至洗净。

动画
无机化学实验常用玻璃仪器

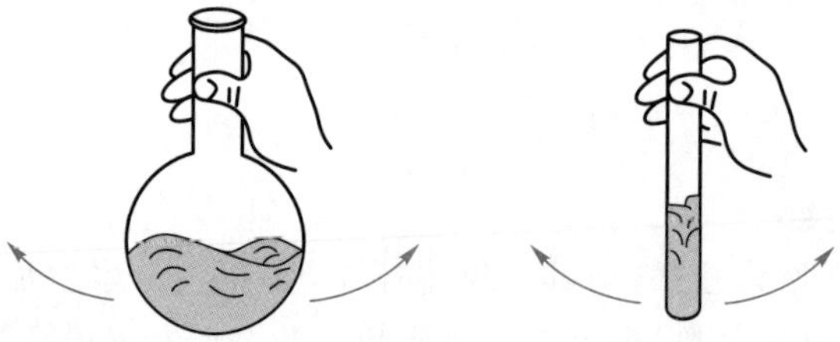

图1-8　振荡冲洗

仪器内壁的污物不易用水冲洗时，可用毛刷摩擦器壁将污物刷洗干净。实验室备有不同规格的仪器刷，使用时根据仪器的形状、大小，选择不同形状和大小的刷子。凡端头无直立竖毛的秃头毛刷易损坏玻璃仪器不可使用。洗涤方法如图1-9所示。刷洗后，再用水连续冲洗、振荡几次，视需要用蒸馏水冲洗2～3次，每次蒸馏水的用量要少，遵循"少量多次"的原则，注意节约用水。

对于不溶于水（如油脂等有机物）及用水也刷洗不掉的污物，应当用去污粉或洗涤剂来加强洗涤。最常用的是用毛刷蘸取肥皂液、洗涤剂或去污粉来刷洗，然后用自来水冲

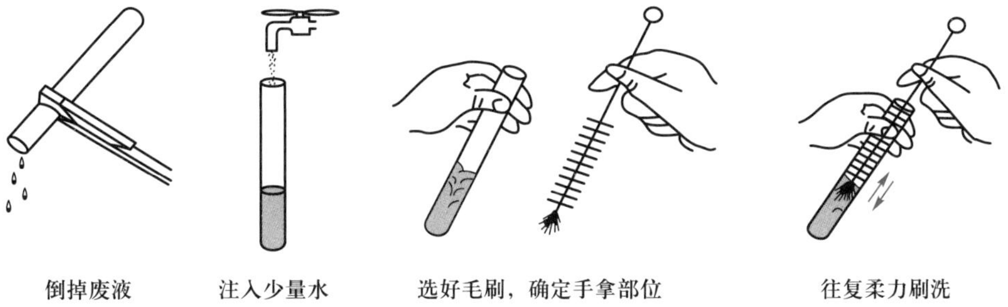
倒掉废液
注入少量水
选好毛刷，确定手拿部位
往复柔力刷洗

图 1-9　刷洗试管

洗干净，最后用蒸馏水冲洗 2～3 次。

2. 洗液法

对于用上述方法都无法洗净的仪器，或容积准确、形状特殊、不能用刷子刷洗的仪器（如量筒、容量瓶、移液管、滴定管等），或进行精确的定量实验时，对洁净程度要求较高的仪器，这时就要考虑选用适当的洗涤液进行清洗。

铬酸洗液是一种有毒洗液，因其具有强酸性、强氧化性、强腐蚀性，能够消化多种污物而成为实验室最常用的洗液。配制时称取 20 g 重铬酸钾研细，溶于 40 mL 水中，将 360 mL 浓硫酸沿玻璃棒慢慢加入上述溶液中，边加边搅拌。冷却，转入棕色细口瓶中，该洗液可用于去除油污或还原性污物。用后的铬酸洗液应倒回原瓶，重复使用，直至溶液的颜色变成绿色，则表明失效不能再用（如呈绿色，可加入浓硫酸将三价铬氧化后继续使用）。实验室常见的其他洗液如表 1-12 所示。

表 1-12　洗涤玻璃仪器常用的洗液

名　称		适用对象	配制方法
强酸洗液	盐酸洗液	碱性及大多数无机污物	浓盐酸和水各半
	硝酸洗液	重金属离子沉积物	50%硝酸
	混酸洗液	微量的金属离子	1∶1 或 1∶2 的盐酸与硝酸
碱性高锰酸钾洗液		油污及其他有机污物	高锰酸钾 4 g 溶于水中，加入 10 g 氢氧化钠，加水至 100 mL
氢氧化钠洗液		油污	10%氢氧化钠
氢氧化钠—乙醇洗液		油污和某些有机物	120 g 氢氧化钠溶于 150 mL 水中，加入 95%乙醇至 1 L
有机溶剂		溶解有机残留物	汽油、丙酮、乙醇、二甲苯、乙醚等

其实，"洗液"是指那些能够利用化学反应清洗掉器皿污物的溶液，洗液洗涤的本质是化学洗涤。

一般而言，洗液有浸泡法和直接洗涤法两种使用方法。

(1) 浸泡法

适用于不急用的、污物厚重难以除去的玻璃仪器。被洗涤的仪器还应当较短，能够放入洗液缸中。为了加速污物的消化和溶解，可以视情况采用冷或热浸泡，如上述氢氧化钠洗液，常倒入待洗仪器中加热至沸腾。

(2) 直接洗涤法

往仪器中注入少量洗液(其用量约为仪器总容量的 1/5)，然后将仪器倾斜并慢慢转动，使仪器内壁全部被洗液润湿。反复操作，使洗液在内壁流动几圈后，把洗液倒回原瓶。对沾污较严重的仪器可用洗液浸泡一段时间或用微热的洗液洗涤，效率更高。

洗液一方面清洗器皿的污物，另一方面它本身也是器皿的“污染”物，所以，有时需要用另外一种洗液再洗。如碱性高锰酸钾洗液浸泡后有二氧化锰析出，常用草酸洗液再洗。

3. 仪器洗净的检查

仪器洗净的标志是清洁透明、倒置时水沿器壁流下能形成均匀的水膜而不挂水珠，如图 1-10 所示。否则，必须重新洗涤。

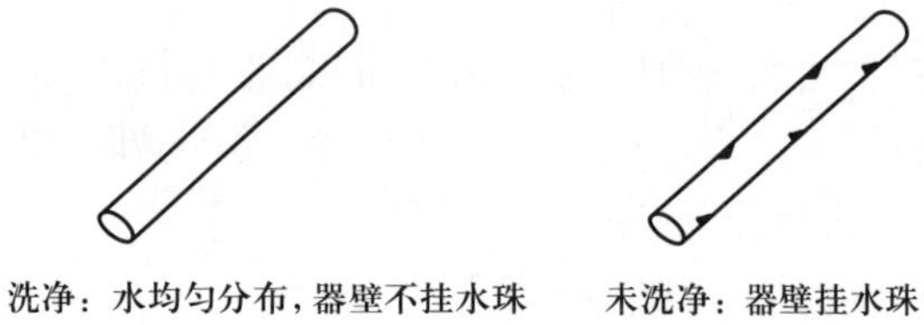
洗净：水均匀分布，器壁不挂水珠
未洗净：器壁挂水珠

图 1-10　仪器洗净的检查

动画

玻璃干燥器的使用

(二) 玻璃仪器的干燥

1. 自然晾干

适用于量器具和不急用的仪器。洗净后倒置在干净的实验柜里或仪器架上使其自然晾干，如图 1-11 所示。

图 1-11　晾干

图 1-12　烘干

2. 烘干

适用于非量器具且可一次快速干燥多件仪器。常用的有电烘箱和红外干燥箱，前者可烘干较大的仪器，后者只能烘干小件仪器。仪器放进烘箱之前应尽量把水倒尽，倒置在烘箱架上，倒置不稳的仪器要平放，且尽可能使开口朝下。温度控制在 105℃ 左右。打开循环风扇可以加快烘干速度，如图 1-12 所示。

3. 吹干

适用于急用的或某些严格要求无水的实验所用的仪器。把仪器倒套在玻璃气流干燥器上，开启冷风或热风吹干，如图 1-13 所示。对于较大件的仪器，也可以用电吹风机吹干。

图 1-13　气流干燥器吹干

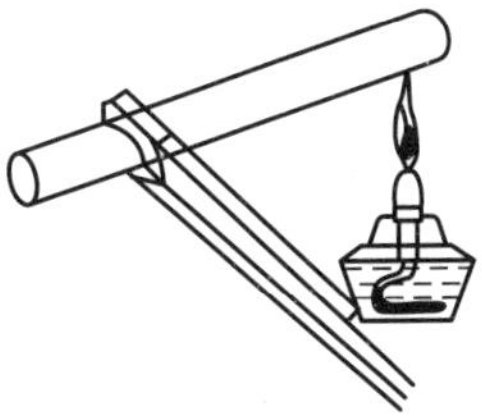

图 1-14　烤干

4. 烤干

适用于急用且可加热或耐高温仪器(如烧杯、蒸发皿、试管等)的干燥。烤之前应将仪器的外壁擦干,烧杯、蒸发皿等一般放在石棉网上用小火烘烤。

试管则可直接用酒精灯小火烤干。用试管夹夹住试管,手持试管夹,始终保持试管口向下倾斜,如图 1-14 所示,以免管口的水珠倒流而使试管炸裂。从试管底部开始加热,逐渐下移到管口,并不断地来回翻转试管,以赶走水蒸气。

二、物质的加热操作

(一) 加热器具

1. 电热恒温鼓风干燥箱

电热恒温鼓风干燥箱简称烘箱,如图 1-15 所示为 DHG—9003 型电热恒温鼓风干燥箱,是实验室常用的仪器,常用来干燥玻璃仪器或烘干无腐蚀性、热稳定性比较好的药品,但挥发性易燃品或刚用酒精、丙酮等易燃易爆药品淋洗过的仪器切勿放进烘箱内,以免发生爆炸。电热恒温鼓风干燥箱智能控温仪面板功能如图 1-16 所示。

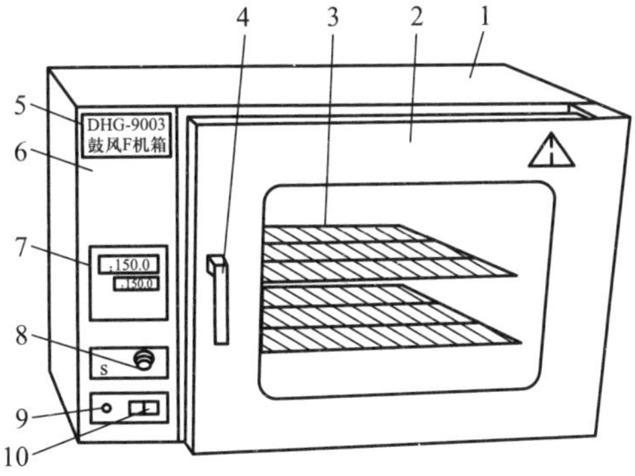

1—箱体;2—箱门;3—搁板;4—门拉手;5—铭牌;6—控制面板;7—控温仪;8—风门调节旋钮;9—电源指示灯;10—电源开关

图 1-15　DHG—9003 型电热恒温鼓风干燥箱

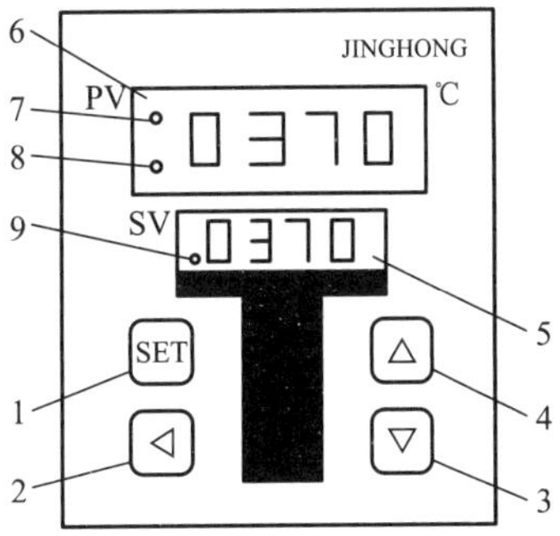

1—功能键 SET;2—移位键◁;3—减键▽;4—加键△;5—设定温度显示 SV;6—箱内温度显示 PV;7—加热指示灯;8—上限报警指示灯;9—自整定指示灯

图 1-16　电热恒温鼓风干燥箱智能控温仪面板功能

电热恒温鼓风干燥箱的使用方法如下:

(1) 接通并打开电源,放入需烘干的物品。

(2) 根据烘干物品的要求设定温度和时间。

设定工作温度。先按一下“SET”键,再按一下或按住“△”键不放,升高设定温度值,按一下或按住“▽”键不放,设定降低温度值;再按一下“SET”键确认工作温度,干燥箱进入升温状态,加热指示灯亮。

当箱内温度接近设定温度时,加热指示灯闪烁,控制进入恒温状态。

启用定时功能。按住“SET”键 3 s,显示闪烁,定时器处于关闭状态,等待设定,按“△”键升高设定时间值,按“▽”键设定降低时间值,再按一下“SET”键确定定时时间,显示实时烘箱温度。

设定结束后,最后一次设定的参数长期保存。

(3) 烘干结束。烘干时间到了以后,如果烘箱温度高,要等温度降下来才能拿烘箱里的物品,以免烫伤。

电热恒温鼓风干燥箱使用的注意事项:

(1) 使用前检查电源,要有良好的地线,使用完毕后,应将电源关闭,以保证使用安全。

(2) 干燥箱应放置在具有良好通风条件的室内,在其周围不可放置易燃易爆物品,切勿将易燃物品及挥发性物品放箱内加热,保证使用安全。

(3) 箱内热风电动机应定期保养,清洁灰尘,保持正常使用,鼓风机的电动机轴承应每半年加油一次。

(4) 不宜在高电压、大电流、强磁场、带腐蚀性气体的环境下使用。以免干扰、损坏及发生危险。

(5) 箱内外应经常保持清洁,长期不用应罩好塑料防尘罩,放在干燥的室内。

(6) 应做好干燥箱的日常维护保养工作,做到干燥箱的使用、维护有专职人员负责。

2. 高温炉

高温炉有电炉丝和硅碳棒加热两种,用电炉丝加热的高温炉最高使用温度为 950℃;用硅碳棒加热的高温炉使用温度达 1 300～1 500℃。高温炉分为箱式和管式,箱式高温炉又称为马弗炉,如图 1 - 17 所示。高温炉的炉温由高温计测量,高温计由一对热电偶和一块毫伏表组成。

图 1 - 17　马弗炉

高温炉使用的注意事项:

(1) 高温炉应该放置在水泥台上,不可放置在木质桌面上,以免引起火灾。

(2) 使用前先查看高温炉所接电源电压是否与电炉所需电压相符,热电偶是否与测量温度相符,热电偶正、负极连接是否正确。

(3) 调节温度控制器的定温调节按钮,使定温指针指在所需的温度处。打开电源开关升温,当温度升至所需温度时即能恒温。

(4) 灼烧完毕,先关上电源,不要立即打开炉门,以免炉膛骤冷碎裂,一般温度降至 200℃以下时方可打开炉门,用坩埚钳取出试样。

(5) 炉膛内应保持清洁，高温炉周围不要放置易燃易爆物品，也不可放置精密仪器。

3. 电热板、电热套

电热板与电热套有控制开关和外接调压变压器调节加热温度。电热板升温速度较慢，且受热面是平面的，不适合加热圆底容器。电热套如图 1 - 18 所示，是为加热圆底容器而设计的，使用时应该根据圆底容器的大小选择合适的型号，电热套相当于一个均匀加热的空气浴，为了有效地保温，可在电热套口部和容器间围上玻璃布。

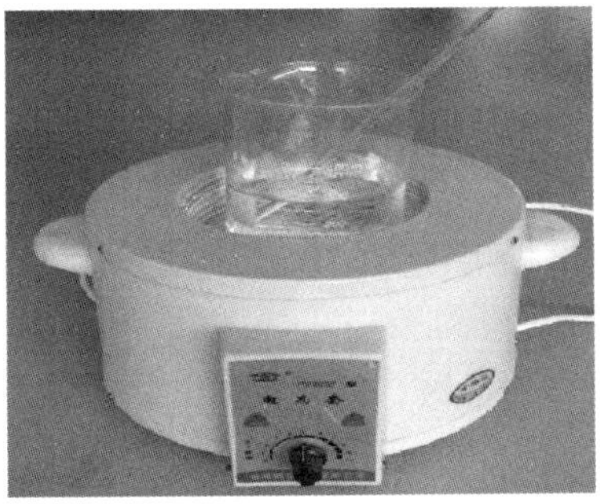

图 1 - 18　电热套

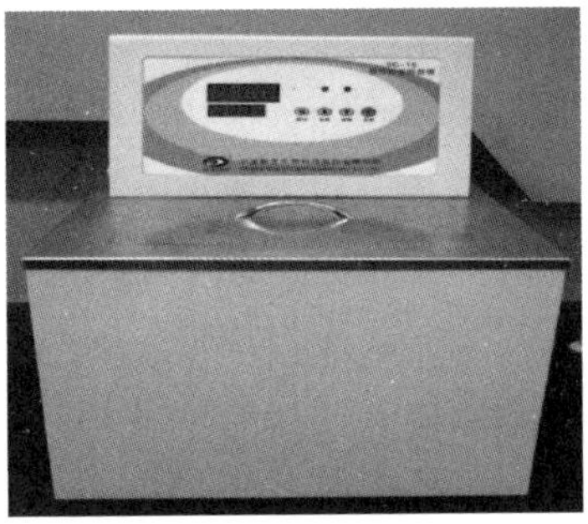

图 1 - 19　SC—15 数控超级恒温槽

4. 恒温槽

恒温槽可用于恒温水浴、油浴等不同介质的浴热加热，SC—15 数控超级恒温槽如图 1 - 19 所示。

操作步骤：

(1) 在槽内加入液体介质，液体介质液面不能低于工作台板 30 mm。

(2) 液体介质的选用：室温为 8～80℃时，液体介质一般选用纯净水；工作温度为 80～90℃时，液体介质一般选用 15%的甘油水溶液；工作温度在 95℃以上时，液体介质一般选用油，并且所选择的油的开杯闪点值应当高于工作温度 15℃以上(注：这里的工作温度指的是槽内液体介质要达到的温度)。

(3) 循环泵的连接：内循环泵的连接，将出液管与进液管用软管连接即可(随机配一根软管)。外循环泵进行外循环的连接，将出液管用软管接在槽外容器进口，将进液管接在槽外部容器出口。

(4) 使用数控超级恒温槽时，如工作温度高于 90℃，建议循环泵外接管应采用金属管(注：仪器左面靠前的管为出液管，背面的管为进液管)。

(5) 插上电源，开启"电源"开关及循环泵按钮(后背位置)。

(6) 仪表操作如图 1 - 20 所示。

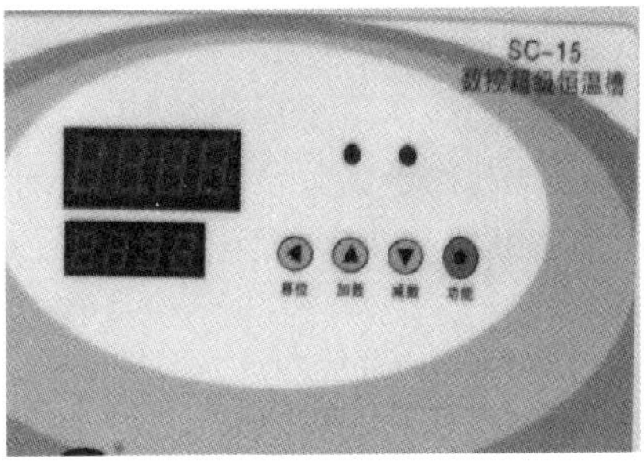

图 1 - 20　仪表操作

(二) 加热方法

1. 直接加热

把烧杯、烧瓶、锥形瓶放在垫有石棉网的铁三脚架或铁架台的铁环上加热。

视频
加热

动画
加热与灼烧

(1) 蒸发皿加热

从少量液体中结晶出晶体、稀溶液的浓缩、对某些物质进行灼烧或烘干(如灼烧不纯的二氧化锰、烘干氯化钙等)时,常对蒸发皿进行加热。

动画 坩埚与坩埚钳

蒸发皿可直接用火加热。蒸发皿通常放在泥三角或铁架台的铁环上加热,加热时液体的量应以少于容积的 2/3 为宜。加热时为了使液体均匀受热,可用玻璃棒搅拌。若要得到晶体,当出现较多的固体时,停止加热,用余热使极少量的液体烘干。加热要用氧化焰,如果用还原焰,底部会出现炭黑。

(2) 坩埚加热

在高温下加热固体或灼烧沉淀时,选用坩埚加热,加热时,把坩埚放在三脚架上的泥三角上直接加热。使用酒精喷灯加热时,为了达到更高的温度,可把坩埚斜放在泥三角上,半盖盖子,使灯焰直接喷在坩埚盖上,再反射到坩埚里面的反应物上直接加热。

取放坩埚时应用坩埚钳。取高温坩埚要预热坩埚钳的尖端或待坩埚冷却后再夹取。瓷坩埚受热温度不应该超过 1 200℃,也不能用来熔化烧碱、纯碱及氟化物,以防瓷釉遭到破坏。坩埚耐高温,但不宜骤冷。

加热后的坩埚可放在石棉网上冷却,或冷却到接近室温时放入干燥器中冷却。

还要注意的是,应根据加热物质的性质不同,选用不同材料的坩埚。实验室常用的坩埚有铂坩埚、金坩埚、银坩埚、镍坩埚、聚四氟乙烯坩埚、瓷坩埚、刚玉坩埚、石英坩埚等。

动画 水浴加热

2. 浴热

为了防止直接加热造成的局部过热及温度无法控制,常用各种热浴进行间接加热,一般热浴有水浴、沙浴和油浴。下面分别介绍水浴和沙浴。

(1) 水浴

水浴是借助被加热的水或水蒸气进行间接加热的方法,凡需要均匀受热而又不超过 100℃的加热都可以利用水浴进行。水浴加热的专用仪器是恒温水浴锅,如图 1 - 21 所示。水浴锅常用铜、铝或不锈钢制成,锅盖是由一组由大到小的同心圆水浴环组成的。可根据受热器底部受热面积的大小选择适当口径的水浴环。使用时,水浴锅的盛水量不得超过其容积的 2/3。在加热过程中,由于水分不断蒸发,可酌情向锅内添加热水,切勿将水蒸干。

图 1 - 21　恒温水浴锅

加热温度在 90℃以下时,可把受热器浸入水浴锅的热水中,但不得与锅底接触,以免受热器受热不均匀而炸裂。加热温度为 100℃时,可把受热器放在水浴环上或者悬挂于沸水中,但一定不能与锅底接触,这样可利用沸水的蒸汽或沸水进行加热。如果实验室没有水浴锅,也可用烧杯代替。

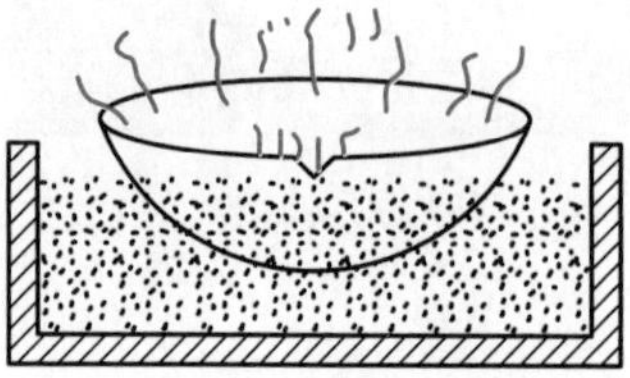

图 1 - 22　沙浴

(2) 沙浴

沙浴是借助被加热的细沙进行间接加热的方法。沙浴盘是一个铺有一层均匀细沙的铁盘,如图 1 - 22

所示。

盘内的细沙使用前需洗净煅烧除去有机杂质，凡加热温度在 100～140℃ 均可使用沙浴。

使用时，把要加热的容器埋入沙中，对盘中的沙进行加热，沙中插入温度计以便控制温度，温度计的水银球应该紧靠被加热的容器壁。因为沙的传热能力较差，容易造成温度分布不均匀，故容器底部的沙要适当薄一些，以使容器容易受热，而容器周围的沙要厚一些，以利于保温。

动画

蒸发

(三) 蒸发、结晶和冷却

1. 蒸发

用加热的方法从溶液中除去部分溶剂，从而提高溶液的浓度或使溶质析出的过程叫做蒸发。蒸发浓缩一般是在水浴中进行的，若溶液太稀且该物质对热稳定时，可先放在石棉网上直接加热蒸发，再用水浴蒸发。蒸发速度不仅与温度、溶剂的蒸气压有关，还与被蒸发液体的表面积有关。无机化学实验中常用的蒸发容器是蒸发皿，它能使被蒸发液体具有较大的表面积，有利于蒸发。使用蒸发皿蒸发液体时，蒸发皿内所盛液体的体积不得超过总容量的2/3，若待蒸发液体较多，则可随着液体的被蒸发而不断地添补。随着蒸发过程的进行，溶液浓度增加，蒸发到一定的程度后冷却，就可析出晶体。当物质的溶解度较大且随温度的下降而变小时，只要蒸发到溶液出现晶膜即可停止。当物质的溶解度随温度变化不大时，为了获得较多的晶体，需要在晶膜出现后继续蒸发。但是由于晶膜妨碍继续蒸发，应不时地用玻璃棒将晶膜打碎。若希望得到好的结晶(大晶体)，则不宜过度浓缩。

2. 结晶

当溶液蒸发到一定的程度冷却后就有晶体析出，这个过程叫做结晶。析出晶体颗粒的大小与外界环境条件有关。若溶液浓度较高，溶质的溶解度较小，快速冷却并加以搅拌(或用玻璃棒摩擦容器器壁)，都有利于析出细小晶体。反之，若让溶液慢慢冷却或静置有利于生成大晶体，特别是加入一小颗晶体(晶种)时更是如此。从纯度来看，缓慢生长的大晶体纯度较低，快速生成小晶体时由于不易裹入母液及别的杂质而纯度较高。但是当晶体太小且大小不均匀时，会形成稠厚的糊状物，携带母液过多导致难以洗涤而影响纯度。因此晶体颗粒的大小要适中、均匀才有利于得到高纯度的晶体。

当第一次得到的晶体纯度不符合要求时，重新加入尽可能少的溶剂溶解晶体，然后再蒸发、结晶、分离，得到纯度较高的晶体的过程叫做重结晶。根据情况有时需要多次结晶。

进行重结晶操作时，溶剂的选择非常重要，只有被提纯的物质在所选的溶剂中具有高的溶解度和温度系数，才能使损失减少到最低水平。同时所选的溶剂对于杂质而言，或者是不溶解的，可通过热过滤而除去；或者是很容易溶解的，溶液冷却时，杂质保留在母液中，普通过滤时，除去。

重结晶操作的一般步骤如下：

(1) 溶液的制备

根据待重结晶物质的溶解度，加入一定量所选定的溶剂(若溶解度大、温度系数大，则加入少量某温度下可使固体全溶的溶剂；若溶解度和温度系数均小，则应多加溶剂)，加热使其全溶。这个过程可能较长，不要随意添加溶剂，若需要脱色，则可加入一定量的活性炭。

(2) 热溶液过滤

若无不溶物此步可以省去，需要热过滤时，应防止在漏斗中结晶。

(3) 冷却

为了得到较好的结晶，一般情况下为缓慢冷却。

(4) 抽滤及干燥

将固体和液体分离，选择合适的洗涤剂洗去杂质和溶剂，干燥。

3. 冷却

常用的冷却方法有自然冷却、流水冷却、冷却剂冷却等。

(1) 自然冷却

将热的物质在空气中放置一段时间会自然冷却至室温。

(2) 流水或吹风冷却

当进行快速冷却时，将盛有被冷却物质的容器倾斜，放在冷水流中冲淋或用鼓风机吹风冷却。

(3) 冷却剂冷却

根据冷却温度和要带走热量的多少选择合适的冷却剂。常用的冷却剂有水(最常用的冷却剂，价廉、热容量大)、冰-水混合物(可冷至 0～5℃)、冰-盐混合物(一般冰和盐按 3∶1 混合，可冷至－18～－5℃)、干冰(固态 CO_2，可冷至－60℃，加适当的溶剂如丙酮，可冷至－78℃)、液氮(可冷至－195.8℃)。

① 冰水冷却。若需将物质冷却至冰点，可将盛有物质的容器直接放置在冰水浴中。若水的存在对反应无影响，也可将碎冰直接放入反应物中。

② 冰盐混合物冷却。如需冷却至冰点以下的温度，可采用冰盐浴。常用的有食盐与碎冰的混合物、六水合氯化钙与碎冰的混合物，所能达到的温度由冰盐的比例和盐的种类决定。常用的制冷剂及所达到的温度如表 1-13 所示。

表 1-13 常用的制冷剂及所达到的温度

制冷剂	制冷温度/℃	制冷剂	制冷温度/℃
30 份 NH_4Cl＋100 份水	－3	125 份 $CaCl_2 \cdot 6H_2O$＋100 份碎冰	－40
29 份 NH_4Cl＋18 份 KNO_3＋冰水	－10	150 份 $CaCl_2 \cdot 6H_2O$＋100 份碎冰	－49
1 份 NaCl＋3 份冰水	－21	5 份 $CaCl_2 \cdot 6H_2O$＋4 份碎冰	－55
100 份 NH_4NO_3＋100 份水	－12	干冰＋乙醇	－72

视频

固液分离

③ 干冰冷却。干冰与乙醚或丙酮等易挥发液体混合，可以提供－77℃左右的低温浴。注意干冰不能储存于密封容器中，以防因干冰升华产生压力而引起爆炸。接触干冰时一定要使用手套或其他遮蔽物，以防冻伤。

三、固、液分离操作

常用的固、液分离方法有过滤法、离心分离法和倾析分离法等。

(一) 过滤法

过滤法是分离沉淀和溶液最常用的操作方法,包括常压过滤、减压过滤和热过滤等。溶液的温度、黏度、过滤时的压力、过滤器孔隙的大小及沉淀物的性质均影响过滤速度。选用不同的方法过滤时,应综合考虑上述各种因素,如表 1-14 所示。

表 1-14　影响过滤速度的因素

影响因素	结　果	影响因素	结　果
温度	热溶液较易过滤	胶体	胶体可穿过滤纸,将滤纸孔隙堵住,难以过滤
黏度	溶液的黏度越大越难过滤	孔隙	滤纸的孔隙越大,过滤得越快
压力	减压比常压过滤快		

1. 常压过滤

(1) 玻璃漏斗及滤纸的选择

玻璃漏斗应选择使用锥体角度为 60°并且漏斗下管又有一定的长度的,如图 1-23 所示。滤纸有定量和定性两种,同时按孔隙的大小,滤纸又可分为"快速""中速"和"慢速"三种。应根据实际情况和实验要求选用不同的滤纸和漏斗。

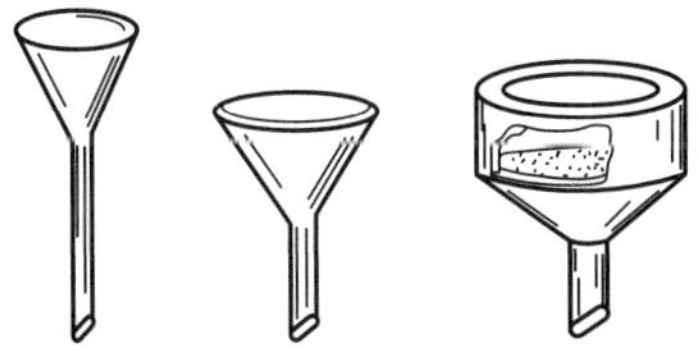

图 1-23　漏斗的选择

视频

滤纸的叠放(玻璃漏斗)

将一张圆形滤纸对折两次,打开成圆锥形,将滤纸打开为一边三层,一边一层,调节滤纸的圆锥形角度与漏斗的角度相当,在三层滤纸的外面两层处剪去一角,使三层滤纸的那边紧贴漏斗,如图 1-24 所示。使滤纸的边缘比漏斗的边缘稍低约 0.5 cm,然后用少量的蒸馏水将滤纸润湿,使滤纸与漏斗壁紧贴在一起,用玻璃棒轻压滤纸,赶走滤纸与漏斗壁间的气泡。加水至滤纸边缘,此时漏斗颈应充满水,形成水柱(若不能形成完整的水柱,可一边用手指堵住漏斗下口,一边稍稍翘起三层那一边的滤纸,在滤纸和漏斗间加水,使漏斗颈和锥体大部分被水充满后,一边轻轻按下掀起的滤纸,一边缓慢放开堵住出口的手指,即可形成水柱)。在全部过滤过程中,为了使过滤速度较快,漏斗颈必须一直被液体充满。

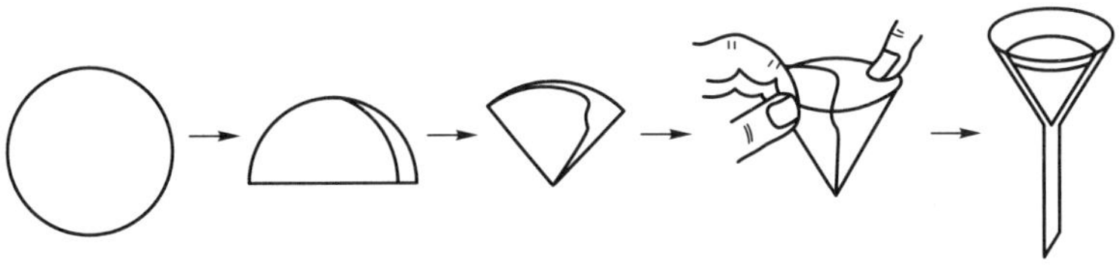

图 1-24　滤纸的折叠

(2) 过滤操作

将准备好的漏斗放在漏斗架上,漏斗出口尖端处与接受器的内壁接触。若是使用烧杯作接受器,漏斗出口要靠在烧杯内壁,如图 1-25(a)所示。

过滤时应注意以下几方面:

① 先转移溶液后转移沉淀,这样就不会由于沉淀堵塞滤纸孔隙而减慢过滤速度。

视频

倾泻(注)法过滤

视频

沉淀的洗涤

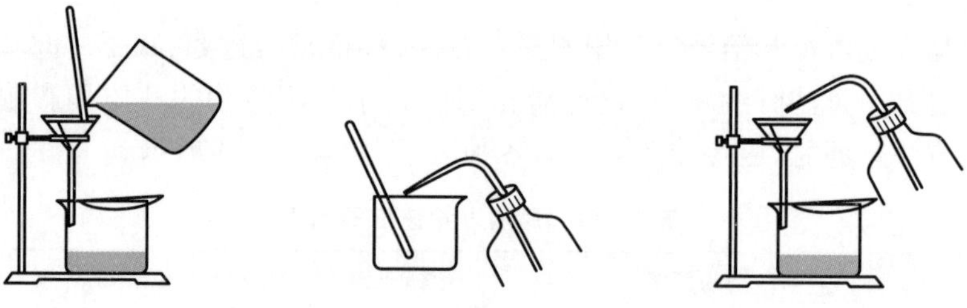

(a) (b) (c)

图 1-25 常压过滤

② 转移溶液时,应用玻璃棒引流,玻璃棒下端对着三层滤纸处,尽量靠近但不要接触。

③ 加入漏斗的溶液不要超过滤纸高度的 2/3。

④ 若沉淀需要洗涤,如图 1-25(b)所示,待溶液转移完以后,再加入洗涤剂,搅拌沉淀,将清液转移到漏斗中,重复操作数次。最后加入少量洗涤剂,把沉淀搅起,将沉淀和溶液一起转入漏斗,此时每次转移沉淀的量不能超过滤纸高度的 2/3,以便收集沉淀。也可以将沉淀转移到滤纸上,用洗瓶加洗涤剂来洗涤沉淀,洗涤沉淀时应注意遵循少量多次的原则以提高洗涤效率,如图 1-25(c)所示。如图 1-26 所示为沉淀的洗涤。最后检查滤液中的杂质,判断沉淀是否洗净。如图 1-27所示为常压过滤常见的错误操作。

图 1-26 沉淀的洗涤

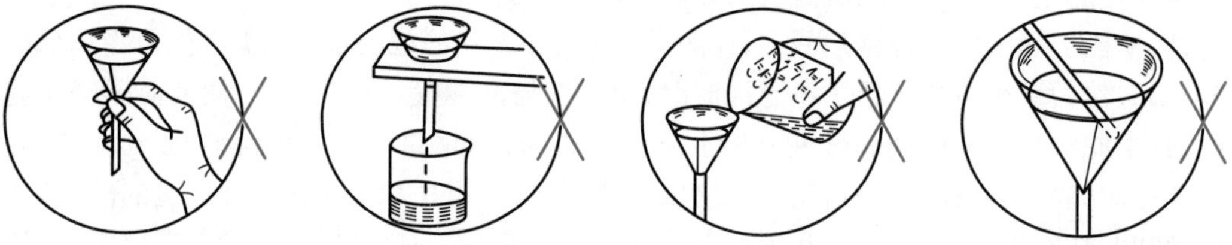

(a) 手拿漏斗 (b) 漏斗高悬 (c) 直接倒入 (d) 玻璃棒位置错

图 1-27 常压过滤常见的错误操作

2. 减压过滤

减压过滤是采用真空泵抽气使过滤器两边产生压差而快速过滤并抽干沉淀上溶液的过滤方法,它不适宜过滤细小颗粒的晶体沉淀和胶体沉淀,前者会堵塞滤纸孔而难以过滤,后者会透过滤纸且堵塞滤纸孔。

减压过滤装置由吸滤瓶、布氏漏斗、真空泵等组成,如图 1-28 所示。

(1) 剪贴滤纸

将滤纸剪成比布氏漏斗略小但又能盖住瓷板上所有小孔的圆,平铺在瓷板上,以少量的水将滤纸润湿,打开真空泵,轻按布氏漏斗,使滤纸紧贴在瓷板上。

(2) 过滤

先将澄清的溶液以玻璃棒引流入布氏漏斗中,溶液量不要超过漏斗体积的 2/3,布氏漏斗斜口对准吸滤瓶支管口。打开真空泵,用手紧按布氏漏斗,待溶液过滤完以后再将

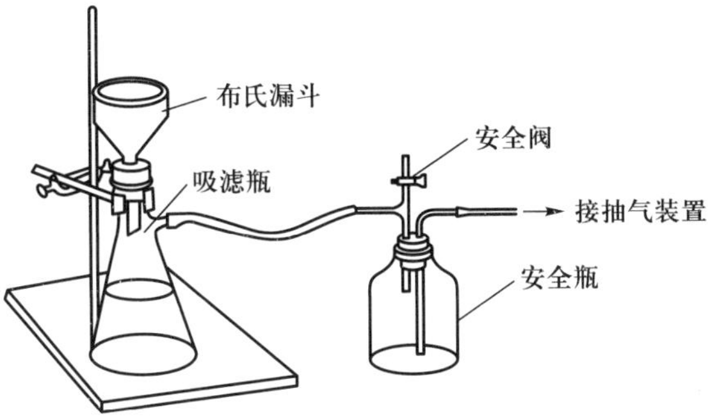

图 1-28 减压过滤装置

动画 布氏漏斗

动画 抽滤

沉淀转入漏斗，抽滤至干，沉淀平铺在瓷板的滤纸上。

(3) 沉淀的洗涤和抽干

洗涤布氏漏斗内的沉淀，先应停止抽滤，然后加入少量洗涤液，让它缓缓通过沉淀，再打开真空泵，轻按布氏漏斗抽吸。最后，紧按布氏漏斗抽干沉淀，此时可用一个干的平顶塞挤压沉淀帮助抽干。

(4) 沉淀的取出

把布氏漏斗取下，将漏斗颈口向上，用手轻敲布氏漏斗边或用玻璃棒轻揭滤纸边，把沉淀转移至预先准备好的滤纸上。根据沉淀物质的性质，选用晾干或烘干的方法使其干燥。

3. 热过滤

如果溶液的溶解度明显地随温度的降低而降低，但又不希望它在过滤过程中析出晶体，可采用热过滤。其方法是把玻璃漏斗放在铜质的热漏斗内，热漏斗内装热水以保持溶液的温度，趁热过滤。热过滤要用菊花形滤纸，以加快过滤速度。

菊花形滤纸的折法：把滤纸对折再对折，如图 1-29 所示 1、2、3 折痕，然后 1 和 3、2 和 3 重合分别得 5、4 折痕，再使 1 和 4、2 和 5 重合分别得 7、6 折痕，1 和 5、2 和 4 重合分别得 9、8 折痕。在相邻两折痕之间从折痕的相反方向再顺序对折一次，然后展开滤纸成两层扇面状，再把两层展开成菊花形，但在图中有箭号的两处还得再向内对折一小折即成。注意，折叠时不要每次把尖嘴压得太紧，以防过滤时滤纸中心处易被穿透。

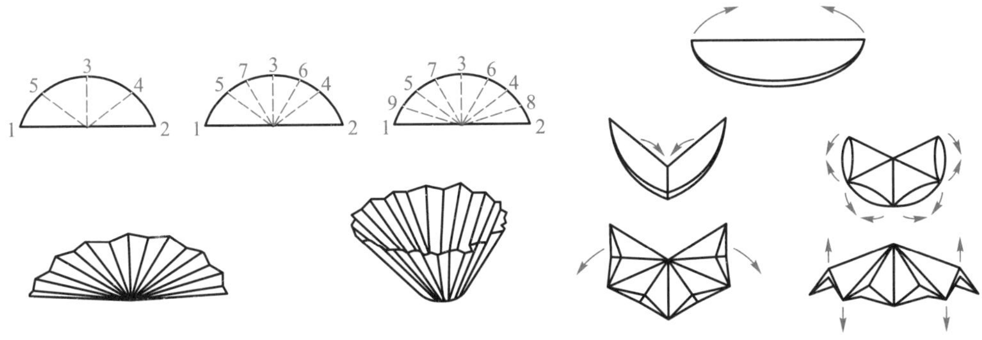

图 1-29 菊花形滤纸的折叠

使用时把滤纸打开并整理好，放在热漏斗中，使其边缘比漏斗边缘低 0.5 cm 左右，然后放入热漏斗中保温趁热过滤，如图 1 - 30 所示。注意：不得先润湿滤纸，否则会变形。由于这种滤纸与溶液的接触面积是普通折叠法的 2 倍，所以过滤速度较快。其缺点是留在滤纸上的沉淀不易收集，因此适用于弃去沉淀的过滤。

动画

电动离心机

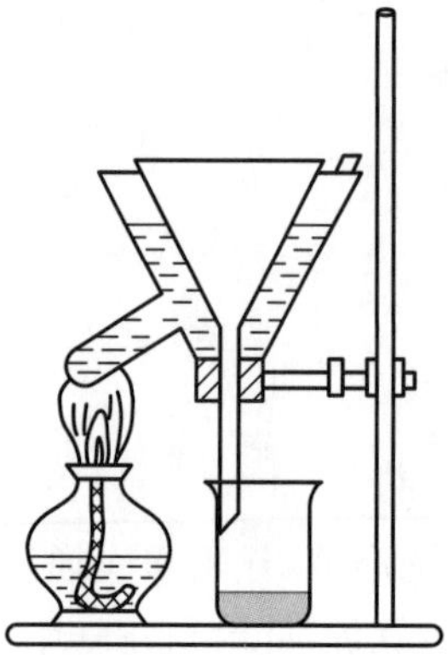

图 1 - 30　热过滤装置

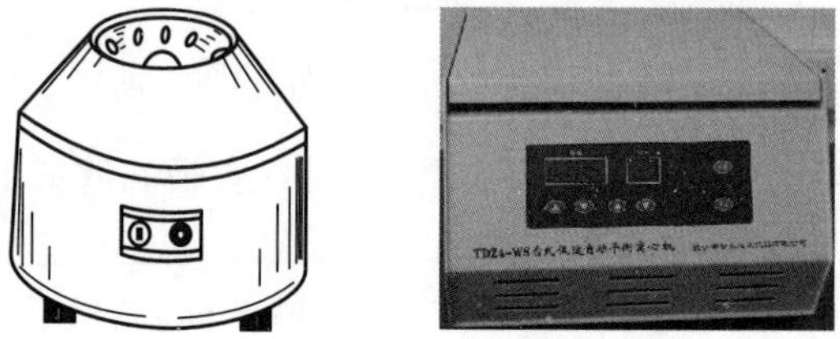

(a)　(b)

图 1 - 31　电动离心机

（二）离心分离法

当分离试管中少量的溶液和沉淀，且用一般的方法过滤会使沉淀粘在滤纸上难以取下时，可用离心分离法代替过滤。离心分离法操作简单而迅速，实验室常用电动离心机进行沉淀与溶液的分离，如图 1 - 31(a)、(b)所示。

操作时，将盛有沉淀的离心试管放入离心机的套管内，与之相对称位置的另一套管内装入一支盛有相同容积水的离心试管，以使离心机的两臂保持平衡，运行稳定。然后盖上盖子，开启电源开关，调整转速由慢到快(不要过快)，转动 1～3 min，关闭电源，待离心机自然停下(切勿用手或其他方法强制离心机停止转动，否则离心机容易损坏，且易发生危险)，取出离心试管。

通过离心作用，沉淀紧密地积聚于离心试管的底部，上方是澄清的溶液。为了使固液分离，用左手拿着或斜持离心试管，右手拿滴管，用手指捏紧滴管的橡胶帽以排出其中的空气，然后轻轻插入清液中(滴管尖端不得接触沉淀)，吸去清液，如图 1 - 32(a)、(b)所示。如沉淀需洗涤，可加少量洗涤液，用尖头玻璃棒充分搅拌，再进行离心分离，如此 2～

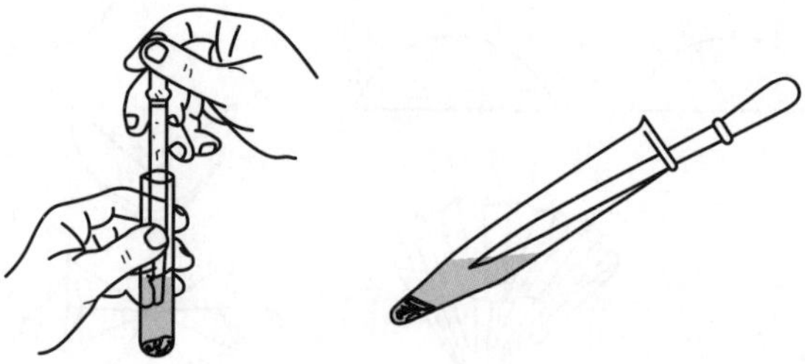

(a)　(b)

图 1 - 32　用滴管吸出沉淀上的溶液

3 次，洗涤沉淀时洗涤剂用量约是沉淀体积的 3 倍。

（三）倾析分离法

当沉淀的结晶颗粒相对较大或相对密度较大，静置后能够较快地降至容器底部时，可用倾析法分离和洗涤沉淀，如图 1－33 所示。具体做法是：待溶液和沉淀分层后，倾斜容器，将上部清液沿玻璃棒小心倾入另一容器，即达到分离的目的。若沉淀需要洗涤，则往盛有沉淀的容器中加入少量洗涤剂，充分搅拌后，静置让沉淀沉下，倾去洗涤剂。重复操作 3 次，即可将沉淀基本洗干净。

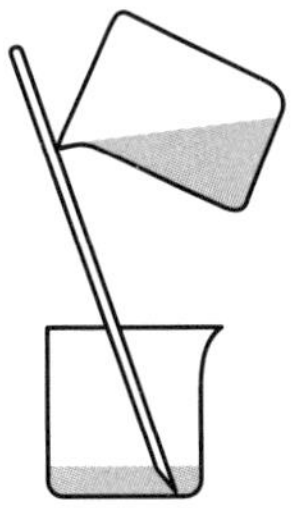

图 1－33　倾析分离法

思考与训练

1. 举例说明不同的玻璃仪器和不同的污物要选择不同的洗涤剂，采用不同的洗涤方法。
2. 带有刻度的计量仪器应怎样洗涤和干燥？
3. 玻璃仪器洗净的标志是什么？
4. 重结晶要经过哪些步骤？进行重结晶操作时选择溶剂应注意什么？
5. 如何证实重结晶后的晶体是纯净的？
6. 怎样能加快固体物质的溶解？
7. 常用的过滤方法有哪些？这些方法使用的主要仪器有什么？
8. 减压过滤操作应注意什么？
9. 将溶液进行热过滤时，为什么要尽可能减少溶剂的挥发？如何减少其挥发？
10. 使用布氏漏斗过滤后洗涤产品要注意哪些问题？如果滤纸大于布氏漏斗底面会有什么问题？
11. 抽气过滤收集晶体时，为什么要先打开安全瓶放空旋塞再关闭水泵？

本章小结

一、原子核外电子的运动状态

1. 核外电子的波粒二象性

微观粒子都具有波粒二象性。电子的运动状态符合不确定性原理，即不能同时测定电子的位置和动量。

核外电子运动能量的量子化，是指电子运动的能量只能取一些不连续的能量状态，又称为电子的能级。轨道不同，能级不同。离核较近、能量较低的状态为基态，其余的状态称为激发态。

2. 波函数和原子轨道

波函数、原子轨道为同义词，表示电子在核外空间运动的一种状态。描述核外电子运动状态的数学方程，称为薛定谔方程。

3. 概率密度和电子云

电子在原子核外空间单位体积内出现的概率，称为概率密度。常用密度不同的小黑点来表示，这种图像称为电子云。电子在原子核外空间出现的概率和波函数 ψ 的平方成正比。

4. 四个量子数

表征电子运动状态的一些特定物理量称为量子数。

（1）主量子数 n　主量子数是描述电子所属电子层离核远近的参数。

（2）角量子数 l　角量子数是描述电子所处能级（或亚层）的参数。

（3）磁量子数 m　磁量子数是描述电子所属原子轨道的参数。

（4）自旋量子数 m_s　自旋量子数是描述电子自旋状态的参数。

二、原子核外电子的排布

1. 泡利不相容原理

2. 能量最低原理

3. 洪特规则

4. 屏蔽效应和钻穿效应

屏蔽效应使得核对电子的吸引力减小，因而电子具有的能量增大。电子克服其他电子的屏蔽，钻到离核较近的空间的能力称为钻穿效应。

三、元素周期律

元素的最外层电子排布呈周期性变化，元素的性质也呈现周期性变化，称为元素周期律。元素周期律的图表形式称为元素周期表。

1. 周期

元素所在的周期序数，等于该元素原子外层电子所处的最高能级组序数，也等于该元素原子最外电子层的主量子数。

能级组＝周期数，共 7 个周期。

2. 族

元素周期表中的纵行，称为族，一共有 18 个纵行，分为 16 个族：8 个主族，ⅠA～ⅧA，其中ⅧA 族也可写成 0 族，价层电子构型为 $ns^{1\sim2}np^{0\sim6}$；8 个副族，ⅠB～ⅧB，其中ⅧB 族也可写成Ⅷ族。副族元素又称为过渡元素，镧系和锕系元素统称为内过渡元素。

3. 区

根据元素原子的核外电子排布的特征，分为 s、p、d、ds、f 五个区。

4. 元素性质的周期性

元素的有效核电荷、原子半径、电离能、电子亲和能、电负性、金属性同周期从左到右，以及同族从上到下呈周期性变化。

主族元素的基本性质的变化规律较强，副族元素的基本性质的变化幅度较小，且规律性较差。

思考与练习题答案

思考与练习题

1. 在下列各题中，填入合适的量子数。

(1) $n=$________，$l=3$，$m=2$，$m_s=\pm1/2$。

(2) $n=4$，$l=$________，$m=2$，$m_s=\pm1/2$。

(3) $n=2$，$l=$________，$m=0$，$m_s=\pm1/2$。

(4) $n=3$，$l=0$，$m=$________，$m_s=\pm1/2$。

(5) $n=4$，$l=2$，$m=0$，$m_s=$________。

2. 完成下表(不看周期表)。

原子序数 Z	电子层结构	价层电子构型	区	周期	族	金属或非金属
	$[Ne]3s^2 3p^5$					
		$4d^5 5s^1$				
				6	ⅡB	
43						

3. 用元素符号填空(可以是一种或多种元素)。

(1) 最活泼的金属元素是____________。

(2) 最活泼的气态非金属元素是________。

(3) 最不易吸引电子的元素是________。

(4) 第一电离能最大的元素是________。

(5) 第四周期中元素的基态原子未成对电子数最多的是________。

(6) 第二周期、第三周期、第四周期元素的基态原子中，p 轨道中半充满的元素是________。

(7) 电负性相差最大的元素是________和________。

4. 电子运动和光的波动性理论联系起来，提出了描述原子核外电子运动状态的数学方程，称为________。

5. 角量子数相同时，主量子数越大，轨道的能量(或能级)________。主量子数相同时，角量子数越大，轨道的能量(或能级)________。

6. 量子数 n、l 和 m 不能决定(　　)。

A. 原子轨道的能量　　B. 原子轨道的形成

C. 原子轨道的数目　　D. 电子的数目

7. 用量子数描述的下列亚层中，可以容纳电子数最多的是(　　)。

A. $n=2, l=1$　　B. $n=3, l=2$　　C. $n=4, l=3$　　D. $n=5, l=0$

8. 铜原子的价层电子排布式为(　　)。

A. $3d^9 4s^2$　　B. $3d^{10} 4s^1$　　C. $3d^6 4s^2$　　D. $3s^1 3d^{10}$

9. 某基态原子的第六电子层只有 2 个电子时，其第五电子层上的电子数为(　　)。

A. 8　　B. 18　　C. 8～18　　D. 8～32

10. 元素性质的周期性取决于(　　)。

A. 原子中核电荷数的变化　　B. 原子中价电子数目的变化

C. 元素性质变化的周期性　　D. 原子中电子排布的周期性

11. 某元素原子的价层电子构型为 $3d^5 4s^2$，它的原子中未成对电子数为(　　)。

A. 0　　B. 1　　C. 3　　D. 5

12. 性质最相似的两种元素是(　　)。

A. Mg 和 Al　　B. Zr 和 Hf　　C. Ag 和 Au　　D. Fe 和 Co

13. 已知某原子中的电子具有下列各组量子数(n、l、m、m_s)，试排出它们能量高低的顺序。

A. 3,2,1,+1/2　　B. 2,1,1,−1/2

C. 2,0,0,−1/2　　D. 3,1,−1,−1/2

14. 下列说法是否正确，为什么？

(1) 主量子数为 1 时，有两个方向相反的轨道。

(2) 主量子数为 2 时，有 2s、2p 两个轨道。

(3) 主量子数为 2 时，有 4 个轨道，即 2s、2p、2d、2f。

(4) 因为 H 原子中有 1 个电子，故它只有 1 个轨道。

(5) 当主量子数为 2 时，其角量子数只能取 1 个数，即 $l=1$。

(6) 在任何原子中，电子的能量只与主量子数有关。

15. 指出下列假设的电子运动状态(依次为 n、l、m、m_s)，哪几种不可能存在？为什么？

(1) 3、1、1、+1/2　　(2) 2、2、−2、+1　　(3) 2、0、+1、−1/2

(4) 2、−1、0、+1/2　　(5) 4、3、−2、1　　(6) −3、2、2、+1/2

16. 试判断下表中各元素原子的电子层中的电子数是否正确，错误的予以更正，并简要说明理由。

原子序数(Z)	K	L	M	N	O	P
19	2	8	9			
22	2	10	8	2		
30	2	8	18	2		
33	2	8	20	3		
60	2	8	18	18	12	2

17. 写出下列量子数相应的各类轨道的符号，并写出其在近似能级图中的前后能级所对应的轨道符号。

(1) $n=2, l=1$　(2) $n=3, l=2$　(3) $n=4, l=3$　(4) $n=2, l=0$

18. 某元素的原子序数为35，试回答以下问题。

(1) 其原子中的电子数是多少？有几个未成对电子？

(2) 其原子中填有电子的电子层、能级组、能级、轨道各有多少？价电子数有几个？

(3) 该元素属于第几周期、第几族？是金属还是非金属？最高氧化数是多少？

19. 满足下列条件之一的是什么元素？

(1) 某元素+2价离子和氩的电子构型相同。

(2) 某元素+3价离子和氟的−1价离子的电子构型相同。

(3) 某元素+2价离子的3d轨道为全充满。

20. 若元素最外层上仅有一个电子，该电子的量子数为 $n=4, l=0, m=0, m_s=+1/2$，问：

(1) 符合上述条件的元素可能有几种？原子序数各为多少？

(2) 写出各元素的原子核外电子排布式及其价层电子构型，以及在周期表中的区和族。

21. 已知元素A、B的原子的电子排布式分别为[Kr]$5s^2$和[Ar]$3d^{10}4s^24p^4$，A^{2+}和B^{2-}的电子层结构均与Kr相同。试推测：A、B的元素符号、原子序数及在周期表中的位置(区、周期、族)。

22. A、B两元素，A原子的M层和N层的电子数分别比B原子的M层和N层的电子数少7个和4个。写出A、B两原子的名称和电子排布式，指出推理过程。

23. 已知某元素在氪之前，在此元素的原子失去3个电子后，它的角量子数为2的轨道内电子恰巧为半充满，试推断该元素的原子序数及名称。

24. 有A、B、C、D四种元素，其价电子数依次为1、2、6、7，其电子层数依次增加一层，已知D^-的电子层结构与Ar原子的相同，A和B的次外电子层各有8个电子，C的次外电子层有18个电子。试判断这四种元素：

(1) 原子半径由小到大的顺序。

(2) 电负性由小到大的顺序。

(3) 金属性由弱到强的顺序。

第二章　分子结构

学习目标

知识目标

1. 掌握化学键、离子键、共价键、金属键的基本概念、形成过程和特征。
2. 了解 σ 键和 π 键、极性共价键和非极性共价键的特征。
3. 掌握杂化、杂化轨道的概念和杂化轨道的类型。
4. 掌握分子间力和氢键产生的原因；掌握分子间力和氢键对物质某些性质的影响。
5. 了解晶体的基本类型、结构特征及性质特点。

能力目标

1. 会利用杂化轨道的类型判断分子的空间构型。
2. 能根据分子间力和氢键说明其对物质性质的影响。
3. 能说明离子晶体、分子晶体、原子晶体、金属晶体的特性。

第一节 化 学 键

议一议

原子之间、离子之间、分子之间可能存在的相互作用力。

自然界中的物质(稀有气体除外)都是由元素的原子通过一定的化学键结合成分子或晶体的,化学上把分子或晶体中相邻原子(或离子)之间强烈的相互吸引作用力称为**化学键**。根据原子(或离子)间相互作用的方式不同,把化学键分为离子键、共价键、金属键三种基本类型。

一、离子键

【案例 2-1】 NaCl 是如何形成的?

(一) 离子键的形成

当电负性相差较大的两种元素的原子相互接近时,电子从电负性小的原子转移到电负性大的原子,从而形成了阳离子和阴离子,阴、阳离子靠静电引力结合在一起。**离子键**是靠阴、阳离子间的静电吸引作用而形成的化学键。近似地将阴、阳离子视为球形电荷,离子的电荷越大,离子电荷中心间的距离越小,离子间的引力则越强。阴、阳离子之间除有静电引力外,还有电子与电子、原子核与原子核之间的斥力。当阴、阳离子彼此接近到一定的距离时,它们之间的引力和斥力达到平衡,形成稳定的化合物。

由离子键形成的化合物叫做离子型化合物,简称离子化合物。阴、阳离子分别是离子键的两极,故离子键呈强极性。

【案例 2-1 解答】 NaCl 是通过离子键形成的。

(二) 离子键的特点

1. 离子键没有方向性和饱和性

由于离子的电荷分布是球形对称的,因此离子键没有方向性和饱和性。离子可以从任何方向吸引带相反电荷的离子,故无方向性。只要离子周围空间允许,它将尽可能多地吸引带相反电荷的离子,即无饱和性。

2. 离子键具有部分共价性

离子键具有部分共价性,即使由电负性相差最大的元素所形成的化合物,如氟化铯(CsF),其化学键都不是纯粹的离子键,离子性只占 92%。一般认为,当单键的离子性成分超过 50%时,此种化学键即为离子键,此时成键元素的电负性相差为 1.7。

议一议

在氯化钠(NaCl)晶体中,Na^+(或 Cl^-)的周围只排列 6 个 Cl^-(或 Na^+),这与离子键无饱和性是否矛盾?

(三) 离子的结构特征

1. 离子的电荷

离子是带电荷的原子或原子团。离子所带电荷的符号和数目取决于原子成键时得失电子的数目。

2. 离子的电子层结构

主族元素所形成的离子的电子层一般是饱和的,副族元素所形成的离子,其电子层是不饱和的。所有简单阴离子的电子层结构都是 8 电子构型,阳离子的构型分为以下几种。

(1) 2 电子构型,如 Li^+、Be^{2+}($1s^2$);

(2) 8 电子构型,如 K^+、Ba^{2+} 等(ns^2np^6);

(3) 18 电子构型,如 Ag^+、Sn^{4+} 等($ns^2np^6nd^{10}$);

(4) 18+2 电子构型,如 Sn^{2+}、Bi^{3+} 等[$ns^2np^6nd^{10}(n+1)s^2$];

(5) 9～17 电子构型,如 Fe^{2+}、Cu^{2+} 等($ns^2np^6nd^{1\sim9}$)。

3. 离子半径

阳离子的半径比相应的原子半径小,阴离子的半径比相应的原子半径大。电子层结构相同的离子,随核电荷数的逐渐增加,离子半径逐渐减小。

练一练

下列化合物中,具有离子键的化合物有哪些?

KCl、CH_4、NH_4Cl、$Ca(OH)_2$、H_2O、$MgCl_2$

二、共价键

【案例 2-2】 HCl、Cl_2 是如何形成的?

(一) 共价键的形成

1916 年,美国化学家路易斯(Lewis G N)提出化学键的概念。他认为,在分子中,两个原子是由于共用电子对吸引两个原子核而结合在一起的,电子成对并共用,每个原子都达到稳定的 8 电子结构。原子之间通过共用电子对所形成的化学键称为**共价键**。

现代价键理论是在用量子力学处理氢分子取得满意结果的基础上发展起来的,现代价键理论的基本要点如下。

1. 电子配对原理

自旋相反的未成对电子的原子相互接近时,可形成稳定的共价键。若原子中没有未成对电子,一般不能形成共价键。共价键的数目取决于原子中未成对电子的数目。例如,H 原子有 1 个未成对电子只能形成共价 H—H 或 H—Cl 单键。

2. 最大重叠原理

两原子成键时,若双方原子轨道重叠越多,则成键能力越强,所形成的共价键越牢固,这称为原子轨道最大重叠原理。

【案例 2-2 解答】 HCl、Cl_2 是通过共价键形成的。

动画
共价键的饱和性

动画
共价键的方向性

(二) 共价键的特点

1. 饱和性

一个原子含有几个未成对电子，就可以和几个自旋量子数不同的电子配对成键，或者说，原子能形成共价键的数目是受原子中未成对电子数目限制的，这就是共价键的饱和性。如 Cl 原子的电子排布为[Ne]$3s^2 3p^5$，3p 轨道上的电子排布是轨道中只有一个未成对电子。因此，它只能和另一个 Cl 原子或 H 原子中自旋方向相反的未成对电子配对，形成一个共价键，即形成 Cl_2 或 HCl 分子。

2. 方向性

在原子轨道中，除 s 轨道是球形对称、没有方向性外，p、d、f 轨道都具有一定的空间伸展方向。原子形成共价键时，在可能的范围内一定要采取沿着原子轨道最大重叠方向成键。轨道重叠越多，两核间电子的概率密度越大，形成的共价键就越牢固。如 HCl 分子中共价键的形成，是由 H 原子的 1s 轨道和 Cl 原子的 3p 轨道(如 $3p_x$ 轨道)重叠成键的，只有 s 轨道沿 p_x 轨道的对称轴(x 轴)方向进行才能发生最大的重叠，如图 2-1(a)所示。

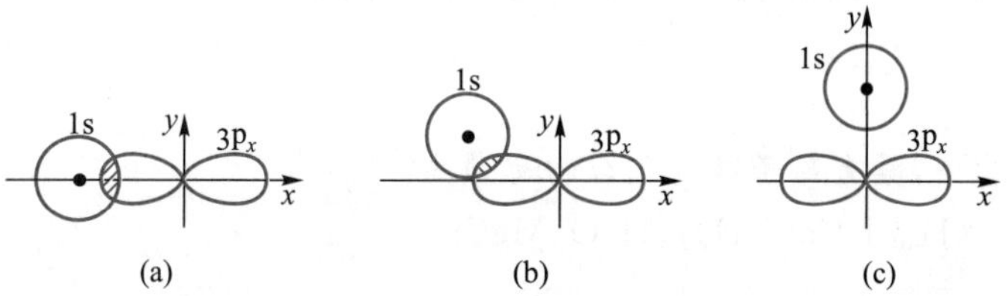

图 2-1 HCl 分子的形成

动画
σ 键和 π 键的形成

动画
N_2 分子的成键过程

议一议

为什么水分子是 H_2O，而不是 H_3O？根据最大重叠原理，原子轨道重叠越多，化学键越牢固吗？

(三) 共价键的类型

1. σ 键和 π 键

【案例 2-3】 N_2、CO 分子中存在哪些化学键？

根据成键时原子轨道重叠方式的不同，共价键可分为 σ 键和 π 键。

(1) σ 键

当成键原子轨道沿键轴(两原子核间的连线)方向靠近时，以“头碰头”方式进行重叠，重叠部分集中于两核之间，通过并对称于键轴，这种键称为 σ 键。形成 σ 键的电子称为 σ 电子。可形成 σ 键的原子轨道有 s-s 轨道重叠、s-p_x 轨道重叠和 p_x-p_x 轨道重叠。如图 2-2 所示的 H—H 键、H—Cl 键、Cl—Cl 键均为 σ 键。

(2) π 键

当两个成键原子轨道沿键轴方向靠近时，原子轨道以“肩并肩”方式进行重叠，重叠部分在键轴的两侧并对称于键轴垂直的平面，这样形成的键称为 π 键，如图 2－3 所示。形成 π 键的电子称为 π 电子。可发生这种重叠的原子轨道有 p_z-p_z，此外还有 p_y-p_y 和 p－d 等。

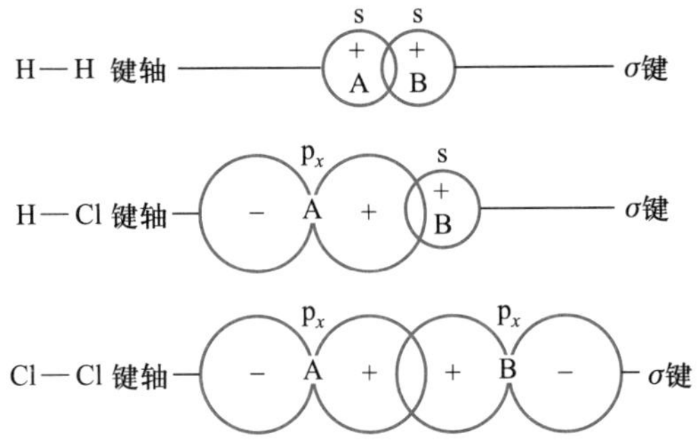

图 2－2　σ 键

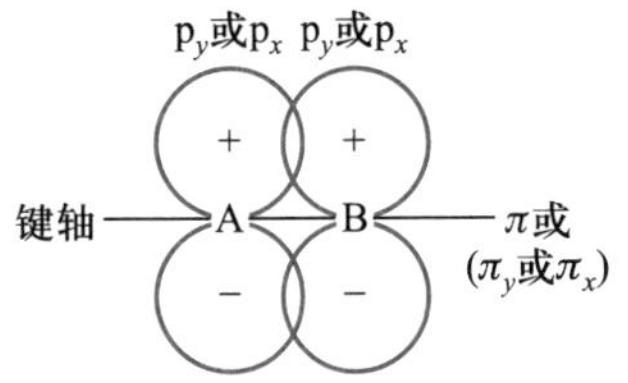

图 2－3　π 键

通常 π 键形成时原子轨道的重叠程度小于 σ 键，故 π 键没有 σ 键稳定，π 电子容易参与化学反应。σ 键与 π 键的比较如表 2－1 所示。

表 2－1　σ 键与 π 键的比较

键的类型	σ 键	π 键
轨道组成	由 s－s、s－p、p－p 原子轨道组成	由 p－p、p－d 原子轨道组成
成键方式	轨道以“头碰头”方式重叠	轨道以“肩并肩”方式重叠
重叠部分	沿键轴呈圆筒形对称，电子密集在键轴上	垂直于键轴呈镜面反对称，电子密集在键轴的上面和下面
存在形式	一般是由一对电子组成的单键	仅存在于双键或三键中
重叠程度	重叠程度大，键能大，稳定性高	重叠程度小，键能小，稳定性低
活泼性	不活泼	活泼

在共价化合物分子中，原子间若形成单键，必然是 σ 键，原子间若形成双键或三键时，除 σ 键外，其余则是 π 键。常见的普通共价化合物分子中，三键是原子间结合成多重价键的最高形式。

【案例 2－3 解答】 N_2、CO 分子中存在的化学键包括 1 个 σ 键和 2 个 π 键。

2. 非极性共价键和极性共价键

【案例 2－4】 CO_2、HCl、Cl_2、I_2 分子中存在的共价键类型是怎样的？

若化学键中正、负电荷中心重合，则键无极性，反之则键有极性。根据键的极性可将共价键分为非极性共价键和极性共价键。

由同种原子形成的共价键，如单质分子 H_2、O_2、N_2 等分子中的共价键，电子云在两核中间均匀分布（并无偏向），这类共价键称为**非极性共价键**。

另一些化合物如 HCl、CO、H_2O、NH_3 等分子中的共价键是由不同元素的原子形成的，由于元素的电负性不同，对电子对的吸引能力也不同，共用电子对会偏向电负性较大的元素的原子，使其带负电荷，而电负性较小的原子带正电荷，键的两端出现了正、负极，正、负电荷中心不重合。这样的共价键称为**极性共价键**。

键的极性大小取决于成键两原子的电负性差。电负性差越大，键的极性就越强。从极性大小的角度，可将非极性共价键和离子键看成是极性共价键的两个极端，或者说极性共价键是非极性共价键和离子键之间的某种过渡状态。

【案例 2－4 解答】 CO_2、HCl 分子中存在极性共价键，Cl_2、I_2 分子中存在非极性共价键。

（四）配位键

【案例 2－5】 NaCl、CH_4、NH_4Cl、NaOH 化合物中，具有共价键和配位键的离子化合物有哪些？

有一类特殊的共价键，其共用电子对是由成键原子中的某个原子单方提供的，另一个原子只提供空轨道，为成键原子双方所共用，这种键称为**配位共价键**，简称**配位键**或**配价键**，用“→”表示，箭头从提供共用电子对的原子指向接受共用电子对的原子。

形成配位键应具备两个条件：

(1) 成键原子的一方至少要含有一对孤对电子；

(2) 成键原子中接受孤对电子的一方要有空轨道。

所形成的配位键也分 σ 配位键和 π 配位键。配位键的形成方式和共价键有所不同，但成键后两者没有本质的区别。

此类共价键在无机化合物中大量存在，如 NH_4^+、SO_4^{2-}、PO_4^{3-}、ClO_4^- 等都含有配位共价键。

【案例 2－5 解答】 NH_4Cl。

（五）键参数

键参数是用于表征化学键性质的物理量，主要是对共价键而言，所以也称为共价键的键参数。常见的键参数有键能、键长和键角等，利用键参数可以判断分子的几何构型、分子的极性及热稳定性等。

1. 键能(E)

键能是衡量化学键强弱的物理量，它表示拆开一个键或形成一个键的难易程度。键能的定义是：在 298.15 K 和 100 kPa 条件下，断裂气态分子的单位物质的量的化学键(即 6.022×10^{23} 个化学键)，使它变成气态原子或基团时所需的能量，称为键能，用符号 E 表示，单位为 kJ/mol。例如：

$$HCl(g) = H(g) + Cl(g) \qquad E = 431\ kJ/mol$$

一般来说，键能越大，相应的共价键就越牢固，组成的分子就越稳定。一般化学键的键能在 125～630 kJ/mol 的范围内。常见共价键的键能如表 2－2 所示。

表 2-2　常见共价键的键能(298.15 K)

共价键	键能/($kJ\cdot mol^{-1}$)	共价键	键能/($kJ\cdot mol^{-1}$)	共价键	键能/($kJ\cdot mol^{-1}$)
H—H	436	F—F	158	Br—H	366
C—C	348	Cl—Cl	242	I—H	299
C=C	612	Br—Br	193	C—O	360
C≡C	837	I—I	151	C=O	743
Si—Si	176	C—H	412	C≡O	1077
N—N	163	Si—H	318	C—N	305
N=N	409	N—H	388	C=N	613
N≡N	944	P—H	322	C≡N	890
P—P	172	O—H	463	C—F	484
O—O	146	S—H	338	C—Cl	338
O=O	496	F—H	562	C—Br	276
S—S	264	Cl—H	431	C—I	238

2. 键长(l)

键长是分子或晶体中成键原子(离子)的核间平均距离。在不同的分子中,两原子间形成相同类型的化学键时,其键长是基本相同的。相同原子形成的共价键的键长,单键键长>双键键长>三键键长。键长越短,键能就越大,键就越牢固。

键长可以根据理论或经验方法计算而得。但现在可用 X 射线衍射、电子衍射、光谱等实验技术精确地测定各种键长。一些共价键的键长如表 2-3 所示。

表 2-3　一些共价键的键长

共价键	键长/pm	共价键	键长/pm	共价键	键长/pm	共价键	键长/pm
C—C	154	N≡N	110	Br—Br	228	H—I	160
C=C	134	H—H	74	I—I	267	H—O	96
C≡C	120	Si—Si	235	H—F	92	H—S	135
N—N	146	F—F	142	H—Cl	128		
N=N	120	Cl—Cl	199	H—Br	141		

3. 键角(α)

键角是分子中键与键之间的夹角,键角是反映分子空间结构的重要指标之一。一般知道一个分子的键长和键角,就可以推知该分子的几何构型。如 H_2O 分子中,两个 O—H 键之间的键角为 104.5°,则可断定 H_2O 分子的空间构型为角形(或 V 形)结构。根据分子中键的键角和键长,还可推断出其他的物理性质。

议一议

键能、键长和键角等键参数与分子的热稳定性和化学活泼性的关系。

第二节　分子空间结构

价键理论部分说明了分子中共价键的形成,而对像 $HgCl_2$、BF_3、CH_4 等分子的成键情况不能很好地说明,对分子的几何构型也无法解释。1931 年,鲍林和斯莱脱在价键理论的基础上,提出了杂化轨道理论。

【案例 2-6】 根据价键理论,C 原子只能与 H 原子形成 CH_2。但事实上,甲烷分子式是 CH_4,这是为什么?

一、杂化与杂化轨道

(一) 杂化

所谓杂化,就是原子形成分子时,由于原子间的相互影响,同一原子中几个能量相近的不同类型的原子轨道(即波函数),可以进行线性组合,重新分配能量和确定空间方向,组成数目相等的新原子轨道,这种轨道重新组合的方式称为**杂化**。

(二) 杂化轨道

杂化后形成的新轨道称为**杂化轨道**。轨道经杂化后,其角度分布及形状均发生了变化,如 s 轨道和 p 轨道杂化形成的杂化轨道,其电子云的形状既不同于 s 轨道(球形对称),也不同于 p 轨道(哑铃形),而是变成了电子云比较集中在一头的不对称形状,形成的杂化轨道一头大、一头小,成键时大的一头重叠,这样重叠程度最大,所以杂化轨道的成键能力比未杂化前更强,如图 2-4 所示,形成的分子也更加稳定。

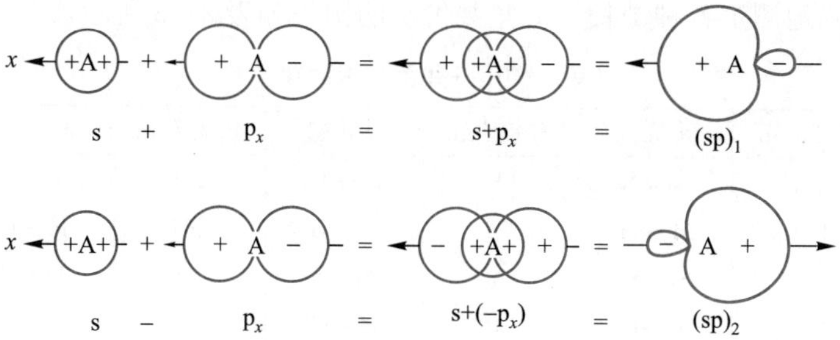

图 2-4　两个 sp 杂化轨道的形成和方向

多原子分子的空间构型可用杂化轨道理论来解释。

(1) 原子形成共价键时可利用杂化轨道成键。

(2) 杂化轨道是由能量相近的原子轨道组合而成的。

主族元素的 ns、np、nd 可杂化而成一组新轨道,副族元素的($n-1$)d、ns、np 或 ns、np、nd 也可杂化而成一组新轨道,因为这些轨道的能级较接近。

(3) 杂化轨道的数目等于参与杂化的原来的原子轨道数目(n 个原子轨道杂化就形成 n 个杂化轨道)。

(4) 运用杂化轨道成键可以满足轨道最大重叠原理。

【案例 2-6 解答】 C 与 H 形成 CH_4 时,C 原子是以 4 个杂化轨道与 4 个 H 原子形成 4 个 C—H 键。

二、杂化轨道的类型

【案例 2-7】 下列关于 CO_2 的描述正确的是(　　)。

A. sp^2 杂化,平面三角形　　B. sp^3 杂化,正四面体

C. sp 杂化,直线形　　D. sp 杂化,平面三角形

参与杂化的原子轨道的类型、数目不同,形成的杂化轨道数目、类型、空间构型也不同。在形成的几个杂化轨道中,若它们的能量相等、成分相同,则称为**等性杂化**。通常只有单电子的轨道或不含电子的空轨道之间的杂化是等性杂化。等性杂化轨道的空间构型与分子的空间构型相同。反之,若形成的杂化轨道的能量和成分不同,称为**不等性杂化**。如有孤电子对轨道参加的杂化是不等性杂化。不等性杂化轨道的空间构型与其分子的空间构型不同。

动画 s-p 杂化

(一) sp 杂化

同一原子的 1 个 s 轨道和 1 个 p 轨道之间进行杂化,形成 2 个等价的 sp 杂化轨道的过程称为 sp 杂化。每个杂化轨道中含(1/2)s 轨道和(1/2)p 轨道的成分。sp 杂化轨道间的夹角为 180°。两个 sp 杂化轨道的对称轴在同一条直线上,只是方向相反。因此,当两个 sp 杂化轨道与其他原子的原子轨道重叠成键时,形成直线形分子。

例如,$HgCl_2$ 分子的形成,如图 2-5 所示。Hg 原子的价层电子构型为 $5d^{10}6s^2$,成键时 1 个 6s 轨道上的电子激发到空的 6p 轨道上(成为激发态 $6s^16p^1$),同时发生杂化,组成 2 个新的等价的 sp 杂化轨道,sp 杂化轨道间的夹角为 180°,呈直线形。Hg 原子就是通过这样 2 个 sp 杂化轨道和 2 个氯原子的 p 轨道重叠形成 2 个 σ 键的,从而形成了 $HgCl_2$ 分子,$HgCl_2$ 分子具有直线形的几何构型。

动画 sp 杂化

$BeCl_2$ 及ⅡB 族元素的其他 AB_2 型直线分子的形成过程与上述过程相似。

(二) sp^2 杂化

同一原子的 1 个 s 轨道和 2 个 p 轨道进行杂化,形成 3 个等价的 sp^2 杂化轨道,每个杂化轨道中含(1/3)s 轨道和(2/3)p 轨道的成分。sp^2 杂化轨道间的夹角为 120°,3 个杂化轨道呈平面三角形分布。

动画 sp^2 杂化

例如,BF_3 分子的形成如图 2-6 所示。B 原子的价层电子构型为 $2s^22p^1$,只有 1 个未成对电子,成键过程中 2s 的 1 个电子激发到 2p 空轨道上(成为激发态 $2s^12p_x^12p_y^1$),同时发生杂化,组成 3 个新的等价的 sp^2 杂化轨道,sp^2 杂化轨道间的夹角为 120°,呈平面三角形。3 个 F 原子的 2p 轨道以“头碰头”方式与 B 原子的 3 个杂化轨道的大头重叠,形成 3 个 σ 键,从而形成了 BF_3 分子,BF_3 分子的几何构型为平面三角形。

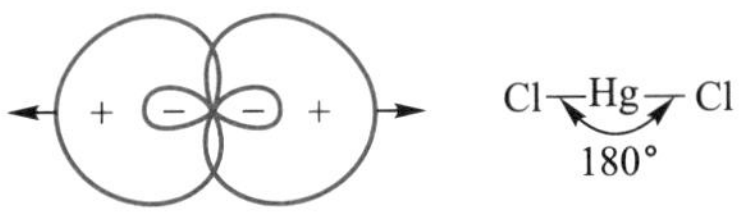

图 2-5　sp 杂化轨道的分布与分子的几何构型

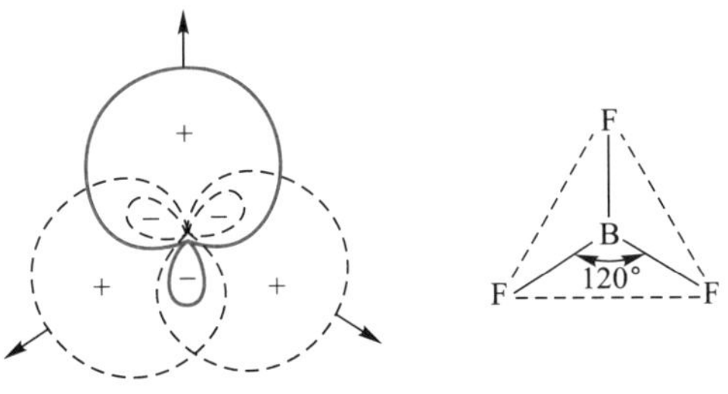

图 2-6　sp^2 杂化轨道的分布与分子的几何构型

动画

sp^3 杂化

动画

CH_4 分子的成键过程

（三）sp^3杂化

同一原子的 1 个 s 轨道和 3 个 p 轨道间的杂化，形成 4 个等价的 sp^3 杂化轨道，每个杂化轨道含(1/4)s 轨道和(3/4)p 轨道的成分。4 个杂化轨道分别指向正四面体的 4 个顶点，轨道间的夹角均为 109°28′。

例如，CH_4分子的形成如图 2－7 所示。C 原子的价层电子构型为 $2s^2 2p^2$（即 $2s^2 2p_x^1 2p_y^1$），只有 2 个未成对电子，在成键过程中，经过激发，成为 $2s^1 2p_x^1 2p_y^1 2p_z^1$，同时发生杂化，组成 4 个新的等价的 sp^3 杂化轨道。sp^3 杂化轨道间的夹角为 109°28′，呈正四面体形。4 个 H 原子的 s 轨道以“头碰头”方式与 C 原子的 4 个杂化轨道的大头重叠，形成 4 个 σ 键，从而形成了 CH_4分子，CH_4分子的几何构型为正四面体形。

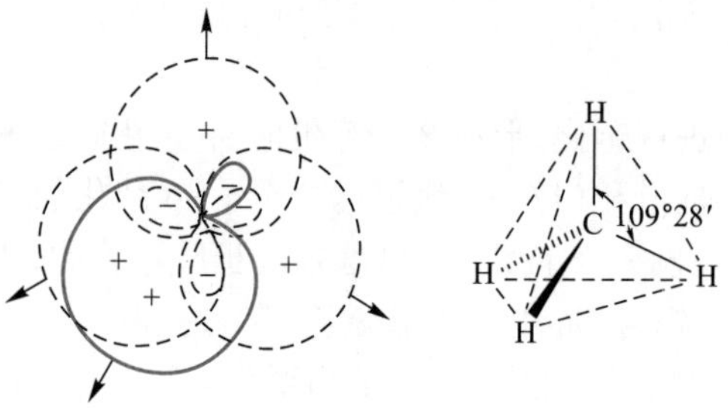

图 2－7　sp^3杂化轨道的分布与分子的几何构型

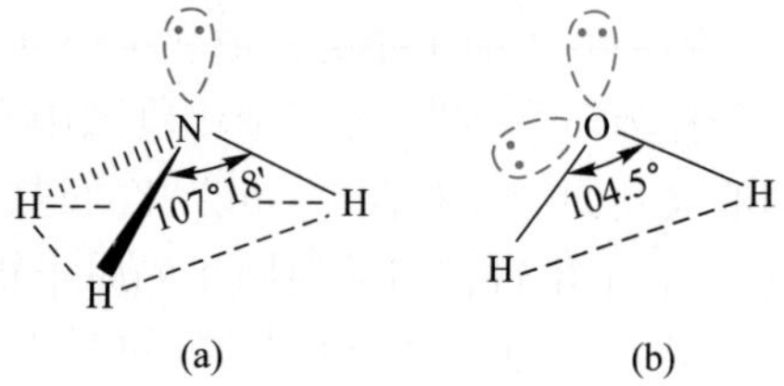

图 2－8　NH_3和 H_2O 的几何构型

（四）sp^3不等性杂化

如果在杂化轨道中有不参加成键的孤对电子存在，使所形成的各杂化轨道的成分和能量不完全相等，这类杂化即不等性杂化。

例如，NH_3和 H_2O 分子中的 N、O 原子就是以不等性 sp^3 杂化轨道进行成键的。实验测定 NH_3为三角锥形，键角为 107°18′，略小于正四面体时的键角。N 原子的价层电子构型为 $2s^2 2p^3$，它的 1 个 s 轨道和 3 个 p 轨道进行杂化，形成 4 个 sp^3 杂化轨道。其中 3 个杂化轨道各有 1 个成单电子，第 4 个杂化轨道则被成对电子所占有。3 个具有成单电子的杂化轨道分别与 H 原子的 1s 轨道重叠成键，而成对电子占据的杂化轨道不参与成键。在不等性杂化中，由于成对电子没有参与成键，则离核较近，故其占据的杂化轨道所含 s 轨道成分较多，p 轨道成分较少，其他成键的杂化轨道则相反。因此，受成对电子的影响，键的夹角小于正四面体中键的夹角，如图 2－8(a)所示。

H_2O 分子的形成与此类似，其中 O 原子也采取 sp^3 不等性杂化，只是 4 个杂化轨道中有 2 个被成对电子所占有。成键电子所含 p 轨道成分更多，其键的夹角也更小，为 104.5°，分子为角形（或 V 形），如图 2－8(b)所示。

杂化轨道类型与空间构型之间的关系如表 2－4 所示。

表 2－4　杂化轨道类型与空间构型之间的关系

杂化类型	sp	sp^2	sp^3	dsp^2	sp^3d	sp^3d^2
用于杂化的原子轨道数	2	3	4	4	5	6

续表

杂化轨道数目	2	3	4	4	5	6
杂化轨道间夹角	180°	120°	109°28′	90°、180°	120°、90°、180°	90°、180°
空间构型	直线	平面三角形	四面体	平面四方形	三角双锥	八面体
实例	$BeCl_2$ CO_2 $HgCl_2$	BF_3 BCl_3 NO_3^- CO_3^{2-}	CH_4 CCl_4 $CHCl_3$ ClO_4^-	$Ni(H_2O)_4^{2+}$ $Ni(NH_3)_4^{2+}$ $Cu(NH_3)_4^{2+}$ $CuCl_4^{2-}$	PCl_5	SF_6 SiF_6^{2-}

【案例 2-7 解答】 C。

第三节　分子间力

一、分子的极性和变形性

【案例 2-8】 $BeCl_2$、BCl_3、CH_4、NH_3、$HgCl_2$分子中为极性分子的是哪一个？

(一) 分子的极性

任何以共价键结合的分子中，都存在带正电荷的原子核和带负电荷的电子，在分子中正、负电荷分别集中于一点，称为正、负电荷中心，即“+”极和“-”极。如果两个电荷中心之间存在一定的距离，即形成偶极，这样的分子就有极性，称为极性分子。如果两个电荷中心重合，分子就无极性，称为非极性分子。

对于由共价键结合的双原子分子，键的极性和分子的极性是一致的。

对于由共价键结合的多原子分子，键的极性由分子的组成和结构而定，即要考虑分子构型是否对称。例如，CH_4、SiH_4、CCl_4、$SiCl_4$等分子呈正四面体中心对称结构，CO_2分子呈直线形中心对称结构，故这些分子都属于非极性分子。在 H_2O、NH_3、$SiCl_3H$ 等分子中，键都是极性的，而 H_2O 分子是 V 形的，NH_3分子是三角锥形的，$SiCl_3H$ 分子是变形四面体结构，其分子结构无中心对称成分，所以这些分子是极性的。

分子极性的大小通常用偶极矩(μ)来衡量，**偶极矩**的定义为分子中正电荷中心或负电荷中心上的电荷量(q)与正、负电荷中心之间的距离(d)的乘积：

$$\mu = q \times d$$

偶极矩又称为偶极长度，其单位是库仑·米(C·m)。$\mu=0$ 的分子为非极性分子，$\mu \neq 0$ 的分子为极性分子。μ 值越大，分子的极性就越强。测定分子的偶极矩，有助于比较物质极性的强弱和推断分子的几何构型。

【案例 2-8 解答】 为极性分子的是 NH_3。

（二）分子的变形性

议一议

物质在外加电场的作用下会发生怎样的变化？

分子受到外加电场的作用，分子内部电荷的分布因同电相斥、异电相吸的作用而发生相对位移。例如，非极性分子在未受电场的作用前，正、负电荷中心重合，当受到电场作用后，分子中带正电荷的核被吸向负极，带负电荷的电子云被引向正极，使正、负电荷中心发生位移而产生偶极（称为诱导偶极），整个分子发生了变形，如图 2-9(a)、(b)所示。外电场消失时，诱导偶极也随之消失，分子恢复为原来的非极性分子。

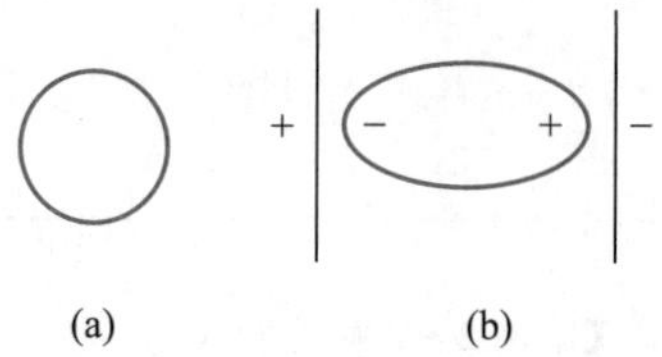

图 2-9　非极性分子在电场中的变形极化

对于极性分子来说，分子原本就存在偶极（称为固有偶极），通常这些极性分子在做不规则的热运动。当分子进入外电场后，固有偶极的正极转向负电场，负极转向正电场，进行定向排列，这个过程称为**取向**。在电场的持续作用下，分子的正、负电荷中心也随之发生位移而使偶极的距离增长，即固有偶极加上诱导偶极，使分子极性增加，分子发生变形，如图 2-10 所示。如果外电场消失，诱导偶极也随之消失，但固有偶极不变。

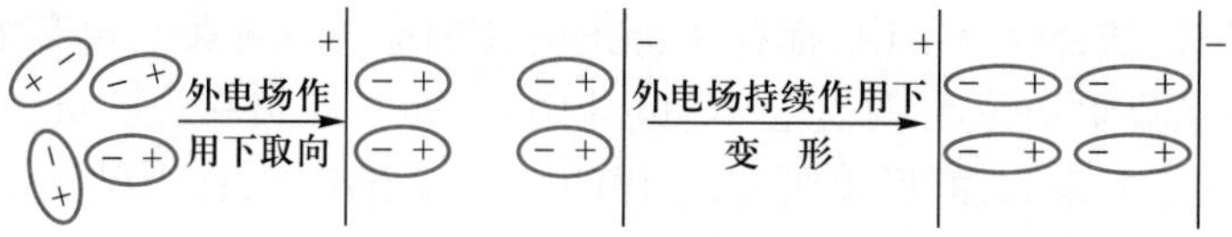

图 2-10　极性分子在电场中的变形极化

非极性分子或极性分子受外电场作用而产生诱导偶极的过程，称为分子的**极化**（或称为**变形极化**）。分子受极化后外形发生改变的性质，称为分子的**变形性**。电场越强，产生的诱导偶极也就越大，分子的变形就越显著。另外，分子越大，所含电子越多，它的变形性也就越大。

动画　分子间力

二、分子间力主要类型

分子具有极性和变形性，使分子与分子之间存在着比化学键弱得多的相互作用力，称为**分子间力**。分子间力是 1873 年由荷兰物理学家范德华首先发现并提出的，故又称为**范德华力**。它是决定物质熔点、沸点、溶解度、黏度、表面张力、硬度等物理化学性质的一个重要因素。气态物质能凝聚成液态，液态物质能凝固成固态，正是分子间力作用的结果。

分子间力包括取向力、诱导力和色散力。

（一）取向力

极性分子有正、负偶极，极性分子原有的偶极称为**固有偶极**。当两个极性分子充分靠近时，发生同极相斥、异极相吸，使极性分子发生相对转动而按一定的取向排列，同时变形，这种固有偶极间产生的作用力称为**取向力**，如图 2－11 所示。

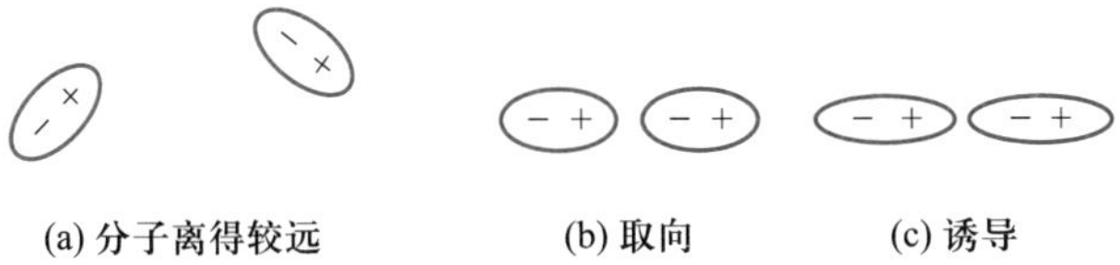

图 2－11　极性分子间的相互作用

取向力的本质是静电引力，因此分子间的偶极矩越大，取向力就越强。另外，温度升高，分子热运动加强，破坏了分子的有序排列，分子取向趋势减小，故取向力随温度升高而减小。

（二）诱导力

当极性分子与非极性分子相互靠近时，极性分子的固有偶极会诱导非极性分子的电子云发生变形，正、负电荷中心分离产生**诱导偶极**，诱导偶极与极性分子的固有偶极之间的相互作用力称为**诱导力**，如图 2－12 所示。

图 2－12　极性分子和非极性分子之间的作用

从诱导力的本性看，它随分子偶极矩的增大而增大，同时还与分子变形性的大小有关。同类型的分子（如 HCl、HBr、HI）的变形性随相对分子质量的增大而增大。诱导力不仅存在于非极性分子与极性分子之间，也存在于极性分子与极性分子之间。诱导力随着分子的极性增大而增大，也随分子的变形性增大而增大。

（三）色散力

在非极性分子中，本身没有偶极，不存在取向力，也不能产生诱导力。非极性分子中的电子和原子核处在不断地运动之中，使分子的正、负电荷中心不断地发生瞬间的相对位移，使分子产生**瞬时偶极**。这种由于瞬时偶极之间的相互吸引而产生的作用力称为**色散力**，如图 2－13 所示。

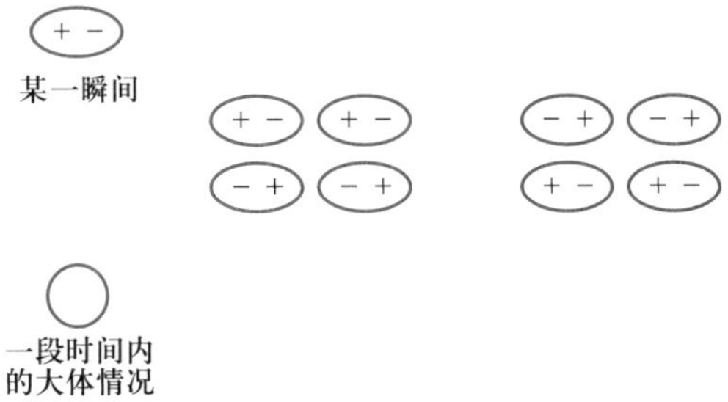

图 2－13　非极性分子之间的相互作用

色散力的大小随分子的变形性增大而增大，组成、结构相似的分子，相对分子质量越大，分子的变形性就越大，色散力也就越大。色散力不仅是非极性分子之间的作用力，它也存在于极性分子之间，以及极性分子与非极性分子之间。

由上可知，在非极性分子之间只有色散力，在极性分子与非极性分子之间有色散力和诱导力，在极性分子之间存在色散力、取向力和诱导力。在三种作用力中，色散力存在于一切分子之间，对于大多数分子来说色散力是主要的，取向力次之，诱导力最小。

练一练

下列各组分子之间存在哪些分子间力？

(1) I_2和 CCl_4　(2) NH_3和 H_2O　(3) Cl_2气体　(4) H_2O和 N_2

(四) 分子间力对物质性质的影响

【案例 2-9】 下列卤素单质 F_2、Cl_2、Br_2、I_2中，沸点最高的是哪一个？

(1) 分子型物质的熔点、沸点低，在常温、常压下它们大多是气体。

(2) 组成相似的非极性或极性分子物质，其熔点、沸点随相对分子质量的增加而升高。例如，卤素单质的熔点、沸点的变化如表 2-5 所示。

表 2-5　卤素单质的熔点和沸点

卤素单质	熔点/℃	沸点/℃
F_2	−219.4	−188
Cl_2	−101	−35
Br_2	−7	59
I_2	114	184

(3) 极性相似相溶规律

极性分子易溶于极性分子，非极性分子易溶于非极性分子，这称为“极性相似相溶”。“相似”的实质是指溶质内部分子间力和溶剂内部分子间力相似，当具有相似分子间力的溶质、溶剂分子混合时，两者易互溶。如 HCl、NH_3 都易溶于水，CCl_4是非极性分子，由于 CCl_4分子间引力和 H_2O 分子间引力大于 CCl_4与 H_2O 分子间的引力，所以 CCl_4几乎不溶于水。而 I_2分子与 CCl_4分子间的色散力较大，故 I_2易溶于 CCl_4，而较难溶于水。

【案例 2-9 解答】 沸点最高的是 I_2。

三、氢键

【案例 2-10】 氧族元素的氢化物的沸点递变情况出现 H_2O 的沸点升高，试分析原因。

(一) 氢键的形成

当氢原子与电负性很大、半径小的元素 X(如 F、O、N)的原子以共价键结合时，这种强极性键使体积很小的氢原子带上密度很大的正电荷，它与另一个电负性大并带有孤对电子的元素原子 Y 相遇时，便会产生比较大的吸引力(它的强度为一般共价键的 5%～

10%)。这种由于与电负性极强的元素的原子相结合的氢原子和另一种电负性极强的元素的原子之间产生的作用力称为氢键。

(二) 氢键的表示方式

氢键可用 X—H┄Y 表示,其中 X、Y 代表电负性大、半径小且有孤对电子的原子,一般是 F、N、O 等原子。X、Y 可以是同种原子,也可以是不同种原子。

形成氢键 X—H┄Y 的条件是:第一,有一个与电负性很大的元素原子 X 相结合的 H 原子;第二,有一个电负性很大、半径较小并有孤对电子的 Y 原子。

(三) 氢键的类型

氢键可分为分子间氢键和分子内氢键两类。如氨水中大量存在的是氨的水合物,其中 NH_3 和 H_2O 分子间可形成两种氢键 O—H┄N 和 N—H┄O ,这两种氢键都是一分子中的 X—H 与另一分子中的 Y 结合形成的氢键,称之为分子间氢键。分子内氢键在一些有机化合物中较为常见,如邻硝基苯酚内,有 O—H┄O 氢键存在。

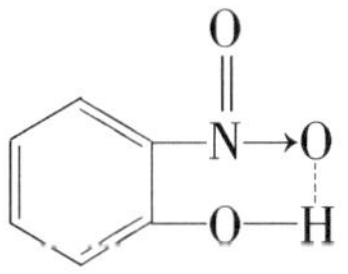

(四) 氢键的特征

1. 氢键的参数

氢键的键长(指与氢原子结合的两个原子核间的距离)较长,比正常共价键大得多,键能较小(12～40 kJ/mol),与分子间力的数量级相同。

氢键的强弱与 X、Y 的电负性及半径大小有关。X、Y 的电负性大,氢键强;Y 的半径小,氢键也强。故下列氢键的强弱顺序是

F—H┄F>O—H┄O>N—H┄N

2. 氢键的特点

氢键有方向性和饱和性:每个 X—H 只能与一个 Y 原子相互吸引形成氢键;Y 与 H 形成氢键时,尽可能采取 X—H 键键轴的方向,使 X—H┄Y 在一条直线上。

3. 氢键的本质

氢键既不同于化学键,也有别于分子间力,它是分子间或分子内的一种特殊作用力。

(五) 氢键对化合物性质的影响

氢键对物质的熔点和沸点、溶解度、密度、黏度等均有影响

1. 氢键对物质熔点和沸点的影响

分子间有氢键的化合物,由于增强了分子间力,欲使其晶体熔化或液体汽化,不仅要克服分子间力,还需要破坏部分或全部氢键,因而使化合物的熔点和沸点升高。分子内氢键常使物质的熔点、沸点降低。ⅣA～ⅦA 族各元素的氢化物的沸点(t_b)递变情况如图 2-14 所示。

【案例 2-10 解答】 由于 H_2O 分子间形成氢键的原因,增强了分子间力,欲使其汽化,不仅要克服分子间力,还需要破坏部分或全部氢键,使 H_2O 分子的沸点升高。

动画

水分子间的氢键

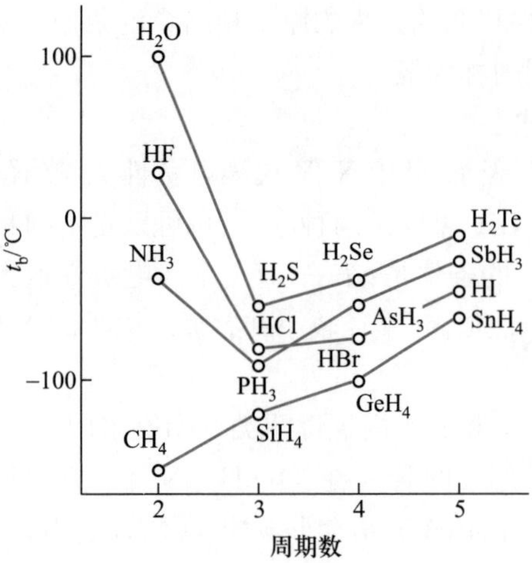

图 2-14 ⅣA～ⅦA 族各元素的氢化物的沸点(t_b)递变情况

2. 氢键对物质溶解度的影响

在极性溶剂中,如果溶质分子与溶剂分子间形成氢键,就会促进分子间的结合,导致溶解度增大。如乙醇与水能以任意比例互溶。溶质分子内形成氢键,使其在极性溶剂中的溶解度减小,在非极性溶剂中的溶解度增大。如间苯二酚分子内形成氢键,它在苯中的溶解度比在水中的溶解度大得多。

练一练

I_2分子溶于CCl_4,而不溶于H_2O的原因是什么?

第四节 晶 体

【案例 2-11】 指出 NaOH、CsCl、NaCl、CO_2、HCl、Si、AlN、Mg 物质的晶体类型。

一、晶体的特征

固态物质分为晶体和非晶体,晶体可分为单晶体和多晶体。单晶体是由一个晶核在各个方向上均衡生长起来的,多晶体是由很多取向不同的单晶颗粒拼凑而成的。晶体是由原子或分子在空间按一定的规律周期重复地排列构成的固体物质。晶体在生长过程中,自发地形成晶面,晶面相交形成晶棱,晶棱会聚成顶点,从而出现具有多面体的外形。非晶体由于内部粒子排列不规则,所以没有一定的几何外形。非晶体表现为各个方向的性质相同,没有固定的熔点。

1. 晶体具有规则的几何外形

如图 2-15 所示。同一种晶体由于生成条件不同,所得晶体在外形上有差别,但晶体的晶面与晶面之间的夹角总是恒定的,这个普遍规律称为晶面角守恒定律。

2. 晶体具有固定的熔点

晶体受热达到熔点温度,晶体完全转化为液态。而非晶体则无固定的熔点。

图 2-15　晶体的外形

动画
晶体的几何外形

3. 晶体具有各向异性的特征

在晶体中由于各个方向排列的质点间的距离和取向不同，也就是说，同一个晶体在不同的方向上有不同的性质。如石墨与层平行方向上的电导率比与层垂直方向上的电导率高出1万倍。非晶体则各向同性。

4. 晶体具有特定的对称性

晶体内部粒子周期性的排列及其理想的外形都具有特定的对称性。如对称中心、对称面、对称轴等。晶体就是按其对称性的不同而分类的。

议一议

晶体和非晶体的性质不同的原因是什么？

二、晶体的类型

用X射线研究晶体的结构得出：组成晶体的粒子在空间呈有规则的排列，而且每隔一定的间距便重复出现，有明显的周期性。这种排列状态或点阵结构称为**结晶格子**，简称**晶格**。晶格中最小的重复单位或者说能体现晶格一切特征的最小单元称为**晶胞**。粒子所占据的点叫做晶格的**结点**。结点按照不同的方式排列，即构成不同类型的晶格。

如果按晶格中的结构粒子种类和键的性质来划分，晶体可分为离子晶体、分子晶体、原子晶体和金属晶体四种基本类型。

（一）离子晶体

由阴、阳离子按照一定的规则排列在结点上形成的晶体称为**离子晶体**。阴、阳离子间靠离子键作用，由于离子键没有方向性和饱和性，所以，每一个离子在其周围尽最大可能吸引带相反电荷的离子（所吸引的离子数称为它的配位数），在晶体中没有单个分子存在。因此，离子晶体的化学式实际上是其组成式。最常见的离子晶体有五种类型，如表2-6所示。

表2-6　5种类型离子晶体空间结构类型的特征

空间结构类型	配位情况
NaCl型	每一个钠离子配位6个氯离子，每一个氯离子配位6个钠离子
CsCl型	阴、阳离子配位数均为8
ZnS型	阴、阳离子配位数均为4
CaF_2型	阳离子配位数为8，阴离子配位数为4
TiO_2型	阳离子配位数为6，阴离子配位数为3

可见，NaCl、CsCl、ZnS 型晶体的阳离子与阴离子数目比为 1∶1，称为 AB 型。CaF_2、TiO_2型晶体，其阳离子与阴离子数目比为 4∶8＝1∶2 或 3∶6＝1∶2，称为 AB_2型。

1. 离子晶体的特征

在离子晶体中，质点间的作用力是静电吸引力，即阴、阳离子是通过离子键结合在一起的，由于阴、阳离子间的静电作用力较强，所以离子晶体一般具有较高的熔点、沸点和硬度。离子的电荷越高，半径越小，静电作用力越强，熔点也就越高。

离子晶体的硬度较大，但比较脆，延展性较差。

离子晶体无论在熔融状态还是在水溶液中都具有优良的导电性，但在固体状态下，由于离子被限制在晶格的一定位置上振动，因此几乎不导电。

2. 离子晶体的晶格能

当相互远离的气态阳离子和气态阴离子结合成离子晶体时所释放的能量称为**晶格能**，以符号 U 表示。如 NaCl 的晶格能 U＝786 kJ/mol，MgO 的晶格能 U＝3 916 kJ/mol。

根据晶格能的大小可以解释和预言离子化合物的某些物理化学性质。对于相同类型的离子晶体来说，离子电荷越多，阴、阳离子的核间距越短，晶格能的绝对值就越大。

3. 离子的极化

离子晶体内部当阳离子靠近阴离子时，阳离子的电场会对阴离子产生影响，阳离子吸引阴离子的外层电子，使阴离子的正、负电荷中心发生相对位移，从而产生极化现象。这样一种离子使另一种离子的正、负电荷中心发生相对位移而产生的极化，叫做**离子的极化**。

离子受极化而使外层电子云发生形状改变的现象称为**离子的变形**。在这里，阳离子具有极化作用，使阴离子极化而变形。

一般说来，阳离子的电荷数越多，离子半径越小，其极化力越强，变形性就越小。而阴离子的电荷数越多，离子半径越大，其极化力就越弱，变形性就越大。

离子的极化对化合物的性质产生影响，包括：

(1) 离子的极化对键型的影响；

(2) 离子的极化使物质的溶解度减小；

(3) 离子的极化使物质的熔点降低；

(4) 离子的极化使物质的颜色加深。

(二) 分子晶体

若晶体的晶格结点上排列的粒子是分子，则为**分子晶体**。在分子晶体中，分子间以微弱的分子间力和氢键相互结合成晶体，如 Cl_2、Br_2、I_2、CO_2、NH_3、HCl 等。它们在常温下是气体、液体或易升华的固体，但是在降温凝聚后的固体都是分子晶体。

在分子晶体的化合物中，存在着单个分子。由于分子间的作用力较弱，分子晶体的熔点低，沸点也低。分子晶体通常是电的不良导体，无论是液态或溶液状态，都不能导电。但若干极性分子与水反应生成离子，因而形成一种导电的水溶液。

由于分子间力没有方向性和饱和性，所以对于那些球形和近似球形的分子，通常也采用配位数高达 12 的最紧密的堆积方式组成分子晶体，这样可以使能量降低。

（三）原子晶体

晶格结点上排列的是原子，原子之间通过共价键结合而成的晶体称为**原子晶体**。由于共用电子对所组成的共价结合力极强，所以这类晶体的特点是熔点高，硬度很大。对原子晶体来说，其中也没有单个分子存在，整个晶体和离子晶体一样，可以看成是一个“巨型的分子”。原子晶体的非金属单质的化学式就是它们的元素符号，如金刚石用化学式 C 表示。

原子晶体的主要特点是原子间不再以紧密的堆积为特征，它们之间是通过具有方向性和饱和性的共价键相连接，特别是通过成键能力很强的杂化轨道重叠成键，使它的键能接近 400 kJ/mol。

在原子晶体中，原子的配位数一般比离子晶体小，硬度和熔点比离子晶体高（因共价键强），熔点一般大于 1 001℃，如表 2－7 所示，不导电，在大多数常见的溶剂中不溶解，延展性差。

表 2－7　某些原子晶体型物质的熔点

物质	熔点/℃	物质	熔点/℃
C	3 751	SiC	>2 700
Si	1 415	BN	3 501
Ge	927	SiO_2	1 700

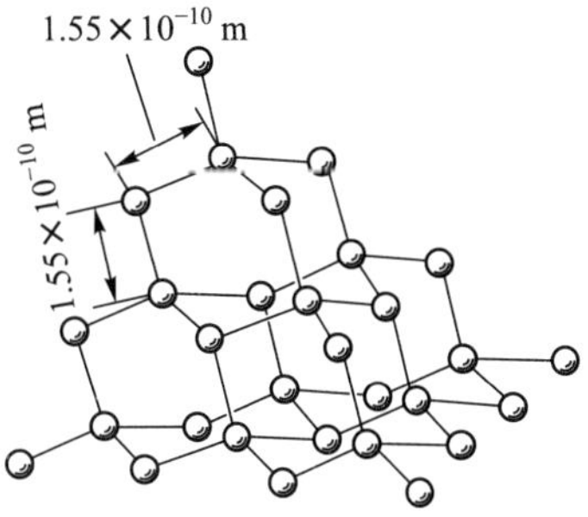

图 2－16　金刚石的结构

金刚石就是原子晶体（金刚石熔点高达 3 751℃，硬度最大）。在金刚石中，碳原子形成 4 个 sp^3 杂化轨道，以共价键彼此相连，每个碳原子都处于与它直接相连的 4 个碳原子所组成的正四面体的中心，组成了整个一块晶体，所以在原子晶体中也不存在单个的小分子。金刚石的结构如图 2－16 所示。

小贴士

ⅣA 族元素形成的碳（金刚石）、硅、锗、灰锡等单质的晶体都是原子晶体，ⅢA、ⅣA、ⅤA 族元素间组成的某些化合物，如碳化硅（SiC）、氮化铝（AlN）、石英（SiO_2）也是原子晶体。

（四）金属晶体

1．金属键

金属原子的外层价电子容易丢失形成阳离子，在金属中既存在金属原子又有带正电荷的金属离子。从原子上脱落下来的电子不是固定在某一金属离子的附近，而是能够在金属物质中相对自由地运动，这些电子叫做“自由”电子，如图 2－17 所示，其中的黑点代表自由电子。

由于自由电子不停地运动，把金属的原子和离子联系在一起，这种化学键称为**金属键**。金属键是金属原子和金属离子通过自由电子产生的作用。

动画
金属键

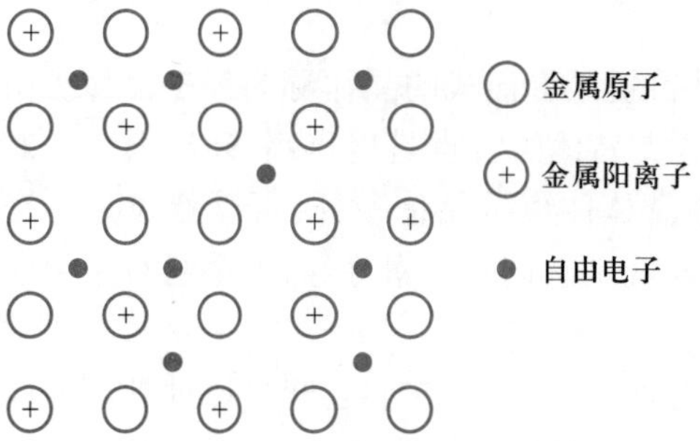

图 2-17　金属晶体

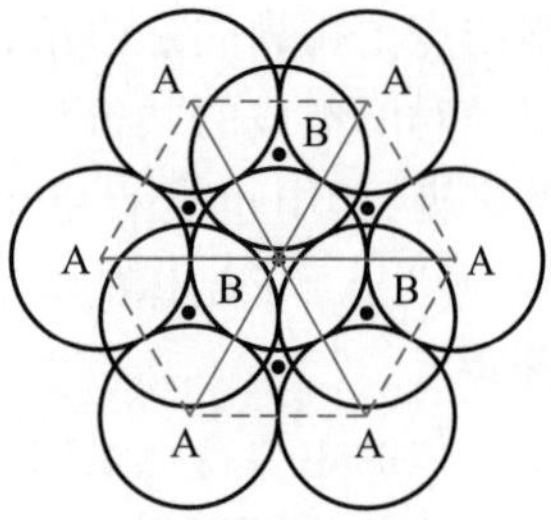

图 2-18　金属原子的紧密堆积平面示意图

金属键也称为改性共价键，属于多电子、多中心的化学键，这是改性共价理论对金属键的描述。

2. 金属晶体

由于金属键无方向性、无饱和性，所以金属原子总是尽可能地利用空间在其周围排列更多的原子，形成高配位数的晶体结构，即**金属晶体**。

金属晶体都是紧密堆积的排列方式，如图 2-18 所示。

紧密堆积就是质点之间的作用力使质点之间尽可能地互相接近，使它们占有最小的空间。如果把金属原子视为球体，则金属晶体的紧密堆积方式有三种：六方紧密堆积、面心立方紧密堆积和体心立方紧密堆积。

3. 金属晶体的性质

议一议

金属晶体的特性产生的原因是什么？

自由电子的存在和紧密堆积的结构使金属晶体具有许多共同的物理性质，如金属光泽，良好的导电性、导热性、延展性等。

(1) 金属光泽

当光线投射到金属表面上时，自由电子吸收所有频率的光，然后很快放出各种频率的光，使绝大多数金属呈现钢灰色以至银白色光泽。金属光泽只有在整块时才能表现出来，在粉末状时，一般金属都呈暗灰色或黑色。

(2) 金属的导电性和导热性

由于自由电子的不断运动，所以金属能够传递电荷和热量。

(3) 超导电性

金属材料的电阻通常随温度的降低而减小，温度降低到一定的程度时其电阻突然消失，导电性几乎是无限大，这种性质称为超导电性。具有超导性质的物体称为超导体。超导体电阻突然消失时的温度称为临界温度(T_0)。超导体的电阻为零，也就是电流在超导体中通过时没有任何损失。

超导材料大致可分为纯金属、合金和化合物三类。

(4) 金属的延展性

金属有延性，可以抽成细丝。金属又有展性，可以压成薄片。当金属受到外力作用时，金属内原子层之间容易做相对位移，金属发生形变而不易断裂，因此金属具有良好的变形性。少数金属如锑、铋、锰等，性质较脆，没有延展性。

(5) 金属的硬度

金属的硬度一般较大，有的较软，可用小刀切割，如钠、钾等。

(6) 金属的熔点

金属的熔点一般较高，最难熔的是钨，最易熔的是汞、铯和镓，铯和镓在手上受热就能熔化。汞在常温下是液体。

在化学性质方面，如金属与非金属的反应、与水和酸的反应、与碱的反应、与配位剂的反应等，金属也表现出较明显的规律性。

此外，还有一些晶体，其晶格结点上粒子间的作用力不完全相同，这种晶体称为**混合型晶体**，石墨晶体是典型代表。

【案例 2-11 解答】 离子晶体 NaOH、CsCl、NaCl；分子晶体 CO_2、HCl；原子晶体 Si、AlN；金属晶体 Mg。

实验二　溶液浓度的配制

［实验目的］

1. 掌握几种溶液的配制方法。
2. 学会计算有关溶液的浓度。
3. 学会量筒、容量瓶的使用和药品的称量方法。

［实验仪器］

表面皿、托盘天平、电子天平、容量瓶（100 mL、200 mL、500 mL）、量筒（10 mL、100 mL）、试剂瓶、烧杯（100 mL、150 mL、500 mL）、玻璃棒。

视频
试剂的取用

［实验试剂］

NaOH(CP，s)、$Na_2B_4O_7 \cdot 10H_2O$(AR，s)、NaOH(CP，s)、H_2SO_4(CP，浓，98%)、HAc(2 mol/L)。

一、无机化学实验常用试剂

(一) 化学试剂的规格

常用的化学试剂根据其纯度不同可分成优级纯(GR)、分析纯(AR)、化学纯(CP)和实验试剂(LP)几种规格，在无机化学实验中，一般化学纯试剂即可满足要求，只有少数实验需用分析纯试剂。

(二) 化学试剂的取用

1. 固体试剂的取用

(1) 要用清洁、干燥的药匙取试剂。一般在药匙的两端有一大一小两个匙，可根据取用量的多少来选用。用过的药匙必须洗净和擦干后才能再次使用，以免玷污试剂。

(2) 取用试剂时，扁平的瓶盖要倒置在实验台上。若不是扁平的瓶盖，可用食指和中指将瓶盖夹住(或放在清洁的表面皿上)以免污染。试剂取用后应立即盖紧瓶盖，注意避免盖错。

(3) 取药不要超过指定的用量，多取的试剂不能倒回原瓶，可放在指定的容器中供他人使用。

(4) 要求在取用一定质量的固体试剂时，把固体放在称量纸上称量，而具有腐蚀性或易潮解的固体试剂应放在表面皿上或玻璃容器内称量。

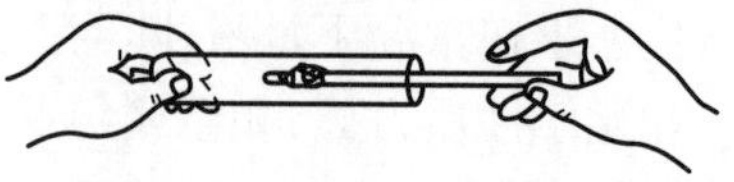
图 2-19　用药匙往试管里送入固体试剂

(5) 可用药匙向试管中加入固体试剂，如图 2-19所示。也可将取出的药品放在对折的纸片上，伸进试管约 2/3 处加入。加入块状固体时，应将试管倾斜，以使固体沿管壁慢慢滑下。若固体的颗粒较大，应先在清洁干燥的研钵中研碎。

(6) 有毒药品要在教师指导下取用。

2. 液体试剂的取用

(1) 从滴瓶中取用试剂时，应先提起滴管至液面以上，再用手指按捏胶头排去滴管内的空气。然后将管伸入液体中，同时放松胶头吸入试剂。将试剂滴入容器时，必须用无名指和中指夹住滴管悬空在靠近容器口上方，用大拇指和食指微捏胶头，滴管必须保持垂直，不得触及容器壁，以免玷污。装有试剂的滴管不得横置或管口向上斜放，以免液体流入滴管的胶头中。滴管只能专用，用完放回原滴瓶，注意不要放错。严禁用自己的滴管到滴瓶中取用试剂。

(2) 取用细口瓶中的液体试剂时，可先将瓶塞倒置在桌面上，手握试剂瓶上贴有标签的一面。若两面均贴有标签则手握空白的一面，逐渐倾斜瓶子，使瓶口紧靠承接容器的边缘或沿着洁净的玻璃棒将液体慢慢倒入容器中。

(3) 需准确量取液体试剂时，可选用量筒、移液管或滴定管。多取的试剂不得倒入原瓶，可倒入指定的容器中。

(4) 在试管里进行某些性质实验时，取用试剂不需准确定量，估计即可。一般以滴管滴加 20 滴为 1 mL 计算，以小试管容量(10 mL)的三分之一为 3 mL。

实验室中的试剂一般都按照一定的次序存放，有较固定的位置，取用试剂后应立即放回原处，不要随意变动。

动画
pH 试纸

(三) 试纸

1. pH 试纸

pH 试纸分广范 pH 试纸和精密 pH 试纸两大类，用以检测溶液的 pH。广范 pH 试纸的变色范围为 pH1～14，可粗略测出溶液的 pH。精密 pH 试纸的变色范围较小，如 pH 2.7～4.7，3.8～5.4，5.4～7.0，6.9～8.4，8.2～10.0，9.5～13.0 等，因此可较精确地测出溶液的 pH。

使用时先将试纸剪成小块，放在干燥的表面皿或白色点滴板上，用玻璃棒蘸取待测溶液点在试纸中部，再将试纸显示的颜色与标准色阶比较，确定溶液的 pH。注意不能将试纸浸泡在待测溶液中，以免造成误差或污染溶液。

2. 石蕊试纸

石蕊试纸分红色和蓝色两种，可用来判别溶液或气体的酸碱性，使用方法与 pH 试纸相同。用于检查挥发性物质及气体酸碱性时，先将石蕊试纸用蒸馏水润湿，悬空放在气体出口处，观察其颜色的变化。

3. KI -淀粉试纸

KI -淀粉试纸用以定性检验氧化性气体，如 Cl_2、Br_2 等。试纸曾在 KI -淀粉溶液中浸泡过，使用时用蒸馏水润湿，当氧化性气体与试纸接触后，I^- 被氧化为 I_2，I_2 再与淀粉作用呈现蓝紫色。如果气体的氧化性强或过量，可将 I_2 进一步氧化为 IO_3^-，试纸又变为无色，此时切勿误认为试纸没有变色。

4. 醋酸铅试纸

醋酸铅试纸用来定性检验 H_2S 气体，试纸曾在醋酸铅溶液中浸泡过。使用方法与石蕊试纸相同，若有 H_2S 气体产生，则会与试纸上的醋酸铅反应，生成黑色的 PbS 沉淀而使试纸显示黑褐色。

各种试纸都要密闭保存，用镊子取用。实验中未用完的试纸应立即收存起来，不能长时间暴露在实验室的空气中，以免试纸被污染、失效。

二、溶液的配制

(一) 托盘天平的使用

动画

托盘天平的使用

视频

托盘天平的使用

托盘天平又称为台秤，是实验中常用的称量仪器。用于精密度不高的称量，一般能精确到 0.1 g，也有能精确到 0.01 g 的托盘天平。

托盘天平的形状和规格种类很多，常用的按最大称量分为四种，如表 2-8 所示。

表 2-8　托盘天平的种类

种类	最大称量/g	能精确到的最小量/g	种类	最大称量/g	能精确到的最小量/g
1	1 000	1	3	200	0.2
2	500	0.5	4	100	0.1

常用的各种托盘天平的构造是类似的。一根横梁架在底座上，横梁的左右各有一个托盘构成杠杆。横梁的中部有分度盘相对，根据指针在分度盘左右摆动的情况可以看出托盘天平是否处于平衡状态，如图 2-20 所示。

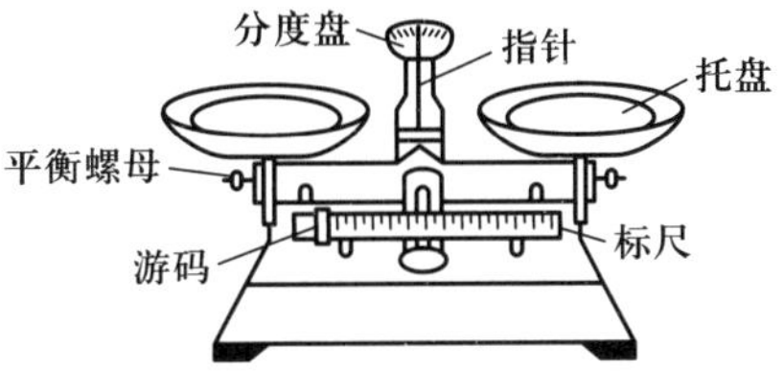

图 2-20　托盘天平

1. 称量准备

(1) 用纸擦干净托盘，分放左右两个托盘架上。

(2) 旋动平衡螺母调节零点，如图 2-21(a)所示。若左盘重，则左边的平衡螺母往里调或者右边的平衡螺母往外调，当指针在离分度盘的中间位置左右摆动大致相等时，则天平处于平衡状态，此时指针停指分度盘的中间位置就称为天平的零点。

2. 称量

(1) 左托盘放称量物，右托盘放砝码。添加砝码用镊子夹取，先加大砝码，后加小砝

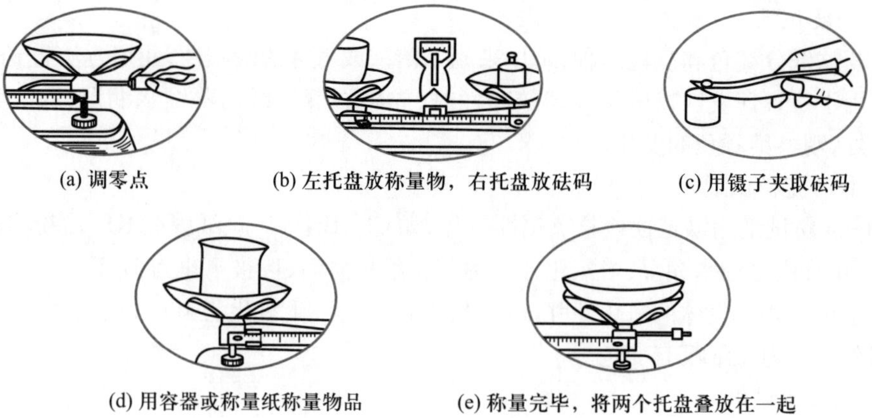
(a) 调零点
(b) 左托盘放称量物，右托盘放砝码
(c) 用镊子夹取砝码
(d) 用容器或称量纸称量物品
(e) 称量完毕，将两个托盘叠放在一起

图 2-21　托盘天平的称量步骤

码，最后用游码调节使指针在分度盘左右两边摆动的距离几乎相等为止。当天平处于平衡状态时，指针所指的位置称为停点。停点与零点相符时（停点与零点之间允许偏差在 1 小格以内），砝码值和游码在标尺的刻度数值之和即为所称量物的质量，如图 2-21(b)所示。

根据称量物的性状和要求，可将称量物放在称量纸上、表面皿、烧杯或其他容器中称量，事先应在同一天平上称得盛放称量物的器皿或纸片的质量（如果用称量纸盛放称量物，也可以在调节零点之前在左右盘各放一张沿对角折好的纸片再调节零点），然后称量待称物质。添加试样时，右手大拇指和中指拿住药匙柄，使盛有试样的部位靠近称量纸或容器上方近中心位置，右手食指轻敲药匙柄，使试样落在称量纸上或容器中，直至天平平衡。

(2) 读数，托盘天平可称准到 0.1 g，读数时要注意小数点后第一位有效数字的记录（如 1.2 g、2.0 g 等）。

3. 使用托盘天平的注意事项

过冷或过热的物体不可放在托盘天平上称量，应先在干燥器内放置冷却至室温后再称。取用砝码必须用砝码专用镊子，从托盘取下的砝码应放回原砝码盒中（砝码不允许放在托盘和砝码盒以外的其他任何地方）。称量完毕，应将游码移回零点，用纸擦干净托盘，并将左右托盘重叠放在右边的托盘架上，保持托盘天平整洁。

常见称量时的错误操作有以下几种，如图 2-22 所示。

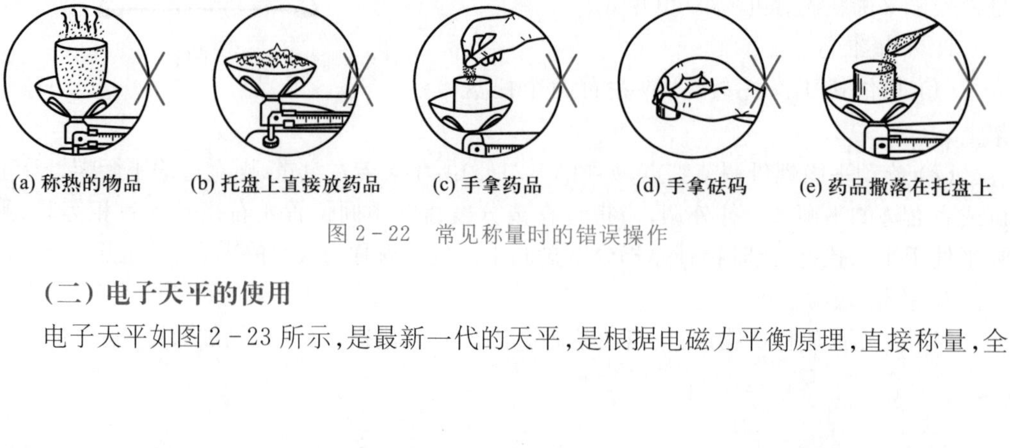
(a) 称热的物品
(b) 托盘上直接放药品
(c) 手拿药品
(d) 手拿砝码
(e) 药品撒落在托盘上

图 2-22　常见称量时的错误操作

(二) 电子天平的使用

电子天平如图 2-23 所示，是最新一代的天平，是根据电磁力平衡原理，直接称量，全量程不需砝码，放上被称物后，在几秒钟内即达到平衡，显示读数，称量速度快，精度高。

电子天平的规格品种较多，最大载荷从几十克至几千克，最小分度值可至 0.001 mg。电子天平无刀口和刀承，无机械磨损，全部采用数字显示，具有使用寿命长、性能稳定、操作简便和灵敏度高的特点。电子天平按结构可分为上皿式电子天平和下皿式电子天平。天平盘在支架上面为上皿式，天平盘吊挂在支架下面为下皿式。目前，广泛使用的是上皿式电子天平。

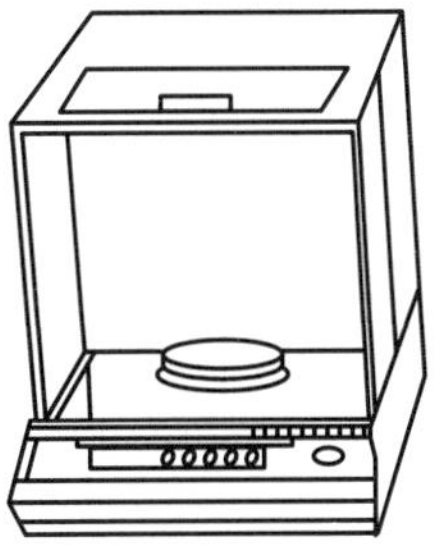

图 2-23　电子天平

视频

电子天平的使用

1. 电子天平的使用规则

(1) 使用前必须检查天平箱内是否清洁，天平放置是否水平。

(2) 称量物不能直接放在天平盘上，应放在洁净的容器中，易吸潮、有腐蚀性的物质必须放在密闭的称量瓶中才能称量。

(3) 称量物应放在天平盘的中央。

(4) 热的(冷的)物质不能称量，待与室温一致时再称量。称量物的质量不能超过天平的最大负载。

(5) 同一实验中，多次称量应使用同一台电子大平。

(6) 称量所得原始数据应及时记在记录本上，不得记在纸片或其他地方，以免遗失。

(7) 称量完毕后，关闭天平，检查盘中和天平底板上是否有撒落的试样粉末，并将其清扫干净。关好天平箱门，罩好布罩。

2. 电子天平的使用方法

电子天平只使用“开/关”键、“去皮/调零”键和“校准/调整”键。

(1) 将天平置于稳定的工作台上，观察水平仪，如水平仪水泡偏移，需调整水平调节脚，使水泡位于水平仪中心。

(2) 接通电源，预热 30 min 以上，开启显示器进行操作。

(3) 按一下“开/关”键，显示屏很快出现“0.0000 g”，如果不是则需按一下“调零”键。

(4) 将被称物轻轻放在天平盘上，这时可见显示屏上的数字在不断地变化，待数字稳定并出现质量单位“g”后，即可读数(最好再等几秒钟)并记录称量结果。

(5) 去皮称量，按“去皮/调零”键清零，置容器于天平盘上，天平显示容器质量，再按“去皮/调零”键，显示零，即去除皮重。再将被称物放置于容器中，或将称量物(粉末状物或液体)慢慢加入容器中直至达到所需的质量，待显示数字稳定，即为称量物的净质量。

(6) 称量完毕，取下被称物，如果稍后还要继续使用天平，可暂不按“开/关”键，天平将自动保持零位，或者按一下“开/关”键(但不可拔下电源插头)，让天平处于待命状态，即显示屏上数字消失，左下角出现一个“0”，再来称样时按一下“开/关”键就可使用。如果较长时间(半天以上)不再用天平，应拔下电源插头，盖上防尘罩。

(7) 如果天平长时间没有用过，或天平移动过位置，应进行一次校准。校准要在天平通电预热 30 min 以后进行，程序是调整水平，按下“开/关”键，显示稳定后如不为零则按一下“调零”键，稳定地显示“0.0000 g”后，按一下校准键(CAL)，天平将自动进行校准，屏幕显示“CAL”，表示正在进行校准。10 s 左右，“CAL”消失，表示校准完毕，应显示出“0.0000 g”。如果显示不正好为零，可按一下“调零”键，然后即可进行称量。

3. 物质的称量方法

(1) 直接称量法

天平零点调定后，将被称物直接放在天平盘上，所得读数即为被称物的质量。适用于称量小烧杯、称量瓶的质量，不易吸水、在空气中稳定的物质可以置于天平盘的表面皿上进行称取。

(2) 固定质量称量法(增量法)

固定质量称量法适用于称量不易吸湿，在空气中性质稳定，要求某一固定质量的粉末状或细丝状物质。如直接用基准物质配制标准溶液时，需要配成一定浓度值的溶液，要求所称基准物质的质量必须是固定的，可用此法。先将称量容器(如表面皿)置于天平盘，按“去皮/调零”去除皮重。将被称物放置于容器中，或将称量物(粉末状物或液体)慢慢加入容器中直至达到所需的质量，待显示数字稳定，即为称量物的净质量，如图 2-24 所示。若试样不慎加多，应先关闭天平，用牛角匙取出多余试样(不要放回原瓶)，重复上述操作。适用于称量不易吸潮、在空气中能稳定存在的粉末状或小颗粒物质，如基准物质。

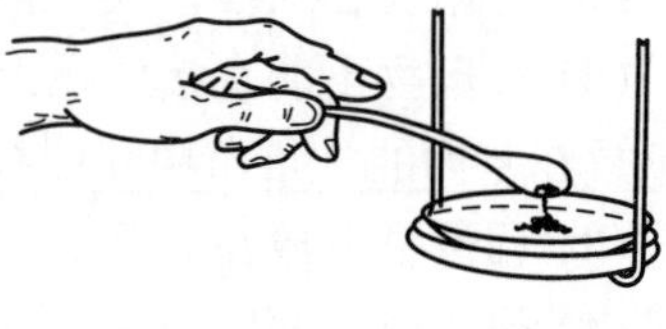

图 2-24　固定质量称量法

(3) 递减量(差减)称量法

递减称量法(差减法、倾出法)适用于一般的颗粒状、粉状及液态试样。用于易吸水、易氧化或易与二氧化碳起反应的物质的称量，基准物质也常用这种方法称量。

将试样装入干净且干燥的称量瓶内盖紧，保存在干燥器内。称量时用干燥的纸条套在称量瓶上，如图 2-25(a)所示，从干燥器中取出放在天平盘中央，称出其质量为 m_1，再用纸条套住称量瓶，从天平中取出，另用一小片纸包住称量瓶盖，轻轻摇动称量瓶，使瓶内物松动，打开瓶盖，用瓶盖轻轻敲击瓶口上部，使试样慢慢倾入容器内，如图 2-25(b)所示。图 2-25(c)表示错误操作。慢慢竖起称量瓶，并用瓶盖轻敲瓶口，使瓶口的少量试样落回到瓶中，盖上瓶盖，再放回盘中，称得称量瓶总质量为 m_2，容器中试样的质量 $m=m_1-m_2$。若 m 小于所需试样的质量，则重复如上操作，直至 m 符合要求为止。如此反复，可称出多份试样。

动画

称量瓶的取样过程

视频

减量法称量

(a) 称量瓶的携取　(b) 倾出试样正确操作　(c) 倾出试样错误操作

图 2-25　称量瓶的携取及试样的倾出

4. 液体试样的称量

(1) 差减法称量

将性质较稳定、不易挥发的试样装在干燥的小滴瓶中用差减法称量，预先应粗称每滴试样的质量。

(2) 增量法称量

较易挥发的试样用增量法称取。例如,称取浓盐酸试样时,可先在 100 mL 带瓶塞的锥形瓶中加入 20 mL 水,准确称量后快速加入适量的试样,立即盖上瓶塞,再进行准确称量,随后即可进行测定。

(3) 特殊法称量

易挥发或与水作用强烈的试样需要采取特殊的办法进行称量。例如,冰醋酸试样用小称量瓶准确称量,然后连瓶一起放入已装有适量水的带瓶塞的锥形瓶,摇动使称量瓶盖子打开,试样与水混合后进行测定。

(三) 溶液的配制

无机化学实验通常配制的溶液有一般溶液和标准溶液。一般溶液常用一位有效数字表示,如 0.5 mol/L 或 1 mol/L。标准溶液常用 4 位有效数字表示,如 0.080 36 mol/L 或 1.000 mol/L。配制一般溶液选用托盘天平称量,用量筒(杯)量取液体。配制标准溶液选用电子天平称量,用移液管(吸量管)量取液体,用容量瓶定容,转入试剂瓶中保存。

1. 一般溶液的配制

(1) 直接水溶法

对易溶于水而又不发生水解的固体,如 NaOH、NaCl、$H_2C_2O_4$ 等,配制其溶液时,用托盘天平称取一定量的固体于烧杯中,用量筒(杯)量取所需体积的蒸馏水,先加入少量蒸馏水搅拌溶解固体,再加入剩余蒸馏水搅拌稀释,最后转入试剂瓶中保存。

(2) 介质水溶法

对易水解的固体试剂,如 $SnCl_2$、$SbCl_3$、$Bi(NO_3)_3$、Na_2S 等,配制其溶液时,称取一定量的固体于烧杯中,用少量的浓酸(碱)使之溶解,再加蒸馏水稀释至所需的浓度,搅拌均匀后转入试剂瓶中保存。

而配制易被氧化的盐溶液,如 $FeSO_4$、$SnCl_2$ 等,除了需要加酸抑制其水解外,还需加入少量的金属(铁钉或锡粒)。

在水中溶解度较小的固体试剂,先选用适当的溶剂溶解后,再稀释,搅拌均匀后转入试剂瓶中。如 I_2(固体),可先用 KI 水溶液溶解,再用水稀释。

(3) 稀释法

对于液体试剂,如盐酸、硫酸、氨水等,配制其稀溶液时,先用量筒(杯)量取所需量的浓溶液,然后加入所需体积的蒸馏水稀释。但配制 H_2SO_4 溶液时,要注意:应在不断搅拌的情况下,缓慢地将浓硫酸倒入水中,切记不要将水倒入浓硫酸中。

2. 标准溶液的配制

(1) 直接法

该方法用于基准试剂配制。用电子天平准确称取一定量的试剂于烧杯中,加入少量蒸馏水溶解,然后转入容量瓶,再用少量蒸馏水洗涤烧杯及玻璃棒上残留的试剂,洗涤液并入容量瓶中。再重复洗涤两至三次,洗涤液也并入容量瓶中,最后稀释至刻度,摇匀,如图 2-26 和图 2-27 所示。注意:洗涤用水的体积不能过多,且接近刻度线约 1 cm 处应改用胶头滴管加水,以免溶液的体积超过标线。

动画
容量瓶配制溶液

视频
容量瓶的清洗

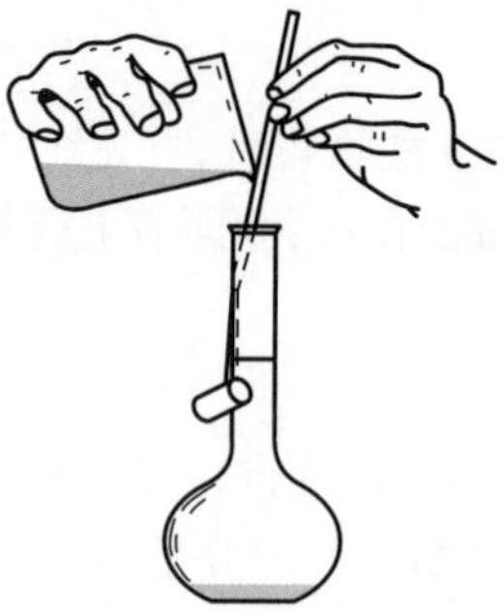
图 2-26　溶液转移入容量瓶

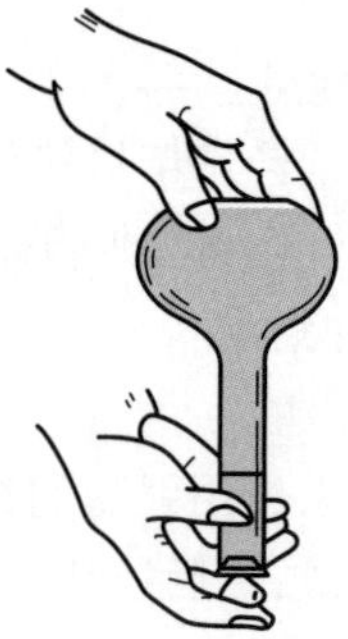
图 2-27　溶液的摇匀

(2) 标定法

不符合基准试剂条件的物质，不能用直接法配制标准溶液，但可先配成近似于所需浓度的溶液，然后用基准试剂或已知准确浓度的标准溶液来标定。

(3) 稀释法

当需要稀释去配制标准溶液的稀溶液时，可用移液管或吸量管准确地吸取一定体积的浓溶液至适当的容量瓶中，用蒸馏水稀释至刻度，摇匀。

动画
搅拌与溶解

[实验步骤]

1. 0.1 mol/L NaOH 溶液的配制

用表面皿在托盘天平上迅速称取 2 g 固体 NaOH，放入 500 mL 的烧杯中，加入少量蒸馏水溶解。搅拌均匀，移入 500 mL 的容量瓶中，加蒸馏水至刻度，振荡、摇匀。移入试剂瓶中。在瓶签上标明试剂名称、浓度、配制日期、班级及配制者姓名。

2. 3 mol/L H_2SO_4 溶液的配制

计算配制 100 mL 3 mol/L H_2SO_4 溶液所需浓硫酸的体积。用量筒取所需的浓硫酸，用玻璃棒倒入盛有 40 mL 蒸馏水的小烧杯中，边倒边搅拌，使其混合均匀，冷却至室温后，转移至100 mL容量瓶中，用少量蒸馏水洗涤烧杯、玻璃棒 2～3 次，并入容量瓶中，然后用蒸馏水定容，摇匀后，装入试剂瓶。在瓶签上标明试剂名称、浓度、配制日期、班级及配制者姓名。

3. 0.100 0 mol/L $Na_2B_4O_7$ 标准溶液的配制

用电子天平称取 3.812 0～3.813 0 g $Na_2B_4O_7 \cdot 10H_2O$ 晶体于 150 mL 烧杯中，加适量水使其完全溶解，定量转移至 200 mL 容量瓶中，定容，摇匀后装入贴有标签的试剂瓶中。

4. 由浓溶液配制稀溶液

由已知准确浓度的 2 mol/L HAc 溶液配制 100 mL 0.2 mol/L HAc 溶液。

思考与训练

1. 由固体粗略配制一般溶液，应选用哪些仪器？
2. 由浓溶液粗略配制一般溶液，应选用哪些仪器？准确配制时应选用哪些仪器？
3. 配制硫酸溶液时，烧杯中应先加水还是先加硫酸？为什么？应如何操作？
4. 用容量瓶配制溶液时是否应先将容量瓶干燥？是否要用被稀释溶液润洗？为什么？
5. $Na_2B_4O_7$ 标准溶液的准确浓度应怎样计算？

本 章 小 结

一、化学键

化学上把分子或晶体中相邻原子(或离子)之间强烈的相互吸引作用力称为化学键。

1. 离子键

离子键是靠阴、阳离子间的静电吸引作用而形成的化学键。离子键没有方向性和饱和性。

2. 共价键

原子之间通过共用电子对所形成的化学键为共价键。根据成键时原子轨道重叠方式的不同,共价键可分为 σ 键和 π 键。根据键的极性可将共价键分为非极性共价键和极性共价键。共价键既有饱和性又有方向性。

若共用电子对是由成键原子中的某个原子单方提供,另一个原子只提供空轨道,为成键原子双方所共用,这种键称配位共价键,简称配位键或配价键。

3. 金属键

由于自由电子不停地运动,把金属的原子和离子联系在一起,这种化学键称为金属键。金属键无方向性、无饱和性。

二、分子空间结构

原子形成分子时,由于原子间的相互影响,同一原子中几个能量相近的不同类型的原子轨道进行线性组合,重新分配能量和确定空间方向,组成数目相等的新原子轨道,这种轨道重新组合的方式称为杂化。杂化后形成的新轨道称为杂化轨道。

常见的杂化轨道类型有 sp、sp^2、sp^3、dsp^2、sp^3d、sp^3d^2 等。

三、分子间力

1. 分子的极性

如果两个电荷中心之间存在一定距离,即形成偶极,这样的分子就有极性,称为极性分子。如果两个电荷中心重合,分子就无极性,称为非极性分子。

分子极性的大小通常用偶极矩(μ)来衡量。测定分子的偶极矩,有助于比较物质极性的强弱和推断分子的几何构型。

2. 分子间力及主要类型

分子具有极性和变形性,使分子与分子之间存在着比化学键弱得多的相互作用力,称为分子间力,又称范德华力。它是决定物质熔点、沸点、溶解度、黏度、表面张力、硬度等物理化学性质的一个重要因素。气态物质能凝聚成液态,液态物质能凝固成固态,正是分子间力作用的结果。

分子间力包括色散力、诱导力和取向力。在两个非极性分子之间存在色散力,在极性分子与非极性分子之间存在色散力和诱导力,在两个极性分子之间存在色散力、诱导力和取向力。

3. 氢键

与电负性极强的元素的原子相结合的氢原子和另一电负性极强的元素的原子间产生的作用力称为氢键。氢键分为分子间氢键和分子内氢键两类。

四、晶体

晶体具有规则的几何外形、固定的熔点、各向异性、特定的对称性等特征。

1. 离子晶体

由阴、阳离子按照一定规则排列在结点上形成的晶体称为离子晶体。离子晶体一般具有较高的熔点、沸点和硬度。

2. 分子晶体

晶体的晶格结点上排列的粒子是分子,即分子晶体。分子晶体的熔点低,沸点也低。分子晶体通常是电的不良导体，不论是液态或溶液状态，都不能导电。

3. 原子晶体

原子晶体晶格结点上排列的是原子，原子之间通过共价键结合而成的晶体称为原子晶体。原子晶体的熔点高，硬度很大。

4. 金属晶体

由于金属键无方向性、无饱和性，所以金属原子总是尽可能地利用空间在其周围排列更多的原子，形成高配位数的晶体结构。

金属晶体具有金属光泽，良好的导电性、导热性、延展性等物理性质。

思考与练习题

思考与练习题答案

1. 由于离子的电荷分布是球形对称的，因此离子键没有________和________。

2. 阳离子的离子半径比相应的原子半径________，阴离子的离子半径比相应的原子半径________。电子层结构相同的离子，随核电荷数的逐渐增加，离子半径逐渐________。

3. 可形成 σ 键的原子轨道有________轨道重叠、________轨道重叠、________轨道重叠。

4. 常见的键参数有________、________和________等，利用键参数可以判断分子的________、________及________等。

5. 等性杂化轨道的空间构型与分子的空间构型________，不等性杂化轨道的空间构型与其分子的空间构型________。

6. 在分子与分子之间存在着相互作用力，称为分子间力。分子间力包括________、________和________。

7. 按晶格中的结构粒子种类和键的性质来划分，晶体可分为________、________、________和________四种基本类型。

8. 在下列各种含 H 的化合物中含有氢键的是（　　）。

A. HCl　　B. H_3BO_3　　C. CH_3F　　D. PH_3

9. 下列分子属于非极性分子的是（　　）。

A. HCl　　B. NH_3　　C. SO_2　　D. CO_2

10. 下列分子中偶极矩最大的是（　　）。

A. HCl　　B. H_2　　C. CH_4　　D. CO_2

11. 下列化合物中，具有强极性共价键和配位键的离子化合物为（　　）。

A. NaOH　　B. H_2O　　C. NH_4Cl　　D. $MgCl_2$

12. 下列说法中不正确的是（　　）。

A. σ 键的一对成键电子的电子云密度分布对于键轴方向呈圆柱形对称

B. π 键电子云密度分布是对于通过键轴的平面呈镜面对称

C. σ 键比 π 键活泼性高，易参与化学反应

D. 成键电子的原子轨道重叠程度越大，所形成的共价键越牢固

13. 下列分子中，属于极性分子的是（　　）。

A. O_2　　B. CO_2　　C. BBr_3　　D. $CHCl_3$

14. NH_4^+ 形成后，关于四个 N—H 键，下列说法正确的是（　　）。

A. 配位键的键长小于其他三个键　　B. 键长不相等

C. 键角相等　　D. 配位键的键长大于其他三个键

15. 关于原子轨道的说法正确的是（　　）。

A. 凡中心原子采取 sp^3 杂化轨道成键的分子其几何构型都是正四面体型

B. CH_4 分子中的 sp^3 杂化轨道是由 4 个 H 原子的 1s 轨道和 C 原子的 2p 轨道混合起来而形成的

C. sp^3 杂化轨道是由同一原子中能量相近的 s 轨道和 p 轨道混合起来形成的一组能量相等的新轨道

D. 凡 AB_3 型的共价化合物，其中心原子 A 均采用 sp^3 杂化轨道成键

16. 下列各组物质沸点高低顺序中正确的是(　　)。

A. HI>HBr>HCl>HF　　B. $H_2Te>H_2Se>H_2S>H_2O$

C. $NH_3>AsH_3>PH_3$　　D. $CH_4>GeH_4>SiH_4$

17. 下列分子中偶极矩为零的是(　　)。

A. NF_3　　B. NO_2　　C. PCl_3　　D. BCl_3

18. 原子间成键时，同一原子中能量相近的某些原子轨道要先杂化，其原因是(　　)。

A. 保持共价键的方向性　　B. 进行电子重排

C. 增加成键能力　　D. 使不能成键的原子轨道能够成键

19. 在酒精的水溶液中，分子间主要存在的作用力为(　　)。

A. 取向力　　B. 诱导力

C. 色散力、诱导力、取向力　　D. 取向力、诱导力、色散力、氢键

20. 共价键最可能存在于(　　)之间。

A. 金属原子　　B. 金属原子和非金属原子

C. 非金属原子　　D. 电负性相差很大的元素的原子

21. 下列说法正确的是(　　)。

A. BCl_3 分子中 B—Cl 键是非极性的

B. BCl_3 分子中 B—Cl 键的键矩为 0

C. BCl_3 分子是极性分子，而 B—Cl 键是非极性的

D. BCl_3 分子是非极性分子，而 B—Cl 键是极性的

22. 下列说法中，哪一种不正确？为什么？

(1) 色散力存在于所有分子之间。

(2) 在所有含氢化合物的分子间都存在氢键。

23. 试比较下列晶体的熔点，并判断其晶体的类型。

(1) CsCl、Au、CO_2、HCl　　(2) NaCl、N_2、NH_3、Si

24. 试解释下列现象。

(1) 为什么 CO_2 和 SiO_2 的物理性质差得很远？

(2) 为什么 NaCl 和 AgCl 的阳离子都是 +1 价离子(Na^+、Ag^+)，但 NaCl 易溶于水，AgCl 不易溶于水？

25. 说明 σ 键和 π 键、共价键和配位键、键的极性和分子的极性的区别与联系。

26. 某固体溶于水生成一种能导电的溶液，当加热时它分解放出气体而生成另一种固体。这些现象是下列何物的特性？请预言其分解温度的高低。

(1) CCl_4　　(2) 石墨　　(3) 铁　　(4) NaF

27. 解释下列问题或讨论下列说法是否正确。

(1) SiO_2 的熔点高于 SO_2。

(2) NaF 的熔点高于 NaCl。

(3) 所有高熔点物质都是离子型的。

(4) 化合物的沸点随着相对分子质量的增加而增加。

(5) 将离子型固体与水一起混合摇动制成的溶液都是电的良导体。

28. 在分子晶体中，原子间以共价键结合，在原子晶体中，原子间也是以共价键结合，为什么分子晶体与原子晶体的性质有很大区别？

29. 下列物质中，哪些是离子化合物？哪些是共价化合物？哪些是极性分子？哪些是非极性分子？

KBr、$CHCl_3$、CO、$CsCl$、NO、BF_3、SiF_4、SO_2、HI

30. 试用杂化轨道理论说明下列分子的中心原子可能采取的杂化类型，并预测其分子的几何构型：

BBr_3、CO_2、CF_4、PH_3、SO_2

31. 试判断下列各组的两种分子间存在哪些分子间力。

(1) Cl_2 和 CCl_4　(2) CO_2 和 H_2O　(3) H_2S 和 H_2O

(4) NH_3 和 H_2O　(5) 苯和 CCl_4

32. 讨论下列物质的键型、晶型有何不同。

HCl、B、NaF、AgI、Cl_2

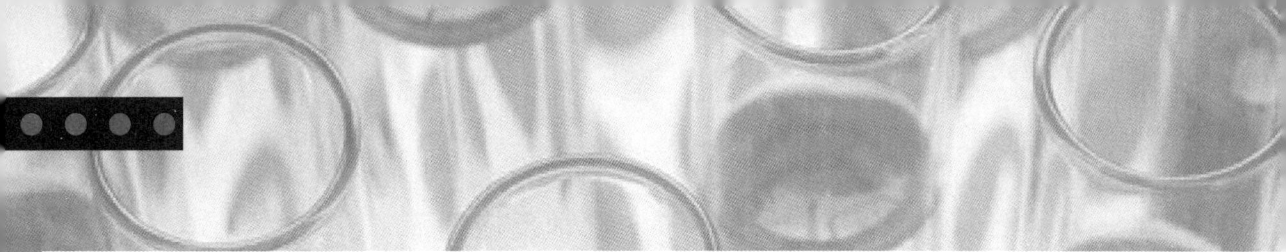

第三章 化学反应速率和化学平衡

学习目标

知识目标

1. 了解化学反应速率的概念、表示方式。
2. 掌握理想气体状态方程、分压定律、分体积定律。
3. 掌握化学平衡的特征及化学平衡常数的概念。
4. 掌握有关化学平衡的计算。

能力目标

1. 能判断浓度、压力、温度及催化剂对化学反应速率的影响。
2. 能熟练应用质量作用定律。
3. 能判断浓度、压力和温度对化学平衡的影响。
4. 能综合运用吕·查德里原理解决实际生产问题。

第一节 化学反应速率

一、化学反应速率概述

【案例 3-1】 在一个恒容容器内进行的合成氨反应：

$$N_2(g)+3H_2(g) \longrightarrow 2NH_3(g)$$

相关数据如表 3-1 所示，分别用 N_2、H_2、NH_3三种物质表示化学反应速率。

表 3-1 某合成氨反应实验数据

	$N_2(g)$	$H_2(g)$	$NH_3(g)$
开始时物质的浓度/($mol \cdot L^{-1}$)	1.0	3.0	0.0
2 s 后的物质的浓度/($mol \cdot L^{-1}$)	0.6	1.8	0.8

(一) 化学反应速率的概念

众所周知，酸碱中和反应、火药爆炸等反应在瞬间内完成，而食物变质、金属腐蚀等反应进行得很慢。化学反应的快慢用化学反应速率来表示。

化学反应速率是指给定条件下反应物通过化学反应转化为产物的快慢。化学反应速率越大，化学反应进行得越快。

(二) 化学反应速率的表示方式

化学反应速率常用单位时间内反应物浓度的减少或者生成物浓度的增加来表示。浓度单位常用 mol/L，时间单位常用 s、min、h、d、y，速率的单位常用 mol/(L · s)、mol/(L · min)等。

绝大多数的化学反应不是等速率进行的，因此，化学反应速率又分为平均反应速率和瞬时反应速率。

1. 平均反应速率

平均反应速率是指某一段时间内反应的平均速率，可以表示为

$$\bar{v}=-\frac{\Delta c(\text{反应物})}{\Delta t}=\frac{\Delta c(\text{生成物})}{\Delta t} \tag{3-1}$$

式中：$\bar{v}$——平均反应速率，mol/(L · s)；

Δc——反应物或生成物的浓度变化，mol/L；

Δt——反应时间，s。

【案例 3-1 解答】 用反应物 N_2、H_2 的浓度减少或生成物 NH_3 的浓度增加表示分别为

$$\bar{v}(N_2)=-\frac{\Delta c(N_2)}{\Delta t}=-\frac{(0.6-1.0)\text{mol/L}}{2\text{ s}}=0.2\text{ mol/(L}\cdot\text{s)}$$

$$\bar{v}(H_2)=-\frac{\Delta c(H_2)}{\Delta t}=-\frac{(1.8-3.0)\text{mol/L}}{2\text{ s}}=0.6\text{ mol/(L}\cdot\text{s)}$$

$$\bar{v}(NH_3)=\frac{\Delta c(NH_3)}{\Delta t}=\frac{(0.8-0)\text{mol/L}}{2\text{ s}}=0.4\text{ mol/(L}\cdot\text{s)}$$

当用不同物质浓度的变化量来表示同一反应的反应速率时，其数值不一致。

议一议

用 N_2、H_2、NH_3 表示化学反应速率时数值不同，它们的速率比与反应式前面的系数比是什么关系？

2. 瞬时反应速率

某一时刻的化学反应速率称为瞬时反应速率。它可以用时间间隔 Δt 趋于无限小时的平均速率的极限值或微分求得。

对于反应：
$$aA + bB \xlongequal{} gG + dD$$

瞬时反应速率可以表示为

$$v_A = -\lim_{\Delta t \to 0}\frac{\Delta c_A}{\Delta t} = -\frac{dc_A}{dt}, \quad v_B = -\lim_{\Delta t \to 0}\frac{\Delta c_B}{\Delta t} = -\frac{dc_B}{dt}$$

$$v_G = \lim_{\Delta t \to 0}\frac{\Delta c_G}{\Delta t} = \frac{dc_G}{dt}, \quad v_D = \lim_{\Delta t \to 0}\frac{\Delta c_D}{\Delta t} = \frac{dc_D}{dt}$$

在化学反应中，各反应物质的反应速率之比等于其化学计量数的绝对值之比。

二、物质的聚集状态

物质总是以一定的聚集状态存在。常温、常压下，通常物质有气体、液体和固体三种存在状态，在一定的条件下这三种状态可以互相转变。

(一) 气体

气体的基本特征是具有扩散性和可压缩性。物质处在气体状态时，分子彼此相距甚远，分子间的引力非常小，各个分子都在无规则地快速运动。气体能够充满整个容器，不同的气体可以任意比例混合成均匀混合物。通常气体的存在状态几乎和它们的化学组成无关，主要取决于气体的体积、温度、压力和物质的量。

1. 理想气体状态方程

【案例 3-2】 一个体积为 50.0 L 的乙炔气钢瓶，在 25℃时，使用前压力为 15.0 MPa，求钢瓶压力降为 12.0 MPa 时用去的乙炔气质量。

理想气体是一种假设的气体模型，它要求气体分子之间完全没有作用力，气体分子本身也只是一个几何点，只具有位置而不占有体积。实际使用的气体都是真实气体。真实气体在压力不太高和温度不太低的情况下，比较接近理想气体，可用理想气体状态方程近似计算，不会引起显著的误差。

理想气体状态方程的表达式为

$$pV = nRT \tag{3-2}$$

式中：p——气体压力，Pa；

V——气体体积，m^3；

n——气体物质的量，mol；

T——气体的热力学温度，K；

R——摩尔气体常数，又称为气体常数，实验证明其值与气体种类无关，$R=8.314 J/(mol·K)$。

【案例 3-2 解答】 使用前，钢瓶中乙炔气(C_2H_2)的物质的量：

$$n_1=\frac{p_1V}{RT}=\frac{15.0\times10^6\ Pa\times50.0\times10^{-3}\ L}{8.314\ J/(mol\cdot K)\times(273.15+25)K}=303\ mol$$

使用后，钢瓶中 C_2H_2 的物质的量：

$$n_2=\frac{p_2V}{RT}=\frac{12.0\times10^6\ Pa\times50.0\times10^{-3}\ L}{8.314\ J/(mol\cdot K)\times(273.15+25)K}=242\ mol$$

所用 C_2H_2 的质量：

$$m=(n_1-n_2)M=(303-242)mol\times26.0\ g/mol=1.586\times10^3\ g=1.586\ kg$$

2. 气体分压定律

【案例 3-3】 某容器中含有 NH_3、O_2 与 N_2 等气体的混合物，取样分析得知，其中 $n(NH_3)=0.32\ mol$，$n(O_2)=0.18\ mol$，$n(N_2)=0.50\ mol$，混合气体的总压力 $p=200\ kPa$，试计算各组分气体的分压力。

一般气体大多为混合气体。如果混合气体的各组分之间不发生化学反应，则在高温、低压下，可将其看作理想气体混合物。

在混合气体中，每一种组分气体总是均匀地充满整个容器，对容器内壁产生压力，并且不受其他组分气体的影响，如同它单独存在于容器中那样。各组分气体占有与混合气体相同体积时所产生的压力叫做**分压力**(p_i)，简称**分压**。1801 年，英国科学家道尔顿从大量实验中归纳出组分气体的分压与混合气体总压之间的关系为：混合气体的总压等于各组分气体的分压之和。这一关系称为**道尔顿分压定律**。例如，混合气体由 A、B、C 三种气体组成，则分压定律可表示为

动画

气体分压定律

$$p=p_A+p_B+p_C \quad (3-3)$$

式中： p——混合气体总压；

p_A、p_B、p_C——A、B、C 三种气体的分压。

分压定律示意图如图 3-1 所示[图 3-1(a)、(b)、(c)、(d)中为体积相同的四个容器]。

图 3-1(a)、(b)、(c)、(d)中的砝码表示 A、B、C 三种气体单独存在时所产生的压力。图 3-1(d)中的砝码表示 A、B、C 混合气体所产生的总压。

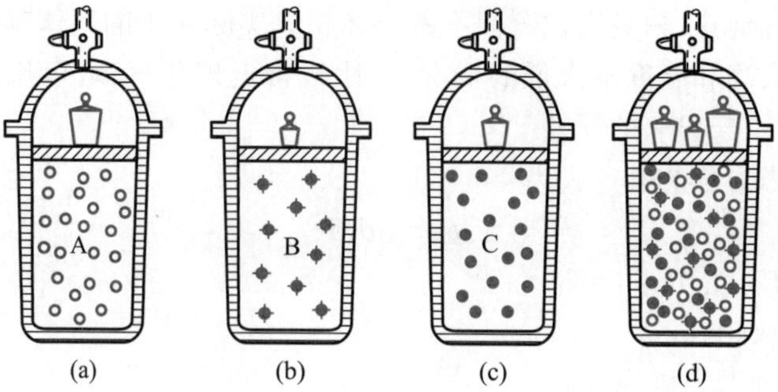

图 3-1 分压定律示意图

理想气体定律同样适用于气体混合物。如混合气体中各气体物质的量之和为 $n_{总}$，温度 T 的混合气体总压为 $p_{总}$，体积为 V，则

$$p_{总}V=n_{总}RT \tag{3-4}$$

如以 n_i 表示混合气体中任一气体 i 的物质的量，p_i 表示其分压，V 为混合气体体积，温度为 T，则

$$p_iV=n_iRT \tag{3-5}$$

将两式相除，得

$$p_i/p_{总}=n_i/n_{总} \tag{3-6}$$

或

$$p_i=p_{总}\times n_i/n_{总} \tag{3-7}$$

混合气体中组分气体 i 的分压 p_i 与混合气体总压之比(即压力分数)等于混合气体中组分气体的摩尔分数(x)，或混合气体中组分气体的分压等于总压乘以组分气体的摩尔分数。这是分压定律的又一种表示方式。

【案例 3-3 解答】 $n=n(NH_3)+n(O_2)+n(N_2)=(0.32+0.18+0.50)\text{mol}=1.00\text{ mol}$

由式(3-6)得

$$p(NH_3)=\frac{n(NH_3)}{n}p=\frac{0.32\text{ mol}}{1.00\text{ mol}}\times 200\text{ kPa}=64.0\text{ kPa}$$

$$p(O_2)=\frac{n(O_2)}{n}p=\frac{0.18\text{ mol}}{1.00\text{ mol}}\times 200\text{ kPa}=36.0\text{ kPa}$$

$$p(N_2)=p-p(NH_3)-p(O_2)=(200-64.0-36.0)\text{kPa}=100\text{ kPa}$$

练一练

N_2 和 H_2 的物质的量之比为 1∶3 的混合气体，在压力为 300 kPa 的容器中，N_2 和 H_2 的分压各为多少？

3. 气体分体积定律

【案例 3-4】 在 300 K 时，将 200 kPa 的 10 m^3 O_2，50 kPa 的 5 m^3 N_2，混合为相同温度的 15 m^3 混合气体，试求：

(1) 各气体的分压和混合气体的总压。

(2) 各气体的摩尔分数。

(3) 各气体的分体积。

当组分气体的温度和压力与混合气体相同时，组分气体单独存在时所占有的体积称为分体积，混合气体的总体积等于各组分气体的分体积之和，这一经验规律称为**阿玛格分体积定律**。用公式表示为

$$V=V_A+V_B+V_C+\cdots \tag{3-8}$$

图 3-2(a)、(b)、(c)中分别表示 A、B、C 三种组分气体的分体积，图 3-2(d)中表示混合气体的总体积。

混合气体中组分气体 i 的体积分数为

动画

气体分体积定律

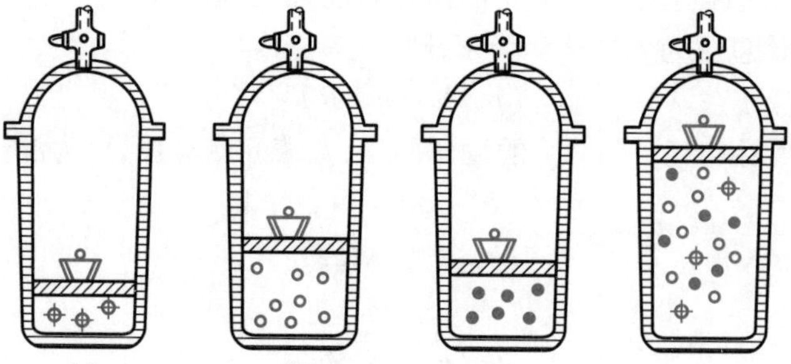

图 3-2 分体积示意图

$$体积分数(\varphi)=\frac{组分气体\ i\ 的分体积(V_i)}{混合气体的总体积(V)} \quad (3-9)$$

将分体积概念代入理想气体状态方程得

$$p_{总}V_i=n_iRT \quad (3-10)$$

式中：$p_{总}$——混合气体总压；

V_i——组分气体 i 的分体积；

n_i——组分气体 i 的物质的量。

用 $p_{总}V_{总}=n_{总}RT$ 除式(3-10)，则得

$$V_i/V_{总}=n_i/n_{总} \quad (3-11)$$

联系式 $p_i/p_{总}=n_i/n_{总}$ 得

$$p_i/p_{总}=V_i/V_{总} \quad (3-12)$$

即

$$p_i=(V_i/V_{总})p_{总} \quad (3-13)$$

说明混合气体中某一组分的体积分数等于其摩尔分数，组分气体分压等于总压乘以该组分气体的体积分数。混合气体的压力分数、体积分数与其摩尔分数均相等。

【案例 3-4 解答】

(1) 当温度一定时，由理想气体状态方程可得

$$p_1V_1=p_2V_2$$

则

$$p(O_2)=\frac{200\ kPa\times 10\ m^3}{15\ m^3}=133.3\ kPa$$

$$p(N_2)=\frac{50\ kPa\times 5\ m^3}{15\ m^3}=16.7\ kPa$$

$$p=p(O_2)+p(N_2)=(133.3+16.7)kPa=150\ kPa$$

(2)
$$y(O_2)=\frac{p(O_2)}{p}=\frac{133.3\ kPa}{150\ kPa}=0.89$$

$$y(N_2)=1-y(O_2)=1-0.89=0.11$$

(3)
$$V(O_2)=y(O_2)V=0.89\times 15\ m^3=13.35\ m^3$$

$$V(N_2)=y(N_2)V=0.11\times 15\ m^3=1.65\ m^3$$

4. 真实气体状态方程

19 世纪后期,荷兰物理学家范德华对理想气体状态方程进行了修正,得到较为准确的真实气体状态方程。

$$\left(p+\frac{an^2}{V^2}\right)(V-nb)=nRT \tag{3-14}$$

$$\left(p+\frac{a}{V_m^2}\right)(V_m-b)=RT \tag{3-15}$$

式中:$\frac{a}{V_m^2}$——压力修正项,Pa;

V_m——气体的摩尔体积;

a——范德华常数,$Pa \cdot m^6/mol^2$;

b——范德华常数(体积修正项),m^3/mol。

通常,容易液化的气体,气体分子间引力越大,a 越大;分子越大,b 越大。

真实气体分子的体积不能忽略,b 就是由于气体分子占有一定的体积而引起 1 mol 气体自由运动空间的减少,因此又称已占体积或排除体积。

对于理想气体,$pV_m=RT$。V_m为 1 mol 理想气体自由运动的空间,由于理想气体分子没有体积,故 V_m就是容器的体积。而真实气体可以自由运动的空间为 V_m-b。

由于真实气体分子间有吸引力而引起的气体压力的减少称为**内压**。内压的产生是由于邻近器壁的分子与内部分子之间的相互吸引而引起的。

(二) 液体

液体内部分子之间的距离比气体小得多,分子之间的作用力较强。液体具有流动性,有一定的体积而无一定的形状。与气体相比,液体的可压缩性小得多。

在一定的温度下,纯溶剂溶入难挥发化合物形成稀溶液(通常稀溶液的浓度小于 0.02 mol/L)后,其性质将发生变化,如产生蒸气压下降、沸点升高、凝固点降低和渗透压等现象。这些与溶质的本性无关,只取决于溶质粒子数目的性质,统称为**稀溶液的依数性**。

1. 液体的蒸气压

在液体中分子运动的速度及分子具有的能量各不相同,速度有快有慢,大多处于中间状态。液体表面某些运动速度较大的分子所具有的能量足以克服分子间的吸引力而逸出液面,成为气态分子,这个过程叫做蒸发。在一定的温度下,蒸发将以恒定的速度进行。液体如处于一个敞口容器中,液态分子不断地吸收周围的热量,使蒸发过程不断地进行,液体将逐渐减少。若将液体置于密闭容器中,情况就有所不同。一方面,液态分子进行蒸发变成气态分子;另一方面,一些气态分子撞击液体表面会重新返回液体,这个与液体蒸发现象相反的过程叫做凝聚。初始时,由于没有气态分子,凝聚速度为零,随着气态分子逐渐增多,凝聚速度逐渐增大,直到凝聚速度等于蒸发速度,即在单位时间内,脱离液面变成气体的分子数等于返回液面变成液体的分子数,达到蒸发与凝聚的动态平衡。此时,在液体上部的蒸气量不再改变,蒸气便具有恒定的压力。在恒定温度下,与液体平衡的蒸气称为饱和蒸气,饱和蒸气的压力就是该温度下的**饱和蒸气压**,简称**蒸气压**。

动画 真实气体状态方程

动画 液体的蒸气压

动画 液体的沸点

动画 高原上煮鸡蛋

蒸气压是物质的一种特性，常用来表征液态分子在一定的温度下蒸发成气态分子的倾向大小。在某温度下，蒸气压大的物质为易挥发物质，蒸气压小的物质为难挥发物质。如 25℃时，水的蒸气压为 3.17 kPa，酒精的蒸气压为 5.95 kPa，则酒精比水易挥发。

只要某物质处于气一液共存状态，该物质蒸气压的大小就与液体的质量及容器的体积无关。

2. 液体的沸点

在敞口容器内加热液体，最初会看到不少细小气泡从液体中逸出，这种现象是由于溶解在液体中的气体因温度升高溶解度减小所引起的。当达到一定的温度时，整个液体内部都冒出大量气泡，气泡上升至表面，随即破裂而逸出，这种现象叫做**沸腾**。此时，气泡内部的压力至少应等于液面上的压力，即外界压力（对敞口容器即大气压力），而气泡内部的压力为蒸气压。故液体沸腾的条件是液体的蒸气压等于外界压力，沸腾时的温度叫做该液体的**沸点**。换言之，液体的蒸气压等于外界压力时的温度即为液体的沸点。如果此时外界压力为 101.325 kPa，液体的沸点就叫做正常沸点。例如，水的正常沸点为 100℃，乙醇的正常沸点为 78.4℃。

显然，液体的沸点随外界压力而变化。若降低液面上的压力，液体的沸点就会降低。在海拔高的地方大气压力低，水的沸点不到 100℃，食品难以煮熟。利用这一性质，对于一些在正常沸点下易分解的物质，可在减压的条件下进行蒸馏，以达到分离或提纯的目的。

（三）固体

动画

碘的升华

固体可由原子、离子或分子组成。这些粒子排列紧凑，有强烈的作用力（化学键或分子间力），使它们只能在一定的平衡位置上振动。因此固体具有一定的体积、一定的形状及一定程度的刚性（坚实性）。

多数固体物质受热时能熔化成液体，但有少数固体物质并不经过液体阶段而直接变成气体，这种现象叫做**升华**。如放在箱子里的樟脑精，过一段时间后就会变少或者消失，箱子里却充满其特殊气味。在寒冷的冬天，冰和雪会因升华而消失。另一方面，一些气体在一定的条件下也能直接变成固体，这个过程叫做**凝华**，晚秋降霜就是凝华过程。与液体一样，固体物质也有饱和蒸气压，并随温度升高而增大。但绝大多数固体的饱和蒸气压很小。利用固体的升华现象可以提纯一些挥发性固体物质如碘、萘等。

固体可分为晶体和非晶体（无定形体）两大类，多数固体物质是晶体。非晶体没有固定的几何外形，又称为无定形体。晶体和非晶体可以互相转化，即在不同的条件下，同一物质可以形成晶体，也可以形成非晶体。

三、影响化学反应速率的因素

（一）浓度对化学反应速率的影响

做一做

取一支试管加入过硫酸钾（$K_2S_2O_6$）溶液，在一定的温度下向试管中加入 KI 溶液，发生反应 $K_2S_2O_6 + 2KI \longrightarrow 2K_2SO_3 + I_2$。加入淀粉，溶液变蓝。

结论：增加 KI 用量，蓝色加深、颜色变化加快。即在其他条件不变的条件下，增加反应物浓度，可加快反应速率。

1. 基元反应和非基元反应

实验证明，绝大多数化学反应并不是简单地一步完成，而是分步进行的。一步就能完成的反应称为**基元反应**，简称元反应。例如：

$$2NO_2(g) \longrightarrow 2NO(g) + O_2(g)$$

分几步才能完成的反应称为**非基元反应**。例如：

$$H_2(g) + I_2(g) \longrightarrow 2HI(g)$$

实际反应是分两步完成的：

第一步 $I_2(g) \longrightarrow 2I(g)$

第二步 $H_2(g) + 2I(g) \longrightarrow 2HI(g)$

每一步为一个基元反应，总反应为两步反应的加和。

2. 反应物浓度与反应速率的定量关系

【案例 3-5】 写出下述基元反应的速率方程。

(1) $C(s) + O_2(g) \longrightarrow CO_2(g)$

(2) $C_{12}H_{22}O_{11}$(蔗糖) $+ H_2O \longrightarrow C_6H_{12}O_6$(葡萄糖) $+ C_6H_{12}O_6$(果糖)

在一定的温度下，对于基元反应，其反应速率与各反应物浓度幂的乘积成正比(浓度的指数在数值上等于各反应物化学计量数的绝对值)，这种定量关系称为**质量作用定律**。

对于溶液中进行的任意基元反应：

$$aA + bB \longrightarrow mM + nN$$

$$v = k[c(A)]^a \cdot [c(B)]^b \qquad (3-16)$$

式中：$c(A)$、$c(B)$——分别为反应物 A、B 的浓度，mol/L；

a、b——反应物 A、B 的化学计量数；

k——反应速率常数。

式(3-16)又称为**速率方程**。对于气体反应，当体积恒定时，各组分气体的分压与浓度成正比，故速率方程也可表示为

$$v = k[p(A)]^a \cdot [p(B)]^b \qquad (3-17)$$

式中：$p(A)$、$p(B)$——分别为反应物 A、B 的分压；

k——用分压表示时的反应速率常数。

反应速率常数是化学反应在一定温度下的特征常数。其物理意义是单位浓度(或分压)下的反应速率。不同的反应，k 值不同；对同一反应，在浓度(或分压)相同的情况下，k 值越大，反应速率越大；k 值越小，反应速率越小。对于指定的反应而言，k 值与温度、催化剂等因素有关，而与浓度无关。

速率方程中浓度(或分压)的指数，称为**反应级数**。a 为反应对 A 物质的反应级数，b 为反应对 B 物质的反应级数，$n = a + b$ 称为反应总级数或反应分子数。n 只能是正整数。

例如，基元反应：

$$NO_2(g)+CO(g)\xrightarrow{>372℃}NO(g)+CO_2(g)$$

速率方程为

$$v=kp(NO_2)\cdot p(CO)$$

在速率方程中，$a=1$，$b=1$，即该反应对 NO_2、CO 均是一级反应，反应总级数为二级。

纯固态、纯液态物质，其浓度可视为常数。稀溶液中的溶剂水的浓度视为常数，不必列入速率方程表达式中。

【案例 3-5 解答】 (1) $v=kp(O_2)$　(2) $v=kc(C_{12}H_{22}O_{11})$

质量作用定律只适用于基元反应，不适用于非基元反应。非基元反应不能按质量作用定律直接写出速率方程，要由实验测得公式中的 a 和 b 推出速率方程(但非基元反应的机理中的各基元反应仍适用质量作用定律)。

练一练

写出下列基元反应的速率方程，并指出反应的总级数。

(1) $SO_2Cl_2(g)\longrightarrow SO_2(g)+Cl_2(g)$　(2) $2NO_2(g)\longrightarrow 2NO(g)+O_2(g)$

(二) 压力对化学反应速率的影响

动画　压力对反应速率的影响

议一议

当压力增大到原来的 2 倍时，基元反应：

$$2NO_2(g)\longrightarrow 2NO(g)+O_2(g)$$

的反应速率增大到原来的几倍？

在一定的温度下，对于有气态物质参加的反应：

$$2NO(g)+O_2(g)=\!=\!=2NO_2(g)$$

在一定的温度时，增大压力，气态反应物质的浓度增大，反应速率增大。相反，降低压力，气态反应物质的浓度减小，反应速率减小。

对于没有气体参加的反应，由于压力对反应物的浓度影响很小，所以压力改变，其他条件不变时，对反应速率影响不大。

(三) 温度对化学反应速率的影响

温度对化学反应速率的影响特别显著，一般情况下，大多数化学反应随着温度的升高而加快，随着温度的降低而减慢。1884 年，荷兰物理化学家范特霍夫根据实验事实归纳出一条经验规律：一般化学反应，在一定的温度范围内，温度每升高 10℃，反应速率增加到原来的2～4倍。如常温下 H_2 和 O_2 几乎看不到有反应发生，而在 $T>873$ K 时，则反应迅速进行，发生爆炸。

1889 年，瑞典物理化学家阿伦尼乌斯总结了大量实验事实，提出了一个经验方程，称为**阿伦尼乌斯经验公式**，其表达式为

$$k = k_0 e^{-E_a/RT} \quad (3-18)$$

或

$$\ln k = -\frac{E_a}{RT} + \ln k_0 \quad (3-19)$$

式中：k_0——反应的特定常数，称为指前因子，其单位与 k 的单位相同；

E_a——活化能，单位为 kJ/mol。

动画

温度对反应速率的影响

（四）催化剂对化学反应速率的影响

催化剂又称为触媒，是一种能显著改变化学反应速率，而本身组成、质量和化学性质在反应前后保持不变的物质。催化剂对化学反应速率的影响叫做催化作用。在催化剂作用下进行的反应称为催化反应。通常将能提高化学反应速率的催化剂称为正催化剂。相反，能减慢化学反应速率的催化剂称为负催化剂或阻催化剂。而有些反应的产物本身就能作为该反应的催化剂，从而提高反应速率，这种催化剂称为自催化剂，这类反应称为自催化反应。

催化剂的催化性质具有专一性，一种催化剂通常只能对一种或少数几种反应起到催化作用。不同的反应需要不同的催化剂，同一个反应，使用不同的催化剂，其反应产物通常也不相同。

在催化反应中，微量杂质使催化剂催化能力降低或丧失的现象，称为催化剂中毒。因此在催化反应中，应使原料保持纯净，必要时可先进行原料预处理。

催化剂能同等程度地改变可逆反应的正、逆反应速率。

动画

催化剂对反应速率的影响

（五）其他因素对化学反应速率的影响

除以上讨论的浓度、压力、温度、催化剂对化学反应速率的影响外，其他的因素也能对化学反应速率产生影响，主要包括反应物接触面积、扩散速率、接触机会、超声波、紫外线、X 射线和激光灯等。

在化工生产过程中，常将大块固体破碎成小块或磨成粉末，以增大接触面积；对于气液反应，将液态物质采用喷淋的方式来扩大与气态物质的接触面积；对反应物进行搅拌、振荡、鼓风等方式以强化扩散作用。

第二节　化 学 平 衡

一、可逆反应与化学平衡

（一）可逆反应

在同一条件下，能同时向正、逆两个方向进行的反应，称为**可逆反应**。可逆反应方程式用符号“$\rightleftharpoons$”表示。其中，从左向右进行的反应，称为**正反应**，从右向左进行的反应，称为**逆反应**。

几乎所有的化学反应都具有可逆性。即在密闭容器中，反应不能进行到底，反应物不能全部转化为产物。

例如，对于反应：

$$N_2 + 3H_2 \rightleftharpoons 2NH_3$$

某一时刻体系中的 N_2 和 H_2 进行反应生成 NH_3，同时 NH_3 也进行着分解为 N_2 和 H_2 的反应，即正、逆反应同时进行。

相反，只能向正反应或逆反应其中一个方向进行的反应称为不可逆反应。在生活和生产中，绝大多数的反应都是可逆反应。

（二）化学平衡

对于可逆反应：

$$2NO(g)+O_2(g) \rightleftharpoons 2NO_2(g)$$

在一定的温度下，把定量的 NO 和 O_2 置于一个密闭容器中，反应刚开始时，正反应速率较大，逆反应的速率几乎为零。随着反应的进行，反应物 NO 和 O_2 浓度逐渐减小，正反应速率逐渐减小，生成物 NO_2 的浓度逐渐增大，逆反应速率逐渐增大。当正反应速率和逆反应速率相等时，体系中反应物和生成物的浓度不再随时间改变而改变，体系所处的状态称为化学平衡，如图 3-3 所示。

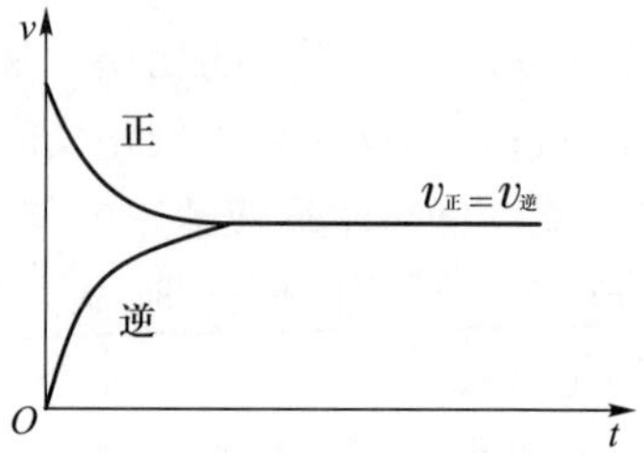

图 3-3　可逆反应的正、逆反应速率随时间变化的曲线图

化学平衡具有如下特点。

(1) 化学平衡是一种动态平衡，此时 $v_{正}=v_{逆}\neq 0$。外界条件不变，体系中各物质的量不随时间变化。

(2) 平衡是有条件的，条件改变时，原平衡被破坏。在新的条件下，建立新的平衡。

(3) 反应是可逆的，化学平衡既可以由反应物开始达到平衡，也可以由产物开始达到平衡。

议一议

如何判断某反应是否达到化学平衡？

二、平衡常数

（一）平衡常数的类型

1. 实验平衡常数

对任意可逆反应：

$$aA+bB \rightleftharpoons mM+nN$$

在一定的温度下，可逆反应达到平衡时，各生成物平衡浓度幂的乘积与各反应物平衡浓度幂的乘积之比是一个常数，称为化学平衡常数，用 K_c 表示**浓度平衡常数**。

$$K_c=\frac{c_M^m \cdot c_N^n}{c_A^a \cdot c_B^b} \qquad (3-20)$$

对于低压下进行的任意气相可逆反应：

$$aA(g)+bB(g) \rightleftharpoons mM(g)+nN(g)$$

在一定的温度下达到化学平衡时，其平衡常数表达式中各物质的平衡浓度常用平衡分压表示，此时的平衡常数称为**分压平衡常数**，用 K_p 表示。

$$K_p=\frac{p_M^m \cdot p_N^n}{p_A^a \cdot p_B^b} \tag{3-21}$$

K_c、K_p均由实验得到，因此称为**实验平衡常数**。

若气相任一组分都符合理想气体状态方程，则 K_p、K_c的关系为

$$K_p=K_c(RT)^{\Delta n} \tag{3-22}$$

式中：Δn——化学计量数，$m+n-a-b$。

练一练

写出反应 $N_2(g)+3H_2(g) \rightleftharpoons 2NH_3(g)$ 的实验平衡常数 K_p、K_c 的表达式，并指出两者之间的关系。

2. 标准平衡常数

标准平衡常数又称为热力学平衡常数，用 $K^\ominus$ 表示，是由热力学计算得到的。

在气体反应中，将 K_p表达式中各组分的平衡分压用相对平衡分压 $p_B/p^\ominus$ 代替，即为标准平衡常数表达式。其中，$p^\ominus$（$p^\ominus=100$ kPa）为标准态压力。例如，气体反应：

$$aA(g)+bB(g) \rightleftharpoons mM(g)+nN(g)$$

标准平衡常数表达式为

$$K^\ominus=\frac{(p_M/p^\ominus)^m \cdot (p_N/p^\ominus)^n}{(p_A/p^\ominus)^a \cdot (p_B/p^\ominus)^b} \tag{3-23}$$

标准平衡常数是量纲一的物理量。$K^\ominus$ 只随温度的变化而改变。

对于溶液反应，将 K_c中各组分的平衡浓度用相对平衡浓度 $c_B/c^\ominus$ 代替即为标准平衡常数表达式，$c_B/c^\ominus$ 常用[B]（或 c'_B）简化表示。其中 $c^\ominus$（$c^\ominus=1$ mol/L）为标准浓度。例如，溶液反应：

$$aA(aq)+bB(aq) \rightleftharpoons mM(aq)+nN(aq)$$

$$K^\ominus=\frac{(c_M/c^\ominus)^m \cdot (c_N/c^\ominus)^n}{(c_A/c^\ominus)^a \cdot (c_B/c^\ominus)^b}=\frac{[M]^m \cdot [N]^n}{[A]^a \cdot [B]^b} \tag{3-24}$$

3. 多重平衡常数

如果某一可逆反应由几个可逆反应相加（或相减）得到，则该可逆反应的标准平衡常数等于这几个可逆反应标准平衡常数的乘积（或商），这种关系称为**多重平衡规则**。当反应式乘以系数时，则该系数作为平衡常数的指数。

例如，某温度下，已知反应：

$$2NO(g)+O_2(g) \rightleftharpoons 2NO_2(g) \qquad K_1$$

$$2NO_2(g) \rightleftharpoons N_2O_4(g) \qquad K_2$$

若两个反应相加得

$$2NO(g)+O_2(g) \rightleftharpoons N_2O_4(g)$$

则

$$K=K_1 \times K_2$$

多重平衡规则在实际生产和理论研究中非常重要，当许多化学反应平衡常数较难测定或无从查取时，则可利用有关化学反应平衡常数算出。

练一练

已知某温度下，下列可逆反应的标准平衡常数：

$$2H_2(g)+O_2(g) \rightleftharpoons 2H_2O(g) \qquad K_1^{\ominus}$$

$$2CO(g)+O_2(g) \rightleftharpoons 2CO_2(g) \qquad K_2^{\ominus}$$

则相同温度下，反应 $H_2(g)+CO_2(g) \rightleftharpoons H_2O(g)+CO(g)$ 的 $K_3^{\ominus}=?$

（二）平衡常数的书写

（1）对于有纯固体、纯液体和水参加反应的平衡体系，其中纯固体、纯液体和水无浓度可言，不要写入表达式中。例如：

$$CaCO_3(s) \rightleftharpoons CaO(s)+CO_2(g)$$

$$K=p(CO_2)$$

稀溶液中进行的反应：

$$Cr_2O_7^{2-}(aq)+H_2O(l) \rightleftharpoons 2CrO_4^{2-}(aq)+2H^+(aq)$$

$$K^{\ominus}=\frac{[CrO_4^{2-}]^2 \cdot [H^+]^2}{[Cr_2O_7^{2-}]}$$

但在非水溶液中进行的反应，水的浓度不能忽略。例如：

$$C_2H_5OH(l)+CH_3COOH(l) \rightleftharpoons CH_3COOC_2H_5(l)+H_2O(l)$$

$$K^{\ominus}=\frac{[CH_3COOC_2H_5] \cdot [H_2O]}{[C_2H_5OH] \cdot [CH_3COOH]}$$

（2）平衡常数的表达式及数值随化学反应方程式的写法不同而不同，但其实际含义相同。例如：

$$N_2O_4(g) \rightleftharpoons 2NO_2(g) \qquad K_1=\frac{[NO_2]^2}{[N_2O_4]}$$

$$\frac{1}{2}N_2O_4(g) \rightleftharpoons NO_2(g) \qquad K_2=\frac{[NO_2]}{[N_2O_4]^{\frac{1}{2}}}$$

以上两种平衡常数表达式都描述同一平衡体系，但 $K_1 \neq K_2$。所以使用时，平衡常数表达式必须与反应方程式相对应。

（三）平衡常数的意义

（1）平衡常数是可逆反应的特征常数。对同种类型的反应来说，平衡常数越大，反应进行的程度就越大，即越完全。

（2）平衡常数可以用来判断一个反应是否已经达到平衡状态。化学反应：

$$aA+bB \rightleftharpoons mM+nN$$

在任意时刻各生成物相对浓度（或相对分压）幂的乘积与各反应物相对浓度（或相对分压）幂的乘积之比，定义为反应商 Q。

$$Q=\frac{(c'_M)^m \cdot (c'_N)^n}{(c'_A)^a \cdot (c'_B)^b} \qquad (3-25)$$

或

$$Q=\frac{(p'_M)^m \cdot (p'_N)^n}{(p'_A)^a \cdot (p'_B)^b} \qquad (3-26)$$

当 $Q<K^{\ominus}$ 时,正反应自发进行。

当 $Q=K^{\ominus}$ 时,反应处于平衡状态。

当 $Q>K^{\ominus}$ 时,逆反应自发进行。

在一定的温度下,可以通过比较 Q 与 $K^{\ominus}$ 的大小判断反应是否处于平衡状态及反应自发进行的方向。

(3) 平衡常数与反应系统的浓度无关,它只是温度的函数。因此,使用时必须注明对应的温度。

(四) 有关化学平衡常数的计算

1. 由平衡浓度计算平衡常数

【案例 3-6】 合成氨反应 $N_2+3H_2 \rightleftharpoons 2NH_3$ 在某温度下达到平衡时,N_2、H_2、NH_3 的浓度分别是3 mol/L、9 mol/L、4 mol/L,求该温度下的平衡常数。

【案例 3-6 解答】

$$K=\frac{[NH_3]^2}{[N_2][H_2]^3}=\frac{4^2}{3\times 9^3}=7.32\times 10^{-3}$$

2. 已知平衡常数和起始浓度计算平衡组成和平衡转化率

【案例 3-7】 某温度 T 时,反应 $CO(g)+H_2O(g) \rightleftharpoons H_2(g)+CO_2(g)$ 的平衡常数 $K^{\ominus}=9$。若反应开始时 CO 和 H_2O 的浓度均为 0.02 mol/L,计算平衡时系统中各物质的浓度及 CO 的平衡转化率。

平衡转化率简称为转化率,它是指反应达到平衡时,某反应物转化为生成物的百分数,常用 η 来表示:

$$\eta=\frac{\text{某反应物已转化的物质的量}(n)}{\text{反应前该反应物的总物质的量}(n_{\text{总}})}\times 100\% \tag{3-27}$$

若反应前后体积不变,反应物的物质的量可用浓度表示:

$$\eta=\frac{\text{某反应物转化了的浓度}(c)}{\text{该反应物的起始浓度}(c_{\text{总}})}\times 100\% \tag{3-28}$$

【案例 3-7 解答】 设反应达到平衡时系统中 H_2 和 CO_2 的浓度为 x mol/L。

	$CO(g)$	+	$H_2O(g)$	$\rightleftharpoons$	$H_2(g)$	+	$CO_2(g)$
起始浓度/$(mol\cdot L^{-1})$	0.02		0.02		0		0
平衡浓度/$(mol\cdot L^{-1})$	$0.02-x$		$0.02-x$		x		x

$$K^{\ominus}=\frac{[H_2][CO_2]}{[H_2O][CO]}$$

$$K^{\ominus}=\frac{x^2}{(0.02-x)^2}=9$$

$$x=0.015$$

平衡时

$$[H_2]=[CO_2]=0.015$$

$$[CO]=[H_2O]=0.02-0.015=0.005$$

$$\eta(CO)=\frac{0.015}{0.02}\times 100\%=75\%$$

【案例 3-8】 已知 25℃时,反应:

$$Fe^{2+}(aq)+Ag^{+}(aq) \rightleftharpoons Fe^{3+}(aq)+Ag(s)$$

的平衡常数 $K^{\ominus}=2.98$,当 Fe^{2+}、Ag^{+} 的浓度为 0.100 mol/L,Fe^{3+} 的浓度为 0.010 0 mol/L 时:

(1) 判断反应自发进行的方向。

(2) 求 Fe^{2+}、Ag^{+}、Fe^{3+} 的平衡浓度。

(3) 求 Ag^{+} 的平衡转化率。

【案例 3-8 解答】 (1) $Q=\frac{[Fe^{3+}]}{[Ag^{+}][Fe^{2+}]}=\frac{0.010\,0}{0.100\times 0.100}=1$

因为 $Q<K^{\ominus}$,所以反应自发向正反应方向进行。

(2) 设反应达到平衡时,Ag^{+} 的转化浓度为 x mol/L。则

	$Fe^{2+}(aq)$ +	$Ag^{+}(aq)$ $\rightleftharpoons$	$Fe^{3+}(aq)+Ag(s)$
开始浓度/($mol\cdot L^{-1}$)	0.100	0.100	0.010 0
变化浓度/($mol\cdot L^{-1}$)	x	x	x
平衡浓度/($mol\cdot L^{-1}$)	$0.100-x$	$0.100-x$	$0.010\,0+x$

$$K^{\ominus}=\frac{[Fe^{3+}]}{[Ag^{+}]\cdot[Fe^{2+}]}$$

即

$$2.98=\frac{0.010\,0+x}{(0.100-x)^{2}}$$

$$x=0.013$$

$$[Fe^{3+}]=0.010\,0+0.013=0.023$$

$$[Fe^{2+}]=[Ag^{+}]=0.100-0.013=0.087$$

(3) $\eta(Ag^{+})=\frac{x}{[Ag^{+}]}\times 100\%=\frac{0.013}{0.100}\times 100\%=13\%$

第三节 化学平衡的移动

一、影响化学平衡移动的因素

化学平衡是一种动态平衡,在外界条件改变时,会使反应的平衡条件遭到破坏,从而会向某一个方向进行,这种由于外界条件的改变,使可逆反应从一种平衡状态向另一种平衡状态转变的过程叫做**化学平衡的移动**。

(一) 浓度对化学平衡的影响

【案例 3-9】 在 25℃时,向 1L【案例 3-8】的平衡系统中加入 0.100 mol Fe^{2+},试计算:

(1) 达到新的平衡时,Fe^{2+}、Ag^{+}、Fe^{3+} 的浓度。

(2) Ag^{+} 的总转化率。

【案例 3-9 解答】 (1) 设达到新的平衡时,Ag^{+} 的转化浓度为 x,则

	$Fe^{2+}(aq)$ +	$Ag^{+}(aq)$ $\rightleftharpoons$	$Fe^{3+}(aq)$	$+Ag(s)$
开始浓度/($mol\cdot L^{-1}$)	$0.087+0.100$	0.087	0.023	
变化浓度/($mol\cdot L^{-1}$)	x	x	x	
平衡浓度/($mol\cdot L^{-1}$)	$0.187-x$	$0.087-x$	$0.023+x$	

$$K^{\ominus}=\frac{[Fe^{3+}]}{[Ag^{+}]\cdot[Fe^{2+}]}$$

即

$$2.98=\frac{0.023+x}{(0.087-x)(0.187-x)}$$

$$x_1=0.014(\text{mol/L}),\quad x_2=0.595(\text{mol/L})(\text{不合题意,舍去})$$

则

$$c(Ag^{+})=(0.087-0.014)\text{mol/L}=0.073\ \text{mol/L}$$

$$c(Fe^{2+})=(0.187-0.014)\text{mol/L}=0.173\ \text{mol/L}$$

$$c(Fe^{3+})=(0.023+0.014)\text{mol/L}=0.037\ \text{mol/L}$$

(2) Ag^{+}转化的总浓度为

$$\Delta c(Ag^{+})=(0.013+0.014)\text{mol/L}=0.027\ \text{mol/L}$$

则 Ag^{+}的总转化率为

$$\eta(Ag^{+})=\frac{\Delta c(Ag^{+})}{c(Ag^{+})}=\frac{0.027\ \text{mol/L}}{0.100\ \text{mol/L}}\times100\%=27\%$$

可见在系统中增加 Fe^{2+},会增大 Ag^{+}的转化率,说明化学平衡向正反应方向移动。

对任何可逆反应,在其他条件不变时,增大反应物浓度(或减小生成物浓度),平衡向正反应方向移动。减小反应物浓度(或增大生成物浓度),平衡向逆反应方向移动。

在一定的温度下,可以通过比较 Q 与 $K^{\ominus}$ 的大小判断平衡状态。当 $Q<K^{\ominus}$ 时,平衡向正反应方向移动;当 $Q=K^{\ominus}$ 时,反应处于平衡状态;当 $Q>K^{\ominus}$ 时,平衡向逆反应方向移动。

议一议

合成氨工业制取原料气 H_2 的反应为

$$CO(g)+H_2O(g)\rightleftharpoons CO_2(g)+H_2(g)$$

在生产过程中一般控制 $p(H_2O)/p(CO)=5\sim8$,其目的何在?

(二) 压力对化学平衡的影响

动画

压力对化学平衡的影响

对液相和固相中发生的反应,改变压力,对平衡几乎没有什么影响。但对于有气体参加的反应,必须考虑压力的影响。

例如,$N_2(g)+3H_2(g)\rightleftharpoons 2NH_3(g)$,气体分子的变化量为

$$\Delta n=2-3-1=-2$$

$$K^{\ominus}=\frac{[p(NH_3)/p^{\ominus}]^2}{[p(N_2)/p^{\ominus}][p(H_2)/p^{\ominus}]^3}=\frac{p^2(NH_3)}{p(N_2)\cdot p^3(H_2)}$$

当 $p_{总}$ 增大一倍时,各分压均增大一倍,则

$$Q=\frac{[2p(NH_3)/p^{\ominus})]^2}{[2p(N_2)/p^{\ominus}][2p(H_2)/p^{\ominus}]^3}=\frac{4p^2(NH_3)}{16p(N_2)\cdot p^3(H_2)}$$

$$Q=\frac{4}{16}K^{\ominus}$$

$Q<K^{\ominus}$,平衡向正反应方向移动(气体分子数减小的方向)。

当 $p_{总}$ 减小 1/2 时:

$$Q=\frac{\left[\frac{1}{2}p(NH_3)/p^{\ominus}\right]^2}{\left[\frac{1}{2}p(N_2)/p^{\ominus}\right]\left[\frac{1}{2}p(H_2)/p^{\ominus}\right]^3}=\frac{16p^2(NH_3)}{4p(N_2)\cdot p^3(H_2)}$$

$$Q=\frac{16}{4}K^{\ominus}$$

$Q>K^{\ominus}$，平衡向逆反应方向移动(气体分子数增大的方向)。

对任何可逆反应，其他条件不变时，增加总压，平衡向气体分子数减小的方向移动；减小总压，平衡向气体分子数增大的方向移动；$\Delta n=0$ 时，改变总压平衡不移动。

练一练

增大压力时，化学反应 $C(s)+H_2O(g)\rightleftharpoons CO(g)+H_2(g)$ 化学平衡将怎样移动？

需要指出，在保持温度、压力不变的条件下，向平衡系统加入不参与反应的其他气体物质(惰性组分)，则系统体积增大(相当于系统原来的压力减小)，此时平衡的移动情况与因压力减小而引起的平衡变化相同。

动画

温度对化学平衡的影响

(三) 温度对化学平衡的影响

做一做

如图 3-4 所示，将 NO_2 气体平衡仪的两端分别浸入热水浴和低温水浴(冰加食盐)中，$N_2O_4(g)$(无色)$\rightleftharpoons 2NO_2(g)$(红棕色)$-58.2$ kJ/mol。片刻后，热水浴中球内的气体颜色变深，低温水浴中球内的气体颜色变浅。

温度对化学平衡的影响与浓度、压力对化学平衡的影响有本质的区别。温度变化时平衡常数会变，而压力、浓度变化时，平衡常数不变。实验测定表明，对于正向放热反应，温度升高，平衡常数减小，此时 $Q>K^{\ominus}$，平衡向左移动，即向吸热方向移动。对于正向吸热反应，温度升高，平衡常数增大，此时 $Q<K^{\ominus}$，平衡向右移动。

对任何可逆反应，其他条件不变时，升高温度，化学平衡向吸热方向移动，降低温度，化学平衡向放热方向移动。

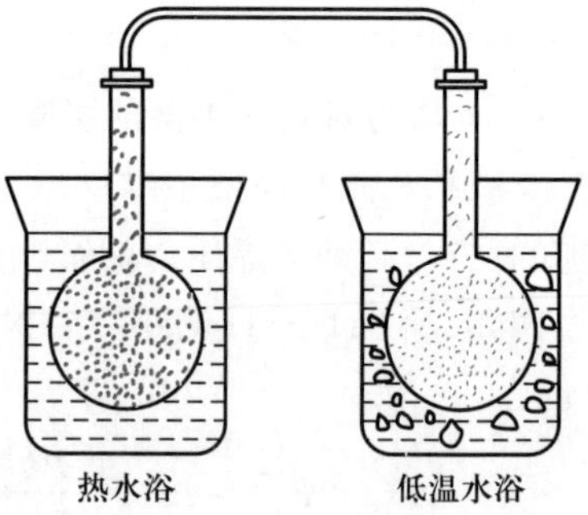

图 3-4　温度对化学平衡的影响

练一练

已知，25℃时反应：

$$CO(g)+2H_2(g)\rightleftharpoons CH_3OH(l)+128.14\ \text{kJ/mol}$$

则升高温度，反应标准平衡常数如何变化？化学平衡移动方向如何？

(四) 催化剂对化学平衡的影响

催化剂同等程度地增加正逆反应速率,加入催化剂后,系统的始态和终态并未改变,$K^{\ominus}$ 不变,Q 也不变,此平衡不移动。

(五) 化学平衡移动原理

综合上述影响化学平衡移动的各种因素,1884 年法国科学家吕·查德里概括出一条规律:如果改变平衡系统的条件之一(如浓度、压力、温度),平衡就向能减弱这个改变的方向移动。这个规律称为**吕·查德里原理**,也叫做**化学平衡移动原理**。

吕·查德里原理只应用于已经达到平衡的系统,不能应用于未达到平衡的系统。

二、化学反应速率与化学平衡的应用

在化工生产和科学实验中,常常需要综合考虑化学反应速率和化学平衡两方面因素来选择最适宜的反应条件。

例如,合成氨反应 $N_2(g)+3H_2(g) \rightleftharpoons 2NH_3(g)+92.4\ kJ/mol$,该反应是一个气体分子数减小的放热可逆反应。

(一) 压力

增大压力,可加快合成氨反应,并提高平衡转化率,如表 3-2 所示。

表 3-2　达到平衡时平衡混合物中 NH_3 的含量

温度/℃	NH_3 的含量(体积分数)/%					
	0.1 MPa	10 MPa	20 MPa	30 MPa	60 MPa	100 MPa
200	15.3	81.5	86.4	89.9	95.4	98.8
300	2.2	52.0	64.2	71.0	84.2	92.6
400	0.4	25.1	38.2	47.0	65.2	79.8
500	0.1	10.6	19.1	26.4	42.2	57.5
600	0.05	4.5	9.1	13.8	23.1	31.4

研究表明,在 400℃、压力超过 200 MPa 时,不必使用催化剂,氨的合成反应就能顺利进行。但在实际生产过程中,增大压力,直接影响到设备投资、制造及合成氨功耗的大小,并可能降低综合经济效益,还会给安全生产带来隐患。因此,合成氨时,并非压力越大越好,目前我国的合成氨厂通常采用的压力是 20～50 MPa。

(二) 温度

升高温度,增大反应速率,可缩短达到化学平衡的时间。但温度过高,会降低平衡转化率,减少平衡混合物中 NH_3 的含量。因此,从化学平衡角度看,合成氨反应在较低温度下进行比较有利(如表 3-2 所示)。因此,在实际生产过程中,在满足催化剂所要求的活性温度范围内,尽量降低反应温度。一般合成氨反应温度选择在 500℃左右。

(三) 催化剂

N_2 与 H_2 极不容易化合,即使在高温、高压下,合成氨反应也进行得很缓慢。因此必须使用合适的催化剂,以降低能耗,使反应在较低的温度下进行。

目前,合成氨工业中普遍使用以铁为主体的多成分催化剂,又称为铁触媒。铁触媒在 500℃左右时的活性最大,这也是合成氨反应一般选择在 500℃左右进行的重要原因之一。

(四) 浓度

在实际生产过程中,通常采取迅速冷却的方法,使氨气态液化后及时从平衡混合气体中分离出去,以促进平衡右移,并及时向循环气体中补充 N_2 和 H_2,使反应物保持一定的浓度,以有利于合成氨反应。

实验三　化学反应速率和化学平衡

[实验目的]

1. 了解浓度、温度和催化剂对化学反应速率的影响。
2. 掌握反应级数、反应速率常数、反应的活化能的计算。
3. 掌握浓度、温度、压力和酸度对化学平衡的影响。

[实验仪器]

量筒(20 mL)、试管若干、烧杯(100 mL)、秒表、玻璃棒、温度计、一端弯成直角的 U 形管、注射器(100 mL)、电炉、托盘天平。

[实验试剂]

KI(0.02 mol/L)、$Na_2S_2O_3$(0.01 mol/L)、淀粉(0.2%)、$(NH_4)_2S_2O_8$(0.2 mol/L)、KNO_3(0.2 mol/L)、$Cu(NO_3)_2$(0.02 mol/L)、$FeCl_3$(0.1 mol/L)、KSCN(0.1 mol/L)、$Hg(NO_3)_2$(0.1 mol/L)、KCl(s)、$K_2Cr_2O_7$(0.1 mol/L)、NaOH(0.1 mol/L)、$BaCl_2$(0.1 mol/L)、$CoCl_2 \cdot 6H_2O$(s)、乙醇(95%)、HNO_3(0.1 mol/L)、冰、汞。

[实验步骤]

1. 浓度对化学反应速率的影响

在室温下,用量筒准确量取 20.0 mL 0.02 mol/L KI 溶液,8.0 mL 0.01 mol/L $Na_2S_2O_3$ 溶液,4.0 mL 0.2%淀粉溶液,加到 100 mL 烧杯中混合均匀。再用另一支量筒准确量取 20.0 mL 0.2 mol/L $(NH_4)_2S_2O_8$溶液,快速加到烧杯中,同时开动秒表,并适当搅拌。当溶液刚出现蓝色时,立即停秒表。记下反应时间及室温。

用同样的方法按照表 3-3 中的用量进行另外 4 次实验。为了使每次实验中溶液的离子强度和总体积保持不变,不足的量分别用 0.2 mol/L KNO_3 溶液和 0.2 mol/L $(NH_4)_2S_2O_8$溶液补足。$(NH_4)_2S_2O_8$溶液加到另一个烧杯中(或 40 mL 大试管中),并把它们同时放在冰水中冷却,等到烧杯中(或大试管)的溶液达到约 0℃时,把$(NH_4)_2S_2O_8$溶液迅速加到 KI 等的混合溶液中。

完成表 3-3,并借助表 3-4 求反应级数。

2. 温度对化学反应速率的影响

按表 3-3 实验Ⅳ中的用量,把 KI、$Na_2S_2O_3$、KNO_3和淀粉溶液加到 100 mL 烧杯中。把$(NH_4)_2S_2O_8$溶液加到另一个烧杯中(或 40 mL 大试管中),并把它们同时放在冰水中

表 3-3 浓度对化学反应速率的影响 （室温：______℃）

实验编号		Ⅰ	Ⅱ	Ⅲ	Ⅳ	Ⅴ
试剂用量/mL	0.2 mol/L $(NH_4)_2S_2O_8$	20.0	10.0	5.0	20.0	20.0
	0.2 mol/L KI	20.0	20.0	20.0	10.0	5.0
	0.01 mol/L $Na_2S_2O_3$	8.0	8.0	8.0	8.0	8.0
	0.2%淀粉溶液	4.0	4.0	4.0	4.0	4.0
	0.2 mol/L KNO_3	0	0	0	10.0	15.0
	0.2 mol/L $(NH_4)_2S_2O_8$	0	10.0	15.0	0	0
溶液中各反应物的起始浓度/$(mol \cdot L^{-1})$	$c\{(NH_4)_2S_2O_8\}$ $c(KI)$ $c(Na_2S_2O_3)$					
反应时间/s	Δt					
反应速率	$v=\frac{c(Na_2S_2O_3)}{2\Delta t}$					

冷却，等到烧杯中（或大试管）的溶液达到约 0℃时，把$(NH_4)_2S_2O_8$溶液迅速加到 KI 等的混合溶液中，开始计时，至溶液出现蓝色。记下反应时间 Δt 填入表 3-4 中。

表 3-4 求反应级数和反应速率常数

项目	实验编号				
	Ⅰ	Ⅱ	Ⅲ	Ⅳ	Ⅴ
反应时间 Δt					
$\lg v$					
$\lg c(S_2O_8^{2-})$					
$\lg c(I^-)$					
m					
n					
$k=\frac{v}{c^m(S_2O_8^{2-})c^n(I^-)}$					

用同样的量在 10℃、20℃、30℃条件下重复以上实验，记录于表 3-4 中，并作图求 E_a。

也可以按表 3-3 实验Ⅳ中的用量分别在低于室温约 10℃和高于室温约 10℃两处再各做一次实验，把数据填入表 3-5 中。

3. 催化剂对化学反应速率的影响

$Cu(NO_3)_2$可以使$(NH_4)_2S_2O_8$氧化 KI 的反应加快。按表 3-3 实验Ⅳ的用量，把 KI、$Na_2S_2O_3$、KNO_3和淀粉溶液加到 100 mL 烧杯中，再加入 1 滴 0.02 mol/L $Cu(NO_3)_2$溶液，搅匀。然后迅速加入$(NH_4)_2S_2O_8$溶液，计时，并搅匀，至出现蓝色为止，记下反应时间。将 1 滴 0.02 mol/L $Cu(NO_3)_2$溶液改为 2 滴，再做一次实验，记下反应时间，填入表 3-6 中。

表 3-5　温度对化学反应速率的影响

项　目	实验编号			
	1	2	3	4
反应温度/℃				
反应时间 Δt/s				
反应速率 v				
反应速率常数 k				
$\lg k$				
$\frac{1}{T}$				
活化能 $E_a/(kJ \cdot mol^{-1})$				

表 3-6　催化剂对化学反应速率的影响

实验编号	加入 0.02 mol/L $Cu(NO_3)_2$ 溶液滴数	反应时间/s
1	1	
2	2	

4. 浓度对化学平衡的影响

(1) 在试管中滴入几滴 0.1 mol/L $FeCl_3$ 溶液和同量的 0.1 mol/L KSCN 溶液，振荡注水至透明，得红橙色溶液为止。另取试管 4 支，把此溶液分成大约相等的 5 份。

(2) 用第一支试管作为颜色标准，分别在其他 4 支试管中注入 1 mL 0.1 mol/L $FeCl_3$ 溶液、1～2 g KCl 晶体、1 mL 0.1 mol/L KSCN 溶液、1 mL 0.1 mol/L $Hg(NO_3)_2$ 溶液。振荡每支试管，并与标准颜色进行比较，观察颜色有何变化，并加以解释。

5. 酸度对化学平衡的影响

(1) 在试管中注入 5 mL 0.1 mol/L $K_2Cr_2O_7$ 溶液，然后注入 0.1 mol/L NaOH 溶液，直到颜色改变为止，观察颜色有何变化，加以解释。

(2) 在试管中注入 5 mL 0.1 mol/L $K_2Cr_2O_7$ 溶液，然后注入 0.1 mol/L HNO_3 溶液，直到颜色改变为止，观察颜色有何变化，加以解释。

(3) 在试管中注入 5 mL 0.1 mol/L $K_2Cr_2O_7$ 溶液，然后注入 2 mL 0.1 mol/L $BaCl_2$ 溶液，振荡后放置片刻，小心倾去上面的溶液，观察沉淀颜色。

在另一支试管中注入 4 mL 0.1 mol/L $K_2Cr_2O_7$ 溶液和 1 mL 0.1 mol/L HNO_3 溶液，然后注入2 mL 0.1 mol/L $BaCl_2$ 溶液，振荡后放置片刻，小心倾去上面的溶液，观察沉淀颜色。试解释这两次沉淀的颜色为何不同。

6. 温度对化学平衡的影响

(1) 在试管中放入 0.3 g 研碎的 $CoCl_2 \cdot 6H_2O$ 晶体，再注入 5 mL 95%乙醇，剧烈振荡直到大部分晶体溶解为止。如果溶液不呈粉红色，则滴入水直到溶液刚好转为红色，用小火缓缓加热(如果酒精着火，可用石棉网盖在试管口上使火熄灭)，观察颜色的变化，加以解释。

(2) 把上面的试管浸在冷水中，观察颜色的变化，加以解释。

7. 压力对化学平衡的影响

向一端弯成直角的 U 形管倒入汞(水银)，使水银柱高约 20 cm，取一只 100 mL 注射器，拉出活塞，停在 50 mL 刻度处，内贮空气 50 mL。用塑料管将 U 形管与注射器紧密相连，推动活塞至 30 mL 刻度处，气体体积减小约 2/5，U 形管两边水银柱产生一个高度差 h_1。取下注射器，吸入 50 mL NO_2 与 N_2O_4 混合气体，再与 U 形管相连。推动活塞至相同的刻度，U 形管两边的水银柱也产生一个高度差 h_2。但 h_2 与 h_1 不相等，对此现象加以解释。

思考与训练

1. 根据实验说明浓度、温度和催化剂对化学反应速率的影响。
2. 化学平衡在什么情况下发生移动?
3. 如何判断平衡移动的方向?

本 章 小 结

一、化学反应速率

(一) 化学反应速率的概念

化学反应速率是指给定条件下反应物通过化学反应转化为产物的快慢。化学反应速率越大，化学反应进行得越快。

化学反应速率常用单位时间内反应物浓度的减少或者生成物浓度的增加来表示。常用平均反应速率和瞬时反应速率表示。

(二) 物质的聚集状态

物质有气体、液体和固体三种存在状态，在一定条件下这三种状态可以互相转变。

1. 气体

气体的基本特征是具有扩散性和可压缩性。通常气体的存在状态几乎和它们的化学组成无关，主要取决于气体的体积、温度、压力和物质的量。

2. 液体

液体具有流动性，有一定的体积而无一定的形状。与气体相比，液体的可压缩性小得多。

在一定温度下，纯溶剂溶入难挥发化合物形成稀溶液，其性质将发生变化，如产生蒸气压下降、沸点升高、凝固点降低和渗透压等现象。

3. 固体

固体具有一定的体积、一定的形状及一定程度的刚性(坚实性)。固体可分为晶体和非晶体(无定形体)两大类，多数固体物质是晶体。

(三) 影响化学反应速率的因素

1. 浓度对化学反应速率的影响

在一定温度下，反应物浓度越大，反应速率越快。反应物浓度越小，则反应速率越小。

在一定的温度下，基元反应的反应速率与反应物浓度的化学计量数次幂成正比，即质量作用定律。质量作用定律只适用于基元反应，不适用于非基元反应。

2. 压力对化学反应速率的影响

在一定温度下，对于有气态物质参加的反应，增大压力，气态反应物的浓度增大，反应速率增大；降低压力，气态反应物浓度减少，反应速率减小。

3. 温度对化学反应速率的影响

一般化学反应，在一定的温度范围内，温度每升高 10℃，反应速率增加到原来的 2～4 倍。

4. 催化剂对化学反应速率的影响

催化剂对化学反应速率的影响叫催化作用。催化剂能同等程度地改变可逆反应的正、逆反应速率。

二、化学平衡

（一）可逆反应

几乎所有的化学反应都具有可逆性。即在密闭容器中，反应不能进行到底，反应物不能全部转化为产物。

（二）化学平衡

化学平衡是一动态平衡，此时 $v_{正}=v_{逆}\neq 0$。外界条件不变，系统中各物质的量不随时间变化。

（三）平衡常数

平衡常数与反应系统的浓度无关，它只是温度的函数。平衡常数包括实验平衡常数和标准平衡常数。

（四）有关化学平衡常数的计算

1. 由平衡浓度计算平衡常数

2. 已知平衡常数和起始浓度计算平衡组成和平衡转化率

$$\eta=\frac{某反应物转化了的浓度(c)}{该反应物的起始浓度(c_{总})}\times 100\%$$

三、化学平衡的移动

（一）浓度对化学平衡的影响

对任何可逆反应，在其他条件不变时，增大反应物浓度（或减小生成物浓度），平衡向正反应方向移动；减小反应物浓度（或增大生成物浓度），平衡向逆反应方向移动。

在一定温度下：

当 $Q<K^{\ominus}$ 时，平衡向正反应方向移动；

当 $Q=K^{\ominus}$ 时，反应处于平衡状态；

当 $Q>K^{\ominus}$ 时，平衡向逆反应方向移动。

（二）压力对化学平衡的影响

对任何可逆反应，其他条件不变时，增加总压时，平衡向气体分子数减小的方向移动，减小总压，平衡向气体分子数增大的方向移动，$\Delta n=0$ 时，改变总压平衡不移动。

（三）温度对化学平衡的影响

对任何可逆反应，其他条件不变时，升高温度，化学平衡向吸热方向移动，降低温度，化学平衡向放热方向移动。

（四）催化剂对化学平衡的影响

催化剂并不会使化学平衡发生移动，只能缩短到达化学平衡所需的时间。

催化剂同等程度地增加正、逆反应速率，加入催化剂后，系统的始态和终态并未改变，$K^{\ominus}$、Q 也不变，此平衡不移动。

（五）化学平衡移动原理

如果改变平衡系统的条件之一（如浓度、压力、温度），平衡就向能减弱这个改变的方向移动，这个规律称为吕·查德里原理。

吕·查德里原理只应用于已经达到平衡的系统，不能应用于未达到平衡的系统。

思考与练习题答案

思考与练习题

1. 决定化学反应速率的主要因素是________，外界因素有________、________、________、________。

一般来说，当其他条件不变时，________、________或________都可使化学反应速率加快。

2. 将 Cl_2、H_2O、HCl 和 O_2 四种气体置于一个容器中，发生如下反应：

$$2Cl_2(g)+2H_2O(g) \rightleftharpoons 4HCl(g)+O_2(g)$$

反应达到平衡后，如按下列各题改变条件，则在其他条件不变的情况下，各题后半部分所指项目将有何变化(已知此反应为放热反应)？

(1) 增大容器体积，$n(O_2,g)$________，$K^{\ominus}$________。

(2) 加入 O_2，$n(Cl_2,g)$________，$n(HCl,g)$________。

(3) 升高温度，$K^{\ominus}$________，$n(HCl,g)$________。

(4) 加入催化剂，$n(HCl)$________。

3. 在密闭容器中进行 $N_2(g)+3H_2(g) \rightleftharpoons 2NH_3(g)$ 的反应，若压力增大到原来的 2 倍，则反应速率增大________倍。

4. 在任何温度、压力下均能服从 $pV=nRT$ 的气体称为________。

5. 分体积是指混合气体中任一组分 i 单独存在，且具有与混合气体相同________、________条件下所占有的体积。

6. 一种物质以________或________状态均匀地分布于另一种物质中，所形成均匀而稳定的系统称为溶液。

7. 可逆反应 $2A(g)+B(g) \rightleftharpoons 2C(g)$，反应达到平衡时，容器体积不变，增加 B 的分压，则 C 的分压________，A 的分压________；减小容器的体积，B 的分压________，$K^{\ominus}$________。

8. 一定温度下，反应 $PCl_5(g) \rightleftharpoons PCl_3(g)+Cl_2(g)$ 达到平衡后，维持温度和体积不变，向容器中加入一定量的惰性气体，反应将________移动。

9. 已知下列反应的平衡常数：

$$H_2(g)+S(s) \rightleftharpoons H_2S(g), \quad K_1^{\ominus}$$

$$S(s)+O_2(g) \rightleftharpoons SO_2(g), \quad K_2^{\ominus}$$

则反应 $H_2(g)+SO_2(g) \rightleftharpoons O_2(g)+H_2S(g)$ 的 $K^{\ominus}$ 为________。

10. 对于一个给定条件下的反应，随着反应的进行(   )。

A. 反应速率常数 k 变小　　B. 平衡常数 K 变大

C. 正反应速率降低　　D. 逆反应速率降低

11. 某一化学反应：$2A+B \longrightarrow C$ 是一步完成的。A 的起始浓度为 2 mol/L，B 的起始浓度是 4 mol/L，1 s 后，A 的浓度下降到 1 mol/L，则该反应的反应速率为(   )。

A. 0.5 mol/(L·s)　　B. −0.5 mol/(L·s)

C. −1 mol/(L·s)　　D. 2 mol/(L·s)

12. 某一可逆反应达平衡后，若反应速率常数 k 发生变化，则平衡常数 $K^{\ominus}$(   )。

A. 一定发生变化　　B. 不变　　C. 不一定变化　　D. 与 k 无关

13. 某反应物在一定条件下的平衡转化率为 35%，当加入催化剂时，若反应条件与前相同，则此时它的平衡转化率(   )。

A. 大于 35%　　B. 等于 35%　　C. 小于 35%　　D. 无法知道

14. 在等压下进行合成氨反应 $3H_2(g)+N_2(g) \rightleftharpoons 2NH_3(g)$ 时，若系统中积聚不参与反应的氩气量增加，则氨的产率将(   )。

A. 减小　　B. 增加　　C. 不变　　D. 无法判断

15. 写出下列反应的标准平衡常数表达式。

(1) $N_2(g)+O_2(g) \rightleftharpoons 2NO(g)$　　(2) $C(s)+CO_2(g) \rightleftharpoons 2CO(g)$

(3) $CH_4(g)+H_2O(g) \rightleftharpoons CO(g)+3H_2(g)$　　(4) $Fe_3O_4(s)+4H_2(g) \rightleftharpoons 3Fe(s)+4H_2O(g)$

16. 理想气体存在吗？真实气体的 pVT 行为在何种条件下可用 $pV=nRT$ 来描述？

17. 分压定律和分体积定律只适用于理想气体混合物吗？能否适用于真实气体？

18. 采取哪些措施可以使下列平衡向正反应方向移动？

(1) $C(s)+CO_2(g) \rightleftharpoons 2CO(g)$　吸热反应

(2) $2CO(g)+O_2(g) \rightleftharpoons 2CO_2(g)$　放热反应

(3) $CO_2(g)+H_2(g) \rightleftharpoons CO(g)+H_2O(g)$　吸热反应

(4) $3CH_4(g)+Fe_2O_3(s) \rightleftharpoons 2Fe(s)+3CO(g)+6H_2(g)$　吸热反应

19. NO 和 O_2 的反应为 $2NO(g)+O_2(g) \rightleftharpoons 2NO_2(g)$，等温等容条件下，反应开始的瞬间测得 $p(NO)=100.0$ kPa，$p(O_2)=286.0$ kPa，当达到平衡时，$p(NO_2)=79.2$ kPa，试计算在该条件下反应的 $K^{\ominus}$。

20. 已知反应：$NH_4Cl(s) \rightleftharpoons NH_3(g)+HCl(g)$ 在 275℃时的平衡常数为 0.010 4。将 0.980 g 的固体 NH_4Cl 试样放入 1.00 L 密闭容器中，加热到 275℃，计算反应达到平衡时：

(1) NH_3 和 HCl 的分压各是多少？

(2) 在容器中固体 NH_4Cl 的质量是多少？

21. 有反应 $PCl_3(g)+Cl_2(g) \rightleftharpoons PCl_5(g)$。在 5.0 L 容器中含有相等物质的量的 PCl_3 和 Cl_2，在 250℃进行合成，达到平衡（$K^{\ominus}=0.533$）时，PCl_5 的分压为 100 kPa。问原来 PCl_3 和 Cl_2 的物质的量为多少？

22. 30℃时，在一个 10.0 L 的容器中，O_2，N_2 和 CO_2 混合物的总压为 93.3 kPa。分析结果得 $p(O_2)=26.7$ kPa，CO_2 的含量为 5.00 g，求容器中：

(1) $p(CO_2)$　　(2) $p(N_2)$　　(3) O_2 的摩尔分数

23. 0℃时将同一初压的 4.00 L N_2 和 1.00 L O_2 压缩到一体积为 2.00 L 的真空容器中，混合气体的总压为 255.0 kPa，试求：

(1) 两种气体的初压；

(2) 混合气体中各组分气体的分压；

(3) 各气体的物质的量。

24. 水煤气的体积分数分别为 H_2，50%；CO，38%；N_2，6.0%；CO_2，5.0%；CH_4，1.0%。在 25℃，100 kPa 下，计算：

(1) 各组分的摩尔分数。

(2) 各组分的分压。

25. 在 27℃，将电解水所得的 H_2、O_2 混合气体干燥后贮存于 60.0 L 容器中，混合气体总质量为 40.0 g，求 H_2、O_2 的分压。

26. 甲烷（CH_4）和丙烷（C_3H_8）的混合气体在温度 T 下置于体积为 V 的容器内，测得压力为 32.0 kPa。该气体在过量 O_2 中燃烧，所有的 C 都变成 CO_2，使生成的 H_2O 和剩余的 O_2 全部除去后，将 CO_2 收集在体积为 V 的容器内，在相同温度 T 时，压力为 44.8 kPa。计算在原始气体混合物中 C_3H_8 的摩尔分数（假定所有气体均为理想气体）。

27. 已知二氧化碳气体与氢气的反应为

$$CO_2(g)+H_2(g) \rightleftharpoons CO(g)+H_2O(g)$$

在某温度下达到平衡时 CO_2 和 H_2 的浓度为 0.44 mol/L，CO 和 H_2O 的浓度为 0.56 mol/L，计算：

(1) 起始时 CO_2 和 H_2 的浓度；

(2) 此温度下的标准平衡常数 $K^{\ominus}$；

(3) CO_2 的平衡转化率。

28. 密闭容器中有下列反应：

$$2SO_2(g) + O_2(g) \rightleftharpoons 2SO_3(g)$$

若将 1.00 mol SO_2 和 1.00 mol O_2 的混合物，在 873 K 和 100 kPa 下缓慢通过 V_2O_5 催化剂，达到平衡后(压力不变)，测得剩余的 O_2 为 0.62 mol。求该温度下反应的标准平衡常数 $K^{\ominus}$。

29. 在一密闭容器中存在下列反应：

$$NO(g) + \frac{1}{2}O_2(g) \rightleftharpoons NO_2(g)$$

已知反应开始时 NO 和 O_2 的分压分别为 101.3 kPa 和 607.8 kPa。973 K 达到平衡时有 12% 的 NO 转化为 NO_2。计算：

(1) 平衡时各组分气体的分压；

(2) 该温度下的标准平衡常数 $K^{\ominus}$。

第四章　电解质溶液

学习目标

知识目标

1. 了解解离常数、解离度的基本概念和二者之间的关系。

2. 掌握一元弱电解质的解离平衡原理及有关计算；了解影响弱电解质解离平衡的因素。

3. 掌握水的解离平衡和溶液的 pH 计算。

4. 掌握缓冲溶液的概念及作用原理。

5. 掌握盐水解的概念及不同类型盐水解的规律。

6. 掌握沉淀-溶解平衡、溶度积规则、溶度积和溶解度之间的关系。

能力目标

1. 能利用平衡移动原理说明同离子效应和缓冲溶液的原理。

2. 能运用水的解离平衡，计算溶液的酸碱性。

3. 能运用盐水解的原理，判断不同类型盐类溶液的酸碱性。

4. 能运用溶度积规则判断沉淀的生成和溶解。

第一节　弱电解质的解离平衡

在水溶液或熔化状态下，能够导电的化合物叫做**电解质**，不能导电的化合物叫做**非电解质**。酸、碱、盐是电解质，绝大多数有机物是非电解质，如酒精、蔗糖、甘油等。

电解质在水溶液或熔化状态下形成自由离子的过程叫做**解离**。在酸、碱、盐的溶液中，受水分子作用，电解质解离为阴、阳离子。电解质溶液导电能力的强弱是由溶液中自由移动离子的数目决定的。

在水溶液中能完全解离成自由离子的电解质叫做**强电解质**。强酸、强碱和大多数盐都是强电解质。在强电解质的解离方程式中，用"$\longrightarrow$"或"$=\!=\!=$"表示完全解离。

在水溶液中部分解离的电解质叫做**弱电解质**。弱酸、弱碱都是弱电解质。在弱电解质的解离方程式中，用"$\rightleftharpoons$"表示可逆过程，表示部分解离而达到平衡。例如：

$$CH_3COOH \rightleftharpoons CH_3COO^- + H^+$$

$$NH_3 \cdot H_2O \rightleftharpoons NH_4^+ + OH^-$$

一、一元弱电解质的解离平衡

视频

强弱电解质的区别

> **练一练**
>
> 0.10 mol/L HCl 水溶液的 H^+ 浓度如何计算？

（一）一元弱电解质的解离常数

在一定的条件下，当弱电解质的分子解离为离子的速率与离子结合成分子的速率相等时，未解离的分子与离子间就建立起动态平衡，这种平衡称为**弱电解质的解离平衡**。

以 HA 代表一元弱酸，解离平衡为

$$HA \rightleftharpoons H^+ + A^-$$

在一定的温度下，其解离常数表达式为

$$K_a^\ominus = \frac{[H^+][A^-]}{[HA]} \tag{4-1}$$

以 BOH 代表一元弱碱，解离平衡为

$$BOH \rightleftharpoons B^+ + OH^-$$

在一定的温度下，其解离常数表达式为

$$K_b^\ominus = \frac{[B^+][OH^-]}{[BOH]} \tag{4-2}$$

$K_a^\ominus$、$K_b^\ominus$ 分别表示弱酸、弱碱的**解离平衡常数**，简称为**解离常数**。式中各浓度表示解离平衡时的浓度，同时应指明弱电解质的化学式。

在一定的温度下，每种弱电解质都有其确定的解离常数值，解离常数的大小表示弱电解质的解离趋势，其值越大，解离趋势越大。一般将 $K_a^\ominus$ 小于 10^{-2} 的酸称为弱酸，弱碱也可按此分类。

解离常数与浓度无关，随温度的变化而变化，但由于弱电解质解离的热效应不大，温

度对 $K_a^\ominus$ 和 $K_b^\ominus$ 的影响较小。

（二）一元弱电解质的解离度

对弱电解质还可以用解离度表示弱电解质解离程度的大小。当弱电解质在溶液中达到解离平衡时，溶液中已解离的弱电解质浓度和弱电解质的起始浓度之比为**解离度**（α），用公式表示为

$$\alpha=\frac{\text{已解离的弱电解质浓度}}{\text{弱电解质的起始浓度}}\times 100\% \tag{4-3}$$

在温度、浓度相同的条件下，解离度的大小表示弱电解质的相对强弱。解离度越大，表示该弱电解质的相对强度越强；解离度越小，表示该弱电解质的相对强度越弱。与解离常数不同，解离度除与弱电解质的本性有关外，还与溶液的浓度有关。

（三）解离常数与解离度的关系

【案例 4-1】 已知 25℃ 时，$K^\ominus(\text{HAc})=1.75\times10^{-5}$，计算该温度下 0.1 mol/L HAc 溶液的解离度。

以一元弱酸 HA 为例，讨论这两者的关系。设 HA 溶液的起始浓度为 c' mol/L（$c'=c/c^\ominus$），解离度为 α，则有

	HA	$\rightleftharpoons$	H^+	+	A^-
起始浓度/$(\text{mol}\cdot\text{L}^{-1})$	c'		0		0
平衡浓度/$(\text{mol}\cdot\text{L}^{-1})$	$c'-c'\alpha$		$c'\alpha$		$c'\alpha$

根据解离常数的表达式有

$$K_a^\ominus=\frac{[H^+][A^-]}{[HA]}=\frac{c'\alpha\times c'\alpha}{c'-c'\alpha}=\frac{c'\alpha^2}{1-\alpha}$$

由于弱电解质的 α 值很小，当 $\frac{c'}{K_a^\ominus}\geqslant 500$ 时，可以认为 $1-\alpha\approx1$，所以

$$K_a^\ominus=c'\alpha^2 \quad 或 \quad \alpha=\sqrt{\frac{K_a^\ominus}{c'}}$$

$$[H^+]=\sqrt{K_a^\ominus c'} \tag{4-4}$$

对于一元弱碱，可以得到类似的表达式：

$$[OH^-]=\sqrt{K_b^\ominus c'} \tag{4-5}$$

式（4-5）表明，同一弱电解质的解离度与其浓度的平方根成反比，即溶液越稀，解离度越大。相同浓度的不同弱电解质的解离度与解离常数的平方根成正比，即解离常数越大，解离度越大，该关系称为稀释定律。即在一定的温度下，弱酸的解离度随溶液的稀释而增大。而对相同浓度的不同弱酸，由于 α 与 $K_a^\ominus$ 的平方根成正比，因此，$K_a^\ominus$ 越大，α 也越大。

当 $c'/K_a^\ominus<500$ 时，弱酸解离度和 H^+ 浓度的计算必须用一元二次方程求根公式计算，否则将带来较大的误差。

如表 4-1 所示，随溶液浓度的减小，HAc 溶液的解离度增大，但溶液中的$[H^+]$却随溶液浓度的减小而减小。

表 4-1　不同浓度的 HAc 溶液的解离度与 H^+ 浓度

溶液浓度/(mol·L^{-1})	0.2	0.1	0.01	0.005	0.001
解离度/%	0.943	1.34	4.24	5.85	12.4
$[H^+]$/(mol·L^{-1})	1.868×10^{-3}	1.34×10^{-3}	4.24×10^{-4}	2.94×10^{-4}	1.24×10^{-4}

【案例 4-1 解答】 HAc 为弱电解质，其解离平衡式为

$$HAc \rightleftharpoons H^+ + Ac^-$$

根据解离度公式得

$$\alpha=\sqrt{\frac{K_a^\ominus}{c'_{酸}}}=\sqrt{\frac{1.75\times10^{-5}}{0.1}}=1.3\%$$

(四) 影响解离平衡的因素

解离平衡和其他一切化学平衡一样，当外界条件改变时，旧的平衡就被破坏，会发生解离平衡的移动。

议一议

影响弱电解质解离平衡的主要因素有哪些？

1. 温度

当电解质分子解离成离子时，一般需要吸收热量，所以温度升高，平衡一般就向解离的方向移动，从而使电解质的解离度增大。但由于解离过程热效应较小，温度的改变对解离常数影响不大，其数量级一般不变。

2. 同离子效应

【案例 4-2】 在 0.10 mol/L HAc 溶液中，加入少量 NaAc 晶体(其体积忽略不计)，使其浓度为 0.10 mol/L，计算该混合溶液的 H^+ 浓度、pH 和 HAc 的解离度。($K_a^\ominus=1.75\times10^{-5}$)

议一议

往 HAc 中加入 NaAc 或 HCl 溶液时，HAc 的解离平衡如何移动？

动画

同离子效应

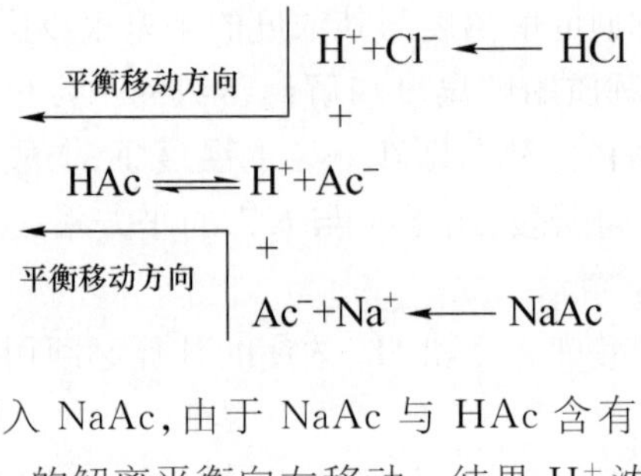

若在此平衡系统中加入 NaAc，由于 NaAc 与 HAc 含有相同的离子 Ac^-，溶液中 Ac^- 浓度大为增加，使 HAc 的解离平衡向左移动。结果 H^+ 浓度减小，HAc 的解离度降低。如果在 HAc 溶液中加入强酸 HCl，则 H^+ 浓度增加，平衡也向左移动。此时 Ac^- 浓

度减小，HAc 的解离度也降低。

同样，在弱碱溶液中加入含有相同离子的易溶强电解质（盐类或强碱）时，也会使弱碱的解离平衡向左移动，降低弱碱的解离度。这种在弱电解质的溶液中加入含有相同离子的易溶强电解质，使弱电解质解离度降低的现象叫做**同离子效应**。

【案例 4－2 解答】 设平衡时，已解离的 HAc 相对浓度为 x，则

	NaAc	$\longrightarrow$	Na^+	+	Ac^-
	HAc	$\rightleftharpoons$	H^+	+	Ac^-
初始浓度/($mol\cdot L^{-1}$)	0.10		0		0.10
平衡浓度/($mol\cdot L^{-1}$)	$0.10-x$		x		$0.10+x$

由于同离子效应使 HAc 的解离度变得更小，因此可进行如下近似计算：

$$K_a^{\ominus}=\frac{[Ac^-][H^+]}{[HAc]}=\frac{(0.10+x)x}{0.10-x}\approx\frac{0.10x}{0.10}=x$$

$$[H^+]=x=K_a^{\ominus}=1.75\times10^{-5}$$

即

$$c(H^+)=1.75\times10^{-5}\ mol/L$$

$$pH=-\lg[H^+]=-\lg(1.75\times10^{-5})=4.8$$

$$\alpha=\frac{x}{[HAc]}\times100\%=\frac{1.75\times10^{-5}}{0.10}\times100\%=0.0175\%$$

与【案例 4－1】中的解离度 1.3%相比，其解离度大大降低。

从上述计算过程可以总结出，在弱酸-共轭碱（盐）溶液中，$[H^+]$的近似计算式为

$$[H^+]=K_a^{\ominus}\ \frac{c_{酸}}{c_{共轭碱}} \tag{4-6}$$

则

$$pH=pK_a^{\ominus}-\lg\frac{c_{酸}}{c_{共轭碱}} \tag{4-7}$$

同理，可以推导出弱碱-共轭酸（盐）溶液中$[OH^-]$的近似计算式为

$$[OH^-]=K_b^{\ominus}\ \frac{c_{碱}}{c_{共轭酸}} \tag{4-8}$$

则

$$pOH=pK_b^{\ominus}-\lg\frac{c_{碱}}{c_{共轭酸}} \tag{4-9}$$

3. 盐效应

溶液中存在着非共同离子的强电解质盐类，而引起弱电解质的解离度增大的现象，称为**盐效应**。产生盐效应的原因是当往弱电解质的溶液中加入与弱电解质没有相同离子的强电解质时，由于溶液中阴、阳离子的浓度大大增加，使溶液中离子间的相互吸引和相互牵制作用加强，妨碍了离子的自由运动，易溶强电解质的存在，使离子的有效浓度减小。这就破坏了原来的解离平衡，使平衡向解离方向移动，当建立起新的平衡时解离度必然有所增加。盐效应与同离子效应相反。

动画

盐效应

小贴士

在发生同离子效应时，由于外加了强电解质，所以伴随有盐效应的产生，只是同离子效应远大于盐效应，因此可以忽略盐效应的影响。

（五）一元弱电解质中离子浓度的计算

【案例 4-3】 已知25℃时，$K_a^\ominus(HAc)=1.75\times10^{-5}$，计算 0.01 mol/L HAc 溶液中 H^+ 的浓度和解离度。

【案例 4-3 解答】 因为$\dfrac{c'}{K_a^\ominus}\geqslant500$，根据解离度与解离常数的关系有

$$\alpha=\sqrt{\frac{K_a^\ominus}{c'}}=\sqrt{\frac{1.75\times10^{-5}}{0.01}}=4.18\times10^{-2}=4.18\%$$

$$[H^+]=c'\alpha=0.01\times4.18\%=4.18\times10^{-4}$$

【案例 4-4】 已知25℃时，0.2 mol/L 的氨水的解离度为 0.943%，计算该溶液中 OH^- 的浓度和解离常数。

【案例 4-4 解答】 设解离平衡时 OH^- 的浓度为 x mol/L，则

	$NH_3\cdot H_2O$	$\rightleftharpoons$	NH_4^+	+	OH^-
起始浓度/$(mol\cdot L^{-1})$	0.2		0		0
平衡浓度/$(mol\cdot L^{-1})$	$0.2-x$		x		x

$$\frac{x}{0.2}\times100\%=0.943\%$$

$$x=1.9\times10^{-3}$$

$$K_b^\ominus=\frac{x\times x}{0.2-x}=\frac{(1.9\times10^{-3})^2}{0.2-1.9\times10^{-3}}=1.8\times10^{-5}$$

即氨水中 OH^- 的浓度为 1.9×10^{-3} mol/L，解离常数为 1.8×10^{-5}。

二、多元弱电解质的解离平衡

（一）多元弱酸的解离平衡

【案例 4-5】 室温下，饱和 H_2S 水溶液中，$c(H_2S)=0.10$ mol/L。求该溶液的 $c(H^+)$、$c(HS^-)$ 及 $c(S^{2-})$。

多元弱酸（或多元弱碱）在水溶液中的解离是分步进行的，每步只能给出（或接受）一个质子。

25℃时，H_2S 在水溶液中的解离：

第一步解离　　$H_2S \rightleftharpoons H^+ + HS^-$，　$K_{a1}^\ominus=\dfrac{[HS^-][H^+]}{[H_2S]}=1.32\times10^{-7}$

第二步解离　　$HS^- \rightleftharpoons H^+ + S^{2-}$，　$K_{a2}^\ominus=\dfrac{[S^{2-}][H^+]}{[HS^-]}=7.10\times10^{-15}$

由于 $K_{a1}^\ominus \gg K_{a2}^\ominus$，所以第一步解离是主要的。

通常，多元弱酸水溶液中 H^+ 浓度的计算，可近似按一元弱酸处理，其简化计算式使用的条件为 $c/K_{a1}^{\ominus} \geqslant 500$。不同多元弱酸的相对强弱，可由第一步解离常数的大小来比较。

在 H_2S 溶液中，由于 $K_{a1}^{\ominus} \gg K_{a2}^{\ominus}$（$>10^3$ 倍），所以 $[H^+] \approx [HS^-]$，则 $[S^{2-}] \approx K_{a2}^{\ominus}$。即当二元酸的 $K_{a1}^{\ominus} \gg K_{a2}^{\ominus}$ 时，酸根离子的相对浓度近似等于 $K_{a2}^{\ominus}$，而与弱酸的起始浓度无关。

磷酸分三步解离：

第一步解离　$H_3PO_4 \rightleftharpoons H^+ + H_2PO_4^-$

$$K_{a1}^{\ominus}(H_3PO_4)=\frac{[H^+][H_2PO_4^-]}{[H_3PO_4]}=7.1\times10^{-3}$$

第二步解离　$H_2PO_4^- \rightleftharpoons H^+ + HPO_4^{2-}$

$$K_{a2}^{\ominus}(H_3PO_4)=\frac{[H^+][HPO_4^{2-}]}{[H_2PO_4^-]}=6.3\times10^{-8}$$

第三步解离　$HPO_4^{2-} \rightleftharpoons H^+ + PO_4^{3-}$

$$K_{a3}^{\ominus}(H_3PO_4)=\frac{[H^+][PO_4^{3-}]}{[HPO_4^{2-}]}=4.2\times10^{-13}$$

【案例 4-5 解答】 H^+ 主要由第一级解离产生，忽略第二级解离，则有 $c(H^+)\approx c(HS^-)$，设 $c(H^+)=x$ mol/L

	H_2S	$\rightleftharpoons$	H^+	+	HS^-
起始浓度/($mol \cdot L^{-1}$)	0.10		0		0
平衡浓度/($mol \cdot L^{-1}$)	$0.10-x$		x		x

近似认为　$0.10-x\approx0.10$

故

$$x=\sqrt{K_1^{\ominus}c'(H_2S)}=\sqrt{1.32\times10^{-7}\times0.10}=1.1\times10^{-4}$$

$$c(H^+)\approx c(HS^-)=1.1\times10^{-4}\ mol/L$$

第二级解离

$$HS^- \rightleftharpoons H^+ + S^{2-}$$

$$K_2^{\ominus}=\frac{[H^+][S^{2-}]}{[HS^-]}=7.10\times10^{-15}$$

由于第二级解离度非常小，$[H^+]\approx[HS^-]$，所以

$$[S^{2-}]\approx K_2^{\ominus}=7.10\times10^{-15}$$

即

$$c(S^{2-})=7.10\times10^{-15}\ mol/L$$

（二）多元弱碱的解离平衡

25℃时，S^{2-} 在水溶液中的解离：

$$S^{2-}+H_2O \rightleftharpoons HS^- + OH^-$$

$$K_{b1}^{\ominus}=\frac{K_w^{\ominus}}{K_{a2}^{\ominus}}=\frac{1.0\times10^{-14}}{7.10\times10^{-15}}=1.4$$

$$HS^- + H_2O \rightleftharpoons H_2S + OH^-$$

$$K_{b2}^{\ominus}=\frac{K_w^{\ominus}}{K_{a1}^{\ominus}}=\frac{1.0\times10^{-14}}{1.32\times10^{-7}}=7.6\times10^{-8}$$

$K_{b1}^{\ominus}\gg K_{b2}^{\ominus}$，与多元弱酸的处理方法相同，多元弱碱溶液中 OH^- 浓度的计算也只考虑第一步解离，即按一元弱碱计算，其简化计算式使用的条件为 $c'/K_{b1}^{\ominus}\geqslant500$。根据共轭酸碱对的对应关系，$K_{b1}^{\ominus}$ 的计算要使用相应多元弱酸的最后一步解离常数，其余均以此类推。

第二节　水的解离和溶液的 pH

一、水的解离平衡

通常认为纯水是不导电的。通过精密的仪器可以测得纯水有微弱的导电能力，说明纯水有微弱的解离，所以水是极弱的电解质。

水的解离平衡表示为

$$H_2O \rightleftharpoons H^+ + OH^-$$

当解离达到平衡时，有

$$K^{\ominus}=\frac{[H^+][OH^-]}{[H_2O]}$$

$$K^{\ominus}[H_2O]=[H^+][OH^-]$$

由于只有极少部分的水分子解离，绝大多数还是以水分子形式存在，将$[H_2O]$视为常数，合并在解离常数 $K_w^{\ominus}$ 中。由电导实验测得，在 25℃时，纯水中 H^+ 和 OH^- 浓度均为 1.0×10^{-7} mol/L，因上式可以表示为

$$K_w^{\ominus}=[H^+][OH^-]=1.0\times10^{-14} \tag{4-10}$$

此式表明，在一定的温度下，纯水中 H^+ 浓度与 OH^- 浓度的乘积是一个常数，称为**水的解离常数**，简称为**水的离子积**。

水的离子积随温度的变化而变化，温度升高，$K_w^{\ominus}$ 值显著增大，如表 4－2 所示，但在室温附近变化很小，一般都以 $K_w^{\ominus}=1.0\times10^{-14}$ 进行计算。

表 4－2　水的离子积与温度的关系

T/℃	0	10	18	22	25	40	60
$K_w^{\ominus}/10^{-14}$	0.13	0.36	0.74	1.00	1.27	3.80	12.6

水的离子积不仅适用于纯水，对电解质的稀溶液也适用。在水中加入少量强酸时，溶液中 H^+ 的浓度增加，OH^- 的浓度必然减小。但 $K_w^{\ominus}=[H^+][OH^-]$这个关系仍然存在。

二、溶液的酸碱性

（一）溶液的酸碱性简介

溶液的酸碱性取决于溶液中 H^+ 和 OH^- 浓度的相对大小。

中性溶液　　$[H^+]=[OH^-]=1\times10^{-7}$ mol/L

酸性溶液　　$[H^+]>[OH^-]$，$[H^+]>1\times10^{-7}$ mol/L

碱性溶液　　$[H^+]<[OH^-]$，$[H^+]<1\times10^{-7}$ mol/L

用 H^+ 浓度表示各种溶液的酸碱性。在溶液中 H^+ 浓度越大，溶液的酸性就越强，溶液的碱性越弱。反之，酸性越弱，溶液的碱性越强。

动画

溶液酸碱性及酸碱指示剂变色范围

（二）溶液的 pH

在稀溶液中，H^+ 浓度很小，应用起来不方便。1909 年，索伦森（Sörensen S P L）提出用 pH 表示溶液的酸碱性。在化学上采用 H^+ 浓度的负对数所得的值来表示溶液的酸碱性，该值记为 pH。

$$pH=-\lg[H^+] \qquad (4-11)$$

在常温下，中性溶液 pH=7，酸性溶液 pH<7，碱性溶液 pH>7。

pH 越小，表示溶液中 H^+ 浓度越大，溶液的酸性越强。pH 越大，表示溶液中 H^+ 浓度越小，而 OH^- 浓度越大，溶液的碱性越强。pH 的使用范围是 0～14。

同样，也可以用 pOH 表示溶液的酸碱度。定义为

$$pOH=-\lg[OH^-] \qquad (4-12)$$

常温下，在水溶液中：

$$pH+pOH=pK_w^\ominus=14 \qquad (4-13)$$

视频

pH 计的使用与校准

议一议

什么是 pH、pOH 及 $pK_w^\ominus$？三者之间有何关系？

视频

pH 的测量

（三）溶液 pH 的计算

【案例 4-6】 计算 0.01 mol/L HCl 溶液的 pH 和 pOH。

【案例 4-6 解答】 盐酸为强酸，在溶液中全部解离，则

$$HCl = H^+ + Cl^-$$

$$pH=-\lg[H^+]=-\lg0.01=2$$

$$pOH=pK_w^\ominus-pH=14-2=12$$

【案例 4-7】 计算 0.01 mol/L HAc 溶液的 pH。已知 HAc 的标准解离平衡常数为 1.75×10^{-5}。

【案例 4-7 解答】 HAc 是弱电解质，在溶液中部分解离。

$$HAc \rightleftharpoons H^+ + Ac^-$$

$$[H^+]=c'\alpha=c'\sqrt{\frac{K_a^\ominus}{c'}}=0.01\times\sqrt{\frac{1.75\times10^{-5}}{0.01}}=4.18\times10^{-4}$$

$$pH=-\lg[H^+]=-\lg(4.18\times10^{-4})=3.4$$

同浓度的盐酸与醋酸溶液，前者的 pH 要小于后者，说明盐酸的酸性更强一些。

【案例 4-8】 已知某溶液的 pH 为 8.8，求算该溶液的 $c(H^+)$。

【案例 4-8 解答】 $-\lg[H^+]=pH=8.8$

$$\lg[H^+]=-8.8$$

$$c(H^+)=10^{-8.8}\ \text{mol/L}=1.58\times10^{-9}\ \text{mol/L}$$

当溶液的 H^+ 或 OH^- 的浓度大于 1 mol/L 时，用 pH 表示酸碱性的强弱并不简便，用物质的量浓度表示更为方便。

测定溶液 pH 的方法很多，常用的有酸碱指示剂、pH 试纸及 pH 计(酸度计)。

练一练

将 $c(H^+)$ 换成 pH 或将 pH 换成 $c(H^+)$。

(1) $c(H^+)$：3.2×10^{-3} mol/L、5.9×10^{-10} mol/L、7.3×10^{-7} mol/L

(2) pH：0.34、2.61、9.58

(四) 酸碱指示剂

借助于颜色的改变来指示溶液的酸碱性的物质叫做**酸碱指示剂**。酸碱指示剂通常是有机弱酸或弱碱，当溶液的 pH 改变时，其本身结构发生变化而引起颜色改变。肉眼能观察到指示剂发生颜色变化的 pH 范围称为指示剂的变色范围。甲基橙、甲基红、石蕊、酚酞是几种常用的酸碱指示剂，它们的变色范围如表 4-3 所示。

表 4-3　常见酸碱指示剂的变色范围

指示剂	pH 的变色范围		
甲基橙	<3.1 红色	3.1～4.4 橙色	>4.4 黄色
甲基红	<4.4 红色	4.4～6.2 橙色	>6.2 黄色
石蕊	<5.0 红色	5.0～8.0 紫色	>8.0 蓝色
酚酞	<8.0 无色	8.0～10.0 粉红	>10.0 红色

用酸碱指示剂可以粗略地测定溶液的酸碱性，在化工生产和科研中有广泛的应用。需要精确测定溶液的酸碱性时，可用各种类型的酸度计。

议一议

某溶液滴加甲基橙变为黄色，如果加入甲基红变为红色，问该溶液的 pH 是多大？

第三节　缓冲溶液

议一议

许多化学反应，特别是生物体内的化学反应，常常需要在一定的 pH 条件下才能正常进行。怎样才能维持溶液的 pH 范围呢？

一、缓冲溶液的概念和组成

（一）缓冲溶液的概念

做一做

按表中的要求，完成所列项目。

序号	项　目	加入 1.0 mL 1.0 mol/L HCl 溶液	加入 1.0 mL 1.0 mol/L NaOH 溶液
1	1.0 L 纯水	pH 从 7.0 变为 3.0，改变 4 个单位	pH 从 7.0 变为 11.0，改变 4 个单位
2	1.0 L 溶液中含有 0.10 mol HAc 和 0.10 mol NaAc	pH 从 4.76 变为 4.75，改变 0.01 个单位	pH 从 4.76 变为 4.77，改变 0.01 个单位
3	1.0 L 溶液中含有 0.10 mol $NH_3 \cdot H_2O$ 和 0.10 mol NH_4Cl	pH 从 9.26 变为 9.25，改变 0.01 个单位	pH 从 9.26 变为 9.27，改变 0.01 个单位

纯水中加入少量的酸或碱，其 pH 发生显著的变化。而由 HAc 和 NaAc 或者 $NH_3 \cdot H_2O$ 和 NH_4Cl 组成的混合溶液，当加入纯水或加入少量的酸或碱时，其 pH 改变很小。这种能够抵抗外加少量强酸、强碱或稍加稀释，其自身的 pH 不发生显著变化的性质，称为**缓冲作用**。具有缓冲作用的溶液称为**缓冲溶液**。

（二）缓冲溶液的组成

常用的缓冲溶液主要有两类。一类是由浓度较大的弱酸及其盐或弱碱及其盐所组成，如 HAc－NaAc、$NH_3 \cdot H_2O - NH_4Cl$ 等。另一类是由高浓度的强酸（pH＜2）或强碱（pH＞12）溶液组成，如 0.50 mol/LHNO_3 溶液、0.1 mol/LNaOH 溶液等。此外，一些多元酸的两性物质也可组成缓冲溶液，如 $H_3PO_4 - NaH_2PO_4$。

二、缓冲溶液的性质

（一）缓冲溶液的作用原理

动画
缓冲作用原理

【案例 4－9】 计算 20 mL 0.20 mol/L HAc 和 30 mL 0.20 mol/L NaAc 混合溶液的 pH。（已知：$K_a^\ominus = 1.75 \times 10^{-5}$。）

缓冲溶液的缓冲作用是由其组成决定的。例如，在由 HAc－NaAc 组成的缓冲溶液中，NaAc 完全解离，而 HAc 存在解离平衡：

$$HAc \rightleftharpoons H^+ + Ac^-$$

$$NaAc \longrightarrow Na^+ + Ac^-$$

NaAc 提供了大量的 Ac^-，在同离子效应的作用下，HAc 的解离度更低，因此溶液中还存在着大量的 HAc 分子。大量存在的 Ac^- 和 HAc 分子分别称为抗酸组分和抗碱组分。

根据平衡移动原理，当向缓冲溶液中加入少量的强酸（如 HCl）时，由于 H^+ 浓度增加，HAc 的解离平衡向左移动，少部分 Ac^- 与 H^+ 结合生成了 HAc，使溶液中的 H^+ 浓度基本不变，pH 稳定。因此，溶液中大量存在的 Ac^- 具有抗酸的作用。

当向缓冲溶液中加入少量的强碱（如 NaOH）时，由于 H^+ 与 OH^- 结合生成了水，使 HAc 解离平衡向右移动。结果只消耗少部分 HAc，溶液中的 H^+ 浓度基本不变，pH 仍很稳定。即溶液中大量存在的 HAc 具有抗碱的作用。

缓冲溶液中的 H^+ 相对浓度和 pH 可按式（4－6）至式（4－9）计算。当适度稀释缓冲溶液时，由于 HAc 和 Ac^- 的浓度同时降低，$c(HAc)$ 与 $c(Ac^-)$ 的比值（即 $c_{酸}/c_{共轭碱}$）基本不变，因此，溶液中的 H^+ 浓度基本不变，pH 稳定。

【案例 4－9 解答】 稀溶液混合时体积有加和性，由于 NaAc 在溶液中完全解离，则

$$c(Ac^-)=c(NaAc)=\frac{0.20\ mol/L\times 30\ mL}{50\ mL}=0.12\ mol/L$$

$$c(HAc)=\frac{0.20\ mol/L\times 20\ mL}{50\ mL}=0.08\ mol/L$$

$$pH=pK_a-\lg\frac{c(HAc)}{c(Ac^-)}$$

则

$$pH=-\lg(1.75\times10^{-5})-\lg\frac{0.08\ mol/L}{0.12\ mol/L}$$

$$pH=4.9$$

缓冲溶液的缓冲能力是有限的，当外加强酸或强碱量较多时，大部分共轭碱或共轭酸就会被消耗掉，缓冲溶液就失去了维持溶液 pH 稳定的作用。

常见的缓冲溶液及其缓冲范围如表 4－4 所示。

表 4－4 常见的缓冲溶液及其缓冲范围

缓冲溶液	共轭酸	共轭碱	pK_a	缓冲范围
HCOOH－HCOONa	HCOOH	$HCOO^-$	3.75	2.75～4.75
HAc－NaAc	HAc	Ac^-	4.76	3.76～5.76
六亚甲基四胺－HCl	$(CH_2)_6N_4H^+$	$(CH_2)_6N_4$	5.15	4.15～6.15
NaH_2PO_4－Na_2HPO_4	$H_2PO_4^-$	HPO_4^{2-}	7.21	6.21～8.21
$Na_2B_4O_7$－HCl	H_3BO_3	$H_2BO_3^-$	9.24	8.24～10.24
$NH_3\cdot H_2O$－NH_4Cl	NH_4^+	NH_3	9.26	8.26～10.26
$NaHCO_3$－Na_2CO_3	HCO_3^-	CO_3^{2-}	10.28	9.28～11.28

练一练

NH_4Cl－NH_3 溶液的组成特点是什么？它是如何发挥缓冲作用的？

(二) 缓冲溶液的应用

缓冲溶液应用十分广泛。如离子的分离、提纯及分析检验,经常需要控制溶液的pH。例如,欲除去镁盐中的杂质 Al^{3+},可采用氢氧化物沉淀的方法。但因 $Al(OH)_3$ 具有两性,如果加入 OH^- 过多,不仅 $Al(OH)_3$ 会溶解,达不到分离的目的,而且 $Mg(OH)_2$ 也可能沉淀,造成损失。反之,若加入 OH^- 太少,则 Al^{3+} 沉淀不完全。这时,如采用 $NH_3 \cdot H_2O - NH_4Cl$ 的混合溶液作为缓冲溶液,保持溶液 pH 在 9 左右,就能使 Al^{3+} 沉淀完全,而 Mg^{2+} 仍留在溶液中,达到分离的目的。

人体内血液的 pH 必须严格控制在 7.4 左右的一个很小的范围内,pH 升高或降低较大时都会引起“碱中毒”或“酸中毒”。当 pH 改变达到 0.4 个单位时,将会有生命危险。

议一议

当需要分别控制 pH 为 4～6、8～10 时,需选用哪种缓冲溶液?

第四节　盐类的水解

一、盐类的水解的概念

做一做

把少量的 NaAc、NH_4Cl 和 NaCl 晶体分别投入 3 个盛有蒸馏水的试管,振荡试管使之溶解,然后分别用 pH 试纸加以检验。

实验结果表明,NaAc 的水溶液显碱性,NH_4Cl 的水溶液显酸性,NaCl 的水溶液显中性。这是什么原因呢?

某些盐的组成中没有 H^+ 或 OH^-,其水溶液却显示出一定的酸性或碱性。原因是盐解离的阴离子或阳离子与水解离的 H^+ 或 OH^- 结合,生成了弱酸或弱碱,使水的解离平衡发生移动,所以盐溶液表现出一定的酸性或碱性。这种盐的离子与溶液中水解离出的 H^+ 或 OH^- 作用生成弱电解质的反应,叫做**盐类的水解**。

二、不同类型盐的水解

议一议

盐类为什么会发生水解?如何判断盐的水溶液的酸碱性?

根据组成盐的阴、阳离子不同,盐分为弱酸强碱盐、强酸弱碱盐、弱酸弱碱盐和强酸强碱盐。

(一) 弱酸强碱盐的水解

NaAc 是由弱酸 HAc 和强碱 NaOH 反应所生成的盐,是弱酸强碱盐。在水溶液中存在如下解离：

视频

醋酸钠的水解

$$\begin{array}{l} NaAc \longrightarrow Na^{+} + Ac^{-} \\ \qquad\qquad\qquad\qquad\ \ + \\ H_2O \rightleftharpoons OH^{-} + H^{+} \\ \qquad\qquad\qquad\qquad\ \ \Updownarrow \\ \qquad\qquad\qquad\qquad HAc \end{array}$$

NaAc 的水解反应离子方程式为

$$Ac^{-} + H_2O \rightleftharpoons HAc + OH^{-}$$

由于 Ac^{-} 与水解离出的 H^{+} 结合而生成弱电解质 HAc，随溶液中 H^{+} 浓度的减小，促使水的解离平衡向右移动，OH^{-} 浓度随之增大，直到建立新的平衡。所以溶液中 OH^{-} 浓度大于 H^{+} 浓度，溶液呈碱性。即弱酸强碱盐水解呈碱性，如 NaCN、Na_2CO_3、Na_2SiO_3 等溶液均显碱性。

前面已经分析，该反应由以下两个平衡组成：

$$H_2O \rightleftharpoons OH^{-} + H^{+}$$

$$K_w^{\ominus} = [H^{+}][OH^{-}]$$

$$H^{+} + Ac^{-} \rightleftharpoons HAc$$

$$\frac{1}{K_a^{\ominus}} = \frac{[HAc]}{[H^{+}][Ac^{-}]}$$

若**水解平衡常数**（简称**水解常数**）为 $K_h^{\ominus}$，则

$$K_h^{\ominus} = \frac{[HAc][OH^{-}]}{[Ac^{-}]}$$

因为 $K_a^{\ominus} = \dfrac{[H^{+}][Ac^{-}]}{[HAc]}$、$K_w^{\ominus} = [H^{+}][OH^{-}]$，根据多重平衡规则，水解常数 $K_h^{\ominus}$ 为

$$K_h^{\ominus} = \frac{K_w^{\ominus}}{K_a^{\ominus}} \tag{4-14}$$

可见，组成盐的酸越弱（$K_a^{\ominus}$ 越小），水解常数就越大，相应盐的水解程度也就越大。盐的水解程度也可以用**水解度**（h）来表示：

$$h = \frac{\text{已水解盐的浓度}}{\text{盐的起始浓度}} \times 100\% \tag{4-15}$$

水解度 h、水解常数 $K_h^{\ominus}$ 和盐浓度 c' 之间的关系为

$$h = \sqrt{\frac{K_h^{\ominus}}{c'}} = \sqrt{\frac{K_w^{\ominus}}{K_a^{\ominus} c'}} \tag{4-16}$$

水解度除了与组成盐的弱酸强弱（$K_a^{\ominus}$）有关外，还与盐的浓度有关。即 $K_a^{\ominus}$ 越小，该盐水解程度就越大。同一种盐，浓度越小，其水解程度就越大。

（二）强酸弱碱盐的水解

NH_4Cl 是由强酸 HCl 和弱碱 $NH_3 \cdot H_2O$ 反应所生成的盐，是强酸弱碱盐。在水溶液中存在如下解离：

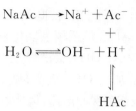

$$
\begin{array}{ccc}
NH_4Cl \longrightarrow & NH_4^+ & + Cl^- \\
 & + & \\
H_2O \rightleftharpoons & OH^- & + H^+ \\
 & \upharpoonleft\downharpoonright & \\
 & NH_3 \cdot H_2O &
\end{array}
$$

视频

硫酸铝的水解

NH_4Cl 的水解反应离子方程式为

$$NH_4^+ + H_2O \rightleftharpoons NH_3 \cdot H_2O + H^+$$

NH_4^+ 与水解离出的 OH^- 结合生成弱电解质 $NH_3 \cdot H_2O$，随着溶液中 OH^- 浓度的减小，促使水的解离平衡向右移动，H^+ 浓度随之增大直到建立新的平衡。所以，溶液中 H^+ 浓度大于 OH^- 浓度，溶液显酸性。即强酸弱碱盐水解呈酸性，如 NH_4NO_3、$CuSO_4$、$FeCl_3$ 等溶液显酸性。

强酸弱碱盐的水解实质上是其阳离子发生水解，与弱酸强碱盐同样处理，得到强酸弱碱盐的水解常数及水解度：

$$K_h^\ominus = \frac{K_w^\ominus}{K_b^\ominus} \tag{4-17}$$

$$h = \sqrt{\frac{K_h^\ominus}{c'}} = \sqrt{\frac{K_w^\ominus}{K_b^\ominus c'}} \tag{4-18}$$

同理，组成盐的碱越弱，即 $K_b^\ominus$ 越小，该盐水解常数 $K_h^\ominus$、水解度 h 就越大，即水解程度就越大。同一种盐，浓度越小，水解度就越大。

（三）弱酸弱碱盐的水解

NH_4Ac 是由弱酸 HAc 和弱碱 $NH_3 \cdot H_2O$ 反应所生成的盐，是弱酸弱碱盐。在水溶液中存在如下解离：

$$
\begin{array}{cccc}
NH_4Ac \longrightarrow & NH_4^+ & + & Ac^- \\
 & + & & + \\
H_2O \rightleftharpoons & OH^- & + & H^+ \\
 & \upharpoonleft\downharpoonright & & \upharpoonleft\downharpoonright \\
 & NH_3 \cdot H_2O & & HAc
\end{array}
$$

NH_4Ac 的水解反应离子方程式为

$$NH_4Ac + H_2O \rightleftharpoons NH_3 \cdot H_2O + HAc$$

由于分别形成了弱电解质 $NH_3 \cdot H_2O$、HAc，溶液中 H^+、OH^- 浓度都减小，水的解离平衡向右移动。由于生成的 $NH_3 \cdot H_2O$ 和 HAc 的解离常数很接近，溶液中 H^+、OH^- 浓度几乎相等，溶液呈中性。

$K_a^\ominus \approx K_b^\ominus$ 的盐水解，溶液呈中性，pH＝7。

$K_a^\ominus > K_b^\ominus$ 的盐水解，溶液呈酸性，pH ＜7。

$K_a^\ominus < K_b^\ominus$ 的盐水解，溶液呈碱性，pH ＞7。

根据多重平衡规则：

$$K_h^\ominus = \frac{K_w^\ominus}{K_a^\ominus K_b^\ominus} \tag{4-19}$$

由此可见,弱酸弱碱盐水溶液的酸碱性取决于生成的弱酸、弱碱的相对强弱。

(四) 强酸强碱盐的水解

强酸强碱盐中的阴离子、阳离子都不能与水解离出的 H^+ 或 OH^- 结合成弱电解质,不能破坏水的解离平衡。因此强酸强碱盐在水溶液中不发生水解,其溶液呈中性。

三、影响盐类的水解的因素

(一) 盐的本性和水解产物的性质

> **议一议**
>
> 弱酸弱碱盐易水解,而强酸强碱盐不水解。

影响盐类的水解程度的因素首先与盐的本性,即形成盐的酸、碱的强弱有关。形成盐的弱酸、弱碱的解离常数越小,盐的水解程度越大。当水解产物是难溶物或易挥发物时,难溶物的溶解度越小,或者挥发物越易挥发,盐的水解程度越大。

(二) 温度

> **议一议**
>
> $FeCl_3$在常温下水解不明显,将其水溶液加热后水解较彻底,溶液颜色逐渐加深,并变得浑浊。

酸碱中和反应是放热反应,盐类的水解反应是中和反应的逆过程,因此是吸热反应,故升高温度会促进水解反应的进行。

(三) 浓度

同一种盐,其浓度越小,盐的水解程度越大。将溶液稀释会促进盐的水解。

(四) 溶液的酸碱度

> **议一议**
>
> 实验室配制 $SnCl_2$ 溶液时,用盐酸溶解 $SnCl_2$ 固体而不是用蒸馏水作为溶剂,就是用酸来抑制 Sn^{2+} 的水解。

由于盐类水解使溶液呈现一定的酸碱性,根据平衡移动原理,调节溶液的酸碱度,能促进或抑制盐类的水解。

第五节　难溶电解质的沉淀-溶解平衡

一、沉淀-溶解平衡

(一) 沉淀-溶解平衡和溶度积

根据溶解度不同,通常将室温时溶解度大于 10 g/100 g H_2O 的电解质称为易溶电解质；溶解度为(1～10 g)/100 g H_2O 的电解质称为可溶电解质；溶解度为(0.01～1 g)/100 g H_2O 的电解质称为微溶电解质；而溶解度小于 0.01 g/100 g H_2O 的电解质称为难溶电解质。微溶电解质和难溶电解质统称为难溶电解质。绝对不溶的物质是不存在的。

在一定的温度下，将难溶电解质晶体放入水中，发生溶解和沉淀两个过程。例如，将固体硫酸钡放入水中时，晶体中的 Ba^{2+} 和 SO_4^{2-} 在水分子的作用下，不断地由晶体表面进入溶液中，成为无规则运动的水合离子，这是 $BaSO_4$ 的溶解过程。与此同时，已经溶解在水中的 Ba^{2+} 和 SO_4^{2-} 也会重新沉积到固体表面，这是 $BaSO_4$ 的沉淀过程。经过一定的时间，溶解和沉淀速率相等时，就建立了一种多相离子平衡，即为**沉淀-溶解平衡**，此时的溶液为饱和溶液。沉淀-溶解平衡是一种动态平衡，即固体在不断地溶解，沉淀也在不断地生成。如硫酸钡饱和溶液中存在下列平衡：

$$BaSO_4(s) \underset{\text{沉淀}}{\overset{\text{溶解}}{\rightleftharpoons}} Ba^{2+}(aq) + SO_4^{2-}(aq)$$

对于难溶强电解质 A_nB_m，其沉淀-溶解平衡方程式为

$$A_nB_m(s) \rightleftharpoons nA^{m+}(aq) + mB^{n-}(aq)$$

则平衡常数表达式为

$$K_{sp}^{\ominus} = [A^{m+}]^n[B^{n-}]^m \qquad (4-20)$$

$K_{sp}^{\ominus}$ 是难溶电解质沉淀-溶解的标准平衡常数，叫做**溶度积常数**，简称**溶度积**，表示在一定的温度下，难溶强电解质饱和溶液中离子浓度的系数幂指数之积为一个常数。$K_{sp}^{\ominus}$ 既表示了难溶强电解质在溶液中溶解趋势的大小，也表示了生成该难溶电解质沉淀的难易。$K_{sp}^{\ominus}$ 的数值不受溶液中离子浓度的影响，但随温度的改变而变化。

（二）溶度积与溶解度的关系

溶度积和溶解度都可以表示物质的溶解能力，两者既有联系又有区别。溶度积数值只随温度而变，而溶解度与温度、溶液的组成、pH 及配合物的生成等因素有关。

在一定的温度下，难溶强电解质溶于水达到平衡时所形成的溶液是饱和溶液。饱和溶液的浓度，也就是该物质在该温度下的溶解度。由于难溶强电解质的饱和溶液是很稀的，可近似认为稀溶液的密度与溶剂水的密度相等，这样就能方便地进行溶度积和溶解度之间的换算。

1. AB 型

【案例 4-10】 已知 AgCl 在 298.15 K 时的溶度积为 1.8×10^{-10}，试求在该温度下它的溶解度为多少？

【案例 4-10 解答】 设 AgCl 的溶解度为 s_1(mol/L)，则

$$AgCl(s) \rightleftharpoons Ag^+ + Cl^-$$

平衡浓度　　　　s_1　　　s_1

$$K_{sp}^{\ominus}(AgCl) = [Ag^+][Cl^-] = s_1 \cdot s_1$$

$$s_1 = \sqrt{K_{sp}^{\ominus}(AgCl)} = \sqrt{1.8\times10^{-10}} = 1.34\times10^{-5}\,(mol/L)$$

对于基本上不水解的 AB 型(如 AgX、$BaSO_4$ 等)难溶强电解质，其溶解度 s 与溶度积的关系式为

$$s = \sqrt{K_{sp}^{\ominus}} \qquad (4-21)$$

练一练

计算 298.15 K 时，AgBr 的溶解度，并比较 AgCl 的溶解度，能得出什么结论？

2. A_nB_m型

【案例 4－11】 已知 Ag_2CrO_4的溶度积为 1.1×10^{-12}，试求在该温度下它的溶解度为多少？

【案例 4－11 解答】 设 Ag_2CrO_4的溶解度为 s_2(mol/L)，则

$$Ag_2CrO_4(s) \rightleftharpoons 2\,Ag^+ + CrO_4^{2-}$$

平衡浓度 $\qquad 2s_2 \qquad s_2$

$$K_{sp}^{\ominus}(Ag_2CrO_4)=[Ag^+]^2[CrO_4^{2-}]=(2s_2)^2\cdot s_2=4(s_2)^3$$

$$s_2=\sqrt[3]{K_{sp}^{\ominus}(Ag_2CrO_4)/4}=\sqrt[3]{\frac{1.1\times10^{-12}}{4}}=6.5\times10^{-5}\,(mol/L)$$

对于基本上不水解的 A_2B 型或 AB_2 型(如 Ag_2CrO_4、CaF_2 等)难溶强电解质，其溶解度 s 与溶度积的关系式为

$$s=\sqrt[3]{\frac{K_{sp}^{\ominus}}{4}} \tag{4-22}$$

议一议

比较 AgCl、Ag_2CrO_4 $K_{sp}^{\ominus}$的相对大小，并结合【案例 4－10 解答】、【案例 4－11 解答】的计算结果，能得出什么结论？

【案例 4－12】 已知 298K 时，$Mg(OH)_2$ 的溶度积为 1.8×10^{-11}，试求此温度下 $Mg(OH)_2$ 的溶解度。

【案例 4－12 解答】 $Mg(OH)_2$ 饱和溶液的沉淀-溶解平衡如下：

$$Mg(OH)_2 \rightleftharpoons Mg^{2+} + 2OH^-$$

设 $Mg(OH)_2$ 的溶解度是 x mol/L，且溶解的部分全部解离。则

$$[Mg^{2+}]=x,\quad [OH^-]=2x$$

$$K_{sp}^{\ominus}(Mg(OH)_2)=[Mg^{2+}][OH^-]^2=x\,(2x)^2=4x^3=1.8\times10^{-11}$$

$$x=\sqrt[3]{\frac{K_{sp}^{\ominus}(Mg(OH)_2)}{4}}=\sqrt[3]{\frac{1.8\times10^{-11}}{4}}=1.7\times10^{-4}$$

此温度下 $Mg(OH)_2$ 的溶解度为 1.7×10^{-4} mol/L。

对于同一类型的难溶电解质，如 AgCl、AgBr、AgI，$K_{sp}^{\ominus}$越小，溶解度 s 也越小，即可以用 $K_{sp}^{\ominus}$的大小来比较它们溶解度的大小。但对于不同类型的难溶电解质，不能直接从 $K_{sp}^{\ominus}$比较它们溶解度的大小。如 AgCl 的溶度积大于 Ag_2CrO_4，但 AgCl 的溶解度却比 Ag_2CrO_4 小。

二、溶度积规则

（一）溶度积规则简介

【案例 4－13】 取 5 mL 0.002 mol/L Na_2SO_4溶液，加入 5 mL 0.02 mol/L $BaCl_2$溶液，通过计算判断是否有沉淀析出。$K_{sp}^{\ominus}(BaSO_4)=1.1\times10^{-10}$。

对于难溶强电解质 A_nB_m的沉淀-溶解平衡来说：

$$A_nB_m(s) \rightleftharpoons nA^{m+}(aq)+mB^{n-}(aq)$$

其**反应商**（又被称为难溶电解质的离子积）Q 的表达式可写为

$$Q=[A^{m+}]^n\ [B^{n-}]^m \qquad (4-23)$$

根据平衡移动原理，将 Q 与 $K_{sp}^{\ominus}$比较，可能有以下三种情况。

（1）$Q=K_{sp}^{\ominus}$，溶液为饱和溶液，溶液中的离子生成和沉淀之间处于平衡状态。

（2）$Q<K_{sp}^{\ominus}$，溶液为不饱和溶液，无沉淀析出。若原来系统中有沉淀存在，反应向沉淀溶解的方向进行，直至饱和析出为止。

（3）$Q>K_{sp}^{\ominus}$，溶液为过饱和溶液，反应向生成沉淀的方向进行，直至溶液饱和为止。

这就是**溶度积规则**。运用溶度积规则可以判断沉淀的生成和溶解能否发生。控制离子浓度，可以使反应向需要的方向转化。

【案例 4－13 解答】 溶液混合后：

$$c(SO_4^{2-})=0.001\ mol/L,\ c(Ba^{2+})=0.01\ mol/L$$

$$Q=[Ba^{2+}][SO_4^{2-}]=10^{-3}\times10^{-2}=10^{-5},\quad K_{sp}^{\ominus}=1.1\times10^{-10}$$

$Q>K_{sp}^{\ominus}$，所以有沉淀 $BaSO_4$析出。

练一练

将等体积的 4×10^{-3} mol/L $AgNO_3$和 4×10^{-3} mol/L K_2CrO_4混合，判断能否析出 Ag_2CrO_4沉淀。已知 $K_{sp}^{\ominus}(Ag_2CrO_4)=1.1\times10^{-12}$。

议一议

如何应用溶度积规则来判断沉淀的生成和溶解？

动画

沉淀-溶解平衡中的同离子效应

（二）溶度积规则的应用

1. 沉淀的生成

【案例 4－14】 计算 298.15 K 下 $BaSO_4(s)$，（1）在纯水中；（2）在 0.10 mol/L Na_2SO_4溶液中；（3）在 0.10 mol/L $BaCl_2$溶液中的溶解度（mol/L），已知 $K_{sp}^{\ominus}(BaSO_4)=1.1\times10^{-10}$。

（1）同离子效应和盐效应

在难溶电解质的饱和溶液中，加入含有相同离子的易溶的强电解质时，难溶电解质的沉淀-溶解平衡则向逆方向移动，即产生**同离子效应**。同离子效应使难溶电解质的溶解度降低。

【案例 4-14 解答】 (1) 在纯水中设 $BaSO_4$ 在纯水中的溶解度为 s_1(mol/L)，则

$$BaSO_4(s) \rightleftharpoons Ba^{2+}(aq) + SO_4^{2-}(aq)$$

平衡浓度　　　　s_1　　s_1

$$s_1 = \sqrt{K_{sp}^{\ominus}} = \sqrt{1.1\times10^{-10}} = 1.05\times10^{-5}(mol/L)$$

(2) 在 0.10 mol/L Na_2SO_4 溶液中

设 $BaSO_4$ 在 0.10 mol/L Na_2SO_4 溶液中的溶解度为 s_2(mol/L)，则

$$BaSO_4(s) \rightleftharpoons Ba^{2+}(aq) + SO_4^{2-}(aq)$$

平衡浓度/($mol\cdot L^{-1}$)　　　　s_2　　$0.10+s_2$

因为 $BaSO_4$ 的 $K_{sp}^{\ominus}$ 很小，所以

$$(0.10+s_2)\approx 0.10$$

故

$$K_{sp}^{\ominus} = s_2\cdot(0.10+s_2)\approx 0.10s_2$$

$$s_2 = 1.1\times10^{-9}(mol/L)$$

(3) 在 0.10 mol/L $BaCl_2$ 溶液中

设 $BaSO_4$ 在 0.10 mol/L $BaCl_2$ 溶液中的溶解度为 s_3(mol/L)，则通过计算可以得到 $s_3 = 1.1\times10^{-9}$ mol/L。

由此可见，$BaSO_4$ 固体在 0.10 mol/L Na_2SO_4 溶液中或在 0.10 mol/L $BaCl_2$ 溶液中的溶解度远远小于在纯水中的溶解度，即同离子效应大大降低了难溶电解质的溶解度。

(2) 沉淀的完全程度

加入过量沉淀剂可使被沉淀离子沉淀完全。随着沉淀剂浓度的增加，溶液中被沉淀离子浓度减少，但不可能绝迹。通常，当溶液中被沉淀离子浓度小于 10^{-5} mol/L 时，即可认为沉淀完全，所以沉淀剂一般过量 20%～50%即可。

【案例 4-15】 在 1 L 含 0.001 mol/L SO_4^{2-} 的溶液中，注入 0.01 mol $BaCl_2$，能否使 SO_4^{2-} 沉淀完全？

【案例 4-15 解答】 $c(Ba^{2+}) = 0.01$ mol/L，　$c(SO_4^{2-}) = 0.001$ mol/L

Ba^{2+} 过量，反应后达到平衡时 Ba^{2+} 的浓度为

$$[Ba^{2+}] = (0.01-0.001) + [SO_4^{2-}] \approx 0.009\ (mol/L)$$

$$[SO_4^{2-}] = \frac{K_{sp}^{\ominus}}{[Ba^{2+}]} = \frac{1.1\times10^{-10}}{0.009} = 1.2\times10^{-8}(mol/L)$$

$c(SO_4^{2-}) < 1\times10^{-5}$ mol/L，所以加入 0.01 mol $BaCl_2$ 可使 SO_4^{2-} 沉淀完全。

在分析化学中定量分离沉淀时，合理选择洗涤剂。例如，制得 0.1 g $BaSO_4$ 沉淀，若用 100 mL 纯水洗涤杂质时，将损失 2.66×10^{-4} g $BaSO_4$，损耗率达 0.3%。若改用 0.01 mol/L 的稀 H_2SO_4 溶液洗涤沉淀，仅损失 2.5×10^{-7} g。

但是，如果在难溶电解质的饱和溶液中加入含不相同离子的易溶强电解质，将使难溶电解质的溶解度有所增大，这个现象称为**盐效应**。盐效应的产生，使离子有效浓度(活度)减小。例如，AgCl(s)在 KNO_3 溶液中的溶解情况如表 4-5 所示。

表 4-5　AgCl(s)在 KNO_3 溶液中的溶解情况

$c(KNO_3)/(mol \cdot L^{-1})$	0.00	0.001 00	0.005 00	0.010 0
$s(AgCl)/(10^{-5}\ mol \cdot L^{-1})$	1.278	1.325	1.385	1.427

盐效应既可以使难溶电解质的溶解度增大，也可以使弱电解质的解离度增大(如 HAc 中加入 NaCl)。盐效应和同离子效应的效果相反，在产生同离子效应的同时，必然伴随盐效应的发生，但同离子效应的影响要大得多。

(3) 溶液酸度对沉淀生成的影响

要使沉淀完全，除了选择并加入适当过量的沉淀剂外，对于某些沉淀反应(如生成难溶弱酸盐和难溶氢氧化物的沉淀反应)，还必须通过控制溶液的 pH 才能确保沉淀完全。

【案例 4-16】 计算欲使 0.01 mol/L Fe^{3+} 开始沉淀和沉淀完全时的 pH。$Fe(OH)_3$ 的 $K_{sp}^{\ominus}=4\times10^{-38}$。

【案例 4-16 解答】 开始沉淀所需 pH：

$$Fe(OH)_3(s) \rightleftharpoons Fe^{3+}(aq)+3OH^-(aq)$$

$$[Fe^{3+}][OH^-]^3=4\times10^{-38}$$

$$[OH^-]^3=\frac{K_{sp}^{\ominus}}{[Fe^{3+}]}=\frac{4\times10^{-38}}{0.01}=4\times10^{-36}$$

$$[OH^-]=1.59\times10^{-12}(mol/L)$$

$$pOH=11.80$$

$$pH=14-11.80=2.2$$

沉淀完全所需 pH：

$$[OH^-]^3=\frac{K_{sp}^{\ominus}}{[Fe^{3+}]}=\frac{4\times10^{-38}}{1.0\times10^{-5}}=4\times10^{-33}$$

$$[OH^-]=1.59\times10^{-11}(mol/L)$$

$$pOH=10.80$$

$$pH=14-10.80=3.2$$

氢氧化物开始沉淀和沉淀完全时溶液不一定是碱性的，对于不同的难溶氢氧化物，其化学式不同，$K_{sp}^{\ominus}$ 不同，它们生成沉淀或沉淀完全所需的 pH 也不同。因此，通过控制 pH 可以达到分离某些金属离子的目的。一些难溶氢氧化物沉淀时的 pH 如表 4-6 所示。

表 4-6　一些氢氧化物沉淀的 pH

金属离子	开始沉淀的 pH		沉淀完全的 pH	$K_{sp}^{\ominus}$
	金属离子浓度 1 mol/L	金属离子浓度 0.1 mol/L	金属离子浓度 $\leqslant10^{-5}$ mol/L	
Mg^{2+}	8.37	8.87	10.87	5.61×10^{-12}
Co^{2+}	6.89	7.38	9.38	5.92×10^{-15}
Cd^{2+}	6.90	7.40	9.40	7.20×10^{-15}
Zn^{2+}	5.70	6.20	8.24	3.00×10^{-17}

续表

金属离子	开始沉淀的 pH		沉淀完全的 pH	$K_{sp}^{\ominus}$
	金属离子浓度 1 mol/L	金属离子浓度 0.1 mol/L	金属离子浓度 ≤10^{-5} mol/L	
Fe^{2+}	5.80	6.34	8.24	4.87×10^{-17}
Pb^{2+}	4.08	4.58	6.60	1.43×10^{-15}
Sn^{2+}	0.87	1.37	3.37	5.45×10^{-28}
Fe^{3+}	1.15	1.48	2.81	4×10^{-38}

金属硫化物属于难溶弱酸盐，它们在溶液中的析出也与溶液中 H^+ 浓度的大小有关。

【案例 4-17】 25°C 时，在 0.10 mol/L $MnSO_4$ 溶液中通入 H_2S 气体至饱和(0.10 mol/L)，试判断有无 MnS 沉淀析出。若要阻止沉淀析出，则 H^+ 浓度应如何控制？

【案例 4-17 解答】 查得 $K_{sp}^{\ominus}(MnS)=2.5\times10^{-13}$，$K_{a1}^{\ominus}(H_2S)=1.32\times10^{-7}$，$K_{a2}^{\ominus}(H_2S)=7.10\times10^{-15}$，溶液中$[Mn^{2+}]=0.10(mol/L)$，$[S^{2-}]\approx7.10\times10^{-15}(mol/L)$。

$Q=[Mn^{2+}][S^{2-}]=0.10\times7.10\times10^{-15}=7.10\times10^{-16}>K_{sp}^{\ominus}$，有 CuS 沉淀析出。

若要阻止 MnS 沉淀析出，则需要 $Q<K_{sp}^{\ominus}$，即

$$[Mn^{2+}][S^{2-}]<K_{sp}^{\ominus},\quad [S^{2-}]<\frac{K_{sp}^{\ominus}}{[Mn^{2+}]}=\frac{2.5\times10^{-13}}{0.10}=2.5\times10^{-12}(mol/L)$$

由于

$$K_a^{\ominus}=\frac{[H^+]^2[S^{2-}]}{[H_2S]}=K_{a1}^{\ominus}\cdot K_{a2}^{\ominus}=9.37\times10^{-22}$$

$$[H^+]>\sqrt{\frac{K_{a1}^{\ominus}K_{a2}^{\ominus}[H_2S]}{[S^{2-}]}}=\sqrt{\frac{1.32\times10^{-7}\times7.10\times10^{-15}\times0.1}{2.5\times10^{-12}}}=6.12\times10^{-6}(mol/L)$$

2. 沉淀的溶解

根据溶度积规则，沉淀溶解的必要条件是 $Q<K_{sp}^{\ominus}$。因此，一切能有效地降低难溶电解质饱和溶液中有关离子浓度的方法，都能促使沉淀-溶解平衡向着沉淀溶解的方向发生移动。

视频

氢氧化镁沉淀的溶解

(1) 生成弱电解质

通过酸与难溶电解质的组分离子结合生成溶于水的弱电解质来降低该组分离子的浓度，使 $Q<K_{sp}^{\ominus}$，从而发生沉淀的溶解。

① 难溶于水的氢氧化物都能溶于酸，如 $Cu(OH)_2$：

$$Cu(OH)_2(s)\rightleftharpoons Cu^{2+}(aq)+2OH^-$$

$$+$$

$$2HCl\longrightarrow 2Cl^-+2H^+$$

$$\|$$

$$2H_2O$$

因为 $Cu(OH)_2$ 固体解离出来的 OH^- 与酸提供的 H^+ 结合生成弱电解质水，降低了溶液中的 OH^- 浓度，使 $Q<K_{sp}^{\ominus}$，平衡向沉淀溶解的方向移动。

② 某些难溶氢氧化物还能溶于铵盐，是由于 OH^- 与 NH_4^+ 生成了难解离的弱碱 $NH_3 \cdot H_2O$，降低了 OH^- 的浓度，致使 $Q<K_{sp}^{\ominus}$，平衡向沉淀溶解的方向移动。

$$Mg(OH)_2(s)+2NH_4^+ \rightleftharpoons Mg^{2+}+2NH_3 \cdot H_2O$$

③ 一些难溶的弱酸盐，如碳酸盐、醋酸盐、硫化物等，由于它们解离出来的酸根离子能与强酸提供的 H^+ 作用生成相应的弱酸，降低了弱酸根离子的浓度，致使 $Q<K_{sp}^{\ominus}$，于是平衡向沉淀溶解的方向移动。

$$CaCO_3(s)+2H^+ \rightleftharpoons Ca^{2+}+CO_2\uparrow+H_2O$$

$$FeS(s)+2H^+ \rightleftharpoons Fe^{2+}+H_2S\uparrow$$

(2) 氧化还原法

通过加入合适的氧化剂或还原剂，使某些离子发生氧化还原反应而降低其浓度，使 $Q<K_{sp}^{\ominus}$，从而发生沉淀的溶解。如 CuS 可以溶于硝酸：

$$3CuS+8HNO_3 \rightleftharpoons 3Cu(NO_3)_2+3S+2NO\uparrow+4H_2O$$

(3) 配位溶解法

许多难溶化合物在配位剂的作用下能生成配离子而溶解，这就是配位溶解法。例如：

$$AgCl(s)+2NH_3 \rightleftharpoons [Ag(NH_3)_2]^+ + Cl$$

由于 $[Ag(NH_3)_2]^+$ 的生成，降低了溶液中 Ag^+ 的浓度，使 $Q<K_{sp}^{\ominus}$，从而发生 AgCl 的溶解。

而像 HgS 这样 $K_{sp}^{\ominus}$ 特别小的难溶物质，需要用王水来溶解，它兼有配位溶解和氧化还原溶解：

$$3HgS+2NO_3^-+12Cl^-+8H^+ \rightleftharpoons 3[HgCl_4]^{2-}+3S+2NO\uparrow+4H_2O$$

3. 分步沉淀

视频

分步沉淀（沉淀的先后）

【案例 4-18】 某种混合溶液中，含有 0.20 mol/L 的 Ni^{2+} 和 0.30 mol/L 的 Fe^{3+}，若通过加入 NaOH 溶液（忽略溶液体积变化）的方法来分离这两种离子，应如何控制溶液的 pH 范围？

前面所讨论的沉淀反应都是加入一种试剂只能使一种离子生成沉淀的情况。在实际工作中，溶液中往往会同时含有多种离子，当加入某种沉淀剂时，这些离子均有可能与沉淀剂发生沉淀反应，生成难溶电解质。在这种情况下 $Q>K_{sp}^{\ominus}$。

做一做

将稀的 $AgNO_3$ 溶液逐滴加入含有等浓度（均为 0.1 mol/L）的 Cl^- 和 I^- 的混合溶液中，首先析出的是黄色的 AgI 沉淀，随着 $AgNO_3$ 溶液的继续加入，才出现白色的 AgCl 沉淀。

像这种在混合溶液中多种离子发生先后沉淀的现象称为**分步沉淀**。

根据溶度积规则，可以计算出 AgCl 和 AgI 开始发生沉淀时所需要 Ag^+ 的最低浓度。已知 $K_{sp}^{\ominus}(AgCl)=1.8\times10^{-10}$、$K_{sp}^{\ominus}(AgI)=8.3\times10^{-17}$。

Cl^- 开始沉淀时需要的 $[Ag^+]$ 为

$$[Ag^+]=\frac{1.8\times10^{-10}}{0.1}=1.8\times10^{-9}(mol/L)$$

I^-开始沉淀时需要的$[Ag^+]$为

$$[Ag^+]=\frac{8.3\times10^{-17}}{0.1}=8.3\times10^{-16}(mol/L)$$

沉淀I^-所需的Ag^+浓度比沉淀Cl^-所需要的Ag^+浓度要小得多。当滴加$AgNO_3$溶液时，AgI先沉淀出来。随着I^-不断地被沉淀为AgI，溶液中的$[I^-]$不断地减小，若要继续析出沉淀，必须不断地增大$[Ag^+]$。当$[Ag^+]$增大到能使AgCl开始沉淀时，AgI和AgCl将同时沉淀。此时的溶液，对于AgI和AgCl来说都是饱和溶液，溶液中的I^-、Cl^-、Ag^+同时满足AgI和AgCl的溶度积：

$$[Ag^+][I^-]=8.3\times10^{-17},\quad [Ag^+][Cl^-]=1.8\times10^{-10}$$

同一溶液中两式的$[Ag^+]$应该相等，所以

$$\frac{[Cl^-]}{[I^-]}=\frac{1.8\times10^{-10}}{8.3\times10^{-17}}=2.17\times10^{6}$$

当$[Cl^-]$比$[I^-]$大2.17×10^6倍时，AgCl就开始沉淀。此时溶液中的$[I^-]$还有多大呢？因为$[Cl^-]=0.1$ mol/L，所以

$$[I^-]=\frac{[Cl^-]}{2.17\times10^6}=\frac{0.1}{2.17\times10^6}=4.61\times10^{-8}(mol/L)$$

当AgCl开始沉淀时，溶液中的$[I^-]$已远远小于1.0×10^{-5} mol/L，即I^-早已被沉淀完全了。

【案例4-18解答】 根据溶度积规则，可计算出两种离子开始沉淀所需OH^-的最低浓度：

对于$Ni(OH)_2$：

$$[OH^-]_1>\sqrt{\frac{K_{sp}^{\ominus}(Ni(OH)_2)}{[Ni^{2+}]}}=\sqrt{\frac{2.0\times10^{-5}}{0.20}}=1.0\times10^{-7}(mol/L)$$

对于$Fe(OH)_3$：

$$[OH^-]_2>\sqrt[3]{\frac{K_{sp}^{\ominus}(Fe(OH)_3)}{[Fe^{3+}]}}=\sqrt[3]{\frac{4\times10^{-38}}{0.30}}=5.11\times10^{-13}(mol/L)$$

所以$Fe(OH)_3$先沉淀。

$Fe(OH)_3$沉淀完全时所需的OH^-最低浓度为

$$[OH^-]>\sqrt[3]{\frac{K_{sp}^{\ominus}(Fe(OH)_3)}{[Fe^{3+}]}}=\sqrt[3]{\frac{4\times10^{-38}}{10^{-5}}}=1.59\times10^{-11}(mol/L)$$

$Ni(OH)_2$沉淀不析出所允许的OH^-最高浓度则为

$$[OH^-]\leqslant1.0\times10^{-7}(mol/L)$$

因此，应控制：

$$1.59\times10^{-11}(mol/L)<[OH^-]<1.0\times10^{-7}(mol/L)$$

或应控制：

$$1.0\times10^{-7}(mol/L)<[H^+]<6.29\times10^{-4}(mol/L)$$

即

$$3.20<pH<7.00$$

利用分步沉淀原理，可使两种离子分离，而且两种沉淀的溶度积相差越大，分离得越完全。

4. 沉淀的转化

【案例 4－19】 如果在 1.0 L Na_2CO_3 溶液中溶解 0.010 mol $BaSO_4$ 固体，则 Na_2CO_3 溶液的最初浓度不得低于多少摩尔每升？

视频

沉淀的转化

在含有难溶电解质沉淀的溶液中，加入适当试剂，把一种沉淀转化为另一种更为难溶的沉淀的过程，叫做**沉淀的转化**。

例如，为了除去附在锅炉内壁的锅垢（主要成分为难溶于水，也难溶于酸的 $CaSO_4$），可加入 Na_2CO_3 溶液，将 $CaSO_4$ 沉淀转化为疏松且可溶于酸的 $CaCO_3$，其反应方程式为

$$CaSO_4(s)+CO_3^{2-}(aq) \rightleftharpoons CaCO_3(s)+SO_4^{2-}(aq)$$

$$K^{\ominus}=\frac{[SO_4^{2-}]}{[CO_3^{2-}]}=\frac{[SO_4^{2-}]\cdot[Ca^{2+}]}{[CO_3^{2-}]\cdot[Ca^{2+}]}=\frac{K_{sp}^{\ominus}(CaSO_4)}{K_{sp}^{\ominus}(CaCO_3)}$$

$$=\frac{9.1\times10^{-6}}{2.8\times10^{-9}}=3.25\times10^{3}$$

计算表明，上述沉淀转化反应向右进行的趋势较大。

【案例 4－19 解答】 $BaSO_4(s)+CO_3^{2-}(aq) \rightleftharpoons BaCO_3(s)+SO_4^{2-}(aq)$

$$K^{\ominus}=\frac{[SO_4^{2-}]}{[CO_3^{2-}]}=\frac{K_{sp}^{\ominus}(BaSO_4)}{K_{sp}^{\ominus}(BaCO_3)}=\frac{1.1\times10^{-10}}{5.1\times10^{-9}}=0.022$$

$$[CO_3^{2-}]=\frac{[SO_4^{2-}]}{K^{\ominus}}=\frac{0.010}{0.022}=0.45\ (mol/L)$$

Na_2CO_3 溶液的最初浓度：

$$[Na_2CO_3]\geqslant(0.010+0.45)\ mol/L=0.46\ mol/L$$

对于类型相同的难溶电解质，沉淀转化程度的大小取决于两种难溶物质的溶度积的相对大小。溶度积较大的沉淀容易转化为溶度积较小的沉淀；两种沉淀物质的溶度积相差越大，沉淀转化越完全。

实验四　电解质溶液

［实验目的］

1. 掌握同离子效应、盐类的水解作用及影响盐类水解的主要因素。
2. 了解缓冲溶液的缓冲作用原理。
3. 掌握沉淀-溶解平衡，沉淀生成和溶解的条件。

［实验仪器］

试管（若干支）、离心试管、酒精灯、托盘天平、（1 个）、表面皿、烧杯（100 mL）。

［实验试剂］

NH_4Ac(s,0.1 mol/L)、NaCl(饱和,0.1 mol/L)、NH_4Cl(s,0.1 mol/L、1 mol/L)、NaAc(s,0.1 mol/L)、$BiCl_3$(s)、$NaNO_3$(s)、$Fe(NO_3)_3 \cdot 9H_2O$(s)、HCl(2 mol/L、0.1 mol/L、6 mol/L)、HAc(0.1 mol/L、2 mol/L)、HNO_3(2 mol/L)、$NH_3 \cdot H_2O$(2 mol/L)、NaOH(0.1 mol/L、2 mol/L)、$AgNO_3$(0.1 mol/L)、K_2CrO_4(0.1 mol/L)、KI(0.001 mol/L、0.1 mol/L)、$MgCl_2$(0.1 mol/L)、$Pb(NO_3)_2$(0.001 mol/L、0.1 mol/L)、$ZnCl_2$(0.1 mol/L)、Na_2S(0.1 mol/L)、NaF(0.1 mol/L)、$CaCl_2$(0.5 mol/L、0.1 mol/L)、Na_2SO_4(0.5 mol/L)、Na_2CO_3(饱和)、$PbCl_2$(饱和)、$(NH_4)_2C_2O_4$(饱和)、锌粒、pH 试纸、甲基橙(10 g/L 水溶液)、酚酞(0.2%乙醇溶液)。

［实验步骤］

1. 解离平衡

(1) 弱电解质的同离子效应

① 在两支试管中分别加入 1 mL 0.1 mol/L HCl 溶液和 1 mL 0.1 mol/L HAc 溶液,各加 1 滴甲基橙指示剂,比较两支试管中溶液颜色有何不同。

② 在两支试管中,分别加入 2 mL 2 mol/L HCl 溶液和 2 mL 2 mol/L HAc 溶液,再加入一颗锌粒,在酒精灯上微热,比较两支试管中反应现象有什么区别,写出离子方程式。

通过上述试验,说明在相同的条件下醋酸和盐酸的酸性强弱。

③ 在两支试管中各加入 0.1 mol/L HAc 溶液 2 mL,再分别加 1 滴甲基橙,然后在一支试管中加少量固体 NH_4Ac,振荡使其溶解,观察溶液颜色变化,与另一试管进行比较,并解释之。

(2) 盐类的水解

① 用 pH 试纸测定 0.1 mol/L NaCl 溶液、0.1 mol/L NaAc 溶液、0.1 mol/L NH_4Cl 溶液、0.1 mol/L NH_4Ac 溶液的 pH,一并测出蒸馏水的 pH,与自己计算的上述各溶液的 pH 同时填入表 4-7 中。

表 4-7 各溶液的 pH

溶液	NaCl	NaAc	NH_4Cl	NH_4Ac	蒸馏水
pH 计算值					
pH 试纸测定值					

② 在两支试管中各加入 3 mL 蒸馏水,然后分别加入少量固体 $Fe(NO_3)_3 \cdot 9H_2O$、$BiCl_3$(只需绿豆大小),振荡,观察现象,用 pH 试纸分别测定其 pH,并解释之。

保留 NaAc、$Fe(NO_3)_3 \cdot 9H_2O$、$BiCl_3$ 三支试管中的物质。

③ 取上面制得的 NaAc 溶液,加 1 滴酚酞指示剂,加热,观察溶液颜色变化,并解释之。

④ 将制得的 $Fe(NO_3)_3$ 溶液分成三份,第一份留作比较用;第二份中加入 2 mol/L

HNO_3 1～2 滴，观察溶液颜色变化；第三份用小火加热，观察颜色的变化，解释上述现象。

⑤ 在(2)制得的含 BiOCl 白色混浊物的试管中逐滴加入 6 mol/L HCl 溶液，并剧烈振荡，至溶液澄清（HCl 不要太过量）。再加水稀释，有何现象？解释之。由此了解实验室应如何配制 $BiCl_3$、$SnCl_2$ 等易水解盐类的溶液。

(3) 缓冲溶液

在 100 mL 烧杯中加入 0.1 mol/L HAc 溶液和 0.1 mol/L NaAc 溶液各 25 mL，搅拌均匀，用 pH 试纸测定其 pH。加入蒸馏水 50 mL，冲稀一倍，搅匀后再测定其 pH，然后将此溶液分为两等份。一份中加入 0.1 mol/L HCl 溶液 10 滴，搅匀，测定其 pH；另一份中加入 0.1 mol/L NaOH 溶液 10 滴，搅匀，测定其 pH，将结果填入表 4 - 8 中。

表 4 - 8　缓冲溶液的 pH

序号	溶　　液	pH 测定值
1	25 mL 0.1 mol/L HAc 与 25 mL 0.1 mol/L NaAc 混合溶液	
2	将 1 号溶液冲稀一倍	
3	在 2 号溶液中加入 0.5 mL 0.1 mol/L HCl 溶液	
4	在 2 号溶液中加入 0.5 mL 0.1 mol/L NaOH 溶液	

2. 沉淀-溶解平衡

(1) 沉淀的生成

① 在两支试管中各盛蒸馏水 1 mL，分别加入 1 滴 0.1 mol/L $AgNO_3$溶液、0.1 mol/L $Pb(NO_3)_2$溶液，摇匀，然后各加入 0.1 mol/L K_2CrO_4溶液 1 滴，振荡，观察并记录现象，写出反应方程式。

② 取 0.1 mol/L $Pb(NO_3)_2$溶液 5 滴，加入 0.1 mol/L KI 溶液 10 滴，观察并记录现象，写出反应方程式。

另取 0.001 mol/L $Pb(NO_3)_2$溶液 5 滴，加入 0.001 mol/L KI 溶液 10 滴，观察并记录现象，解释之。

③ 在试管中加入 1 mL 饱和 $PbCl_2$溶液，逐滴加入饱和 NaCl 溶液，观察现象，并解释之。

(2) 沉淀的溶解

① 取 0.1 mol/L $MgCl_2$溶液 10 滴，加入 2.0 mol/L 氨水 5～6 滴，观察现象。然后再逐滴加入 1 mol/L NH_4Cl 溶液，观察现象，解释并写出有关反应方程式。

② 在试管中加入饱和$(NH_4)_2C_2O_4$溶液 5 滴和 0.1 mol/L $CaCl_2$溶液 5 滴，观察现象。然后逐滴加入 2 mol/L HCl 溶液，振荡，观察现象，解释并写出有关反应方程式。

③ 试管中盛 2 mL 蒸馏水，加入 0.1 mol/L $Pb(NO_3)_2$溶液 1 滴和 0.1 mol/L KI 溶液 2 滴，振荡试管，观察沉淀的颜色和形状。然后再加少量固体 $NaNO_3$，振荡，观察现象，并解释之。

④ 取 1 mL 0.1 mol/L $AgNO_3$溶液，加入 2 mol/L 氨水 1 滴，观察现象。再继续逐滴加入2 mol/L氨水，观察现象，并解释之。

⑤ 取 0.1 mol/L $ZnCl_2$溶液 10 滴,逐滴加入 2 mol/L NaOH 溶液,观察现象的变化,解释并写出反应方程式。

(3) 分步沉淀

① 在试管中加入 0.1 mol/L $AgNO_3$溶液 2 滴,0.1 mol/L $Pb(NO_3)_2$溶液 1 滴,用 5 mL 水稀释,摇匀,逐滴加入 0.1 mol/L KI,振荡,观察沉淀的颜色和形状。根据沉淀颜色的变化和溶度积规则,判断哪一种难溶物质先沉淀。

② 在试管中加入 0.1 mol/L Na_2S 溶液 2 滴和 0.1 mol/L NaF 溶液 2 滴,稀释至 4 mL,加入 0.1 mol/L $Pb(NO_3)_2$ 2～3 滴,振荡试管,观察沉淀的颜色,待沉淀沉降后,再向清液中逐滴加入 0.1 mol/L $Pb(NO_3)_2$溶液(此时不要振荡试管,以免黑色沉淀泛起),观察沉淀的颜色。

运用溶度积数据和溶度积规则说明上述现象。

(4) 沉淀的转化

在两支试管中各加入 0.5 mol/L $CaCl_2$溶液 10 滴和 0.5 mol/L Na_2SO_4溶液 10 滴,剧烈振荡(或搅拌)以生成沉淀,离心分离,弃去清液。在一支含有沉淀的试管中加入 2 mol/L HCl 溶液 10 滴,观察沉淀是否溶解。在另一支试管中加入 1 mL 饱和 Na_2CO_3 溶液,振荡 2～3 min,使沉淀转化,离心分离,弃去清液。沉淀用蒸馏水洗涤 1～2 次,然后在沉淀中加入 2 mol/L HCl 溶液 10 滴,观察现象。写出有关的反应方程式。

思考与训练

1. 什么是同离子效应?同离子效应对弱酸(或弱碱)的解离平衡有什么影响?如何用实验证明弱碱溶液中的同离子效应?写好实验步骤。
2. 哪些类型的盐会发生水解?NaAc 和 NH_4Cl 溶液的 pH 如何计算?影响盐类水解的因素有哪些?
3. 什么是缓冲溶液?其组成及作用如何?
4. 沉淀生成与溶解的条件是什么?
5. 沉淀转化的条件是什么?其转化平衡常数与溶度积常数有何关系?
6. 分步沉淀的原理是什么?分步沉淀有何应用?

本 章 小 结

一、弱电解质的解离平衡

(一) 一元弱电解质的解离常数

在一定条件下,当弱电解质的分子解离为离子的速率与离子结合成分子的速率相等时,未解离的分子与离子间就建立起动态平衡,这种平衡称为弱电解质的解离平衡。

在一定温度下,每种弱电解质都有其确定的解离常数值,解离常数的大小表示弱电解质的解离趋势,其值越大,解离趋势越大。

(二) 影响解离平衡的因素

1. 温度

2. 同离子效应

在弱电解质的溶液中,加入含有相同离子的易溶强电解质,使弱电解质解离度降低的现象叫做同离子效应。

3. 盐效应

溶液中存在着非共同离子的强电解质盐类,而引起弱电解质的解离度增大的现象,称为盐效应。

同离子效应远大于盐效应。

(三) 多元弱酸、弱碱的解离平衡

多元弱酸(或多元弱碱)在水溶液中的解离是分步进行的,每步只能给出(或接受)一个质子。

二、水的解离和溶液的 pH

(一) 水的解离平衡

在一定温度下,纯水中 H^+ 浓度与 OH^- 浓度的乘积是一个常数,称为水的解离常数,简称为水的离子积,$K_w=1.0\times10^{-14}$。

(二) 溶液的酸碱性

在化学上采用 H^+ 浓度的负对数所得的值来表示溶液的酸、碱性,该值记为 pH。pH 越小,表示溶液中 H^+ 浓度越大,溶液的酸性越强;pH 越大,表示溶液中 H^+ 浓度越小,而 OH^- 浓度越大,溶液的碱性越强。

$$pH=-\lg[H^+],pH+pOH=pK_w^{\ominus}=14$$

在常温下,中性溶液 pH=7;酸性溶液 pH<7;碱性溶液 pH>7。

(三) 酸碱指示剂

借助于颜色的改变来指示溶液的酸碱性的物质叫做酸碱指示剂。酸碱指示剂通常是有机弱酸或弱碱,当溶液的 pH 改变时,其本身结构发生变化而引起颜色改变。肉眼能观察到指示剂发生颜色变化的 pH 范围称为指示剂的变色范围。测定溶液 pH 的方法很多,常用的有酸碱指示剂、pH 试纸及 pH 计(酸度计)。

三、缓冲溶液

能够抵抗外加少量强酸、强碱或稍加稀释,其自身的 pH 不发生显著变化的性质,称为缓冲作用。具有缓冲作用的溶液称为缓冲溶液。

常用的缓冲溶液主要有两类:一类是由浓度较大的弱酸及其盐或弱碱及其盐所组成,如 HAc-NaAc、NH_3-NH_4Cl 等。另一类是由高浓度的强酸(pH<2)或强碱溶液(pH>12)组成,多元酸的两性物质也可组成缓冲溶液,如 H_3PO_4-NaH_2PO_4。

缓冲溶液的缓冲能力是有限的,当外加强酸或强碱量较多时,大部分共轭碱或共轭酸就会被消耗掉,缓冲溶液就失去了维持溶液 pH 稳定的作用。

四、盐类的水解

盐类的离子与溶液中水解离出的 H^+ 或 OH^- 作用生成弱电解质的反应,叫做盐类的水解。弱酸强碱盐水解呈碱性,弱碱强酸盐水解呈酸性,弱酸弱碱盐的水解结果要根据弱酸、弱碱的解离常数决定,强酸强碱盐不水解呈中性。

盐类的水解受到盐的本性、溶液的温度、溶液的浓度、溶液的酸碱度的影响。

五、难溶电解质的沉淀-溶解平衡

在一定温度下,将难溶电解质晶体放入水中,发生溶解和沉淀两个过程。经过一定的时间,溶解和沉淀速率相等时,就建立了一种多相离子平衡,即为沉淀-溶解平衡,此时的溶液为饱和溶液。沉淀-溶解平衡是一种动态平衡,即固体在不断溶解,沉淀也在不断生成。

运用溶度积规则可以判断沉淀的生成和溶解能否发生。

$Q=K_{sp}^{\ominus}$,溶液为饱和溶液,溶液中的离子和沉淀之间处于平衡状态。

$Q<K_{sp}^{\ominus}$,溶液为不饱和溶液,无沉淀析出。若原来系统中有沉淀存在,反应向沉淀溶解的方向进行,直至饱和析出沉淀为止。

$Q>K_{sp}^{\ominus}$,溶液为过饱和溶液,反应向生成沉淀的方向进行,直至溶液饱和为止。

在实际工作中,溶液中往往会同时含有多种离子,当加入某种沉淀剂时,这些离子发生先后沉淀的现象,称为分步沉淀。利用分步沉淀原理,可使几种离子分离。

加入适当试剂，把一种沉淀转化为另一种更为难溶的沉淀的过程，叫做沉淀的转化。对于类型相同的难溶电解质，溶度积较大的沉淀容易转化为溶度积较小的沉淀，两种沉淀物质的溶度积相差越大，沉淀转化越完全。

思考与练习题

思考与练习题答案

1. 在 0.010 mol/L $Ca(OH)_2$ 溶液中，$c(OH^-)$＝________ mol/L，pOH＝________，$c(H^+)$＝________ mol/L，pH＝________。

2. 正常人的胃液的 pH＝1.40，其中 $c(H^+)$＝________ mol/L；婴儿胃液的 pH＝5.00，其中 $c(H^+)$＝________ mol/L。

3. 某二元弱酸 H_2A 的第一级解离反应式为________________，相应的解离常数表达式 $K_{a1}^{\ominus}$＝________________，第二级解离反应式为________________，第二级解离常数表达式 $K_{a2}^{\ominus}$＝________________。

4. 盐类的水解反应是________反应的逆反应，前者是________热反应。温度升高，标准水解常数 $K_h^{\ominus}$ 变________，水解度________。

5. 在氨水中加入 NH_4Cl，会使 $NH_3 \cdot H_2O$ 的解离度变________，pH ________。若在氨水中加入 NaOH，则会使 $NH_3 \cdot H_2O$ 的解离度变________，pH ________。

6. 要配制 pH＝6.00 的缓冲溶液，NaAc 与 HAc 的物质的量之比应是________。要配制 pH＝4.20 的缓冲溶液，NaAc 与 HAc 的物质的量之比应是________。

7. 已知 313K 时，水的 $K_w^{\ominus}=3.8\times10^{-14}$，此时 $c(H^+)=1.0\times10^{-7}$ mol/L 的溶液是(　　)。

A. 酸性　　B. 中性　　C. 碱性　　D. 缓冲溶液

8. 使用 pH 试纸检验溶液的 pH 时，正确的操作是(　　)。

A. 把试纸的一端浸入溶液中，观察其颜色的变化

B. 把试纸丢入溶液中，观察其颜色的变化

C. 将试纸放在点滴板(或表面皿)上，用干净的玻璃棒蘸取待测溶液涂在试纸上，0.5 min 后与标准比色卡进行比较

D. 用干净的玻璃棒蘸取待测溶液涂在用水润湿的试纸上，0.5 min 后与标准比色卡进行比较

9. 1.0×10^{-10} mol/L HCl 和 1.0×10^{-10} mol/L HAc 两溶液中 $c(H^+)$相比，其结果是(　　)。

A. HCl 的远大于 HAc 的　　B. 两者相近

C. HCl 的远小于 HAc 的　　D. 无法估计

10. 已知浓度为 0.010 mol/L 的某一元弱酸溶液的 pH 为 5.50，则该酸的 $K_a^{\ominus}$ 为(　　)。

A. 1.0×10^{-10}　　B. 1.0×10^{-9}　　C. 1.0×10^{-8}　　D. 1.0×10^{-3}

11. 弱酸的标准解离常数与下列因素有关的是(　　)。

A. 溶液浓度　　B. 弱酸的解离度

C. 溶液的浓度和温度　　D. 酸的性质和溶液温度

12. 将 H_2S 气体通入水中得到的溶液，下列关系式正确的是(　　)。

A. $c(S^{2-})=c(H^+)$　　B. $c(S^{2-})=2c(H^+)$

C. $c(S^{2-})\ll c(H^+)$　　D. $c(S^{2-})=\frac{1}{2}c(H^+)$

13. 欲降低 H_3PO_4 的解离度，可加入(　　)。

A. NaOH　　B. NaCl　　C. NaH_2PO_4　　D. H_2O

14. 下列溶液浓度均为 0.10 mol/L，其中 pH 最小的是(　　)。

A. KNO_3　　B. KCN　　C. $AlCl_3$　　D. NaAc

15. 配制下列盐溶液，不需要将盐先溶于浓 HCl 的是(　　)。

A. $FeCl_3$　　B. $BaCl_2$　　C. $SbCl_3$　　D. $BiCl_3$

16. 下列各溶液浓度相同，其 pH 由大到小排列次序正确的是(　　)。

A. HAc，(HAc+NaAc)，NH_4Ac，NaAc

B. NaAc，(HAc+NaAc)，NH_4Ac，HAc

C. NH_4Ac，NaAc，(HAc+NaAc)，HAc

D. NaAc，NH_4Ac，(HAc+NaAc)，HAc

17. 某难溶电解质的溶解度 s 和 K_{sp} 的关系是 $K_{sp}=4s^3$，它的分子式可能是(　　)。

A. AB　　B. A_2B_3　　C. A_3B_2　　D. A_2B

18. 下列原因可使沉淀的溶解度减小的是(　　)。

A. 酸效应　　B. 盐效应　　C. 同离子效应　　D. 配位效应

19. 回答下列问题：

(1) 为什么 Al_2S_3 在水溶液中不能存在？

(2) 配制 $FeCl_3$ 溶液为什么不能用蒸馏水而要用盐酸？

(3) 为什么 $Al_2(SO_4)_3$ 溶液和 Na_2CO_3 溶液混合立即产生 CO_2 气体？

20. 只用 pH=0.70 的 HCl 溶液和 pH=13.60 的 NaOH 溶液制备 100 mL pH=12.00 的溶液，试计算每种溶液各需多少毫升。

21. 食用白醋(醋酸)溶液，其 pH 为 2.45，密度为 1.09 g/mL。计算白醋中 HAc 的质量分数。

22. 计算 0.10 mol/L NaOH 溶液与 0.10 mol/L HAc 溶液等体积混合后溶液的 pH。

23. 现有 100 mL 溶液，其中含有 0.001 mol 的 NaCl 和 0.001 mol 的 K_2CrO_4。当逐滴加入 $AgNO_3$ 溶液时，产生沉淀的次序如何？

第五章　氧化还原反应

学习目标

知识目标

1. 了解氧化数、氧化还原反应、氧化、还原、氧化剂、还原剂、电极电势的基本概念。
2. 掌握氧化还原反应的配平方法。
3. 掌握原电池组成及原理，掌握能斯特方程的计算。
4. 掌握电极电势的应用。

能力目标

1. 学会根据氧化数的变化判断氧化、还原、氧化剂、还原剂。
2. 能判断氧化剂和还原剂相对强弱、氧化还原反应的方向、氧化还原反应进行的程度。
3. 能够正确分析影响电极电势的因素。

第一节　氧化还原反应的基本概念

根据原子结构、分子结构理论，氧化还原反应是由于电子的转移或偏移产生的，凡有电子转移或偏移的化学反应就叫做**氧化还原反应**。为了简便并且统一表述氧化还原反应中电子的转移或偏移，1970 年，国际纯粹与应用化学联合会(IUPAC)规定了氧化数的概念，用有无氧化数的变化来阐明氧化还原反应。

一、氧化数

【案例 5-1】 (1) 试求 Pb_3O_4 中 Pb 的氧化数。(2) 试求 $KMnO_4$ 中 Mn 的氧化数。

氧化数又叫做**氧化值**，是某元素一个原子的荷电荷数，这种荷电荷数由假设把每一个化学键中的电子指定给电负性大的原子而求得。简单地说，氧化数就是指在物质中，组成元素的原子所带的形式电荷数，即元素在单质和化合物中的表观氧化数。原子相互化合时，若原子失去电子或电子发生偏离，则规定该原子具有正氧化数。若原子得到电子或有电子偏近，则规定该原子具有负氧化数。

(1) 单质中元素的氧化数为零。如白磷 P_4、N_2、Cu、Zn 等。

(2) 在一般化合物中 H 的氧化数为＋1，O 的氧化数为－2。金属氢化物中 H 的氧化数为－1，如 NaH、CaH_2；过氧化物中 O 的氧化数为－1，如 H_2O_2；超氧化物中 O 的氧化数为－(1/2)，如 KO_2；在 OF_2 中 O 的氧化数为＋2。

(3) 在共价化合物中电负性大的元素氧化数为负值，电负性小的元素氧化数为正值，其组成元素原子的氧化数的代数和为零。

(4) 对于离子而言，单原子离子的氧化数等于它所带的电荷数；多原子离子中，其组成元素的原子氧化数的代数和等于该离子所带的电荷数。

根据以上规则可以求出不同化合物中组成元素的原子的氧化数。例如，$K_2Cr_2O_7$ 中 Cr 的氧化数为＋6，Fe_3O_4 中 Fe 的氧化数为＋(8/3)。

【案例 5-1 解答】 (1) 设 Pb 的氧化数为 x，已知 O 的氧化数为－2，则

$$3x+4\times(-2)=0$$

$$x=+\frac{8}{3}$$

(2) 设 Mn 的氧化数为 x，已知 O 的氧化数为－2，$KMnO_4$ 中钾元素为 K^+ 形式，其氧化数等于其离子电荷＋1。

$$(+1)+x+4\times(-2)=0$$

$$x=+7$$

二、氧化与还原，氧化剂与还原剂

在化学反应中元素的氧化数有所改变的反应称为**氧化还原反应**。氧化数升高(失去电子)的过程称为**氧化**，氧化数降低(得到电子)的过程称为**还原**，氧化与还原必然同时发生。

氧化数降低(得到电子)的物质称为**氧化剂**,氧化数升高(失去电子)的物质称为**还原剂**。

三、氧化还原电对

在氧化还原反应中,某氧化态(型)物质氧化数降低后变成共轭的还原态(型)物质,或某还原态(型)物质氧化数升高后变成共轭的氧化态(型)物质,氧化态(型)物质与共轭的还原态(型)物质,称为氧化还原电对(氧化还原半反应)。半反应式可表示为

$$\text{氧化态}+ne^- \rightleftharpoons \text{还原态} \quad \text{或} \quad Ox+ne^- \rightleftharpoons Red$$

动画

氧化还原电对

氧化还原反应是两个半反应之和。如两个半反应为

$$Fe \rightleftharpoons Fe^{2+}+2e^-$$

$$Cu^{2+}+2e^- \rightleftharpoons Cu$$

氧化还原反应为

$$Fe+Cu^{2+} \Longleftrightarrow Fe^{2+}+Cu$$

书写电对时,氧化态物质(电对中氧化数较大)写在左侧,还原态物质(电对中氧化数较小)写在右侧,中间用"/"隔开。如上述反应中的铜电对可表示为 Cu^{2+}/Cu。

氧化还原电对在反应过程中,如果氧化态(型)物质氧化数降低的趋势越大,它的氧化能力就越强,则其共轭还原态(型)物质氧化值升高的趋势就越小,还原能力就越弱。同理,还原态(型)物质还原能力越强,则其共轭氧化态(型)物质氧化能力就越弱。

四、氧化还原反应方程式的配平

氧化还原反应方程式配平的一般原则是:氧化剂氧化数降低总数(得电子总数),一定等于还原剂氧化数升高总数(失电子总数);反应前后,其组成元素的原子个数相等。

氧化还原反应方程式的配平,主要有**氧化数法**和**离子-电子法**。

(一) 氧化数法

【案例 5-2】 用氧化数法配平下列反应:

$$S+HNO_3 \longrightarrow SO_2+NO+H_2O$$

(1) 写出未配平的反应方程式。

(2) 标出被氧化和被还原元素反应前后的氧化数。

(3) 确定被氧化元素原子氧化数的升高值和被还原元素原子氧化数的降低值。按最小公倍数即"氧化剂氧化数降低总和等于还原剂氧化数升高总和"原则。在氧化剂和还原剂分子式前面乘上恰当的系数,使参加氧化还原反应的原子数相等。

若反应中有几种氧化剂或还原剂,则要把它们的氧化数升、降总数加在一起,再配平。

(4) 用观察法配平氧化数未改变的元素原子数目。配平方程式中两边的 H 和 O 的个数。根据介质不同,在酸性介质中 O 多的一边加 H^+,O 少的一边加 H_2O,在碱性介质中,O 多的一边加 H_2O,O 少的一边加 OH^-。在中性介质中,一边加 H_2O,另一边加 H^+ 或 OH^-。

(5) 检查方程式两边是否质量平衡、电荷平衡。

对于歧化反应配平时要首先把歧化反应物写成两个之后，再找氧化剂、还原剂。

【案例 5-2 解答】 (1) 写出未配平的方程式：

$$S + HNO_3 \longrightarrow SO_2 + NO + H_2O$$

(2) 标出氧化数发生变化的各元素原子的氧化数：

$$\overset{0}{S} + H\overset{+5}{N}O_3 \longrightarrow \overset{+4}{S}O_2 + \overset{+2}{N}O + H_2O$$

(3) 各元素原子氧化数的变化值乘以相应系数(通过氧化数升高和降低的最小公倍数求出)，使其符合第一条原则。

$$\overset{0}{S} \longrightarrow \overset{+4}{S} \quad 氧化数升高(4-0) \qquad \times 3$$

$$\overset{+5}{N} \longrightarrow \overset{+2}{N} \quad 氧化数降低(5-2) \qquad \times 4$$

(4) 观察法配平氧化数未改变的元素原子数目，则得

$$3S + 4HNO_3 = 3SO_2 + 4NO + 2H_2O$$

练一练

配平 $KMnO_4 + HCl \longrightarrow MnCl_2 + Cl_2 + KCl + H_2O$

(二) 离子-电子法

【案例 5-3】 用离子-电子法配平高锰酸钾和亚硫酸钾在稀硫酸溶液中的反应方程式。

(1) 先将反应物的氧化还原产物以离子形式写出(气体、纯液体、固体和弱电解质则写分子式)。

(2) 把总反应式分解为两个半反应：还原反应和氧化反应。

(3) 将两个半反应式配平，使半反应式两边的原子数和电荷数相等。

氧化还原反应通常在一定的酸、碱介质中进行，对于半反应配平时，有下面的规律(这些规律也适用于氧化数法)，如表 5-1 所示。

表 5-1 配平规律

酸性介质	碱性介质	中性介质
① 左侧多氧 $+H^+ \longrightarrow H_2O$	① 左侧多氧 $+H_2O \longrightarrow OH^-$	① 左侧多氧 $+H_2O \longrightarrow OH^-$
② 左侧少氧 $+H_2O \longrightarrow H^+$	② 左侧少氧(或多氢) $+OH^- \longrightarrow H_2O$	② 左侧少氧 $+H_2O \longrightarrow H^+$

(4) 用适当的系数乘以两个半反应式，然后将两个半反应方程式相加、整理，即得配平的离子反应方程式。

(5) 需要时将配平的离子方程式改写成分子反应式。

【案例 5-3 解答】 (1) 该反应的离子反应式为

$$MnO_4^- + SO_3^{2-} \longrightarrow Mn^{2+} + SO_4^{2-}$$

(2) 将上面的离子反应式写成氧化和还原半反应式：

还原半反应：　$MnO_4^- \longrightarrow Mn^{2+}$

氧化半反应：　$SO_3^{2-} \longrightarrow SO_4^{2-}$

(3) 将两个半反应式配平，使半反应式两边的原子数和电荷数相等。首先配平原子数，然后在半反应式的左边或右边加上适当的电子数来配平电荷数。则

还原半反应：　$MnO_4^- + 8H^+ + 5e^- \longrightarrow Mn^{2+} + 4H_2O$

氧化半反应：　$SO_3^{2-} + H_2O \longrightarrow SO_4^{2-} + 2H^+ + 2e^-$

(4) 用适当的系数乘以两个半反应式，使两个半反应两边所加电子数相等，然后将两个半反应方程式相加、整理，即得配平的离子反应方程式。

$$
\begin{array}{rl}
 & MnO_4^- + 8H^+ + 5e^- = Mn^{2+} + 4H_2O \quad | \times 2 \\
+ & SO_3^{2-} + H_2O = SO_4^{2-} + 2H^+ + 2e^- \quad | \times 5 \\
\hline
 & 2MnO_4^- + 5SO_3^{2-} + 6H^+ = 2Mn^{2+} + 5SO_4^{2-} + 3H_2O
\end{array}
$$

(5) 将配平的离子方程式改写成分子反应式。

$$2KMnO_4 + 5K_2SO_3 + 3H_2SO_4 = 2MnSO_4 + 6K_2SO_4 + 3H_2O$$

练一练

配平 $Cr_2O_7^{2-} + I^- + H^+ \longrightarrow Cr^{3+} + I_2 + H_2O$

动画

原电池

第二节　原电池和电极电势

一、原电池

（一）原电池的组成

做一做

将 Zn 片放在 $CuSO_4$ 溶液中，Zn 片会慢慢溶解，并且在其表面沉积出一层红色 Cu。显然发生了如下反应：

$$Zn + Cu^{2+} = Zn^{2+} + Cu$$

在该氧化还原反应中，电子从 Zn 向 Cu^{2+} 转移，但由于电子流动是无秩序的，反应中的化学能转变成热能。

【案例 5-4】 写出铜锌原电池的电池符号。

若设计一种装置让电子转移变成电子的定向移动，这就是**原电池**。原电池将化学能转变成电能，通过氧化还原反应产生电流，从而证明氧化还原反应中确有电子转移。

如图 5-1 所示。将 Zn 片及 $ZnSO_4$ 溶液，Cu 片及 $CuSO_4$ 溶液分开，形成锌半电池、铜半电池（也称为锌电极、铜电极），并用盐桥相连，外电路用导线接通，则构成铜锌（Cu-Zn）原电池，产生电流的大小、方向可通过检流计检测得到。

1. 盐桥

盐桥通常由饱和 KCl 溶液和琼脂（含水丰富的一种植物胶，无定形固体，可溶于热

水,起固定溶液的作用)溶液装入U形管后经冷冻制成,盐桥起到沟通两个半电池、保持电荷平衡、使反应继续进行的作用。因为Zn片上的Zn给出电子转变为Zn^{2+}进入$ZnSO_4$溶液的一瞬间,使溶液中的Zn^{2+}增加,正电荷过剩。同时,$CuSO_4$溶液中的Cu^{2+}通过导线获得电子,变成Cu析出一瞬间造成$CuSO_4$溶液中的Cu^{2+}减少,SO_4^{2-}相对增加,负电荷过剩,从而阻止反应继续进行。两个半电池用盐桥沟通后,盐桥中的正、负离子会向两个半电池扩散。盐桥中的Cl^-较快地向Zn半电池扩散而K^+则较快地向Cu半电池扩散(当然少量的SO_4^{2-}和Zn^{2+}、Cu^{2+}也可以通过盐桥分别向锌盐溶液和铜盐溶液移动)。这样可以保持溶液中的电荷平衡,从而使电流继续产生,反应持续进行。

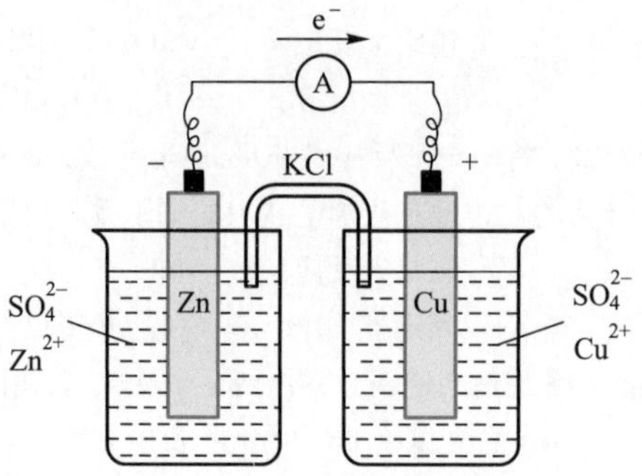

图5-1 铜锌原电池

2. 电极反应

锌电极　　氧化反应 $Zn \rightleftharpoons Zn^{2+} + 2e^-$

铜电极　　还原反应 $Cu^{2+} + 2e^- \rightleftharpoons Cu$

电池反应　　氧化还原反应 $Zn + Cu^{2+} = Zn^{2+} + Cu$

3. 原电池符号

动画

铜锌原电池

负极写在左边,正极写在右边,电极材料分别写在左右两边的最外侧,并以“+”“-”号标明正负极,电解质溶液写在中间。单垂线“|”表示界面,分开每个半电池中不同的物相,相同物相间用逗号隔开。双虚垂线“┆┆”表示盐桥,分开正负极。注明电池中的物质及其状态,聚集状态(s、l、g)、组成(活度a或浓度c)、温度与压力(298.15 K,$p^\ominus$常可省略)。

从理论上说,任何氧化还原反应都可以设计成一定的原电池证明有电子转移发生,然而实际操作有时会发生困难,特别是那些比较复杂的反应。

【案例5-4解答】 (-)Zn(s) | $ZnSO_4(c_1)$ ┆┆ $CuSO_4(c_2)$ | Cu(s)(+)

练一练

设计一个原电池,使其发生如下反应:

$$2MnO_4^- + 10Cl^- + 16H^+ = 2Mn^{2+} + 5Cl_2 + 8H_2O$$

(二) 电极的类型

电极是电池的基本组成部分,众多的氧化还原反应对应着各种各样的电极。

1. 金属-金属离子电极

金属-金属离子电极是金属置于含有同一种金属离子的盐溶液中所构成的,如Zn^{2+}/Zn电对所组成的电极,电极反应为

$$Zn^{2+} + 2e^- \rightleftharpoons Zn$$

电池符号Zn|Zn^{2+}。

2. 气体-离子电极

气体-离子电极是气体与其饱和的离子溶液及惰性电极材料组成的，惰性电极一般对所接触的气体和溶液不起作用，但它能催化气体电极反应的进行。常用的固体导电体是铂和石墨，如 $O_2|OH^-$ 电对所组成的电极，电极反应为

$$O_2+2H_2O+4e^- \rightleftharpoons 4OH^-$$

电池符号 $Pt|O_2|OH^-$。

3. 氧化还原电极

氧化还原电极是将惰性导电材料放在一种溶液中，这种溶液含有同一元素不同氧化数的两种离子，如 $Cr_2O_7^{2-}|Cr^{3+}$ 电对所组成的电极，电极反应为

$$Cr_2O_7^{2-}+14H^++6e^- \rightleftharpoons 2Cr^{3+}+7H_2O$$

电池符号 $Pt|Cr_2O_7^{2-}(c_1),Cr^{3+}(c_2),H^+(c_3)$。

4. 金属-金属难溶盐电极

金属-金属难溶盐电极是将金属表面涂以该金属的难溶盐（或氧化物），然后将它浸在与该盐具有相同阴离子的溶液中，如银一氯化银电极等，电极反应为

$$AgCl+e^- \rightleftharpoons Ag+Cl^-$$

电池符号 $Ag(s),\ AgCl(s)|Cl^-(c)$。

实验室中常用的甘汞电极，就是这一类电极。

（三）原电池的电动势

当原电池的两极用导线连接时就会有电流通过，说明两极间存在电势差，用电位计所测得的正极与负极间的电势差就是原电池的电动势，电动势用符号 E 表示。为了比较各种原电池电动势的大小，通常在标准状态下测定，所得电动势为标准电动势，标准电动势用 $E^\ominus$ 表示，$E^\ominus=\varphi_+^\ominus-\varphi_-^\ominus$。

二、电极电势

（一）标准电极电势

当把金属放入含有该金属离子的盐溶液中时，有两种逆向的反应倾向存在。一方面，金属表面的金属离子和溶液中的极性水分子互相吸引，有脱离金属晶格，以水合离子形式进入溶液中的倾向 $M(金属) \rightleftharpoons M^{n+}(aq)+ne^-$，金属越活泼，溶液越稀，这种倾向越大。另一方面，盐溶液中的金属水合离子又有从金属表面获得电子而沉积到金属表面上的倾向 $M^{n+}(aq)+ne^- \rightleftharpoons M(金属)$，金属越不活泼，溶液越浓，这种倾向越大。

把金属放入给定浓度的含有该金属离子的盐溶液系统，金属上的自由电子和溶液中的正离子由于静电吸引而聚集在固一液界面附近，于是在金属表面与靠近的薄层溶液之间便形成了类似于电容器一样的双电层，如图 5-2 所示。由于双电层的形成，在金属和其盐溶液之间产生了平衡电势差，称为金属的电极电势。

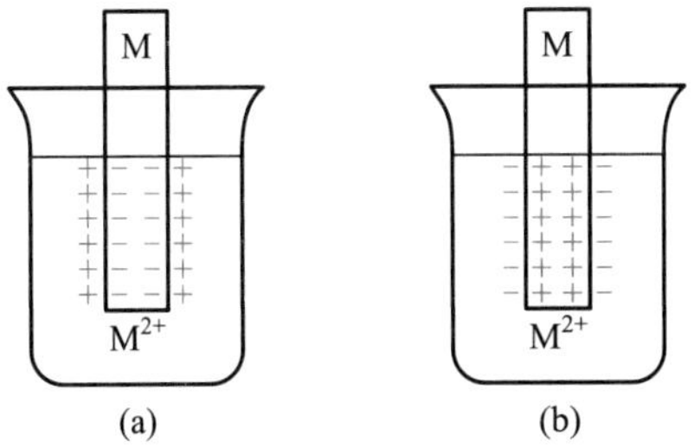

图 5-2　金属的电极电势

不同金属的电极电势不同。当外界条件一定时，电极电势的大小取决于电极的本性。电极电势的绝对值无法测量，只能选定某种电极作为

标准，其他电极与之比较，求得电极电势的相对值，通常所说的某电极的“电极电势”就是相对电极电势。

1. 标准氢电极

所谓标准状态是指组成电极的离子浓度为 1 mol/L，气体的分压为 100 kPa，纯液体和纯固体的状态。通常选择温度为 298.15 K，标准电极电势以符号 $\varphi^{\ominus}$ 表示。

动画

标准氢电极

将铂片表面镀上一层多孔的铂黑即细粉状的铂(铂对氢气的吸附能力特别强)，放入氢离子浓度(严格讲应为活度)为 1 mol/L 酸溶液中(如硫酸)，在 298.15 K 下不断通入压力为 100 kPa 的纯氢气流，使铂黑电极上吸附的氢气达到饱和，这就构成了标准氢电极(图 5-3)。氢电极可表示为

$$\mathrm{Pt(s)\mid H_2}(p^{\ominus})\mid \mathrm{H^+}(c)$$

这时，H_2 与溶液中的 H^+ 建立了动态平衡：

$$2\mathrm{H^+}+2\mathrm{e^-}\rightleftharpoons \mathrm{H_2}$$

此系统产生的平衡电势差称为标准氢电极的电极电势，其数值规定为零，以此作为电极电势的参考标准。

2. 标准电极电势

用标准氢电极与其他各种标准状态下的电极组成原电池，根据检流计指针偏转方向确定原电池的正负极，然后用电位计测定原电池的电动势，进而算出被测电极的标准电极电势。

例如，测定锌电极的标准电极电势，将纯 Zn 片放在 1 mol/L $ZnSO_4$ 溶液中，把它和标准氢电极用盐桥连接起来组成一个原电池，如图 5-4 所示。

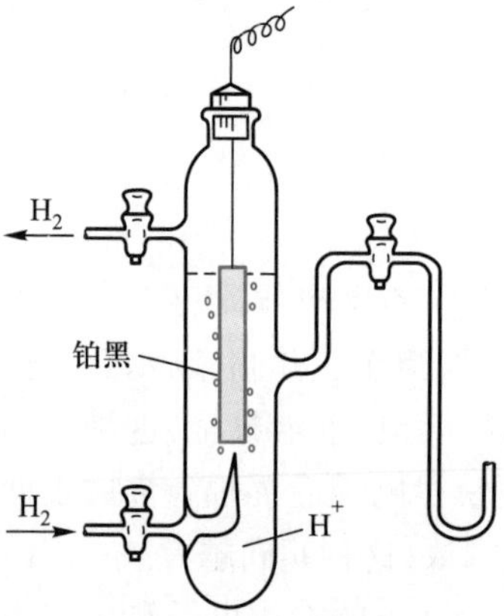

图 5-3 标准氢电极

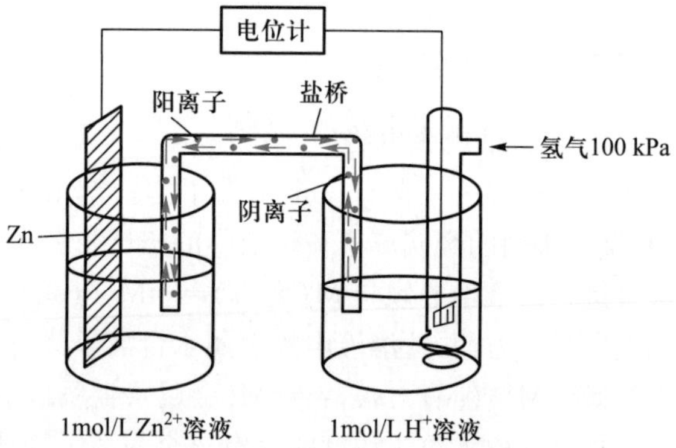

图 5-4 标准电极电势

根据检流计指针偏转方向得知，电流从氢电极流向锌电极(电子由锌电极流向氢电极)，因此氢电极为正极，锌电极为负极。

原电池符号：　$(-)\mathrm{Zn}\mid \mathrm{Zn^{2+}}(1\ \mathrm{mol/L})\ \vdots\vdots\ \mathrm{H^+}(1\ \mathrm{mol/L})\mid \mathrm{H_2}(100\mathrm{kPa})\mid \mathrm{Pt}(+)$

电池反应：　$\mathrm{Zn}+2\mathrm{H^+}=\!=\!=\mathrm{Zn^{2+}}+\mathrm{H_2}\uparrow$

在 298.15 K 由电位计测得该电池的电动势 $E^{\ominus}=0.763$ V，则 $\varphi^{\ominus}(\mathrm{Zn^{2+}/Zn})$ 为

$$E^{\ominus}=\varphi_{+}^{\ominus}-\varphi_{-}^{\ominus}=\varphi^{\ominus}(\mathrm{H^+/H_2})-\varphi^{\ominus}(\mathrm{Zn^{2+}/Zn})$$

$$0.763\ \text{V} = 0 - \varphi^{\ominus}(Zn^{2+}/Zn)$$

$$\varphi^{\ominus}(Zn^{2+}/Zn) = -0.763\ \text{V}$$

动画

标准电极电势的测定

以同样的方法可测定其他各种电极的电极电势。把所测得的一系列电对的标准电极电势汇列成表，就得到标准电极电势表。

(1) 标准电极电势是表示在标准状态下某电极的电极电势。非标准状态下，不可直接应用，可通过下面介绍的能斯特方程进行计算。

(2) 同一种物质在某一电对中是氧化型，在另一电对中也可以是还原型。查标准电极电势值时应特别注意。

例如，Fe^{2+} 在 $Fe^{2+} + 2e^- \rightleftharpoons Fe$ 中是氧化型，在 $Fe^{3+} + e^- \rightleftharpoons Fe^{2+}$ 中是还原型，所以在讨论与 Fe^{2+} 有关的氧化还原反应时，应分清 Fe^{2+} 是还原型还是氧化型。在不同的情况下，对应的电极反应不同，标准电极电势值也不同。

(3) 同一电对在不同的介质中电极电势的值不同，甚至存在形态也不相同。

(4) 标准电极电势是电对的强度性质，与电极反应式中的化学计量数无关。

例如，$Cl_2(g) + 2e^- \rightleftharpoons 2Cl^-$ $\varphi^{\ominus}$ 值为 1.36 V，也可以书写为 $(1/2)Cl_2(g) + e^- \rightleftharpoons Cl^-$，其 $\varphi^{\ominus}$ 值(1.36 V)不变。

(5) 标准电极电势值的大小标志着组成该电极的氧化型物种的氧化能力和还原型物种的还原能力的强弱，数值越大，表示氧化型物种的氧化能力越强，还原型物种的还原能力越弱。

(6) 电极电势与反应速率无关，仅适用于水溶液，对非水溶液、固相反应并不适用。

3. 能斯特方程

【案例 5-5】 写出下列电极反应在 298.15 K 时的能斯特方程。

(1) $MnO_4^- + 5e^- + 8H^+ \rightleftharpoons Mn^{2+} + 4H_2O$

(2) $Cl_2 + 2e^- \rightleftharpoons 2Cl^-$

电极电势的大小，不仅取决于电极的性质，还与温度和溶液中离子的浓度、气体的分压有关，德国化学家能斯特(W.H.Nernst)首先推导出电极电势与浓度之间的关系，称为能斯特方程。

$$b\ \text{氧化型} + n e^- \rightleftharpoons a\ \text{还原型}$$

$$\varphi = \varphi^{\ominus} + 2.303\frac{RT}{nF}\lg\frac{[c'(\text{氧化型})]^b}{[c'(\text{还原型})]^a} \qquad (5-1)$$

式中：φ——电对在某一浓度、某一温度时的电极电势；

$\varphi^{\ominus}$——电对的标准电极电势(298.15 K)；

a，b——半反应式中各物质的化学计量数。

当温度为 298.15 K 时，式(5-1)可变为

$$\varphi = \varphi^{\ominus} + \frac{0.0592\ \text{V}}{n}\lg\frac{[c'(\text{氧化型})]^b}{[c'(\text{还原型})]^a} \qquad (5-2)$$

【案例 5-5 解答】

(1) $\varphi(MnO_4^-/Mn^{2+}) = \varphi^{\ominus}(MnO_4^-/Mn^{2+}) + \dfrac{0.0592\ \text{V}}{5}\lg\dfrac{c'(MnO_4^-)\cdot[c'(H^+)]^8}{c'(Mn^{2+})}$

(2) $\varphi(Cl_2/Cl^-) = \varphi^{\ominus}(Cl_2/Cl^-) + \dfrac{0.0592\ \text{V}}{2}\lg\dfrac{p(Cl_2)/p^{\ominus}}{c'(Cl^-)}$

练一练

写出下列电极在 298.15 K 时的能斯特方程：

(1) $Cr_2O_7^{2-}/Cr^{3+}$

(2) O_2/H_2O

（二）影响电极电势的因素

1. 浓度对电极电势的影响

【案例 5-6】 求 298.15 K 下，$c(Zn^{2+})=0.1000$ mol/L 时 $\varphi(Zn^{2+}/Zn)$ 值是多少？已知 $\varphi^{\ominus}(Zn^{2+}/Zn)=-0.763$ V。

根据能斯特方程容易得出，氧化型物质的浓度增大，电极电势数值增大，氧化型物质的氧化能力增强，还原型物质的还原能力减弱。反之，还原型物质的浓度增大，电极电势数值减小，氧化型物质的氧化能力减弱，还原型物质的还原能力增强。

【案例 5-6 解答】 电极反应为

$$Zn^{2+}+2e^{-} \rightleftharpoons Zn$$

$$\begin{aligned}\varphi(Zn^{2+}/Zn)&=\varphi^{\ominus}(Zn^{2+}/Zn)+\frac{0.0592\ V}{2}\lg[c(Zn^{2+})/c^{\ominus}]\\&=-0.763\ V+\frac{0.0592\ V}{2}\lg(0.1000)\\&=-0.793\ V\end{aligned}$$

当 Zn^{2+} 浓度由 1.0 mol/L 减小到 0.1000 mol/L 时，$\varphi(Zn^{2+}/Zn)$ 值仅比 $\varphi^{\ominus}(Zn^{2+}/Zn)$ 值下降了约 0.03 V。

计算结果表明，氧化型物质浓度减小，其电对的电极电势值减小。若还原型物质浓度减小，则其电对的电极电势值会增大。

2. 酸度对电极电势的影响

【案例 5-7】 求 298.15 K 下，将 Pt 片浸入 $c(Cr_2O_7^{2-})=c(Cr^{3+})=1.0$ mol/L，$c(H^+)=10.0$ mol/L的溶液中，此时，$\varphi(Cr_2O_7^{2-}/Cr^{3+})$的值是多少？已知 $\varphi^{\ominus}(Cr_2O_7^{2-}/Cr^{3+})=1.33$ V。

对于有 H^+ 或 OH^- 参加的反应，溶液的酸碱度对电极电势的影响非常明显，溶液的酸度几乎成为控制电对电极电势大小的决定因素（因氢离子浓度的幂指数高）。一般来说，含氧酸盐如 $KMnO_4$、$K_2Cr_2O_7$ 等在强酸性介质中有较强的氧化性。

【案例 5-7 解答】 电极反应为

$$Cr_2O_7^{2-}+14H^{+}+6e^{-} \rightleftharpoons 2Cr^{3+}+7H_2O$$

$$\begin{aligned}\varphi(Cr_2O_7^{2-}/Cr^{3+})&=\varphi^{\ominus}(Cr_2O_7^{2-}/Cr^{3+})+\frac{0.0592\ V}{6}\lg\frac{c'(Cr_2O_7^{2-})\cdot[c(H^{+})]^{14}}{c'(Cr^{3+})^{2}}\\&=1.33\ V+(0.0592\ V/6)\lg[(1.0)(10.0)^{14}/(1.0)^{2}]\\&=1.47\ V\end{aligned}$$

当 H^+ 浓度由 1.0 mol/L 增加到 10.0 mol/L 时，φ 值增大了 0.14 V。

3. 沉淀对电极电势的影响

【案例 5-8】 在含有 Ag^+/Ag 电对的系统中，加入 NaCl 溶液至溶液中 $c(Cl^-)$ 维持在 1.0 mol/L，求此时 $\varphi(Ag^+/Ag)$ 值是多少？已知 $\varphi^\ominus(Ag^+/Ag)=0.799$ V，$K_{sp}^\ominus(AgCl)=1.8\times10^{-10}$。

当向溶液中加入沉淀剂使离子生成沉淀时，会使溶液中游离态的离子浓度减少，从而使电极电势值发生显著改变。

如果电对中的氧化型物质生成沉淀，其氧化型离子的平衡浓度减小，电极电势值降低。沉淀的溶解度越小，电极电势值降得越低。如果电对中还原型物质生成沉淀，其还原型离子的平衡浓度减小，电极电势值增大。沉淀的溶解度越小，电极电势值升得越高。

【案例 5-8 解答】 加入 NaCl 溶液后，存在如下反应：

$$Ag^+(aq)+Cl^-(aq)\rightleftharpoons AgCl(s)$$

$$K_{sp}^\ominus=[c(Ag^+)/c^\ominus]\cdot[c(Cl^-)/c^\ominus]$$

当 $c(Cl^-)=1.0$ mol/L 时，$c(Ag^+)/c^\ominus=1.8\times10^{-10}=K_{sp}^\ominus(AgCl)$。

电极反应为： $Ag^++e^-\rightleftharpoons Ag$

$$\begin{aligned}\varphi(Ag^+/Ag)&=\varphi^\ominus(Ag^+/Ag)+(0.059\,2\text{ V})\lg[c(Ag^+)/c^\ominus]\\&=0.799\text{ V}+(0.059\,2\text{ V})\lg K_{sp}^\ominus(AgCl)\\&=0.22\text{ V}\end{aligned}$$

此时存在另一电极反应 $AgCl(s)+e^-\rightleftharpoons Ag(s)+Cl^-(aq)$，$c(Cl^-)=1.0$ mol/L。故电对 AgCl/Ag 处于标准状态，得 $\varphi(Ag^+/Ag)=\varphi^\ominus(AgCl/Ag)$。

4. 配合物对电极电势的影响

在溶液中当存在与金属离子形成配合物的配体时，会使该金属容易失去电子(即电极电势值变小)。同一金属元素如果具有两种氧化数，当它们分别与同一配体组成配位数相同的配离子时，由于配离子的稳定常数不同，电极电势也将发生变化。

若电对的氧化型物质浓度因为生成配合物而变小，则 φ 变小。若电对的还原型物质浓度因为生成配合物而变小，则 φ 变大。

(三) 电极电势的应用

1. 电池标准电动势的计算

【案例 5-9】 根据下列氧化还原反应：

$$Sn+Pb^{2+}=\!=\!=Sn^{2+}+Pb$$

计算在(1) 标准状态及(2) $c(Pb^{2+})=0.001\,0$ mol/L，$c(Sn^{2+})=1.0$ mol/L 时原电池的电动势，并写出所组成的原电池符号。

若两电极的各物质均处于标准状态，则其电动势为电池的标准电动势：

$$E^\ominus=\varphi_+^\ominus-\varphi_-^\ominus \tag{5-3}$$

【案例 5-9 解答】 (1) 在标准状态时，$\varphi^\ominus(Sn^{2+}/Sn)=-0.136$ V；$\varphi^\ominus(Pb^{2+}/Pb)=-0.126$ V，因为 $\varphi^\ominus(Pb^{2+}/Pb)>\varphi^\ominus(Sn^{2+}/Sn)$，所以 Pb^{2+}/Pb 为正极，Sn^{2+}/Sn 为负极，有

$$E^\ominus=\varphi^\ominus(Pb^{2+}/Pb)-\varphi^\ominus(Sn^{2+}/Sn)=-0.126\text{ V}-(-0.136\text{ V})=0.010\text{ V}$$

标准状态的原电池符号为

$$(-)Sn|Sn^{2+}(c^{\ominus}) \vdots\vdots Pb^{2+}(c^{\ominus})|Pb(+)$$

(2) $c(Pb^{2+})=0.001\ 0\ mol/L, c(Sn^{2+})=1.0\ mol/L$ 时

$$\varphi(Sn^{2+}/Sn)=\varphi^{\ominus}(Sn^{2+}/Sn)=-0.136\ V$$

$$\varphi(Pb^{2+}/Pb)=\varphi^{\ominus}(Pb^{2+}/Pb)+\frac{0.059\ 2\ V}{2}\lg[c(Pb^{2+})/c^{\ominus}]$$

$$=-0.126\ V+\frac{0.059\ 2\ V}{2}\lg 0.001\ 0=-0.215\ V$$

这时所组成的原电池 Sn^{2+}/Sn 为正极，Pb^{2+}/Pb 为负极，则

$$E=\varphi(Sn^{2+}/Sn)-\varphi(Pb^{2+}/Pb)=-0.136\ V-(-0.215\ V)=0.079\ V$$

此时的原电池符号为

$$(-)Pb|Pb^{2+}(0.001\ 0\ mol/L) \vdots\vdots Sn^{2+}(c^{\ominus})|Sn(+)$$

2. 判断氧化剂和还原剂的相对强弱

【案例 5-10】 根据标准电极电势，在下列各电对中找出最强的氧化剂和最强的还原剂，并列出各氧化型物质的氧化能力和各还原型物质的还原能力强弱的次序。

(1) MnO_4^-/Mn^{2+}

(2) Fe^{3+}/Fe^{2+}

(3) I_2/I^-

在标准状态下氧化剂和还原剂的相对强弱，可直接比较 $\varphi^{\ominus}$ 值的大小。$\varphi^{\ominus}$ 值较小的电极其还原型物质越易失去电子，是越强的还原剂，对应的氧化型物质则越难得到电子，是越弱的氧化剂。$\varphi^{\ominus}$ 值越大的电极其氧化型物质越易得到电子，是较强的氧化剂，对应的还原型物质则越难失去电子，是较弱的还原剂。

【案例 5-10 解答】 从附录表中查出各电对的标准电极电势为

$$MnO_4^-+8H^++5e^- \rightleftharpoons Mn^{2+}+4H_2O \qquad \varphi^{\ominus}=1.51\ V$$

$$Fe^{3+}+e^- \rightleftharpoons Fe^{2+} \qquad \varphi^{\ominus}=0.771\ V$$

$$I_2+2e^- \rightleftharpoons 2I^- \qquad \varphi^{\ominus}=0.534\ 5\ V$$

电对 MnO_4^-/Mn^{2+} 的 $\varphi^{\ominus}$ 值最大，说明在这 3 个电对中其氧化型物质 MnO_4^- 是最强的氧化剂。电对 I_2/I^- 的 $\varphi^{\ominus}$ 值最小，说明其还原型物质 I^- 是最强的还原剂。

各氧化型物质氧化能力的顺序：$MnO_4^- > Fe^{3+} > I_2$。

各还原型物质还原能力的顺序：$I^- > Fe^{2+} > Mn^{2+}$。

在实验室或生产上使用的氧化剂，其电对的 $\varphi^{\ominus}$ 值一般较大，如 $KMnO_4$、$K_2Cr_2O_7$、$(NH_4)_2S_2O_8$、O_2、HNO_3、H_2O_2 等。使用的还原剂，其电对的 $\varphi^{\ominus}$ 值一般较小，如活泼金属 Mg、Zn、Fe 等及 Sn^{2+}、I^- 等，选用时应视具体情况而定。

3. 判断氧化还原反应进行的方向

【案例 5-11】 判断 $2Fe^{3+}+Cu = 2Fe^{2+}+Cu^{2+}$ 反应进行的方向。

氧化还原反应总是电极电势值大的电对中的氧化型物质氧化电极电势值小的电对

中的还原型物质。或者说，与氧化剂对应的电池正极的 $\varphi_{+}^{\ominus}$ 应大于还原剂对应的电池负极的 $\varphi_{-}^{\ominus}$，即二者之差 $E^{\ominus}>0$，反应自发向右进行。如 $E^{\ominus}<0$，则反应会逆向进行。$E^{\ominus}=0$，氧化还原反应达到了动态平衡。

$E^{\ominus}$ 值足够大时，不必考虑反应中各种离子浓度改变对 $E^{\ominus}$ 值正负或反应方向的影响。$E^{\ominus}$ 值较小时，溶液中离子浓度的改变可能会使反应方向发生逆转，此时需按能斯特方程求出非标准状态时的 φ_{+} 和 φ_{-}，再进行比较，以确定反应进行的方向。对于转移两个电子($z=2$)的氧化还原反应，一般以 $E^{\ominus}>0.2\ \text{V}$ 作为反应是否会发生逆转的经验判据。

【案例 5-11 解答】 查得有关电对的 $\varphi^{\ominus}$ 值为

$$Fe^{3+}+e^{-} \rightleftharpoons Fe^{2+} \qquad \varphi^{\ominus}=0.771\ \text{V}$$

$$Cu^{2+}+2e^{-} \rightleftharpoons Cu \qquad \varphi^{\ominus}=0.337\ \text{V}$$

由于 $\varphi^{\ominus}(Fe^{3+}/Fe^{2+})>\varphi^{\ominus}(Cu^{2+}/Cu)$，可知 Fe^{3+} 是比 Cu^{2+} 更强的氧化剂，Cu 是比 Fe^{2+} 更强的还原剂，故 Fe^{3+} 能与 Cu 作用，该反应自左向右进行。

4. 判断氧化还原反应发生的次序

一般情况下，当一种氧化剂遇到几种还原剂时，氧化剂首先与最强的还原剂反应。同样，当一种还原剂遇到几种氧化剂时，还原剂首先与最强的氧化剂反应。从电极电势的角度看，就是电池电动势大的反应首先发生。

工业上通氯气于晒盐所得的苦卤中，使 Br^{-} 和 I^{-} 氧化制取 Br_2 和 I_2，就是基于这个原理。从电极电势的角度看：

$$I_2+2e^{-} \rightleftharpoons 2I^{-} \quad (\varphi^{\ominus}=0.534\ 5\ \text{V})$$

$$Br_2+2e^{-} \rightleftharpoons 2Br^{-} \quad (\varphi^{\ominus}=1.065\ \text{V})$$

$$Cl_2+2e^{-} \rightleftharpoons 2Cl^{-} \quad (\varphi^{\ominus}=1.36\ \text{V})$$

当把氯气通入苦卤中时，Cl_2 首先将 I^{-} 氧化成 I_2。控制 Cl_2 的流量，待 I^{-} 几乎全部被氧化后，Br^{-} 才被氧化，Br_2 析出，从而分别得 Br_2 和 I_2。

5. 判断氧化还原反应进行的程度

【案例 5-12】 计算 Cu-Zn 原电池反应的平衡常数。

氧化还原反应的平衡常数可从两个电对的标准电极电势求得，计算氧化还原反应的标准平衡常数 $K^{\ominus}$ 值，根据 $K^{\ominus}$ 值大小可判断氧化还原反应进行的程度。

【案例 5-12 解答】 Cu-Zn 原电池反应式为

$$Zn+Cu^{2+} \longrightarrow Zn^{2+}+Cu$$

当此反应处于平衡时，反应的平衡常数：

$$K^{\ominus}=\frac{c(Zn^{2+})/c^{\ominus}}{c(Cu^{2+})/c^{\ominus}}=\frac{c'(Zn^{2+})}{c(Cu^{2+})}$$

反应开始时：

$$\varphi(Zn^{2+}/Zn)=\varphi^{\ominus}(Zn^{2+}/Zn)+\frac{0.059\ 2\ \text{V}}{2}\lg c'(Zn^{2+})$$

$$\varphi(Cu^{2+}/Cu)=\varphi^\ominus(Cu^{2+}/Cu)+\frac{0.059\,2\ V}{2}\lg c'(Cu^{2+})$$

随着反应的进行，Zn^{2+} 浓度不断地增加，$\varphi^\ominus(Zn^{2+}/Zn)$ 值随之上升。另一方面，Cu^{2+} 浓度不断地减少，$\varphi^\ominus(Cu^{2+}/Cu)$ 值随之下降。

$\varphi(Zn^{2+}/Zn)=\varphi(Cu^{2+}/Cu)$ 时反应达到平衡状态，则得以下关系：

$$\varphi^\ominus(Zn^{2+}/Zn)+\frac{0.059\,2\ V}{2}\lg c'(Zn^{2+})=\varphi^\ominus(Cu^{2+}/Cu)+\frac{0.059\,2\ V}{2}\lg c'(Cu^{2+})$$

$$\frac{0.059\,2\ V}{2}\lg\frac{c'(Zn^{2+})}{c'(Cu^{2+})}=\varphi^\ominus(Cu^{2+}/Cu)-\varphi^\ominus(Zn^{2+}/Zn)$$

由于

$$\frac{c'(Zn^{2+})}{c'(Cu^{2+})}=K^\ominus$$

所以

$$\lg K^\ominus=\frac{2[\varphi^\ominus(Cu^{2+}/Cu)-\varphi^\ominus(Zn^{2+}/Zn)]}{0.059\,2\ V}=\frac{2[0.337\ V-(-0.763\ V)]}{0.059\,2\ V}=37.2$$

$$K^\ominus=1.6\times10^{37}$$

该反应平衡常数如此之大，说明反应进行得很完全。

推而广之，任一氧化还原反应的平衡常数和对应电对的标准电极电势的差值 $E^\ominus$ 之间的关系为

$$\lg K^\ominus=\frac{n(\varphi_+^\ominus-\varphi_-^\ominus)}{0.059\,2\ V}=\frac{nE^\ominus}{0.059\,2\ V} \tag{5-4}$$

式中：$\varphi_+^\ominus$——氧化剂电对的标准电极电势，即电池正极的标准电极电势；

$\varphi_-^\ominus$——还原剂电对的标准电极电势，即电池负极的标准电极电势；

n——氧化还原反应中转移的总电子数。

可见氧化还原反应平衡常数的对数与该反应的两个电对的标准电极电势的差值（或者说该反应对应的电池的标准电动势）成正比，电极电势差值越大，反应进行得就越彻底。

6. 元素电势图及其应用

元素电势图是了解一种元素的多种氧化态的物质之间变化关系的一种表示方法。许多元素具有多种氧化态，各种氧化态物质又可以组成不同的电对。在特定的 pH 条件下，将元素各种氧化数的存在形式依氧化数降低的顺序从左向右排成一行。用横线将各种氧化态连接起来，在横线上写出两端的氧化态所组成的电对的 $\varphi^\ominus$ 值，便得到该 pH 下该元素的**元素电势图**。经常以 pH=0 和 pH=14 两种条件作图，横线上的 $\varphi^\ominus$ 值分别表示为 $\varphi_A^\ominus$、$\varphi_B^\ominus$。

例如，氧元素具有 0、−1、−2 三种氧化数，在酸性溶液中可组成三个电对：

$$O_2+2H^++2e^-\rightleftharpoons H_2O_2 \qquad \varphi^\ominus=0.682\ V$$

$$H_2O_2+2H^++2e^-\rightleftharpoons 2H_2O \qquad \varphi^\ominus=1.77\ V$$

$$O_2+4H^++2e^-\rightleftharpoons 2H_2O \qquad \varphi^\ominus=1.229\ V$$

氧在酸性介质中的元素电势图可表示为

$$\varphi_A^\ominus/V \qquad O_2 \xrightarrow{\ 0.682\ } H_2O_2 \xrightarrow{\ 1.77\ } H_2O$$

（O_2 至 H_2O：1.229）

与此类似，氧在碱性介质中的元素电势图可表示为

$$\varphi_B^{\ominus}/V \quad O_2 \xrightarrow{\;-0.076\;} HO_2^- \xrightarrow{\;0.88\;} OH^-$$
$$\underset{0.401}{\underline{\hspace{6cm}}}$$

元素电势图简明、综合、形象、直观，元素电势图对了解元素及其化合物的各种氧化还原性能、各物质的稳定性与可能发生的氧化还原反应，以及元素的自然存在等都有重要意义。下面介绍元素电势图的主要应用。

（1）判断歧化反应是否能进行

【案例 5-13】 欲保存 Fe^{2+} 溶液，通常加入数枚铁钉。为什么？

同一个元素中，其一种中间氧化态同时向较高和较低氧化态转化，这种反应称为歧化反应。如果是由元素的较高和较低的两种氧化态相互作用生成其中间氧化态的反应，则是歧化反应的逆反应，或称为逆歧化反应。某元素有 3 种氧化数由高到低的氧化态 A、B、C，则其元素电势图为

$$A \xrightarrow{\;\varphi_{左}^{\ominus}\;} B \xrightarrow{\;\varphi_{右}^{\ominus}\;} C$$

如 $\varphi_{右}^{\ominus} > \varphi_{左}^{\ominus}$，则 B 会发生歧化反应，即 B $\longrightarrow$ A+C。

如 $\varphi_{左}^{\ominus} > \varphi_{右}^{\ominus}$，则 A、C 会发生逆歧化反应，即 A+C $\longrightarrow$ B。

且差值越大，歧化反应或逆歧化反应的趋势就越大。这就是判断元素歧化反应或逆歧化反应的依据。

【案例 5-13 解答】 此作用可从元素电势图得到解释。铁的元素电势图为

$$\varphi_A^{\ominus}/V \quad Fe^{3+} \xrightarrow{\;0.771\;} Fe^{2+} \xrightarrow{\;-0.44\;} Fe$$
$$\underset{0.156}{\underline{\hspace{6cm}}}$$

由元素电势图可见，Fe^{2+} 溶液易被空气中的 O_2 氧化成 Fe^{3+}。由于 $\varphi_{左}^{\ominus} > \varphi_{右}^{\ominus}$，所以不能正向发生歧化反应，因而能发生逆歧化反应。因此配制亚铁盐溶液时，放入少许铁钉，只要溶液中有铁钉存在，即使有 Fe^{2+} 被氧化成 Fe^{3+}，Fe^{3+} 立即与铁发生逆歧化反应，重新生成 Fe^{2+}。反应式为 $2Fe^{3+} + Fe \Longleftrightarrow 3Fe^{2+}$，由此保持了溶液的稳定性。

（2）计算未知标准电极电势

根据元素电势图可从几个相邻氧化态电对的已知标准电极电势，求算不相邻氧化态电对的未知标准电极电势。例如，某元素电势图为

$$A \underset{n_1}{\overset{\varphi_1^{\ominus}}{\rule{1.5cm}{0.4pt}}} B \underset{n_2}{\overset{\varphi_2^{\ominus}}{\rule{1.5cm}{0.4pt}}} C$$
$$\underset{\varphi^{\ominus}}{\underline{\hspace{5cm}}}$$

不同电对的标准电极电势关系：

$$\varphi^{\ominus} = \frac{n_1\varphi_1^{\ominus} + n_2\varphi_2^{\ominus}}{n_1 + n_2}$$

（3）综合评价元素及其化合物的氧化还原性质

全面分析、比较酸碱介质中的元素电势图，可对元素及其化合物的氧化还原性质作出综合评价，得出许多有实际意义的结论。下面以氯的元素电势图为例进行研究。

$$\varphi_A^\ominus/V \quad ClO_4^- \xrightarrow{1.19} ClO_3^- \xrightarrow{1.21} HClO_2 \xrightarrow{1.64} HClO \xrightarrow{1.63} Cl_2 \xrightarrow{1.36} Cl^-$$

$$ClO_3^- \xrightarrow{1.47} Cl_2$$

$$\varphi_B^\ominus/V \quad ClO_4^- \xrightarrow{0.36} ClO_3^- \xrightarrow{0.33} ClO_2^- \xrightarrow{0.66} ClO^- \xrightarrow{0.42} Cl_2 \xrightarrow{1.36} Cl^-$$

$$ClO_3^- \xrightarrow{0.48} Cl_2$$

① 无论在酸性还是碱性介质中，$HClO_2$ 或 ClO_2^- 都是 $\varphi_右^\ominus > \varphi_左^\ominus$，发生歧化反应，即很难在溶液中稳定存在，无法从溶液中制得其纯物质。Cl_2 在碱性介质中有 $\varphi_右^\ominus > \varphi_左^\ominus$，会发生歧化反应，因此氯气可用碱性溶液吸收。

② 除 $\varphi^\ominus(Cl_2/Cl^-)$ 值不受介质影响外，其他各电对的 $\varphi^\ominus$ 值均受介质影响，且 $\varphi_A^\ominus > \varphi_B^\ominus$，所以氯的含氧酸较其盐都有较强的氧化性，而其盐较其酸更为稳定(所有含氧酸均只制得水溶液，而未得到纯品)。如果要利用其氧化性，最好在酸性介质中。如果要从低氧化数制备+3、+5、+7 氧化数的物质，则在碱性介质中更为有利。

③ 氯元素所有电对的 $\varphi^\ominus$(无论酸、碱介质中)均大于 0.33 V，大部分大于 0.66 V，所以氧化性是氯元素及其化合物的主要性质，在运输、储存过程中，不让它们接触还原剂是保证其安全的重要条件。自然界不存在氯单质及其正氧化数物质也应在意料之中。Cl^- 是氯的最低氧化态，且 $\varphi^\ominus(Cl_2/Cl^-) = 1.36$ V，Cl^- 的还原性很弱，氯的各高氧化态物质的还原产物大多为 Cl^-，故 Cl^- 在氯的各种氧化态中具有最高的稳定性。因而，Cl^- 作为元素资源(盐矿和海水)存在最为普遍当属必然。

④ 虽然 $HClO_4$、ClO_4^- 是氯的最高氧化态，但其相关电对的 $\varphi^\ominus$ 值并不是很大(特别是在碱性介质中)，因此，其稳定性较高。可见氧化性强弱与氧化数高低无直接关系。

实验五　氧化还原反应与电化学

[实验目的]

1. 掌握几种重要氧化剂、还原剂的氧化还原性质。
2. 掌握电极电势、酸度、浓度、沉淀平衡、配位平衡等对氧化还原反应的影响。
3. 了解原电池、电解池装置及其作用原理。

[实验仪器]

量筒(100 mL、10 mL)、烧杯(100 mL)、洗瓶、表面皿(7 cm、9 cm)、滴管、试管、离心试管、离心机、水浴锅、酒精灯、盐桥、电位计(伏特计)、导线、Zn 片、Cu 片。

[实验试剂]

H_2SO_4(3 mol/L)、HNO_3(浓，2 mol/L)、KI(0.1 mol/L)、HCl(浓，2 mol/L、6 mol/L)、

$FeCl_3$(0.1 mol/L)、NaOH(6 mol/L、1 mol/L)、$SnCl_2$(0.2 mol/L)、KBr(0.1 mol/L)、$CuSO_4$(1 mol/L、0.2 mol/L)、H_2O_2(10%)、$FeSO_4$(0.1 mol/L)、$KMnO_4$(0.1 mol/L)、$K_2Cr_2O_7$(0.1 mol/L)、Na_2SO_3(0.1 mol/L)、$Na_2S_2O_3$(0.1 mol/L、0.5 mol/L)、MnO_2(s)、Na_3AsO_4(0.1 mol/L)、$NaHCO_3$(s)、NH_4F(饱和)、$ZnSO_4$(1 mol/L)、$NH_3 \cdot H_2O$(浓)、饱和溴水、饱和碘水、CCl_4、Zn 粒、淀粉-KI 试纸、红色石蕊试纸、淀粉(1%)。

［实验步骤］

1. 常见氧化剂和还原剂的氧化还原性

(1) Fe^{3+}的氧化性与Fe^{2+}的还原性

在试管中加入 5 滴 0.1 mol/L $FeCl_3$溶液，再逐滴加入 0.2 mol/L $SnCl_2$溶液，边滴边摇动试管，直到溶液黄色褪去。再向该无色溶液中滴加 4～5 滴 10% H_2O_2，观察溶液颜色的变化。写出有关的离子方程式。

(2) I^-的还原性与I_2的氧化性

在试管中加入 2 滴 0.1 mol/L KI 溶液，再加入 2 滴 3 mol/L H_2SO_4溶液及 1 mL 蒸馏水，摇匀。再逐滴加入 0.1 mol/L $KMnO_4$溶液至溶液呈淡黄色。然后滴入 0.1 mol/L $Na_2S_2O_3$溶液，至黄色褪去。写出有关的离子方程式。

(3) H_2O_2的氧化性和还原性

① H_2O_2的氧化性。

在试管中加入 2 滴 0.1 mol/L KI 溶液和 3 滴 3 mol/L H_2SO_4溶液，再加入 2～3 滴 10% H_2O_2，观察溶液颜色的变化。再加入 15 滴 CCl_4，振荡，观察 CCl_4层的颜色，并解释之。

② H_2O_2的还原性。

在试管中加入 5 滴 0.1 mol/L $KMnO_4$溶液和 5 滴 3 mol/L H_2SO_4溶液，再逐滴加入 10% H_2O_2，直至紫色褪去。观察是否有气泡产生，并写出离子方程式。

(4) $K_2Cr_2O_7$的氧化性

在试管中加入 2 滴 0.1 mol/L $K_2Cr_2O_7$溶液，再加入 2 滴 3 mol/L H_2SO_4溶液，然后加入 0.1 mol/L Na_2SO_3溶液，观察溶液颜色的变化。写出离子方程式。

2. 电极电势与氧化还原反应的关系

(1) 在试管中加入 10 滴 0.1 mol/L KI 溶液、5 滴 0.1 mol/L $FeCl_3$溶液，混匀。再加入 20 滴 CCl_4溶液，充分振荡后，静置片刻，观察 CCl_4层的颜色。

用 0.1 mol/L KBr 溶液代替 0.1 mol/L KI 溶液，进行上述同样实验，观察现象。

(2) 向试管中加入 1 滴溴水、5 滴 0.1 mol/L $FeSO_4$溶液，混匀。再加入 1 mL CCl_4溶液，振荡后观察 CCl_4层的颜色。

以碘水代替溴水进行上述同样实验，观察现象。

根据以上 4 个实验的结果，比较 Br_2、Br^-，I_2、I^- 及 Fe^{3+}、Fe^{2+} 三个电对的标准电极电势的高低，指出其最强的氧化剂和最强的还原剂，并说明电极电势与氧化还原反应方向的关系。

3. 介质的酸碱性对氧化还原反应的影响

(1) 取 3 支试管，分别加入 1 滴 0.1 mol/L $KMnO_4$溶液。再在第一支试管中加入 4

滴3 mol/L H_2SO_4溶液，在第二支试管中加入4滴6 mol/L NaOH溶液，在第三支试管中加入4滴蒸馏水。然后在3支试管中各加入4～5滴0.1 mol/L Na_2SO_3溶液，摇匀，观察各试管有何变化。给出结论，写出有关的离子方程式。

(2) 在试管中加入4滴0.1 mol/L $K_2Cr_2O_7$溶液，再加入1滴1 mol/L NaOH溶液，再加入10滴0.1 mol/L Na_2SO_3溶液，观察溶液颜色的变化，并说明原因。再继续加入10滴3 mol/L H_2SO_4溶液，观察溶液颜色的变化，写出有关的离子方程式。

(3) 在试管中加入5滴0.1 mol/L Na_3AsO_4溶液、2滴0.1 mol/L KI溶液，混匀，微热。再加入2滴6 mol/L HCl溶液、1滴1%淀粉溶液，观察现象。然后加入少许$NaHCO_3$固体，以调节溶液至微碱性，观察溶液颜色的变化。再加入1滴6 mol/L HCl溶液，观察溶液颜色的变化，并加以解释。

4. 浓度对氧化还原反应的影响

(1) 取少量固体MnO_2于试管中，滴入5滴2 mol/L HCl溶液，观察现象。用湿润的淀粉-KI试纸检查是否有Cl_2产生。

以浓HCl代替2 mol/L HCl溶液进行实验，并检查是否有Cl_2产生(此反应宜在通风橱中进行)。

(2) 向2支分别盛有2 mL浓HNO_3和2 mL 2 mol/L HNO_3溶液的试管中各加入一小粒Zn，观察现象，产物有何不同？浓HNO_3的还原产物可以从气体颜色来判断，稀HNO_3的还原产物可以用检验溶液中有无NH_4^+的方法来确定。

NH_4^+的气室法检验：取一小块用水浸湿的红色石蕊试纸贴在7cm表面皿的凹心上，备用。在9 cm表面皿的中心，滴加5滴待检液，再加5～6滴6 mol/L NaOH溶液，摇匀，迅速用贴有湿润石蕊试纸的7cm表面皿扣上，构成气室。将此气室放在水浴上微热2～3 min，若石蕊试纸变蓝或边缘部分微显蓝色，即表示有NH_4^+存在。

5. 沉淀对氧化还原反应的影响

在试管中加入20滴0.2 mol/L $CuSO_4$溶液、4滴3 mol/L H_2SO_4溶液，混匀。再加入10滴0.1 mol/L KI溶液。然后逐滴加入0.5 mol/L $Na_2S_2O_3$溶液，以除去反应中生成的碘。离心分离后观察沉淀的颜色，并用$\varphi^{\ominus}(I_2/I^-)$、$\varphi^{\ominus}(Cu^{2+}/Cu^+)$、$K_{sp}^{\ominus}(CuI)$解释此现象。写出反应方程式。

6. 配合物的形成对氧化还原反应的影响

向试管中加入10滴0.1 mol/L $FeCl_3$溶液，再逐滴加入饱和NH_4F溶液至溶液恰为无色。然后滴入10滴0.1 mol/L KI溶液及5滴CCl_4，充分振荡，静置片刻，观察CCl_4层的颜色。与上述2(1)实验结果比较，并解释。

7. 原电池

(1) 在两个100 mL烧杯中分别加入50 mL 1 mol/L $CuSO_4$和50 mL 1 mol/L $ZnSO_4$溶液，再分别插入Cu片和Zn片，组成两个电极。两烧杯用盐桥连接，并将Zn片和Cu片通过导线分别与电位计的负极和正极相连接，测量两极间的电势差。

(2) 在$CuSO_4$溶液中加入浓$NH_3 \cdot H_2O$至生成的沉淀溶解，此时Cu^{2+}与NH_3配位：

$$Cu^{2+} + 4NH_3 \rightleftharpoons [Cu(NH_3)_4]^{2+} \quad (深蓝色)$$

测量此时两极间的电势差。有何变化？

(3) 在 $ZnSO_4$ 溶液中加入浓 $NH_3 \cdot H_2O$ 至生成的沉淀全部溶解。此时，Zn^{2+} 与 NH_3 配位：

$$Zn^{2+} + 4NH_3 \rightleftharpoons [Zn(NH_3)_4]^{2+} \quad (无色)$$

测量电势差，观察又有何变化？

以上结果说明了什么(提示：由于配合物的形成，Cu^{2+}、Zn^{2+} 浓度大大降低)？

思考与训练

1. Fe^{3+} 能将 Cu 氧化成 Cu^{2+}，而 Cu^{2+} 又能将 Fe 氧化成 Fe^{2+}，这两个反应是否矛盾？为什么？
2. H_2O_2 为什么既有氧化性又有还原性？反应后可生成何种产物？
3. 以 $KMnO_4$ 为例，说明 pH 对氧化还原反应产物的影响。
4. 说明 $K_2Cr_2O_7$ 和 K_2CrO_4 在溶液中的相互转化，比较它们的氧化能力。

本 章 小 结

一、氧化还原反应

(一) 氧化数

氧化数又叫氧化值，是某元素一个原子的荷电荷数，这种荷电荷数由假设把每一个化学键中的电子指定给电负性大的原子而求得。

化合物中元素原子的氧化数的代数和为零。可以求出不同化合物中组成元素原子的氧化数。

(二) 氧化还原反应

在化学反应中元素的氧化数有所改变的反应称为氧化还原反应。氧化数升高(失去电子)的过程称为氧化，氧化数降低(得到电子)的过程称为还原，氧化与还原必然同时发生。氧化数降低(得到电子)的物质称为氧化剂，氧化数升高(失去电子)的物质称为还原剂。

在氧化还原反应中，某氧化态(型)物质氧化数降低后变成共轭的还原态(型)物质，或某还原态(型)物质氧化数升高后变成共轭的氧化态(型)物质，氧化态(型)物质与共轭的还原态(型)物质，称为氧化还原电对(氧化还原半反应)。

氧化还原反应是两个半反应之和。

(三) 氧化还原反应方程式的配平

配平原则是氧化剂氧化数降低总数(得电子总数)，一定等于还原剂氧化数升高总数(失电子总数)；反应前后，其组成元素的原子个数相等。

氧化还原反应方程式的配平，主要有氧化数法和离子-电子法。

二、原电池和电极电势

(一) 原电池

设计一种装置让电子转移变成电子的定向移动，这就是原电池。也可以说借助于氧化还原反应产生电流的装置，就是原电池。

原电池将化学能转变成电能。正极与负极间的电势差就是原电池的电动势，在标准状态下测得的电动势为标准电动势。

(二) 电极

常用的电极有金属-金属离子电极、气体-离子电极、氧化还原电极、金属-金属难溶盐电极。

当用导线连接原电池的两极时就有电流通过，说明两极间存在电势差，用电位计所测得的正极与负极间的电势差就是原电池的电动势，电动势用符号 E 表示。用标准氢电极与其他各种标准状态下的电极组成原电池，用电势差计测定原电池的电动势，算出被测电极的标准电极电势。

规定标准氢电极的电极电势，其数值为零。

影响电极电势的因素有浓度、酸度及生成沉淀、配合物等。

(三) 能斯特方程

电极电势的大小，不仅取决于电极的性质，还与温度和溶液中离子的浓度、气体的分压有关，电极电势与浓度之间的关系，称为能斯特方程。

$$b\ \text{氧化态} + n\mathrm{e}^- \rightleftharpoons a\ \text{还原态}$$

$$\varphi = \varphi^\ominus + \frac{0.059\ 2\ \mathrm{V}}{n}\lg\frac{[c'(\text{氧化态})]^b}{[c'(\text{还原态})]^a}$$

(四) 电极电势的应用

1. 计算电池标准电动势
2. 判断氧化剂和还原剂的相对强弱
3. 判断氧化还原反应进行的方向
4. 判断氧化还原反应发生的次序
5. 确定氧化还原反应进行的程度
6. 元素电势图

元素电势图是了解一种元素的多种氧化态的物质之间变化关系的一种表示方法。判断歧化反应是否能进行；计算未知标准电极电势；综合评价元素及其化合物的氧化还原性质。

思考与练习题

思考与练习题答案

1. 在化学反应中，若反应前后元素氧化数发生变化，一定有________转移，这类反应就属于______________反应。元素氧化数升高，表明这种物质________电子，发生了________反应，这种物质是________剂。元素氧化数降低，表明这种物质________电子，发生了________反应，这种物质是________剂。

2. 原电池的两极分别称为________极和________极。电子流出的一极称为________极，电子流入的一极称为________极。在________极发生氧化反应，在________极发生还原反应。

3. Cu－Fe 原电池的电池符号是______________，其正极半反应式为______________，负极半反应式为______________，原电池反应式为______________。

4. 在氧化还原反应中，氧化剂是 $\varphi^\ominus$ 值________的电对中的________型物质，还原剂是 $\varphi^\ominus$ 值________的电对中的________型物质。

5. 下列各物质中 Cd^{2+}、Cd、Al^{3+}、Zn、Cl_2、Fe^{2+}、Sn、MnO_4^-（酸性溶液）中，能作为氧化剂的物质有______________，氧化性最强的物质是______________，还原性最强的物质是________。

6. 下列氧化剂：$KClO_3$、Br_2、$FeCl_3$、$KMnO_4$、H_2O_2，当其溶液中 H^+ 浓度增大时，氧化能力增强的是________，不变的是________。

7. 下列电对中 $\varphi^\ominus$ 值最小的是________。

A. H^+/H_2　　B. H_2O/H_2　　C. HF/H_2　　D. HCN/H_2

8. 下列粒子中不具有还原性的是(　　)。

A. H_2　　B. H^+　　C. Cl_2　　D. Cl^-

9. 下列反应，属于氧化还原反应的是(　　)。

A. 硫酸与氢氧化钡溶液反应　　B. 石灰石与稀盐酸的反应

C. 二氧化锰与浓盐酸在加热条件下反应　　D. 醋酸钠的水解反应

10. 单质 A 和单质 B 化合成 AB(其中 A 氧化数为正)，下列说法正确的是(　　)。

A. B 被氧化　　B. A 被氧化　　C. A 发生氧化反应　　D. B 具有还原性

11. 对于原电池的电极名称，叙述中有错误的是(　　)。

A. 电子流入的一极为正极　　B. 发生氧化反应的一极是正极

C. 电子流出的一极为负极　　D. 比较不活泼的金属构成的一极为正极

12. 举例说明下列概念的区别和联系。

(1) 氧化与氧化产物

(2) 还原与还原产物

(3) 电极反应与原电池反应

(4) 电极电势与电动势

13. 指出下列物质中各元素原子的氧化数。

Cs^+、F^-、NH_4^+、H_3O^+、H_2O_2、Na_2O_2、KO_2、$Cr_2O_7^{2-}$、$KCr(SO_4)_2 \cdot 12H_2O$

14. 下列说法是否正确?

(1) 由于 $\varphi^\ominus(Fe^{2+}/Fe)=-0.44$ V,$\varphi^\ominus(Fe^{3+}/Fe^{2+})=+0.771$ V,故 Fe^{3+} 与 Fe^{2+} 能发生氧化还原反应。

(2) 在氧化还原反应中,若两个电对的 $\varphi^\ominus$ 值相差越大,则反应进行得越快。

(3) 已知 $\varphi^\ominus(Zn^{2+}/Zn)=-0.763$ V,则电极反应 $2Zn^{2+}+4e^- \rightleftharpoons 2Zn$ 的 $\varphi^\ominus=-1.526$ V。

(4) 某物质的电极电势越高(代数值越大),其氧化能力越强,还原能力就越弱。

(5) $\varphi^\ominus(H_3AsO_4/H_3AsO_3)=0.560$ V,$\varphi^\ominus(I_2/I^-)=0.534\ 5$ V,因此反应 $H_3AsO_4+2I^-+2H^+ = H_3AsO_3+I_2+H_2O$ 只能正向进行,逆反应不可能发生。

(6) $\varphi^\ominus(MnO_2/Mn^{2+})=1.23$ V,$\varphi^\ominus(Cl_2/Cl^-)=1.36$ V,因此不能用 MnO_2 与 HCl 反应来制备 Cl_2。

15. 试用标准电极电势值判断下列每组物质能否共存,并说明理由。

(1) Fe^{3+} 和 Sn^{2+}

(2) Fe^{3+} 和 Cu

(3) Fe^{3+} 和 Fe

(4) Fe^{2+} 和 $Cr_2O_7^{2-}$(酸性介质)

(5) Cl^-、Br^- 和 I^-

(6) I_2 和 Sn^{2+}

16. 配平下列反应方程式。

(1) $Zn+HNO_3$(稀)$\longrightarrow Zn(NO_3)_2+NH_4NO_3$

(2) $Na_2C_2O_4+KMnO_4+H_2SO_4 \longrightarrow CO_2+MnSO_4+K_2SO_4+Na_2SO_4$

(3) $As_2S_3+HNO_3$(浓)$\longrightarrow H_3AsO_4+NO+H_2SO_4$

(4) $H_2O_2+Cr^{3+}+OH^- \longrightarrow CrO_4^{2-}+H_2O$

17. 用离子-电子法配平下列方程式。

(1) $I^-+H_2O_2+H^+ \longrightarrow I_2+H_2O$

(2) $Cr_2O_7^{2-}+H_2S+H^+ \longrightarrow Cr^{3+}+S$

(3) $ClO_3^-+Fe^{2+}+H^+ \longrightarrow Cl^-+Fe^{3+}$

(4) $Cl_2+OH^- \longrightarrow Cl^-+ClO^-$

18. 将下列氧化还原反应设计成原电池,并写出原电池符号。

(1) $MnO_4^-+5Fe^{2+}+8H^+ \longrightarrow Mn^{2+}+5Fe^{3+}+4H_2O$

(2) $Zn+CdSO_4 \longrightarrow ZnSO_4+Cd$

19. 配平并写出下列电池反应的能斯特方程表达式。再把每个电池反应分成两个电极反应,写出每个电极反应的能斯特方程表达式。

(1) $Hg^{2+}+Hg \longrightarrow Hg_2^{2+}$

(2) $MnO_4^-+SO_3^{2-}+OH^- \longrightarrow MnO_4^{2-}+SO_4^{2-}$

(3) $Cr_2O_7^{2-}+SO_3^{2-}+H^+ \longrightarrow Cr^{3+}+SO_4^{2-}+H_2O$

20. 室温条件下，将铜片插于盛有 0.5 mol/L $CuSO_4$ 溶液的烧杯中，银片插于盛有 0.5 mol/L $AgNO_3$ 溶液的烧杯中。

(1) 写出该原电池的符号。

(2) 写出电极反应式和原电池的电池反应。

(3) 求该电池的电动势。

21. 如何从标准电极电势表中寻找较强的氧化剂和较强的还原剂？如何根据 $\varphi_A^\ominus$ 值来比较 MnO_4^-、HNO_3、Fe^{3+}、I_2 物质氧化性的相对强弱？比较 Sn^{2+}、Al、H_2O_2、Cr^{3+} 物质还原性的相对强弱。

22. 如何用标准电极电势表来判断氧化还原反应的方向？是否在所有情况下都可以用标准电极电势来判断氧化还原反应的方向？举例说明。

23. 解释下列现象。

(1) 单质铁可以与 $CuCl_2$ 反应，而 Cu 又能与 $FeCl_3$ 反应，是否矛盾？

(2) Ag 活动顺序位于 H_2 之后，但它可以从氢碘酸中置换出氢气。

(3) 久置空气中的氢硫酸溶液会变混浊。

(4) 二氯化锡溶液贮存中易失去还原性。

(5) 硫酸亚铁溶液久放会变黄。

24. 查出下列各电对的标准电极电势 $\varphi_A^\ominus$，判断各组电对中，哪一种物质是最强的氧化剂，哪一种物质是最强的还原剂。写出此二者之间进行氧化还原反应的方程式。

(1) Br_2/Br^-、Fe^{3+}/Fe^{2+}、I_2/I^-。

(2) O_2/H_2O_2、H_2O_2/H_2O、O_2/H_2O。

(3) MnO_4^-/Mn^{2+}、Fe^{3+}/Fe^{2+}、Cl_2/Cl^-。

25. 根据标准电极电势 $\varphi_A^\ominus$，判断下列反应自发进行的方向。

(1) $Cd+Zn^{2+}=\!=\!=Cd^{2+}+Zn$

(2) $H_2SO_3+2H_2S=\!=\!=3S+3H_2O$

(3) $2MnO_4^-+3Mn^{2+}+2H_2O=\!=\!=5MnO_2+4H^+$

26. 已知：$MnO_4^-+8H^++5e^-\rightleftharpoons Mn^{2+}+4H_2O,\ \varphi^\ominus=+1.51$ V；$Fe^{3+}+e^-\rightleftharpoons Fe^{2+},\ \varphi^\ominus=+0.771$ V。

(1) 判断下列反应的方向：

$$MnO_4^-+5Fe^{2+}+8H^+=\!=\!=Mn^{2+}+5Fe^{3+}+4H_2O$$

(2) 将这两个半电池组成原电池，用电池符号表示该电池的组成，标明正、负极，并计算其标准电动势。

(3) 当氢离子浓度为 10.0 mol/L，其他各离子浓度均为 1.00 mol/L 时，计算该电池的电动势。

27. 硫在酸性溶液中的元素电势图如下：

$$\varphi_A^\ominus/V\quad S_2O_8^{2-}\overset{2.01}{\overline{\qquad\quad}}SO_4^{2-}\overset{0.17}{\overline{\qquad\quad}}H_2SO_3\overset{0.40}{\overline{\qquad\quad}}S_2O_3^{2-}\overset{0.50}{\overline{\qquad\quad}}S\overset{0.141}{\overline{\qquad\quad}}H_2S$$

$$H_2SO_3\overset{0.45}{\overline{\qquad\qquad}}S$$

试问：(1) 氧化性最强的物质是什么？还原性最强的物质是什么？

(2) 比较稀 H_2SO_4 和 H_2SO_3 的氧化能力。

(3) 判断哪些物质可以发生歧化反应。

28. 已知 $\varphi^\ominus(Cu^{2+}/Cu^+)=0.159$ V，$\varphi^\ominus(Cu^+/Cu)=0.52$ V，求反应：

$$2Cu^+=\!=\!=Cu+Cu^{2+}$$

在 298 K 时的平衡常数。

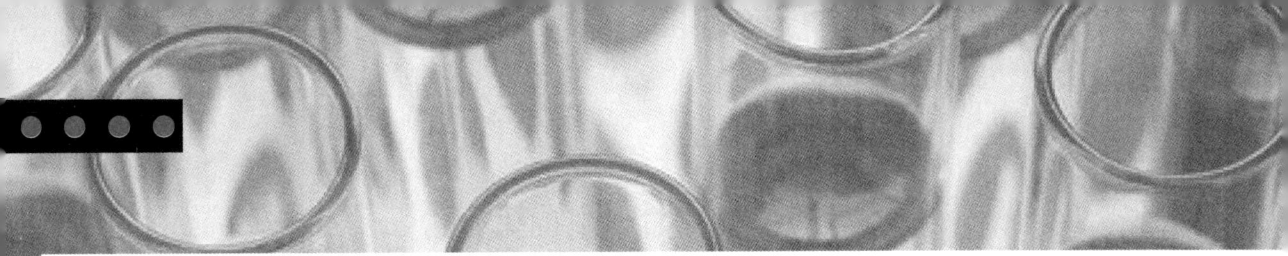

第六章　配位反应

学习目标

知识目标

1. 了解配位化合物的基本概念、组成和分类。
2. 掌握配位化合物的命名方法。
3. 掌握配位平衡理论，以及稳定常数和不稳定常数的含义。
4. 掌握配位平衡的移动理论。

能力目标

1. 会正确书写、命名配位化合物。
2. 能够根据配位平衡理论进行相关的计算，以及解决实际问题。

第一节　配位化合物

一、配位化合物简介

(一) 配合物的概念

做一做

向一支盛有 5 mL 0.1 mol/L $CuSO_4$ 溶液的试管内，逐滴加入 2.0 mol/L 氨水，直至使溶液变为深蓝色。然后将该溶液分成 3 份，一份中滴加几滴0.1 mol/L $BaCl_2$ 溶液，发现有白色的 $BaSO_4$ 沉淀生成，说明溶液中仍有游离的 SO_4^{2-} 存在。另一份中滴加 1.0 mol/L NaOH 溶液，既没有 $Cu(OH)_2$ 沉淀生成，又没有 NH_3 的气味放出，说明溶液中没有明显游离的 Cu^{2+} 和 NH_3 存在。最后一份溶液中加入酒精(降低溶解度)，发现有深蓝色结晶析出。

对深蓝色结晶进行化学分析后，确定其组成是 $CuSO_4 \cdot 4NH_3$。利用 X 射线分析得知，在 $CuSO_4 \cdot 4NH_3$中 Cu^{2+} 与 NH_3以配位键结合形成了复杂的配离子(铜氨配离子)，这种复杂的配离子在溶液和晶体中都能稳定存在，其电子式和结构式如下：

$$Cu^{2+} + 4NH_3 = [Cu(NH_3)_4]^{2+}$$

视频

铜氨配离子的形成

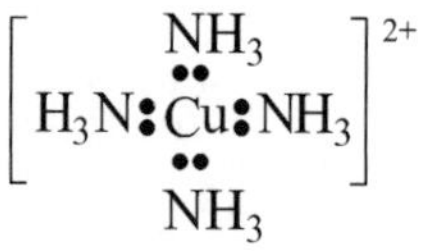

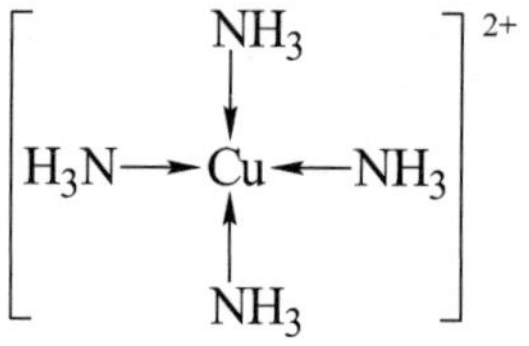

这种由一个阳离子(或原子)和一定数目的中性分子或阴离子以配位键相结合形成的能稳定存在的复杂离子或分子，称为配离子或配分子。配分子或含有配离子的化合物，称为配位化合物，简称配合物。如$[HgI_4]^{2-}$、$[PtCl_6]^{2-}$、$[Co(NH_3)_6]^{3+}$、$[Ag(NH_3)_2]^+$、$[Ni(CO)_4]$等。研究配合物的组成、结构、性质、反应性能及应用的学科称为配位化学。

配合物也有酸、碱、盐之分，与我们熟悉的酸、碱、盐的命名相同。如 $H_2[PtCl_6]$为配位酸，$[Cu(NH_3)_4](OH)_2$ 为配位碱，$K_2[HgI_4]$、$[Ag(NH_3)_2]Cl$、$[Cu(NH_3)_4]SO_4$、$K_3[Fe(CN)_6]$为配位盐。

(二) 配合物的组成

【案例 6-1】 指出配合物$[Cu(NH_3)_4]^{2+}$的中心离子、配体、配位原子和配位数。

1. 配合物的组成简图

配合物一般是由内界和外界两部分组成。内界是配合物的特征部分，它是由中心离子(或原子)和配体组成的配离子或配分子，书写化学式时，要用方括号括起来；外界为一般离子。配分子只有内界，没有外界。如图 6-1 所示。

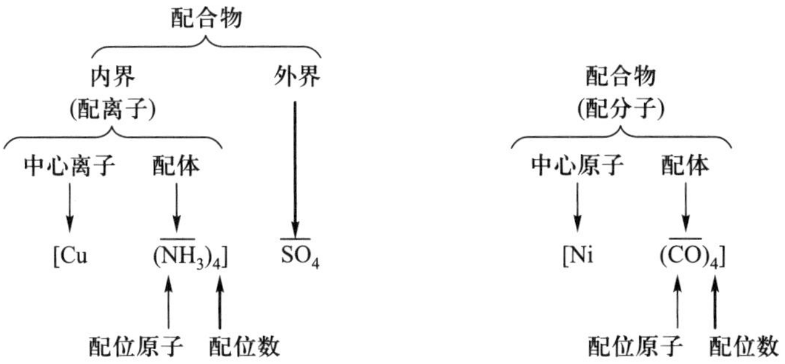

(a) 配位盐　　(b) 配分子

图 6－1　配合物的组成

视频

简单离子和配离子性质的比较

2. 中心离子(或中心原子)

中心离子(或中心原子)是配合物的形成体,位于配合物的中心,是配合物的核心,统称为中心离子。中心离子的特点是能提供空轨道,是孤对电子的接受体。常见的中心离子多为副族元素阳离子,如 Cr^{3+}、Fe^{3+}、Fe^{2+}、Co^{3+}、Co^{2+}、Ni^{2+}、Cu^{2+}、Cu^{+}、Ag^{+}、Zn^{2+}、Pt^{4+}、Pt^{2+}、Au^{+}、Hg^{2+} 等。少数副族金属原子和高氧化数的主族元素离子也可作为中心离子,如 $[Fe(CO)_5]$、$[Ni(CO)_4]$、$[AlF_6]^{3-}$、$[SiF_6]^{2-}$、$[BF_4]^{-}$ 中的 Fe、Ni、Al^{3+}、Si^{4+}、B^{3+} 等,如图 6－2 所示。

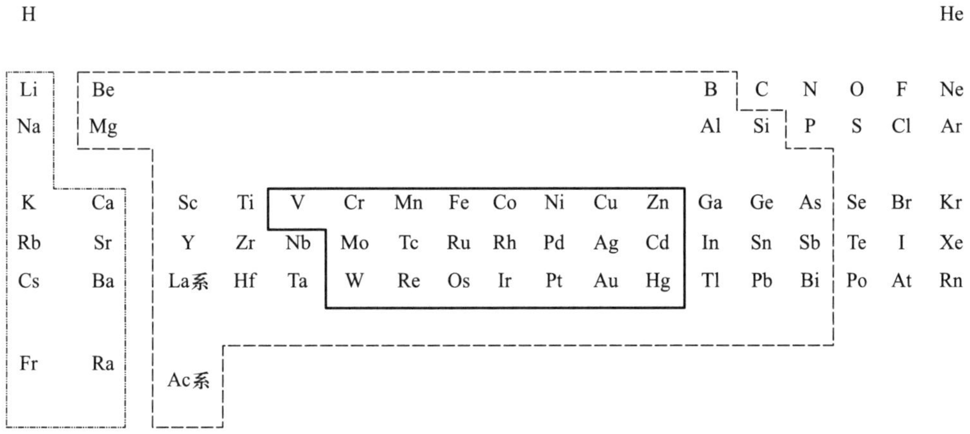

图 6－2　中心离子在元素周期表中的分布

注:———能形成简单配合物及螯合物的元素;------能形成稳定螯合物的元素;
—··—··—仅能形成少数螯合物的元素;有色字为可作配位原子的元素。

一般中心离子半径越小,电荷越高,形成配合物的能力越强。

3. 配体和配位原子

在配合物中,与中心离子结合的阴离子或中性分子称为配体。中性分子如 H_2O、NH_3 等,阴离子如 Cl^{-}、CN^{-}、OH^{-} 等,都可以作配体,其特点是能提供孤对电子。配体中直接与中心离子以配位键相结合的原子,称为配位原子。配位原子是孤对电子的给子体,常见配位原子均为电负性较大的非金属原子,如 C、N、O、S 及 X(卤素原子)。如在

$[Cu(NH_3)_4]SO_4$ 中,配体是 NH_3,配位原子是 N。在 $[CoCl_2(NH_3)_4]Cl$ 中,配体是 Cl^-、NH_3,配位原子是 Cl 和 N。

配体中只有一个配位原子的称为单齿配体(或单基配体),常见的单齿配体有中性分子(H_2O、NH_3、CO、CH_3NH_2)和阴离子(X^-、OH^-、CN^-、NO_2^-、SCN^-、NCS^-)。配体中含有两个或两个以上配位原子的称为多齿配体(或多基配体),如 en(乙二胺)、EDTA(乙二胺四乙酸)均为多齿配体。有些配体含有两个配位原子,但在形成配合物时只有一个配位原子参与配位,也归类于单齿配体。例如,SCN^- 以 S 为配位原子时,称为硫氰酸根(SCN^-),以 N 为配位原子时,称为异硫氰酸根(NCS^-)。NO_2^- 以 N 为配位原子时,称为硝基(NO_2^-),以 O 为配位原子时,称为亚硝酸根(ONO^-)。

含有配体的物质称为配位剂,如 NaOH、KCN、KSCN、$Na_2S_2O_3$ 等,有时配位剂本身就是配体,如 NH_3、H_2O、CO 等。

4. 配位数

配合物中的配位原子总数,称为中心离子的配位数。

单齿配体配位数=配位原子数=配体数

多齿配体配位数=配位原子数=配体数×齿数

例如,在 $[Ag(NH_3)_2]Cl$ 中,中心离子 Ag^+ 的配位数是 2;在 $K_3[Fe(CN)_6]$ 中,中心离子 Fe^{3+} 的配位数是 6;在 $[Fe(en)_3]^{3+}$ 中,en 为双齿配体,故 Fe^{3+} 的配位数为 3×2=6;$[Co(en)_2Cl_2]^+$ 中 Co^{3+} 的配位数为(2×2)+(2×1)=6。

常见的配位数有 2、4、6。通常中心离子的电荷与其配位数的关系如表 6-1 所示。

表 6-1 中心离子电荷与常见配位数的关系

中心离子电荷	+1	+2	+3	+4
常见配位数	2	4(或 6)	6(或 4)	6(或 8)

中心离子的配位数,主要取决于中心离子的电荷和配体的半径,也和外界的环境有关。一般中心离子电荷多,半径大,配位数相对较高;配体的电荷少,半径小,配位数也高。其次,增大配体浓度,降低反应温度,也利于形成高配位数的配合物。因此,相同的中心离子,其配位数也可不同。如 $[AlF_6]^{3-}$、$[AlCl_4]^-$、$[AlBr_4]^-$,$[Hg(S_2O_3)_2]^{2-}$、$[Hg(S_2O_3)_4]^{6-}$ 等。

议一议

由多齿配体形成的配合物中,配位数与配体个数之间是什么关系?

【案例 6-1 解答】

中心离子	配 体	配位原子	配位数
Cu^{2+}	NH_3	N	4

5. 配离子电荷

配离子电荷等于中心离子电荷与配体总电荷的代数和。带正电荷的配离子叫做配阳离子,带负电荷的配离子叫做配阴离子。由于配合物是电中性的,因此配离子电荷又等于外界离子总电荷的相反数。

例如,配合物$[CoCl_2(NH_3)_3(H_2O)]Cl$中的配离子的电荷为

$$+3+2\times(-1)+3\times0+1\times0=+1$$

根据配离子电荷,也可推算中心离子的氧化数。例如,配合物$K_3[Fe(CN)_6]$中,外界有3个K^+,因此$[Fe(CN)_6]^{3-}$配离子的电荷数是-3,进而可推知中心离子是Fe^{3+}而不是Fe^{2+}。

二、配位化合物的命名

配合物分为内界和外界两部分,内界的命名最为关键。

1. 配离子的命名

配合物内界即配离子,命名方法的一般顺序为

配位数→配体名称→“合”→中心离子(原子)名称→中心离子(原子)的氧化数

中心离子氧化数是在其名称后面加括号用罗马数字注明;配体数用中文数字一、二、三、…表示,若配体不止一种,配体的命名顺序如下。

(1) 无机配体在前,有机配体在后。阴离子配体在前,中性分子配体在后。先简单离子,后复杂离子。不同的配体名称之间以中圆点“·”分开,在最后一个配体的名称之后加“合”字。例如,$[Cr(NH_3)_5Cl]^{2+}$一氯·五氨合铬(Ⅲ)配离子、$[Co(en)_2(NO_2)Cl]^+$一氯·一硝基·二乙二胺合钴(Ⅲ)配离子。

(2) 同类配体的名称,按配位原子元素符号的英文字母顺序排列。例如,$[Co(NH_3)_5H_2O]^{3+}$五氨·一水合钴(Ⅲ)配离子。

(3) 同类配体中若配位原子也相同,则含原子数较少的配体在前,含原子数较多的配体在后。例如,$[Pt(NO_2)(NH_3)(NH_2)OH(py)]^+$一硝基·一氨·一羟胺·一吡啶合铂(Ⅱ)配离子。

(4) 若配位原子相同,配体所含原子数也相同,则按在结构式中与配位原子相连的原子的元素符号的英文字母顺序排列。例如,$[Pt(NH_2)(NO_2)(NH_3)_2]$一氨基·一硝基·二氨合铂(Ⅱ)。

2. 配分子的命名

配分子是电中性的,其命名与配离子相同,只是不写“离子”二字。例如,$[Ni(CO)_4]$四羰基合镍(0)、$[PtCl_2(NH_3)_2]$二氯·二氨合铂(Ⅱ)。

书写配离子和配分子化学式时,要先写中心离子,再写配体,整个化学式括在“[ ]”中。其中,配体的书写顺序从左至右,与命名顺序相同。同类配体,按配位原子元素符号的英文字母顺序由先到后排列。中性分子和多原子酸根分别用括号括起来。

命名时,一般多原子酸根要用括号括上。有机配体及带倍数的复杂配体,也要将配体括在括号内。例如,$[Cr(NCS)_4(NH_3)_2]^-$四(异硫氰酸根)·二氨合铬(Ⅲ)离子、$[Cu(en)_2]^{2+}$二(乙二胺)合铜(Ⅱ)离子。

配合物的命名遵循无机物命名原则,所不同的只是对配离子的命名。若配合物中的酸根是一个简单阴离子,则称为“某化某”,如$[Co(NH_3)_6]Br_3$可命名为三溴化六氨合钴(Ⅲ)。若外界为酸根离子,则可命名为“某酸某”,如$[Cu(NH_3)_4]SO_4$称为硫酸四氨合铜

(Ⅱ)。如果外界为氢离子,则可命名为“某酸”,如 $H_2[HgCl_4]$称为四氯合汞(Ⅱ)酸,它的盐如$K_2[HgCl_4]$称为四氯合汞(Ⅱ)酸钾。配位酸、配位碱、配位盐的命名方法如表 6-2 所示。

表 6-2 配合物的命名方法

配合物	命　　名	配合物组成特征	实　　例
配位酸	某酸	内界为配阴离子,外界为 H^+	$H_2[PtCl_6]$
配位碱	氢氧化某	内界为配阳离子,外界为 OH^-	$[Cu(NH_3)_4](OH)_2$
配位盐	某化某	内界为配阳离子,外界酸根离子为简单离子	$[CoCl_2(NH_3)_3(H_2O)]Cl$
	某酸某	酸根离子为复杂离子或配阴离子	$[Cu(NH_3)_4]SO_4$、$K_4[Fe(CN)_6]$

常见仅含一种配体的配阴离子,可以将其倍数词头省略,并将“合”字也略去,作为简化名,如表 6-3 所示。

表 6-3 常见仅含一种配体的配合物命名

化 学 式	系 统 命 名	简　　名
$H_2[SiF_6]$	六氟合硅(Ⅳ)酸	氟硅(Ⅳ)酸
$Cu_2[SiF_6]$	六氟合硅(Ⅳ)酸铜	氟硅(Ⅳ)酸铜
$H_2[PtCl_6]$	六氯合铂(Ⅳ)酸	氯铂(Ⅳ)酸

常见配合物除用系统命名法命名外,往往还沿用习惯命名和俗名。如 $K_3[Fe(CN)_6]$称为铁氰化钾(赤血盐),$K_4[Fe(CN)_6]$称为亚铁氰化钾(黄血盐),$H_2[SiF_6]$又称为氟硅酸等。

练一练

给下面的配合物命名,并指出配离子的电荷数和中心离子的氧化数。

$[Co(NH_3)_6]Cl_3$、$K_2[Co(SCN)_4]$、$Na_2[SiF_6]$、$[Co(NH_3)_5Cl]Cl_2$、$K_2[Zn(OH)_4]$、$[Pt(NH_3)_2Cl_2]$、$[Zn(NH_3)_4]^{2+}$、$[Fe(CN)_6]^{3-}$、$[Fe(CN)_5(CO)]^{3-}$。

三、配位化合物的分类

(一) 按中心离子分为单核配合物和多核配合物

若配合物有一个中心原子(或中心离子),则称为单核配合物,如 $K_2[PtCl_4]$。此外,若配合物有两个或两个以上中心原子(或中心离子),则称为多核配合物,例如:

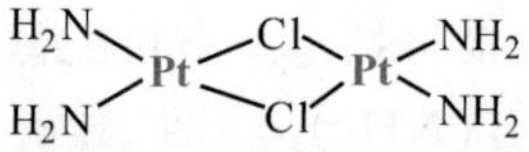

单核配合物可以根据配体种类分为简单配合物和螯合物。

简单配合物是指由单齿配体与中心离子直接配位成键形成的配合物,无环。如$[Cu(NH_3)_4]SO_4$、$[CoCl_3(NH_3)_3]$和$[PtCl_2(NH_3)_2]$都属于简单配合物。常见的单齿配体,按配位原子分类如表 6-4 所示。螯合物是指中心离子与多齿配体形成的配合物。

表 6-4 常见的单齿配体及其名称

配位原子	配体化学式	配体名称	配位原子	配体化学式	配体名称
F	F^-	氟离子	S	SCN^-	硫氰酸根
Cl	Cl^-	氯离子	S	$S_2O_3^{2-}$	硫代硫酸根
Br	Br^-	溴离子	N	NH_3	氨
I	I^-	碘离子	N	NCS^-	异硫氰酸根
O	OH^-	羟基	N	NO_2^-	硝基
O	H_2O	水	N	NH_2^-	氨基
O	ROH	醇	C	CN^-	氰离子
O	ONO^-	亚硝酸根	C	CO	羰基

(二) 按配体种类分为五类

1. 水合配合物

金属离子与水形成的配合物,如$[Cu(H_2O)_4]^{2+}$、$[Cr(H_2O)_6]^{3+}$等。

2. 卤合配合物

金属离子与卤素离子形成的配合物,如 $K_2[PtCl_4]$、$Na_3[AlF_6]$等。

3. 氨合配合物

金属离子与氨分子形成的配合物,如$[Cu(NH_3)_4]SO_4$等。

4. 氰合配合物

金属离子与氰离子(CN^-)形成的配合物,如 $K_4[Fe(CN)_6]$等。

5. 金属羰基配合物

金属与羰基(CO)形成的配合物,如$[Fe(CO)_5]$、$[Ni(CO)_4]$等。

(三) 按学科类型分为三类

1. 无机配合物

无机配合物的中心离子和配体都是无机物,如 $K_4[Fe(CN)_6]$、$[Ag(NH_3)_2]OH$ 等。

2. 有机金属配合物

金属与有机配体之间形成的配合物称为有机金属配合物,如二茂铁$[Fe(C_5H_5)_2]$等。

3. 生物无机配合物

生物配体与金属形成的配合物称为生物无机配合物,如金属酶、叶绿素等。

(四) 螯合物

1. 螯合物的概念

由中心离子与多齿配体形成的环状配合物称为**螯合物**,又称为**内配合物**。中心离子与配体结合时形成环状结构,其结构类似螃蟹用一双螯钳住中心离子,螯合物因此而得名。例如,$[Cu(en)_2]^{2+}$ 是具有 2 个五元环(5 个原子参与成环)的螯合物,如图 6-3 所示。

环状结构是螯合物的最基本特征。理论和实践均证明具有五元环或六元环的螯合物最稳定,两个配位原子之间一般只能间隔 2～3 个其他原子。配位原子越多,环数越多,配位键越多,螯合物越稳定,这种由于成环作用导致配合物稳定性剧增的现象称为**螯合效应**。

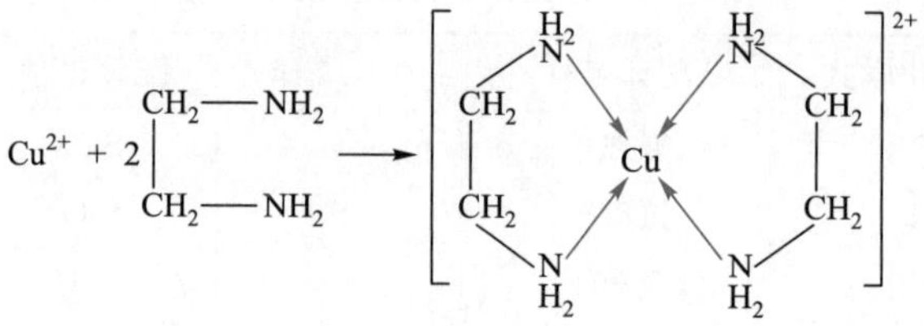

图 6-3　二(乙二胺)合铜(Ⅱ)离子

2. 螯合剂

能和中心离子形成螯合物的多齿配体称为螯合剂,相应的反应称为螯合反应。螯合剂一般都是有机分子或离子,可以用英文字母缩写表示。乙二胺四乙酸(缩写为 EDTA)是常用的螯合剂,如图 6-4 所示。

动画

EDTA 合钙离子的结构

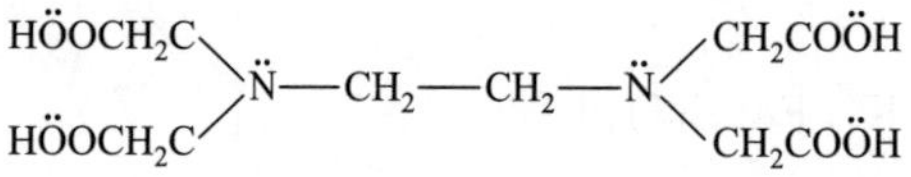

图 6-4　乙二胺四乙酸

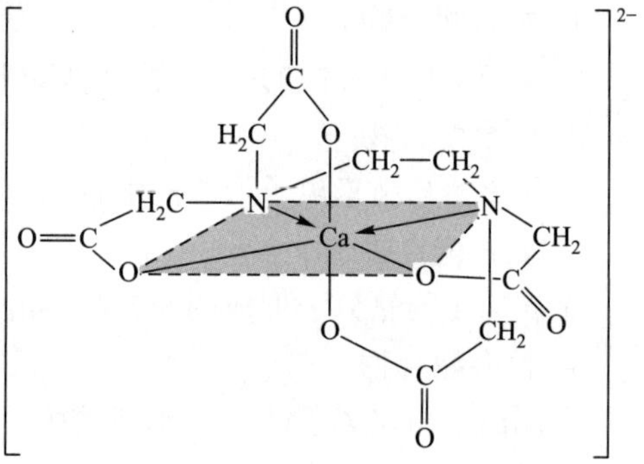

图 6-5　配离子$[CaY]^{2-}$的五元环结构

EDTA 是具有 6 个配位原子(带孤对电子的 O、N 原子)的四元酸,通常用 H_4Y 表示。由于 H_4Y 微溶于水,因此常用其易溶于水的二钠盐($Na_2H_2Y \cdot 2H_2O$,在水中解离为 H_2Y^{2-})作为螯合剂,H_2Y^{2-} 螯合能力极强,几乎能与所有的金属离子形成螯合物,螯合比均为 1∶1。例如:

$$Ca^{2+} + H_2Y^{2-} \longrightarrow [CaY]^{2-} + 2H^+$$

配离子$[CaY]^{2-}$具有 5 个五元环,如图 6-5 所示,其中心离子 Ca^{2+} 的配位数为 6。

螯合物稳定性极强,难解离,许多螯合物不易溶于水,而易溶于有机溶剂,且多具有特征颜色,因此被广泛应用于金属离子的萃取分离、提纯及比色测定、容量分析等方面。

3. 螯合物的特性

(1) 特殊的稳定性

螯合物比普通配合物要稳定得多,五元环或六元环的螯合物最为稳定,四元环、七元环和八元环的螯合物比较少见,形成螯环的数目越多,稳定性就越大。几种常见离子的普通配合物和螯合物的标准稳定常数如表 6-5 所示,通过比较可知螯合物的稳定性远远大于普通配合物。

表 6-5 螯合物和普通配合物离子的稳定常数

螯合物	$K^{\ominus}_{稳}$	普通配合物	$K^{\ominus}_{稳}$
$[Cu(en)_2]^{2+}$	1.0×10^{20}	$[Cu(NH_3)_4]^{2+}$	2.09×10^{13}
$[Zn(en)_2]^{2+}$	6.8×10^{10}	$[Zn(NH_3)_4]^{2+}$	2.88×10^{9}
$[Co(en)_2]^{2+}$	6.6×10^{13}	$[Co(NH_3)_4]^{2+}$	1.29×10^{5}
$[Ni(en)_2]^{2+}$	2.1×10^{18}	$[Ni(NH_3)_4]^{2+}$	5.50×10^{8}

(2) 具有特征颜色

金属螯合物不仅有较高的稳定性,还常常是难溶于水的或带有特征颜色的化合物,在分析工作中利用这一特点可作为离子分离和检验的试剂。例如,丁二酮肟是鉴定 Ni^{2+} 的特效试剂,它与 Ni^{2+} 在稀氨溶液中生成樱桃红色的沉淀。

四、配位化合物的空间构型

(一)配合物的价键理论

配合物的价键理论是美国化学家鲍林(L.Pauling)于 1931 年首先将杂化轨道理论应用于配合物中而逐渐形成和发展起来的,其基本要点如下。

1. 配合物的中心离子与配体间以配位键结合

要形成配位键,配体的配位原子必须含孤对电子(或 π 键电子),中心离子必须具有空的价电子轨道。

2. 中心离子的空轨道必须以杂化轨道成键

在形成配位键时,中心离子的杂化轨道与配体的孤对电子(或 π 键电子)所在的轨道发生重叠,从而形成配位键。

(二)配合物的空间构型

配合物的空间构型是指配体在中心离子周围按照一定的空间位置排列而形成的立体几何形状。由于中心离子的杂化轨道在空间的排列具有一定的方向性,所以配合物也具有一定的几何形状。配合物的空间构型不仅取决于配位数,当配位数相同时,还常与中心离子和配体的种类有关,如 $[NiCl_4]^{2-}$ 是四面体构型,而 $[Ni(CN)_4]^{2-}$ 则为平面正方形构型。常见配离子的空间构型如表 6-6 所示。

表 6-6 常见配离子的空间构型

杂化轨道	轨道数	配位数	几何构型		实例
sp	2	2	直线形		$[Ag(NH_3)_2]^+$、$[Cu(NH_3)_2]^+$、$[CuCl_2]^-$、$[Ag(CN)_2]^-$
sp^2	3	3	平面三角形	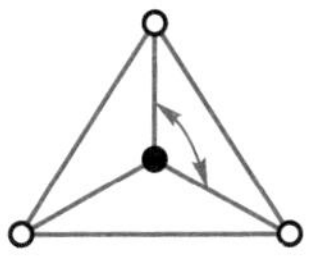	$[CuCl_3]^{2-}$、$[HgI_3]^{2-}$

续表

杂化轨道	轨道数	配位数	几何构型		实例
sp^3	4	4	正四面体	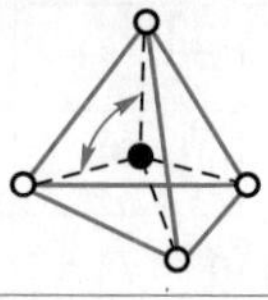	$[Zn(NH_3)_4]^{2+}$、$[Ni(NH_3)_4]^{2+}$、$[Ni(CO)_4]$、$[HgI_4]^{2-}$
dsp^2	4	4	平面正方形	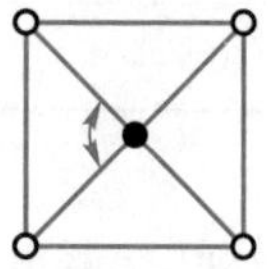	$[Ni(CN)_4]^{2-}$、$[Cu(NH_3)_4]^{2+}$、$[PtCl_4]^{2-}$、$[Cu(H_2O)_4]^{2+}$
dsp^3	5	5	三角双锥	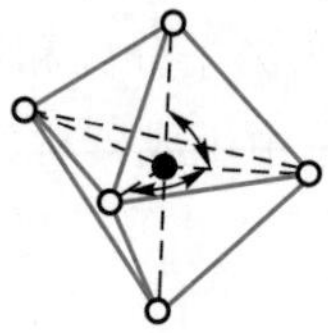	$Fe(CO)_5$、$[Ni(CN)_5]^{3-}$、$[CuCl_5]^{3-}$
d^2sp^3 sp^3d^2	6	6	八面体	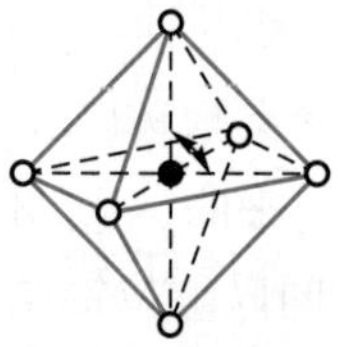	$[CoF_6]^{3-}$、$[FeF_6]^{3-}$、$[Fe(CN)_6]^{3-}$、$[Co(NH_3)_6]^{3+}$、$[PtCl_6]^{2-}$

（三）内轨型与外轨型配合物

由于配合物中心离子的杂化轨道类型不同，可以将配位键分为外轨配位键和内轨配位键。

1. 外轨型配合物

如果中心离子以最外层原子轨道（ns、np、nd）组成杂化轨道，与配原子形成配位键，则称为**外轨配位键**，相对应的配合物称为**外轨型配合物**。例如，$[FeF_6]^{3-}$是由一个 Fe^{3+} 和 6 个F^-结合而成的，其中 Fe^{3+} 的外层电子结构如下（虚线框内杂化轨道中的电子是由 6 个 F^- 提供的孤对电子）：

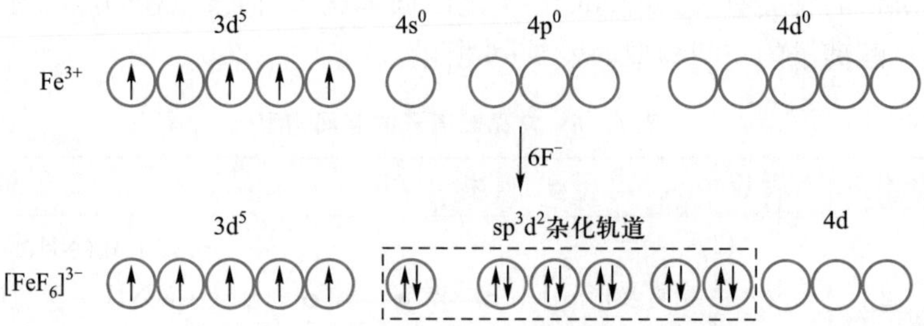

外轨型配合物中的配位键共价性较弱，离子性较强。外轨型配合物的中心离子仍保持原有的电子构型，未成对的电子数不变，磁矩较大，故称高自旋配合物。如 Fe^{3+} 中未成对的电子数是 5 个，形成$[FeF_6]^{3-}$配离子后，其未成对的电子数仍是 5 个。未成对电子数越多，顺磁磁矩越高。可形成外轨配位键的还有 sp、sp^2、sp^3 杂化轨道。

2. 内轨型配合物

如果中心离子的原子轨道发生杂化时，不仅用到最外层原子轨道，还用到能量相近的次外层原子轨道，如$(n-1)$d 原子轨道，这时形成的配位键称为**内轨配位键**，对应的配合物称为**内轨型配合物**。

例如，在$[Fe(CN)_6]^{3-}$中，Fe^{3+}用到次外层的原子轨道，配体的电子好像是“插入”了中心离子的内层轨道，所以$[Fe(CN)_6]^{3-}$是内轨型配合物。可形成内轨配位键的还有dsp^2、dsp^3杂化轨道。

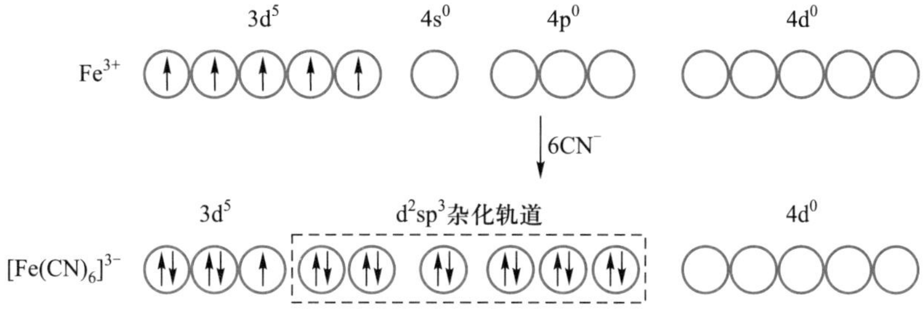

由于CN^-场强比较大，对Fe^{3+}中的 d 电子的排斥作用大，使 d 电子挤成只占 3 个轨道，空出 2 个 d 轨道，在形成配位键时采用内层的 d 轨道进行杂化。因此形成配合物后未成对的电子数目减少而磁性降低，甚至变为反磁性物质。由于$(n-1)$d 轨道比 nd 轨道的能量低，所以一般内轨型配合物比外轨型配合物稳定，内轨型配合物在水溶液中较难解离为简单离子，而外轨型配合物则相对较容易解离。

小贴士

配合物是外轨型还是内轨型，主要取决于中心离子的电子构型、离子所带的电荷和配位原子的电负性大小。具有d^{10}构型的离子，只能用外层轨道成键形成外轨型配合物。具有d^4～d^8构型的离子，既可以形成内轨型配合物也可以形成外轨型配合物。就配体而言，F^-、H_2O等更容易形成外轨型配合物，CN^-多数形成内轨型配合物，NH_3、Cl^-既可以形成内轨型配合物也可以形成外轨型配合物。中心离子的电荷数越高，越有利于形成内轨型配合物，如$[Co(NH_3)_6]^{3+}$是内轨型配合物，而$[Co(NH_3)_6]^{2+}$是外轨型配合物。内轨型配合物一般比外轨型配合物稳定。

练一练

根据形成内、外轨型配合物的规律，说明下列两组配位个体的几何构型。

(1) $[Fe(H_2O)_6]^{3+}$与$[Fe(CN)_6]^{3-}$

(2) $[Ni(CN)_4]^{2-}$与$[Ni(H_2O)_4]^{2+}$

第二节 配位平衡

一、配位平衡概述

(一) 配位平衡状态

配合物的内界与外界之间是以离子键结合的,在水溶液中几乎完全解离。配合物的内界配离子或配合物分子较难解离,在水溶液中存在着配合物的解离反应和生成反应间的平衡,这种平衡称为**配位平衡**。

配离子在水溶液中像弱电解质一样能部分地解离出中心离子和配体,存在着解离平衡。

(二) 不稳定常数

在一定的条件下,当达到解离配位平衡时,有一个确定的标准平衡常数存在。如$[Cu(NH_3)_4]^{2+}$配离子在水溶液中的解离平衡为

$$[Cu(NH_3)_4]^{2+} \rightleftharpoons Cu^{2+} + 4NH_3$$

$$K^{\ominus}_{不稳} = \frac{[Cu^{2+}][NH_3]^4}{[Cu(NH_3)_4^{2+}]} \tag{6-1}$$

$K^{\ominus}_{不稳}$称为配离子的**不稳定常数**。不稳定常数是表示配离子不稳定程度的特征常数。具有相同配体数的配合物,其$K^{\ominus}_{不稳}$越大,配离子解离的趋势越大,配离子越不稳定。

配离子在溶液中的解离是逐级进行的,每一步只解离出一个配体,有一个平衡常数,称为逐级不稳定常数。例如:

$$[Cu(NH_3)_4]^{2+} \rightleftharpoons [Cu(NH_3)_3]^{2+} + NH_3, \quad K^{\ominus}_{不稳1} = \frac{[Cu(NH_3)_3^{2+}][NH_3]}{[Cu(NH_3)_4^{2+}]}$$

$$[Cu(NH_3)_3]^{2+} \rightleftharpoons [Cu(NH_3)_2]^{2+} + NH_3, \quad K^{\ominus}_{不稳2} = \frac{[Cu(NH_3)_2^{2+}][NH_3]}{[Cu(NH_3)_3^{2+}]}$$

$$[Cu(NH_3)_2]^{2+} \rightleftharpoons [Cu(NH_3)]^{2+} + NH_3, \quad K^{\ominus}_{不稳3} = \frac{[Cu(NH_3)^{2+}][NH_3]}{[Cu(NH_3)_2^{2+}]}$$

$$[Cu(NH_3)]^{2+} \rightleftharpoons Cu^{2+} + NH_3, \quad K^{\ominus}_{不稳4} = \frac{[Cu^{2+}][NH_3]}{[Cu(NH_3)^{2+}]}$$

根据多重平衡规则,有

$$K^{\ominus}_{不稳1} \cdot K^{\ominus}_{不稳2} \cdot K^{\ominus}_{不稳3} \cdot K^{\ominus}_{不稳4} = K^{\ominus}_{不稳} \tag{6-2}$$

(三) 稳定常数

配离子的稳定性还可以用稳定常数表示。例如:

$$Cu^{2+} + 4NH_3 \rightleftharpoons [Cu(NH_3)_4]^{2+}$$

$$K^{\ominus}_{稳} = \frac{[Cu(NH_3)_4^{2+}]}{[Cu^{2+}][NH_3]^4} \tag{6-3}$$

显然

$$K^{\ominus}_{稳} = \frac{1}{K^{\ominus}_{不稳}} \tag{6-4}$$

$K^{\ominus}_{稳}$称为**稳定常数**,具有相同配体数目的配合物,其$K^{\ominus}_{稳}$越大,生成配离子的趋势越大,配离子越稳定,在水中越难解离。由于$K^{\ominus}_{稳}$与$K^{\ominus}_{不稳}$有式(6-4)的确定关系,因此只用一

种常数表示配离子的稳定性即可，本书用 $K^{\ominus}_{稳}$ 表示。

配离子的形成也是分步进行的，每一步结合一个配体，相应的平衡常数称为逐级累积稳定常数。

也可以用逐级累积稳定常数表示配离子的稳定性。例如，$[Cu(NH_3)_4]^{2+}$ 的逐级累积稳定常数表达式为

视频

配离子稳定性的比较

$\beta_1 = K^{\ominus}_{稳1}$　　第一级累积稳定常数

$\beta_2 = K^{\ominus}_{稳1} \cdot K^{\ominus}_{稳2}$　　第二级累积稳定常数

$\beta_3 = K^{\ominus}_{稳1} \cdot K^{\ominus}_{稳2} \cdot K^{\ominus}_{稳3}$　　第三级累积稳定常数

$\beta_4 = K^{\ominus}_{稳1} \cdot K^{\ominus}_{稳2} \cdot K^{\ominus}_{稳3} \cdot K^{\ominus}_{稳4} = K^{\ominus}_{稳}$　　第四级累积稳定常数

通常，将最高级累积稳定常数（β_n）称为**总稳定常数**，简称**稳定常数**。即

$$\beta_4 = K^{\ominus}_{稳1} \cdot K^{\ominus}_{稳2} \cdot \cdots \cdot K^{\ominus}_{稳n} = K^{\ominus}_{稳} \quad (6-5)$$

在生产和实验过程中，配位剂往往是过量的，因此只需用总稳定常数进行有关计算。

1. 计算有关离子浓度

【案例 6－2】 在 1.0 mL 0.04 mol/L $AgNO_3$ 溶液中加入 1.0 mL 2.00 mol/L $NH_3 \cdot H_2O$，计算平衡时溶液中的 Ag^+ 浓度。$K^{\ominus}_{稳}([Ag(NH_3)_2]^+) = 1.7 \times 10^7$。

配离子的形成使溶液中自由移动的金属离子的浓度大大降低。在一定条件下金属离子的浓度降低多少，以及形成的各级配离子的浓度为多少，可以通过逐级稳定常数进行计算。在实际操作过程中，往往加入过量的配离子，使金属离子绝大部分处于最高配位数，这样只需用 $K^{\ominus}_{稳}$ 就可以进行计算了。

【案例 6－2 解答】 溶液混合后：$c(AgNO_3) = 0.02$ mol/L，$c(NH_3) = 1.00$ mol/L。设平衡时 $c(Ag^+) = x$ mol/L，则

	Ag^+	$+\ 2NH_3$	$\rightleftharpoons [Ag(NH_3)_2]^+$
起始浓度/($mol \cdot L^{-1}$)	0.02	1.00	0
平衡浓度/($mol \cdot L^{-1}$)	x	$1.00-2(0.02-x)$	$0.02-x$ （因为 x 较小）
		≈ 0.96	≈ 0.02

由

$$K^{\ominus}_{稳} = \frac{c([Ag(NH_3)_2]^+)}{c(Ag^+) \cdot c^2(NH_3)}$$

得

$$c(Ag^+) = \frac{c([Ag(NH_3)_2]^+)}{K^{\ominus}_{稳} \cdot c^2(NH_3)} = \frac{0.02}{1.7 \times 10^7 \times 0.96^2} = 1.28 \times 10^{-9}(mol/L)$$

练一练

计算溶液中与 0.001 mol/L $[Cu(NH_3)_4]^{2+}$ 与 1.0 mol/L 氨水处于平衡状态时 Cu^{2+} 的浓度。

2. 比较相同类型配离子的稳定性

同类型的配离子，即配体数目相同的配离子，不存在其他副反应时，可直接根据 $K^{\ominus}_{稳}$

值比较配离子稳定性的大小。如$[Ag(CN)_2]^-$ ($K^\ominus_{稳}=5.6\times10^{18}$)比$[Ag(NH_3)_2]^+$ ($K^\ominus_{稳}=1.7\times10^7$)稳定得多。对不同类型的配离子不能简单地利用$K^\ominus_{稳}$值来比较它们的稳定性,要通过计算同浓度时溶液中中心离子的浓度来比较。例如,$[Cu(en)_2]^{2+}$ ($K^\ominus_{稳}=1.0\times10^{20}$)和$[CuY]^{2-}$ ($K^\ominus_{稳}=6.31\times10^{18}$),似乎前者比后者稳定,而事实恰好相反。

3. 判断配合物之间的转化

【案例 6-3】 向含有$[Ag(NH_3)_2]^+$的溶液中加入 KCN,试判断$[Ag(NH_3)_2]^+$能否转化为$[Ag(CN)_2]^-$。$K^\ominus_{稳}([Ag(NH_3)_2]^+)=1.7\times10^7$,$K^\ominus_{稳}([Ag(CN)_2]^-)=5.6\times10^{18}$。

若在一种配合物的溶液中,加入另一种能与中心离子生成更稳定的配合物的配位剂,则发生配合物之间的转化作用。配合物之间的转化反应总是向着生成更稳定的配合物的方向。两种配合物的稳定常数相差越大,转化反应的平衡常数越大,转化越完全。

【案例 6-3 解答】 转化反应为

$$[Ag(NH_3)_2]^+ + 2CN^- \rightleftharpoons [Ag(CN)_2]^- + 2NH_3$$

其平衡常数表达式为

$$K^\ominus=\frac{c([Ag(CN)_2]^-)c^2(NH_3)}{c([Ag(NH_3)_2]^+)c^2(CN^-)}$$

分子、分母同乘以$c(Ag^+)$得

$$K^\ominus=\frac{c([Ag(CN)_2]^-)c^2(NH_3)}{c([Ag(NH_3)_2]^+)c^2(CN^-)}\cdot\frac{c(Ag^+)}{c(Ag^+)}=\frac{K^\ominus_{稳}([Ag(CN)_2]^-)}{K^\ominus_{稳}([Ag(NH_3)_2]^+)}$$

则

$$K^\ominus=\frac{5.6\times10^{18}}{1.7\times10^7}=3.29\times10^{11}$$

其转化反应的平衡常数很大,说明转化反应进行得很完全。

4. 判断配合物与沉淀的转化

【案例 6-4】 向含有$[Ag(NH_3)_2]^+$的溶液中加入 KI,试判断$[Ag(NH_3)_2]^+$转化为 AgI 沉淀的可能性。$K^\ominus_{稳}([Ag(NH_3)_2]^+)=1.7\times10^7$,$K^\ominus_{sp}(AgI)=8.3\times10^{-17}$。

在配合物溶液中,加入能和配合物成分形成沉淀的沉淀剂时,配合物可能会解离而转化为沉淀。而在某些沉淀中加入配位剂时,沉淀也会溶解而转化为配合物。这是沉淀-溶解平衡与配位平衡的竞争,两种平衡互相影响和制约,其转化的可能性可根据配合物的稳定常数$K^\ominus_{稳}$和沉淀的溶度积常数$K^\ominus_{sp}$值的大小来判断。配合物的$K^\ominus_{稳}$值越大,越容易形成配合物,即沉淀越易于溶解。若沉淀的$K^\ominus_{sp}$越小,则配合物越易解离而形成沉淀。

【案例 6-4 解答】 转化反应为

$$[Ag(NH_3)_2]^+ + I^- \rightleftharpoons AgI(s) + 2NH_3$$

其平衡常数表达式为

$$K^\ominus=\frac{c^2(NH_3)}{c([Ag(NH_3)_2]^+)c(I^-)}$$

分子、分母同乘以$c(Ag^+)$得

$$K^{\ominus}=\frac{c^{2}(NH_3)}{c([Ag(NH_3)_2]^{+})c(I^{-})}\cdot\frac{c(Ag^{+})}{c(Ag^{+})}=\frac{1}{K_{稳}^{\ominus}([Ag(NH_3)_2]^{+})\times K_{sp}^{\ominus}(AgI)}$$

则

$$K^{\ominus}=\frac{1}{1.7\times10^{7}\times8.3\times10^{-17}}=7.09\times10^{8}$$

该转化反应的平衡常数很大，说明由$[Ag(NH_3)_2]^{+}$转化为 AgI 沉淀的可能性很大。

此外，还可以计算电对的电极电势。配合物的形成使金属离子的电极电势发生了变化，导致一些氧化还原反应方向的变化。

例如，金属铜在通常条件下不能置换水和酸中的氢，但在 KCN 存在时，铜也可以置换水中的氢。原因是形成了$[Cu(CN)_4]^{3-}$，$c(Cu^{+})$大大降低，使 Cu^{+}/Cu 电对的电极电势大大减小，金属铜的还原能力增强。其 $\varphi^{\ominus}$ 的改变可计算如下：

$$2Cu+8CN^{-}+2H_2O\rightleftharpoons2[Cu(CN)_4]^{3-}+2OH^{-}+H_2\uparrow$$

$$Cu^{+}+e^{-}\rightleftharpoons Cu\qquad\qquad \varphi^{\ominus}(Cu^{+}/Cu)=0.52\ V$$

若控制配离子溶液中的 $c([Cu(CN)_4]^{3-})=c(CN^{-})=1\ mol/L$，在 25℃时

$$\varphi(Cu^{+}/Cu)=\varphi^{\ominus}([Cu(CN)_4]^{3-}/Cu)=\varphi^{\ominus}(Cu^{+}/Cu)+\frac{0.059\ 2\ V}{n}\lg c(Cu^{+})$$

此时，溶液中 $c(Cu^{+})$可根据$[Cu(CN)_4]^{3-}$的 $K_{稳}^{\ominus}$ 计算，则有

$$K_{稳}^{\ominus}=\frac{c([Cu(CN)_4]^{3-})}{c(Cu^{+})c^{4}(CN^{-})}=\frac{1}{c(Cu^{+})}=1.0\times10^{30}$$

$$c(Cu^{+})=\frac{1}{K_{稳}^{\ominus}}=\frac{1}{1.0\times10^{30}}$$

所以

$$\varphi^{\ominus}([Cu(CN)_4]^{3-}/Cu)=0.52\ V+(0.059\ 2\ V)\lg\frac{1}{1.0\times10^{30}}=-1.26\ V$$

而在碱性介质中 $\varphi^{\ominus}(H_2O/H_2)=-0.827\ 7\ V$，所以，铜能还原水中的 H^{+} 而放出氢气。

动画

配位平衡与沉淀平衡

二、配位平衡的移动

当外界条件改变时，配位平衡就会发生移动。

（一）酸度与配位平衡

【案例 6-5】 在试管中往 0.1 mol/L $FeCl_3$溶液中逐滴加入 1 mol/L NaF 溶液，直至溶液无色，得到10 mL $[FeF_6]^{3-}$溶液，溶液均分于两支试管中。在其中一支试管中逐滴加入 2 mol/L NaOH 溶液，在另一支试管中滴入 2 mol/L H_2SO_4溶液。观察发现，第一支试管中产生红褐色沉淀，说明有$Fe(OH)_3$ 生成。第二支试管中，溶液由无色逐渐变为黄色，说明有更多的 Fe^{3+} 生成。

许多配体是弱酸根（如 F^{-}、CO_3^{2-}、CN^{-}、Y^{4-} 等），它们在溶液中存在一定的 pH 范围。若溶液酸度提高，即 H^{+} 浓度增大时，配体将与 H^{+} 结合为弱酸，配体浓度降低。使配位平衡向解离方向移动，降低了配合物的稳定性，这种作用称为配体的酸效应。另有一些配体本身是弱碱（如 NH_3、en 等），配体也能与溶液中的 H^{+} 发生中和反应，使溶液酸

度降低，H^+ 浓度减少时，金属离子发生水解生成氢氧化物沉淀，配离子稳定性下降，这种作用称为金属离子的水解作用。因此溶液酸度提高，也可以促使配合物的解离。大多数过渡金属离子在水溶液中有明显的水解作用，这实质上是金属离子生成羟基配合物的反应。如 $[Fe(H_2O)_6]^{3+}$，溶液酸度降低时，生成羟基配合物 $[Fe(H_2O)_5(OH)]^{2+}$ 和 $[Fe(H_2O)_4(OH)_2]^+$。

小贴士

为了使配离子稳定，从避免中心离子（原子）水解角度考虑，pH 越低越好，从配离子抗酸能力考虑，则 pH 越高越好。在一定的酸度下，究竟是以配位反应为主，还是以水解反应为主，或者是以 H^+ 与配体结合成弱酸的酸碱反应为主，这要从配离子的稳定性、配体碱性强弱和中心离子（原子）氢氧化物的溶解度等因素综合考虑，因此必须控制溶液的酸碱度在适宜的范围之内。一般的做法是：在保证不生成氢氧化物沉淀的前提下提高溶液的 pH，以保证配离子的稳定性。

【案例 6-5 解答】 $[FeF_6]^{3-}$ 溶液中存在配位平衡：

$$[FeF_6]^{3-}(\text{无色}) \rightleftharpoons Fe^{3+}(\text{黄色}) + 6F^-$$

当向溶液中加入 NaOH 时，由于 $Fe(OH)_3$ 沉淀的生成，降低了 Fe^{3+} 的浓度，配位平衡被破坏，使 $[FeF_6]^{3-}$ 的稳定性降低。因此，从金属离子考虑，溶液的酸度越大，配离子的稳定性越高。

当向溶液中加入 H_2SO_4 至一定的浓度时，由于 H^+ 与 F^- 结合生成了 HF，使 $[FeF_6]^{3-}$ 向解离方向移动，生成 Fe^{3+} 的浓度逐渐增大，配离子稳定性降低。故从配体考虑，溶液的酸度越大，配离子的稳定性越低。当配体为弱酸根（F^-、CN^-、SCN^-）、NH_3 及有机酸根时，都能与 H^+ 结合，形成难解离的弱酸，因此增大溶液酸度，配离子向解离方向移动。

但强酸根作为配体形成的配离子如 $[CuCl_4]^{2-}$ 等，酸度增大不影响其稳定性。

做一做

取 2 支试管各加入少量自制的硫酸四氨合铜溶液，一支试管中逐滴加入 1 mol/L HCl 溶液，另一支试管中滴加 2 mol/L NaOH 溶液，观察现象，说明配离子 $[Cu(NH_3)_4]^{2+}$ 在酸性和碱性溶液中的稳定性，写出有关的离子方程式。

（二）配位平衡与沉淀-溶解平衡

在盛有 1 mL 含有少量 AgCl 沉淀的饱和溶液中，逐滴加入 2 mol/L $NH_3 \cdot H_2O$，振荡试管后发现 AgCl 沉淀能溶于 $NH_3 \cdot H_2O$ 中，其反应为

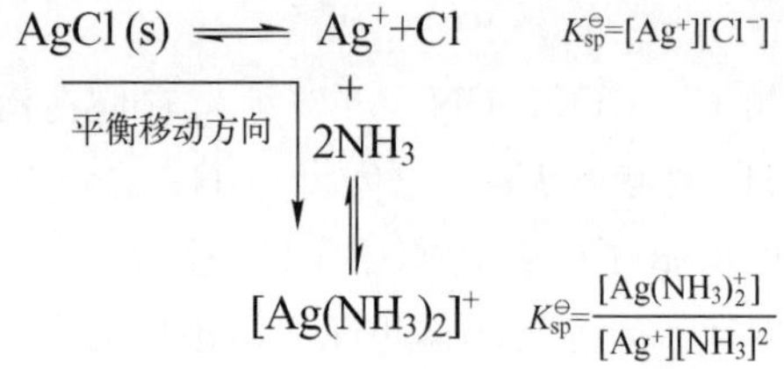

即转化反应为

$$AgCl(s)+2NH_3 \rightleftharpoons [Ag(NH_3)_2]^+ + Cl^-$$

若再向上述溶液中逐滴加入 0.1 mol/L KI 溶液，则又有黄色沉淀 AgI 生成。

$$\underset{\text{无色}}{[Ag(NH_3)_2]^+} + I^- \rightleftharpoons \underset{\text{黄色}}{AgI} + 2NH_3$$

在一些难溶强电解质中加入配体，难溶强电解质往往因为形成配离子而溶解，或者在配离子溶液中加入沉淀剂会产生沉淀，这说明沉淀生成能使配位平衡发生移动，配合物生成也能使沉淀-溶解平衡发生移动。沉淀反应对配位平衡的影响，实质上是沉淀剂和配位剂对金属离子的争夺关系，转化反应总是向金属离子浓度减小的方向移动。若向含有某种配离子的溶液中加入适当的沉淀剂，所生成沉淀物的溶解度越小($K_{sp}^{\ominus}$越小)，则配离子转化为沉淀的反应趋势越大。若向难溶电解质中加入适当的配位剂，所生成的配离子越稳定($K_{稳}^{\ominus}$ 越大)，则难溶电解质转化为配离子的反应趋势越大。

转化反应进行程度的大小，可用转化平衡常数来衡量。

(三) 配位平衡与氧化还原平衡

【案例 6-6】 已知 298.15 K 时，$\varphi^{\ominus}(Ag^+/Ag)=0.799$ V，$K_{稳}^{\ominus}([Ag(NH_3)_2]^+)=1.7\times10^7$，计算电对$[Ag(NH_3)_2]^+/Ag$的标准电极电势。

由于配离子的形成会大大降低金属离子的浓度，而氧化还原电对的电极电势随着金属离子浓度的降低而降低，因此氧化还原性也会发生改变。配位平衡可以使氧化还原平衡改变方向，使原来不可能发生的氧化还原反应在配体存在的情况下发生。例如，金矿中的金十分稳定，主要以游离态形式存在。已知在水中 $\varphi^{\ominus}(Au^+/Au)=1.68$ V，$\varphi^{\ominus}(O_2/OH^-)=0.401$ V，$\varphi^{\ominus}(Au^+/Au)>\varphi^{\ominus}(O_2/OH^-)$，$O_2$不可能将 Au 氧化成 Au^+。若在金矿粉中加入稀 NaCN 溶液，再通入空气，由于生成十分稳定的$[Au(CN)_2]^-$，而使 Au^+ 浓度降低，则导致 $\varphi(Au^+/Au)$降低而小于 $\varphi^{\ominus}(O_2/OH^-)$，从而使 Au 与 O_2的反应顺利进行。

金属和金属离子所形成的配离子组成的电对的标准电极电势，可以利用金属离子所形成的配离子的标准稳定常数进行计算。

【案例 6-6 解答】 首先计算$[Ag(NH_3)_2]^+$在标准状态下解离出的 Ag^+的浓度：

$$[Ag(NH_3)_2]^+ \rightleftharpoons Ag^+ + 2NH_3$$

$$K_{不稳}^{\ominus}=\frac{[Ag^+][NH_3]^2}{[Ag(NH_3)_2^+]}=\frac{1}{K_{稳}^{\ominus}}=\frac{1}{1.7\times10^7}=5.88\times10^{-8}$$

反应在标准状态下进行，配离子和配体的浓度均为 1.0 mol/L，则

$$[Ag^+]=\frac{1}{K_{稳}^{\ominus}}=\frac{1}{1.7\times10^7}=5.88\times10^{-8}$$

电对$[Ag(NH_3)_2]^+/Ag$的电极反应式为

$$[Ag(NH_3)_2]^+(aq)+e^- \rightleftharpoons Ag(s)+2NH_3(aq)$$

将$[Ag^+]$带入能斯特方程：

$$\varphi([Ag(NH_3)_2]^+/Ag)=\varphi^{\ominus}(Ag^+/Ag)+\frac{0.0592\ V}{1}\times\lg[Ag^+]$$

$$=0.799\ V+(0.0592\ V)\lg(5.88\times10^{-8})=0.37$$

根据计算可知，由于配位平衡的建立，使氧化型的 Ag^+ 浓度大大降低，电极电势降低，Ag^+ 氧化能力降低，而还原型 Ag 的还原能力增强。

练一练

以标准氢电极为正极，以浸入含 1.0 mol/L $NH_3 \cdot H_2O$ 和 1.0 mol/L $[Cu(NH_3)_4]^{2+}$ 溶液的铜电极作为负极组成原电池，测得该电池的电动势为 0.030 V，计算$[Cu(NH_3)_4]^{2+}$的稳定常数。

（四）配合物之间的转化

【案例 6-7】 判断标准状态下，配位反应进行的方向：

$$[Fe(SCN)_6]^{3-} + 6F^- \rightleftharpoons [FeF_6]^{3-} + 6SCN^-$$

$$K^{\ominus}_{稳}([Fe(SCN)_6]^{3-}) = 1.48\times10^3, \quad K^{\ominus}_{稳}([FeF_6]^{3-}) = 1.0\times10^{16}$$

在一种配离子的溶液中，加入另一种配位原子或中心离子，它也能与原配离子中的中心离子或配体形成新的配离子，这类反应也称为配位反应。利用标准平衡常数就可以判断反应进行的方向。如果配位反应的标准平衡常数很大，且加入的配体或中心离子的浓度足够大，则配位反应正向进行。

【案例 6-7 解答】 转化平衡常数为

$$K^{\ominus} = \frac{[FeF_6^{3-}][SCN^-]^6}{[Fe(SCN)_6^{3-}][F^-]^6} = \frac{K^{\ominus}_{稳}([FeF_6]^{3-})}{K^{\ominus}_{稳}([Fe(SCN)_6]^{3-})} = \frac{1.0\times10^{16}}{1.48\times10^3} = 6.8\times10^{12}$$

$K^{\ominus}$ 很大，说明转化反应进行得很完全。

配离子之间的平衡转化总是向着生成更稳定的配离子方向进行。当配体数相同时，反应由 $K^{\ominus}_{稳}$ 较小的配离子向 $K^{\ominus}_{稳}$ 大的配离子方向转化，且 $K^{\ominus}_{稳}$ 相差越大，转化得越完全。

练一练

在 1 L 6 mol/L 氨水中加入 0.01 mol 固体 $CuSO_4$，溶解后加入 0.01 mol 固体 NaOH，铜氨配离子能否被破坏？

三、配位平衡的应用

由于配合物具有特殊的性质，使得配合物在科学研究及工农业生产中都有十分广泛的应用。

在分析化学方面，利用许多配合物有特征的颜色来定性鉴定某些金属离子。如 Cu^{2+} 与 NH_3 生成深蓝色的$[Cu(NH_3)_4]^{2+}$配离子，Fe^{3+} 与 NH_4SCN 作用生成血红色的$[Fe(NCS)_n]^{3-n}$配离子。在定性分析中还可以利用生成配合物来消除杂质离子的干扰。如在用 NH_4SCN 鉴定 Co^{2+} 时，若有 Fe^{3+} 存在，血红色的$[Fe(NCS)_n]^{3-n}$配离子会对观察蓝色的$[Co(NCS)_4]^{2-}$配离子产生干扰，此时可加入 NaF 作为掩蔽剂使 Fe^{3+} 生成无色的$[FeF_6]^{3-}$配离子而消除其干扰。螯合剂 EDTA 可用于多种金属离子的定量测定。

在生物化学方面，生物体内许多重要物质都是配合物。如动物血液中起输送氧气作用的血红素是 Fe^{2+} 螯合物，植物中起光合作用的叶绿素是 Mg^{2+} 的螯合物，胰岛素是 Zn^{2+} 的螯合物，在豆类植物的固氮菌中能固定大气中氮气的固氮酶是铁钼蛋白螯合物。

在湿法冶金中，提取贵金属常用到配位反应。如 Au、Ag 能与 NaCN 溶液作用，生成稳定的$[Au(CN)_2]^-$和$[Ag(CN)_2]^-$配离子，而从矿石中提取出来，其反应如下。

$$4Au+8NaCN+2H_2O+O_2 \xlongequal{} 4Na[Au(CN)_2]+4NaOH$$

配合物还广泛用于配位催化、医药合成等方面，在电镀、印染、半导体、原子能等工业中也有重要应用。

实验六　配位化合物的性质

［实验目的］

1. 了解配离子与简单离子的区别。
2. 从配离子解离平衡的移动，进一步了解不稳定常数和稳定常数的意义。

［实验仪器］

试管、试管夹、漏斗、漏斗架、量筒。

［实验试剂］

H_2SO_4(1 mol/L)、$NH_3 \cdot H_2O$(2 mol/L、6 mol/L)、NaOH(0.1 mol/L、2 mol/L)、$AgNO_3$(0.1 mol/L)、$CuSO_4$ (0.1 mol/L)、$HgCl_2$ (0.1 mol/L)、KI (0.1 mol/L)、$K_3[Fe(CN)_6]$(0.1 mol/L)、KSCN(0.1 mol/L)、NaF(0.1 mol/L)、NH_4F(4 mol/L)、NaCl(0.1 mol/L)、$FeCl_3$ (0.1 mol/L)、$Na_2S_2O_3$ (1 mol/L，饱和)、$Ni(NO_3)_2$ (0.1 mol/L)、Na_2S(0.1 mol/L)、EDTA (0.1 mol/L)、Na_2CO_3 (0.1 mol/L)、KBr(0.1 mol/L)、乙醇(95%)、丁二酮肟试液、CCl_4。

动画

配离子的解离

［实验步骤］

1. 配合物的制备

(1) 含配阳离子的配合物

向试管中加入约 2 mL 0.1 mol/L $CuSO_4$溶液，逐滴加入 2 mol/L $NH_3 \cdot H_2O$，直至生成的沉淀溶解。观察沉淀和溶液的颜色。写出反应方程式。

向上述溶液中加入约 4 mL 乙醇(以降低配合物在溶液中的溶解度)，观察深蓝色$[Cu(NH_3)_4]SO_4$结晶的析出。过滤，弃去滤液。在漏斗颈下面放一支试管，然后慢慢滴加2 mol/L $NH_3 \cdot H_2O$ 于晶体上，使之溶解(约需 2 mL $NH_3 \cdot H_2O$，太多会使制得的溶液太稀)。保留备用。

(2) 含配阴离子的配合物

向试管中加入 3 滴 0.1 mol/L $HgCl_2$溶液(有毒!)，逐滴加入 0.1 mol/L KI 溶液，边加边摇动，直到生成的沉淀完全溶解。观察沉淀及溶液的颜色。写出反应的方程式。

2. 配离子的配位解离平衡及平衡的移动

(1) 向试管中加入 2 滴 0.1 mol/L $FeCl_3$ 溶液，加 H_2O 稀释成无色，加入 2 滴 0.1 mol/L KSCN 溶液，观察溶液的颜色。逐滴加入 0.1 mol/L NaF 溶液又有何变化？写出离子方程式。

(2) 在一支试管中加入 20 滴 0.1 mol/L $AgNO_3$ 溶液，再逐滴加入 2 mol/L $NH_3 \cdot H_2O$，直到生成的沉淀溶解，再过量 3～5 滴(使 $[Ag(NH_3)_2]^+$ 稳定)。解释现象，写出反应方程式。

将上述所得溶液分装在 2 支试管中，分别加入 3 滴 2 mol/L NaOH 溶液和 3 滴 0.1 mol/L KI 溶液，观察现象，并解释之，写出反应方程式。

(3) 将步骤 1(1)所得的 $[Cu(NH_3)_4]SO_4$ 溶液分装在 4 支试管中，分别加入 2 滴 0.1 mol/L Na_2S 溶液、2 滴 0.1 mol/L NaOH 溶液、3～5 滴 0.1 mol/L EDTA 溶液及数滴 1 mol/L H_2SO_4 溶液，观察沉淀的形成和溶液颜色的变化。解释现象，写出离子反应方程式。

3. 简单离子与配离子的区别

(1) 取 2 支试管各加入 10 滴 0.1 mol/L $FeCl_3$ 溶液，然后向第一支试管中加入 10 滴 0.1 mol/L Na_2S 溶液，边滴边摇动。向第二支试管中加入 3 滴 2 mol/L NaOH 溶液，振荡。观察现象，写出反应方程式。

再取 2 支试管，用 0.1 mol/L $K_3[Fe(CN)_6]$ 代替 $FeCl_3$ 进行实验。观察现象并与(1)比较有何不同。写出离子反应方程式。

(2) 在试管中加入 5 滴 0.1 mol/L $FeCl_3$ 溶液，再滴加 0.1 mol/L KI 溶液至呈现红棕色，然后加入 20 滴 CCl_4，振荡。观察 CCl_4 层的颜色。写出反应的离子方程式。

另取一支试管，加入 5 滴 0.1 mol/L $FeCl_3$ 溶液，再滴加 4 mol/L NH_4F 溶液至溶液变为近无色，然后加入 3 滴 0.1 mol/L KI 溶液，摇匀，观察溶液的颜色。再加入 20 滴 CCl_4，振荡，观察 CCl_4 层的颜色，并说明原因。写出相应的离子反应方程式。

总结(1) 和(2) 的实验结果，并给出结论。

4. 配位平衡与沉淀平衡

向一支试管中加入 5 滴 0.1 mol/L $AgNO_3$ 溶液，然后按下列顺序进行实验(要求：凡是生成沉淀的步骤，刚生成沉淀即可；凡是沉淀溶解的步骤，沉淀刚溶解即可。因此，试剂必须逐滴加入，边滴边摇动)。

(1) 滴加 0.1 mol/L Na_2CO_3 溶液至沉淀生成。

(2) 滴加 2 mol/L $NH_3 \cdot H_2O$ 至沉淀溶解。

(3) 加入 1 滴 0.1 mol/L NaCl 溶液，观察沉淀的生成。

(4) 滴加 6 mol/L $NH_3 \cdot H_2O$ 至沉淀溶解。

(5) 加入 1 滴 0.1 mol/L KBr 溶液，观察沉淀的生成。

(6) 滴加 1 mol/L $Na_2S_2O_3$ 溶液至沉淀溶解。

(7) 加入 1 滴 0.1 mol/L KI 溶液，观察沉淀的生成。

(8) 滴加饱和的 $Na_2S_2O_3$ 溶液至沉淀溶解。

(9) 滴加 0.1 mol/L Na_2S 溶液至沉淀生成。

观察实验现象，写出各步反应方程式。

5. 螯合物的形成

在一支试管中加入 5 滴 0.1 mol/L $Ni(NO_3)_2$溶液，观察溶液的颜色。逐滴加入 2 mol/L $NH_3 \cdot H_2O$，边加边振荡，并嗅其氨味。如果无氨味，再加第二滴，直到出现氨味，并注意观察溶液颜色。然后滴加 5 滴丁二酮肟溶液，摇动，观察玫瑰红色结晶的生成。

思考与训练

1. 配离子与简单离子有何差别？如何证明？

2. 向 $Ni(NO_3)_2$溶液中滴加 $NH_3 \cdot H_2O$，为什么会发生颜色变化？加入丁二酮肟又有何变化？说明其原因。

本章小结

一、配位化合物

(一) 配合物的概念

由一个阳离子(或原子)和一定数目的中性分子或阴离子以配位键相结合形成的能稳定存在的复杂离子或分子，称为配离子或配分子。配分子或含有配离子的化合物，称为配位化合物，简称配合物。配合物也有酸、碱、盐之分，与我们熟悉的酸、碱、盐的命名相同。

(二) 配合物的组成

配合物一般是由内界和外界两部分组成。内界是配合物的特征部分，它是由中心离子(或中心原子)和配体组成的配离子或配分子，用方括号括起来。外界为一般离子。配分子只有内界，没有外界。

1. 中心离子(或中心原子)

2. 配体和配位原子

3. 配位数

在配合物中配位原子的总数，称为中心离子的配位数。

$$\text{单齿配体配位数}=\text{配位原子数}=\text{配体数}$$

$$\text{多齿配体配位数}=\text{配位原子数}=\text{配体数}\times\text{齿数}$$

4. 配离子电荷

配离子电荷等于中心离子电荷与配体总电荷的代数和。带正电荷的配离子叫做配阳离子，带负电荷的配离子叫做配阴离子。由于配合物是电中性的，因此配离子电荷又等于外界离子总电荷的相反数。

(三) 配合物的命名

配合物分为内界和外界两部分，内界的命名最为关键。

配合物内界即配离子，命名的一般顺序为配位数→配体名称→“合”→中心离子(原子)名称→中心离子(原子)的氧化数。

配分子是电中性的，其命名与配离子相同，只是不写“离子”二字。

(四) 配合物的分类

1. 按中心离子分为单核配合物和多核配合物

2. 按配体种类可以分为水合配合物、卤合配合物、氨合配合物、氰合配合物、金属羰基配合物五类。

3. 按学科类型分为无机配合物、有机金属配合物、生物无机配合物三类。

(五) 螯合物

1. 螯合物的概念

螯合物是中心离子与多齿配体形成的环状配合物，又称内配合物。环状结构是螯合物的最基本特征。配位原子越多，环数越多，配位键越多，螯合物越稳定。

2. 螯合物的特性

(1) 特殊的稳定性

螯合物比普通配合物要稳定得多,五元环或六元环的螯合物最为稳定,四元环、七元环和八元环的螯合物比较少见,形成螯环的数目越多,稳定性也越大。

(2) 具有特征颜色

金属螯合物是带有特征颜色的化合物,可作为离子分离和检验的试剂。

(六) 配合物的空间构型

1. 配合物的中心离子与配体间以配位键结合。

2. 中心离子的空轨道必须以杂化轨道成键,采取哪些轨道杂化与中心离子(或中心原子)的电子层结构有关,又和配位原子的电负性有关。

3. 配合物的空间构型与中心离子(或中心原子)的杂化方式有关。

4. 配合物按空间构型分为内轨型配合物与外轨型配合物。如果中心离子以最外层原子轨道(ns、np、nd)组成杂化轨道,与配位原子形成配位键,则称为外轨配位键,相对应的配合物称为外轨型配合物。如果中心离子的原子轨道发生杂化时,不仅用到最外层原子轨道,还用到能量相近的次外层原子轨道如($n-1$)d原子轨道,这时形成的配位键称为内轨配位键,相对应的配合物称为内轨型配合物。

二、配位平衡

(一) 配位平衡状态

配合物的内界与外界之间是以离子键结合的,在水溶液中几乎完全解离。配合物的内界配离子或配合物分子较难解离,在水溶液中存在着配合物的解离反应和生成反应间的平衡,这种平衡称为配位平衡。配离子在水溶液中像弱电解质一样能部分解离出中心离子和配体,存在着解离平衡。

(二) 不稳定常数

不稳定常数是表示配离子不稳定程度的特征常数。具有相同配体数的配合物,其不稳定常数越大,配离子解离的趋势越大,配离子越不稳定。

$$[Cu(NH_3)_4]^{2+} \rightleftharpoons Cu^{2+} + 4NH_3$$

$$K^{\ominus}_{不稳} = \frac{[Cu^{2+}][NH_3]^4}{[Cu(NH_3)_4^{2+}]}$$

(三) 稳定常数

稳定常数越大,生成配离子的趋势越大,配离子越稳定,在水中越难解离。

$$Cu^{2+} + 4NH_3 \rightleftharpoons [Cu(NH_3)_4]^{2+}$$

$$K^{\ominus}_{稳} = \frac{[Cu(NH_3)_4^{2+}]}{[Cu^{2+}][NH_3]^4}$$

$$K^{\ominus}_{稳} = \frac{1}{K^{\ominus}_{不稳}}$$

稳定常数应用广泛,可以计算有关离子浓度,比较相同类型配离子的稳定性,判断配合物之间的转化,判断配合物与沉淀的转化等。

(四) 配位平衡移动

当外界条件改变时,配位平衡就会发生移动。

1. 配位平衡与酸碱平衡

溶液酸度提高,会促使配合物的解离。在保证不生成氢氧化物沉淀的前提下提高溶液 pH,以保证配离子的稳定性。

2. 配位平衡与沉淀-溶解平衡

沉淀-溶解平衡对配位平衡的影响,总是向金属离子浓度减小的方向移动。若向含有某种配离子的溶液中,加入适当的沉淀剂,所生成沉淀物的溶解度越小($K^{\ominus}_{sp}$越小),则配离子转化为沉淀的反应趋势越大；若向难溶电解质中，加入适当的配位剂时，所生成的配离子越稳定（$K_{稳}^{\ominus}$越大），则难溶电解质转化为配离子的反应趋势越大。

3. 配位平衡与氧化还原平衡

配位平衡可以使氧化还原平衡改变方向，使原来不可能发生的氧化还原反应在配体存在下发生。

4. 配位平衡之间的转化

配离子之间的平衡转化总是向着生成更稳定的配离子方向进行；当配体数相同时，反应由$K_{稳}^{\ominus}$较小的配离子向$K_{稳}^{\ominus}$大的配离子方向转化，且$K_{稳}^{\ominus}$相差越大，转化得越完全。

（五）配位平衡的应用

由于配合物具有特殊的性质，使得配合物在分析化学、生物化学、湿法冶金、科学研究及工农业生产中都有十分广泛的应用。配位平衡还广泛用于配位催化、医药合成等方面，在电镀、印染、半导体、原子能等工业中也有重要应用。

思考与练习题

思考与练习题答案

1. 配合物$[Co(NH_3)_4(H_2O)_2]_2(SO_4)_3$的内界是______，配体是______，______原子是配位原子，配位数为______，配离子的电荷是______，该配合物的名称是______。

2. 配合物$[Cr(H_2O)(en)(OH)_3]$的名称为______，配位数为______，配体为______，中心离子为______。

3. 配合物"硝酸一氯·一硝基·二乙二胺合钴(Ⅲ)"的化学式是______，它的外界是______。

4. 若中心离子(原子)分别采用sp^3和dsp^2杂化与配体中的配位原子成键，则中心离子(原子)的配位数均为______，所形成的配离子的类型分别是______和______，所形成的配合物的构型分别为______和______。

5. 完成下表。

配合物	命名	中心离子	配位数
$[Cd(NH_3)_4]Cl_2$			
$[Co(NH_3)_6]Cl_3$			
$[Pt(NH_3)_2]Cl_2$			
$K_2[PtI_4]$			
$[Co(NH_3)_5Cl]Cl$			

6. 已知$[Ni(NH_3)_4]^{2+}$、$[Ni(CN)_4]^{2-}$、$[Cu(NH_3)_4]^{2+}$的标准稳定常数分别为5.6×10^8、10^{22}和4.3×10^{13}，则这3种配离子的稳定性由小到大排列的顺序是______。

7. 螯合物的稳定性与螯合环的结构、数目和大小有关，通常情况下，螯合剂与中心离子形成的螯合环的环数越______，生成的螯合物越稳定。

8. 在$[Co(en)(C_2O_4)_2]^-$中，Co^{3+}的配位数是（　　）。

A. 3　　B. 4　　C. 5　　D. 6

9. 已知$[Ni(CN)_4]^{2-}$中Ni^{2+}以dsp^2杂化轨道与CN^-成键，$[Ni(CN)_4]^{2-}$的空间构型为（　　）。

A. 正四面体　　B. 八面体　　C. 四面体　　D. 平面正方形

10. 下列配合物中，中心离子的配位数为4的是（　　）。

A. $Na_3[Ag(S_2O_3)_2]$　　B. $K_4[Fe(CN)_6]$

C. $[CoBr_2Cl(NH_3)_2(H_2O)]$　　D. $[Cu(en)_2]^{2+}$

11. 下列化合物中,可溶于过量氨水的是(　　)。

A. $Al(OH)_3$　　B. AgBr　　C. $Zn(OH)_2$　　D. AgI

12. 下列对配体的说法正确的是(　　)。

A. 带负电荷的阴离子

B. 中性分子

C. 中性分子,也可以是阴离子

D. 多电子原子(或离子)常见的是ⅤA、ⅥA、ⅦA等族元素原子

13. 对中心原子的配位数,下列说法不正确的是(　　)。

A. 能直接与中心原子配位的原子数目称为配位数

B. 中心原子电荷越高,配位数就越大

C. 中性配体比阴离子配体的配位数大

D. 配体的半径越大,配位数越大

14. 某钴氨配合物,用 $AgNO_3$ 溶液沉淀所含的 Cl^- 时,能得到相当于总含氯量的 2/3,则该化合物是(　　)。

A. $[CoCl(NH_3)_5]Cl_2$　　B. $[CoCl_2(NH_3)_4]Cl$

C. $[CoCl_3(NH_3)_3]$　　D. $[Co(NH_3)_6]Cl_3$

15. 下列说法错误的是(　　)。

A. 金属离子形成配离子后,它的标准电极电势值一般较低

B. 配离子越稳定,它的标准电极电势越负

C. 配离子越稳定,相应的金属离子越难得电子

D. 配离子越稳定,它的标准电极电势越正

16. 下列配离子都具有相同的配体,其中属于外轨型的是(　　)。

A. $[Zn(CN)_4]^{2-}$　　B. $[Ni(CN)_4]^{2-}$　　C. $[Co(CN)_6]^{3-}$　　D. $[Fe(CN)_6]^{3-}$

17. 往 $[FeF_6]^{3-}$ 溶液中加入 H_2SO_4,溶液由无色变为黄色的现象称为(　　)。

A. 配位效应　　B. 同离子效应　　C. 螯合效应　　D. 酸效应

18. 指出下列配离子的中心原子、配体、配位原子及配位数,并命名。

(1) $[Cu(NH_3)_4]^{2+}$

(2) $[Ag(S_2O_3)_2]^{3-}$

(3) $[AlCl_4]^-$

(4) $[Fe(CN)_6]^{4-}$

(5) $[Fe(NCS)_6]^{3-}$

(6) $[SiF_6]^{2-}$

(7) $[Ni(en)_2]^{2+}$

(8) $[BF_4]^-$

(9) $[CaY]^{2-}$

19. 写出下列配合物和配离子的化学式。

(1) 二氯化四氨合铜(Ⅱ)

(2) 一氯化二氯·三氨·一水合钴(Ⅲ)

(3) 四硫氰·二氨合铬(Ⅲ)酸铵

(4) 六氯合铂(Ⅲ)酸钾

(5) 二氰合银(Ⅰ)配离子

(6) 二羟基·四水合铝(Ⅲ)配离子

20. 判断下述反应进行的方向,并说明原因。

$$[Cu(NH_3)_4]^{2+} + 4CN^- \rightleftharpoons [Cu(CN)_4]^{2-} + 4NH_3$$

21. 解释下列实验现象,并写出有关反应式。

(1) 在$[Cu(NH_3)_4]^{2+}$溶液中加入少量稀 NaOH 溶液无沉淀,加入同量的浓度相同的 Na_2S 溶液则产生黑色沉淀。

(2) 在深蓝色的$[Cu(NH_3)_4]^{2+}$溶液中加入 H_2SO_4,溶液变为浅蓝色。

(3) 在 Fe^{3+} 溶液中加入 KSCN 溶液,溶液变为血红色;再加入过量的 NH_4F 溶液,溶液变为无色。

(4) 在 Zn^{2+} 溶液(pH=5~6)中加入二甲酚橙指示剂,溶液为紫红色,再加入过量的 EDTA 溶液,溶液变为亮黄色。

22. 在含有 0.10 mol/L $CuSO_4$ 和 1.8 mol/L NH_3 的溶液中,Cu^{2+} 浓度为多少摩尔每升(已知:$K^\ominus_{稳}([Cu(NH_3)_4]^{2+})=4.3\times10^{13}$)?

23. 计算含有 0.10 mol/L $[Ag(S_2O_3)_2]^{3-}$ 和 0.10 mol/L $Na_2S_2O_3$ 溶液中的 Ag^+ 浓度(已知:$K^\ominus_{稳}([Ag(S_2O_3)_2]^{3-})=1.7\times10^{13}$)。

24. 计算在 25℃时,与 0.1 mol/L $[Ag(NH_3)_2]^+$ 和 2.0 mol/L NH_3溶液成平衡状态的 Ag^+ 浓度。

25. 室温下,在 1.0 L 氨水中溶解 0.10 mol AgCl(s),氨水的浓度最小应为多少[$K^\ominus_{sp}(AgCl)=1.8\times10^{-10}$,$K^\ominus_{稳}([Ag(NH_3)_2]^+)=1.7\times10^7$)?

26. 已知 $\varphi^\ominus(Au^+/Au)=1.68$ V, $K^\ominus_{稳}([Au(CN)_2]^-)=2.0\times10^{38}$, 计算 298.15 K 时 $\varphi^\ominus([Au(CN)_2]^-/Au)$的值。

27. 已知 $K^\ominus_{稳}([Ag(NH_3)_2]^+)=1.7\times10^7$,$K^\ominus_{稳}([Ag(SCN)_2]^-)=3.72\times10^7$,$K^\ominus_{稳}([Ag(CN)_2]^-)=5.6\times10^{18}$,计算下列两个反应的平衡常数,比较反应进行的程度。

(1) $[Ag(NH_3)_2]^+ + 2SCN^- \rightleftharpoons [Ag(SCN)_2]^- + 2NH_3$

(2) $[Ag(NH_3)_2]^+ + 2CN^- \rightleftharpoons [Ag(CN)_2]^- + 2NH_3$

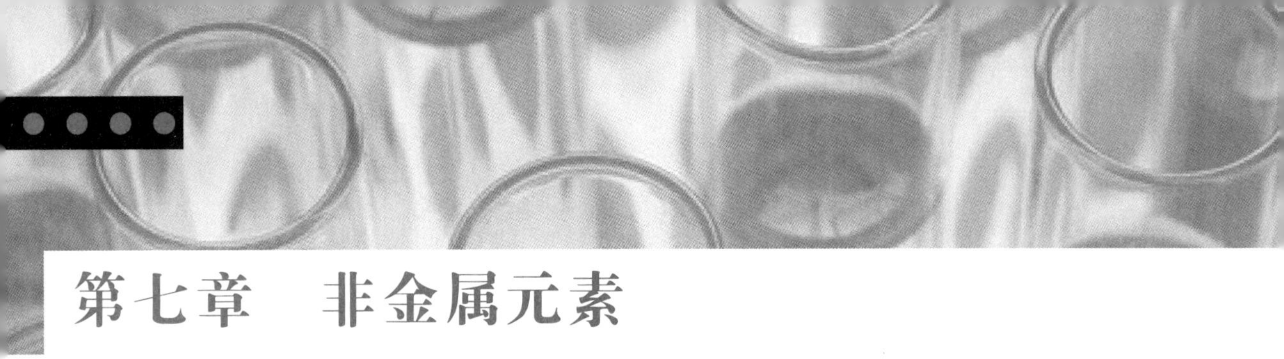

第七章　非金属元素

学习目标

知识目标

1. 了解卤素、氧族元素、氮族元素、碳族元素、硼族元素的通性。
2. 了解氯、硫、氮、磷、硅、硼单质及其化合物的存在、物理性质和用途。
3. 掌握氯、硫、氮、磷、硅、硼单质及其化合物的化学性质和制备。

能力目标

1. 能根据非金属元素的价层电子构型，推断其物理性质及化学性质。
2. 能根据非金属元素单质和化合物的性质，判断其用途。

非金属元素位于周期表 p 区的右上方，均为主族元素，核外电子构型为 $1s^{1\sim2}\sim ns^2np^{1\sim6}$，共 22 种元素。其中单质为固态的有 B、C、Si、P、As、S、Se、Te、I 九种元素，单质为液态的有 Br 元素，其余单质都是气体。

第一节 氯及其化合物

卤族元素简称卤素，包括氟(F)、氯(Cl)、溴(Br)、碘(I)、砹(At)和鿬(Ts)六种元素，称为ⅦA族元素，由于它们都易形成盐，故称为卤素，用符号X表示。砹和鿬是放射性元素。卤素是典型的非金属元素，表现出强的氧化性，价层电子构型为ns^2np^5，常见的氧化数是－1，在含氧酸及其盐中表现出正氧化数＋1、＋3、＋5和＋7。氟的电负性最大，不能出现正氧化数。按F—Cl—Br—I顺序，原子半径递增，氧化性依次减弱。

议一议

根据氯的价层电子构型，结合查找到的资料，推断氯单质及其化合物的存在、物理性质、化学性质、制备和主要用途。

一、氯的存在、物理性质

(一) 氯的存在

氯在自然界中以化合态形式存在。主要以钠、钾、钙、镁的无机盐形式存在于海水中，其中以氯化钠的含量最高。此外，还有盐湖、盐层等中含有氯。

(二) 氯的物理性质

卤素单质均为双原子的非极性分子。氯在常温下是黄绿色气体，具有强烈的刺激性气味。极易液化，常温时冷至239 K或加压至600 kPa变为黄绿色油状液体，工业上称为“液氯”，液氯贮存在钢瓶中。氯气微溶于水，氯水呈黄绿色。氯气易溶于CCl_4、CS_2等非极性溶剂。氯气有毒，强烈刺激眼、鼻、气管等，吸入较多的蒸气会严重中毒，甚至死亡。若不慎吸入氯气，必须立即到空气新鲜处，也可吸入适量酒精和乙醚混合蒸气或氨气解毒。

动画
实验室制取氯气

工业上电解食盐水制取氯气。

$$2NaCl+2H_2O \xlongequal{电解} 2NaOH+H_2+Cl_2$$

实验室是用强氧化剂与浓盐酸来制取氯气。

$$2KMnO_4+16HCl(浓) \xlongequal{} 2KCl+2MnCl_2+5Cl_2+8H_2O$$

$$MnO_2+4HCl(浓) \xlongequal{\triangle} MnCl_2+Cl_2+2H_2O$$

练一练

氯在自然界中以化合物的形式存在的原因是什么？写出实验室制备氯气的化学反应方程式。

二、氯的化学性质

(一) 与金属反应

氯能与各种金属作用，但有些反应需加热，反应也比较剧烈。潮湿的氯在加热情况下，还能与很不活泼的金属如铂、金反应。干燥的氯气不与铁反应，故可将氯气或液氯贮存在钢瓶中。

$$Cu+Cl_2 \xlongequal{\text{点燃}} CuCl_2$$

$$2Na+Cl_2 \xlongequal{\text{点燃}} 2NaCl$$

$$2Fe+3Cl_2 \xlongequal{\text{点燃}} 2FeCl_3$$

（二）与非金属反应

氯能与大多数非金属元素（O_2、N_2、稀有气体除外）直接化合，反应较剧烈。如氯与硫、磷的反应。

$$2S+Cl_2 \xlongequal{\text{点燃}} S_2Cl_2$$

$$S+Cl_2 \xlongequal{\text{点燃}} SCl_2$$

$$2P+3Cl_2 \xlongequal{\text{点燃}} 2PCl_3$$

$$2P+5Cl_2(\text{过量}) \xlongequal{\text{点燃}} 2PCl_5$$

氯和氢的混合气体在常温下反应进行得很慢。当强光照射或加热时，氯和氢立即反应并发生爆炸。

$$H_2+Cl_2 \xlongequal{\text{光照或点燃}} 2HCl$$

这类因光引起的化学反应叫做“**光化学反应**”。

（三）与 H_2O 反应

氯在光照下缓慢地与水反应放出 O_2。

$$Cl_2+H_2O \xlongequal{} HCl+HClO$$

$$2HClO \xlongequal{\text{光照}} 2HCl+O_2$$

所以氯水有很强的漂白、杀菌作用。

小贴士

氯气的水解实质是氧化还原反应，氧化和还原作用发生在同一分子内的同一种元素上，即该元素的原子一部分被氧化，氧化数升高，另一部分原子被还原，氧化数降低，这种自身氧化还原反应称为歧化反应。

（四）与碱的反应

加碱有利于氯气的水解，加入的碱与水解反应所产生的 HCl 和 HClO 发生中和反应。

$$Cl_2+2OH^- \xlongequal{} Cl^-+ClO^-+H_2O \quad (\text{冷的条件下})$$

$$3Cl_2+6KOH \xlongequal{} 5KCl+KClO_3+3H_2O \quad (\text{加热条件下})$$

（五）卤素置换反应

从卤素的标准电极电势 $\varphi^{\ominus}(X_2/X^-)$ 看，卤素单质在水溶液中的氧化性同样按 $F_2>Cl_2>Br_2>I_2$ 的次序递变，位于前面的卤素单质可以氧化后面卤素的阴离子。

动画

密写信显影

$$Cl_2 + 2Br^- = Br_2 + 2Cl^-$$
$$Cl_2 + 2I^- = I_2 + 2Cl^-$$
$$Br_2 + 2I^- = I_2 + 2Br^-$$

氯气也能氧化许多低价化合物。

$$Cl_2 + 2Fe^{2+} = 2Fe^{3+} + 2Cl^-$$
$$CS_2 + 2Cl_2 = CCl_4 + 2S$$

练一练

为什么说氯气具有漂白和杀菌作用？请设计一个实验，证明卤素单质的活泼性按$Cl_2 > Br_2 > I_2$的次序递变。

三、氯的化合物

（一）氯化氢

1．氯化氢的物理性质

氯化氢是一种无色非可燃性气体，有刺激性气味，味酸。与空气中的水蒸气结合形成酸雾，在空气中会“冒烟”。极易溶于水，生成盐酸。能与乙醇任意混溶，溶于苯。

工业上用合成法制取氯化氢。

$$Cl_2 + H_2 \xlongequal{\text{点燃}} 2HCl$$

实验室是用氯化钠与浓硫酸来制取氯化氢。

$$NaCl + H_2SO_4(\text{浓}) = NaHSO_4 + HCl$$
$$2NaCl + H_2SO_4(\text{浓}) \xlongequal{>773\ K} Na_2SO_4 + 2HCl$$

2．氯化氢的化学性质

（1）热稳定性

氯化氢较稳定，加热到 1 000℃才稍有分解。

（2）酸性

氯化氢的水溶液称为氢氯酸，即盐酸，为强酸，具有酸的通性。当酸的浓度不断地增大时，溶液中会出现氯化氢分子并从溶液中逸出。液态不含水，氯化氢不导电，表明是分子化合物而不是离子化合物。

市售浓盐酸约含 36.5%的氯化氢，密度为 1.19 g/cm^3。纯盐酸无色，工业用盐酸由于含有三氯化铁等杂质而带黄色。

（3）还原性

氯化氢和盐酸都具有还原性，HCl 能被一些强氧化剂如 $KMnO_4$、MnO_2、PbO_2、$K_2Cr_2O_7$等所氧化。

$$PbO_2 + 4HCl = PbCl_2 + Cl_2 + 2H_2O$$
$$K_2Cr_2O_7 + 14HCl = 2CrCl_3 + 2KCl + 3Cl_2 + 7H_2O$$

练一练

实验室制备 HCl 的装置和方法，多余的废气如何处理？

（二）氯的含氧酸及其盐

氯可以形成次氯酸、亚氯酸、氯酸、高氯酸四种类型的含氧酸。这些酸都不稳定，多数只能存在于溶液中，相应的盐很稳定，得到普遍应用，如图 7-1 所示。

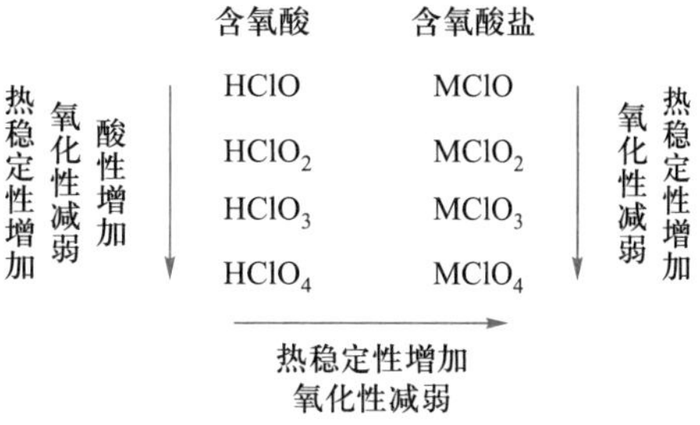

图 7-1　氯的含氧酸及其盐的一般规律

1. 次氯酸及其盐

（1）次氯酸

将氯气通入水中即有次氯酸（HClO）生成。次氯酸无色有刺激性气味，次氯酸是很弱的酸，比碳酸还弱。

次氯酸很不稳定，见光分解更快，仅以稀溶液存在，而不能制成浓酸。

$$2HClO = 2HCl + O_2$$

因此，次氯酸具有强氧化性，具有漂白和杀菌能力。

受热时次氯酸分解成盐酸和氯酸。

$$3HClO \xlongequal{\triangle} HClO_3 + 2HCl$$

因此，氯水现用现配，且通氯气于冷水中才能获得次氯酸。

（2）次氯酸盐

将氯气通入 NaOH 溶液中，可得高浓度的次氯酸钠（NaClO），且次氯酸钠稳定性大于次氯酸。次氯酸盐的溶液有氧化性和漂白作用。次氯酸盐的漂白作用主要是基于次氯酸的氧化性。工业上，在价廉的消石灰中通入氯气制漂白粉，其反应为

$$2Cl_2 + 3Ca(OH)_2 = Ca(ClO)_2 + CaCl_2 \cdot Ca(OH)_2 \cdot H_2O + H_2O$$

次氯酸钙在空气中长时间放置会失效。

$$Ca(ClO)_2 + H_2O + CO_2 = CaCO_3 + 2HClO$$

漂白粉常用于漂白棉、麻、丝、纸等，漂白粉也能消毒杀菌，漂白粉与易燃物混合易引起燃烧甚至爆炸。漂白粉有毒，吸入人体内会引起咽喉疼痛甚至全身中毒。

次氯酸盐受热时发生歧化反应。

$$3NaClO \xlongequal{\triangle} NaClO_3 + 2NaCl$$

次氯酸根很容易水解，次氯酸盐溶液呈碱性。

$$ClO^- + H_2O = HClO + OH^-$$

议一议

如何避免漂白粉失效。

2. 亚氯酸及其盐

(1) 亚氯酸

亚氯酸($HClO_2$)并无真正的酸酐。ClO_2与碱作用发生歧化反应。

$$2ClO_2 + 2OH^- = ClO_2^- + ClO_3^- + H_2O$$

故 ClO_2是亚氯酸和氯酸的混合酸酐。

用硫酸与亚氯酸钡作用可得到亚氯酸的水溶液。

$$Ba(ClO_2)_2 + H_2SO_4 = BaSO_4 + 2HClO_2$$

亚氯酸酸性比次氯酸稍强,属于中强酸。亚氯酸只能在溶液中存在。在氯的含氧酸中,亚氯酸最不稳定,易分解。

$$8HClO_2 = 6ClO_2 + Cl_2 + 4H_2O$$

ClO_2受热或撞击,立即发生爆炸。

$$2ClO_2 = Cl_2 + 2O_2$$

(2) 亚氯酸盐

亚氯酸盐比亚氯酸稳定。但加热或敲击固体亚氯酸盐时,立即发生爆炸、分解。

$$3NaClO_2 = 2NaClO_3 + NaCl$$

亚氯酸盐与有机物混合易发生爆炸,必须密闭贮存在阴暗处。亚氯酸盐的水溶液较稳定,具有强氧化性,可作为漂白剂。

3. 氯酸及其盐

(1) 氯酸

氯酸($HClO_3$)是强酸,酸性与盐酸和硝酸接近。氯酸的稳定性比次氯酸和亚氯酸高,但也只能存在于溶液中。

氯酸也是一种强氧化剂,但氧化能力不如次氯酸和亚氯酸。氯酸蒸发浓缩时浓度不要超过 40%,否则会有爆炸危险。

$$3HClO_3 = HClO_4 + H_2O + Cl_2 + 2O_2$$

(2) 氯酸盐

氯酸盐比氯酸稳定。$KClO_3$是无色透明晶体,有毒,内服 2~3 g 就会致命。$KClO_3$与易燃物或有机物如碳、硫、磷及有机物质相混合时,一受撞击即猛烈爆炸,氯酸钾大量用于制造火柴、焰火、炸药。$KClO_3$与浓 HCl 生成 ClO_2与 Cl_2的混合物,称为优氯。$KClO_3$在碱性溶液中无氧化作用,在酸性溶液中是强氧化剂。碘能从氯酸盐的酸性溶液中置换出 Cl_2。

$$2ClO_3^- + I_2 + 2H^+ = 2HIO_3 + Cl_2$$

氯酸钾在 668 K 温度时分解成氯化钾和高氯酸钾,用 MnO_2作为催化剂在 200℃左右可按另一种方式分解。

$$4KClO_3 \xlongequal{668\ K} KCl + 3KClO_4$$

$$2KClO_3 \xlongequal{MnO_2} 2KCl + 3O_2\uparrow$$

4. 高氯酸及其盐

(1) 高氯酸

用高氯酸钾与硫酸反应可以得到高氯酸。

$$KClO_4 + H_2SO_4(浓) = KHSO_4 + HClO_4$$

采用减压蒸馏可以分离出高氯酸。温度超过 92℃ 就会爆炸。$HClO_4$ 是已知酸中最强的无机含氧酸，也是氯的含氧酸中最稳定的。无水的高氯酸是无色透明的发烟液体，常用试剂为 60% 的水溶液。浓热的 $HClO_4$ 是强的氧化剂，遇到有机物质会发生爆炸性反应，所以贮存时必须远离有机物，使用时也务必注意安全。冷的稀溶液无明显的氧化性。

视频

氯酸盐的氧化性

浓的 $HClO_4$ 不稳定，受热分解。

$$4HClO_4 = 2Cl_2 + 7O_2 + 2H_2O$$

(2) 高氯酸盐

高氯酸盐多是无色晶体，多易溶于水，但 K^+、NH_4^+、Cs^+、Rb^+ 的高氯酸盐的溶解度都很小，高氯酸盐的稳定性比高氯酸强，固态高氯酸盐在高温下是强氧化剂，用于制造威力较大的炸药。

$$KClO_4 \xlongequal{\triangle} 2O_2 + KCl$$

$Mg(ClO_4)_2$、$Ca(ClO_4)_2$ 可用作干燥剂，NH_4ClO_4 用作现代火箭推进剂。

练一练

用化学方法鉴别 HCl 和 HClO。

第二节　硫及其化合物

氧族元素包括氧(O)、硫(S)、硒(Se)、碲(Te)、钋(Po)和𫟷(Lv)六种元素，称为ⅥA族元素。Po 和 Lv 是放射性元素。除 O 元素外其余称为硫族元素。氧族元素价层电子构型为 ns^2np^4，随着原子序数的增加原子半径增大，电离能降低，电负性减小。从典型的非金属元素 O 和 S 过渡到准金属元素 Se 和 Te，Po 为金属元素。O 与大多数金属元素形成离子化合物，而 S、Se、Te 只与电负性较小的金属元素形成离子化合物，与大多数非金属元素形成共价化合物。

氧在一般化合物中氧化数皆为 -2(H_2O_2 中为 -1，OF_2 中为 $+2$)，而其他元素在化合物中常以正氧化态出现，从硫到碲，正氧化态的化合物稳定性逐渐增强。

议一议

根据硫的价层电子构型，结合查找到的资料，推断硫单质及其化合物的存在、物理性质、化学性质、制备和主要用途。

一、硫的存在、物理性质

(一) 硫的存在

硫在自然界中分布很广，以游离态和化合态存在。游离态的硫存在于火山喷口附近或地壳的岩层里。化合态的硫主要有金属硫化物和硫酸盐，金属硫化物如黄铁矿(FeS_2)、方铅矿(PbS)、黄铜矿($CuFeS_2$)、闪锌矿(ZnS)等，硫酸盐如石膏($CaSO_4 \cdot 2H_2O$)、芒硝($Na_2SO_4 \cdot 10H_2O$)等。

(二) 硫的物理性质

单质硫又称为硫黄，是一种淡黄色晶体，质脆，密度是水的2倍。硫不溶于水，微溶于乙醇，易溶于二硫化碳、四氯化碳等溶剂。

单质硫是从它的天然矿床或硫化物中制得的。

$$3FeS_2 + 12C + 8O_2 \xlongequal{\quad} Fe_3O_4 + 12CO + 6S$$

把含有天然硫的矿石隔绝空气加热，使硫熔化而和砂石等杂质分开。若要得到更纯净的硫，可进行蒸馏，硫蒸气冷却后形成细微结晶的粉状硫，叫做**硫华**。

硫有多种同素异形体，最常见的是斜方硫、单斜硫和弹性硫。天然硫即斜方硫，是柠檬黄色固体，单斜硫是暗黄色针状固体，95.5℃是这两种同素异形体的转变温度。斜方硫和单斜硫都是分子晶体，每个分子由8个S原子组成环状结构。

将硫加热到高于160℃时，S_8环开始破裂成开链状的线形分子，并聚合成更长的链。进一步加热到290℃以上时，长硫链就会断裂成较小的分子S_6、S_4、S_2等，到444.6℃时，硫达到沸点，蒸气含有S_2的气态分子。

把加热到230℃的熔态硫迅速地倾入冷水中，纠缠在一起的长链硫被固定下来，成为可以拉伸的弹性硫。

二、硫的化学性质

硫的化学性质比较活泼，能与许多金属和非金属发生反应。

(一) 与金属反应

硫能与各种金属直接化合，生成金属硫化物。

$$S + Fe \xlongequal{\triangle} FeS$$

室温时汞也能与硫化合，利用此反应可以处理散落在室内的汞。

$$S + Hg \xlongequal{\quad} HgS$$

金、铂和钯不能直接与硫化合。

(二) 与氢气反应

$$S + H_2 \xlongequal{\triangle} H_2S$$

(三) 与非金属反应

硫与卤素(碘除外)、氧、碳、磷等直接作用生成相应的共价化合物。只有稀有气体及单质碘、氮、碲不能直接与硫化合。

$$S + O_2 \xlongequal{点燃} SO_2$$

$$S + 3F_2 \xlongequal{\quad} SF_6$$

$$2S + C \xlongequal{\triangle} CS_2$$

(四) 与氧化性酸反应

$$S + 2HNO_3 \xlongequal{\quad} H_2SO_4 + 2NO(g)$$

$$S+2H_2SO_4 = 3SO_2+2H_2O$$

(五) 与碱性溶液反应

硫能溶于热的碱液生成硫化物和亚硫酸盐。

$$3S+6NaOH \xlongequal{\triangle} 2Na_2S+Na_2SO_3+3H_2O$$

当硫过量时则可生成硫代硫酸盐。

$$4S(过量)+6NaOH \xlongequal{\triangle} 2Na_2S+Na_2S_2O_3+3H_2O$$

硫主要用来制造硫酸,大量的硫用于橡胶硫化,以增强橡胶的弹性和韧性。农业上用作杀虫剂,如石灰硫黄合剂。在医药上,硫主要用来制硫黄软膏,治疗某些皮肤病。硫还可用来制作黑色火药、火柴等。

三、硫的化合物

(一) 硫化氢

自然界中的硫化氢常含于火山喷射气及矿泉水中,动植物及各种有机垃圾腐烂时产生硫化氢,在井喷和精炼石油时,也有大量的硫化氢逸出,造成大气污染。

小贴士

硫化氢是无色有臭鸡蛋气味的有毒气体,空气中如含 0.1% 的 H_2S 就会迅速引起头疼、眩晕等症状,吸入大量 H_2S 会造成昏迷或死亡。国家规定企业排放的废气中 H_2S 含量不得超过 0.01 mg/L。硫化氢在 −60℃ 时呈液体,在 −86℃ 时凝固。硫化氢气体稍溶于水,20℃ 时 1 体积水能溶解 2.6 体积的 H_2S,所得饱和溶液浓度约为 0.1 mol/L。

工业上用 Na_2S 与稀硫酸反应制 H_2S。

硫蒸气能和氢气直接化合生成硫化氢。在实验室中 H_2S 是由金属硫化物和酸作用来制备的。

$$FeS(s)+H_2SO_4(稀) = H_2S(g)+FeSO_4$$

$$Na_2S+H_2SO_4(稀) = H_2S(g)+Na_2SO_4$$

分析化学中也用硫代乙酰胺的水解来制备 H_2S 气体。

$$CH_3CSNH_2+2H_2O = CH_3COO^-+NH_4^++H_2S$$

1. 弱酸性

硫化氢的水溶液称为氢硫酸,是一种易挥发的二元弱酸。

$$H_2S \rightleftharpoons H^++HS^- \qquad K_1^{\ominus}=1.32\times10^{-7}$$

$$HS^- \rightleftharpoons H^++S^{2-} \qquad K_2^{\ominus}=7.10\times10^{-15}$$

$$H_2S+NaOH = NaHS+H_2O$$

$$H_2S+2NaOH = Na_2S+2H_2O$$

2. 还原性

硫化氢中的硫处于最低氧化态 −2,所以硫化氢具有还原性,能被氧化成单质硫或更高的氧化态。硫化氢的水溶液暴露在空气中易被氧化而析出单质硫。硫化氢在空气中燃烧，生成二氧化硫和水，空气不足时生成硫和水。

$$2H_2S+3O_2(\text{充足})\xlongequal{\text{点燃}}2SO_2+2H_2O$$

$$2H_2S+O_2(\text{不足})\xlongequal{\triangle}2S+2H_2O$$

$$2H_2S+SO_2 = 3S+2H_2O$$

硫化氢在溶液中还原性更强。

$$H_2S+I_2 = S+2HI$$

$$H_2S+4Cl_2+4H_2O = H_2SO_4+8HCl$$

$$3H_2SO_4(\text{浓})+H_2S = 4SO_2+4H_2O$$

3. 与重金属离子反应

硫化氢能与许多重金属离子反应，生成金属硫化物沉淀。

$$Pb(Ac)_2+H_2S = PbS+2HAc$$

在实验室中，常用湿润的 $Pb(Ac)_2$ 试纸检验有无 H_2S 气体逸出。

4. 不稳定性

$$H_2S\xlongequal{\triangle}S+H_2$$

议一议

在实验室中 H_2S 能否由金属硫化物和浓硫酸或硝酸作用来制备。

（二）硫化物

许多金属离子在溶液中和硫化氢或硫离子作用，生成溶解度很小的硫化物。在控制酸度的条件下，可以用 H_2S 把溶液中的不同金属离子分组分离。酸式金属硫化物皆溶于水。金属硫化物除碱金属硫化物和 $(NH_4)_2S$ 易溶于水外，其余多难溶于水，且有特殊的颜色，如 Na_2S、ZnS 为白色，FeS、PbS、HgS、CuS、Ag_2S 为黑色，CdS 为黄色等。

难溶金属硫化物根据其在酸中的溶解情况可分为四类。

1. 溶于稀盐酸

如 FeS、MnS、ZnS 等。

$$FeS+2H^+ = Fe^{2+}+H_2S$$

2. 难溶于稀盐酸，易溶于浓盐酸

如 CdS、PbS、SnS_2 等。

$$PbS+2H^++4Cl^- = [PbCl_4]^{2-}+H_2S$$

3. 不溶于盐酸，溶于硝酸

如 CuS、Ag_2S 等。

$$3CuS+8HNO_3 = 3Cu(NO_3)_2+3S+2NO+4H_2O$$

4. 只溶于王水

如 HgS。

$$3HgS+2HNO_3+12HCl = 3[HgCl_4]^{2-}+6H^++3S+2NO+4H_2O$$

可溶性金属硫化物如 Na_2S、$(NH_4)_2S$ 的水溶液在空气中会被氧化而析出硫，S 与

S^{2-}结合成多硫离子 S^{2-x}，溶液颜色变深。

$$2Na_2S+2H_2O+O_2 \longrightarrow 2S+4NaOH$$

所有金属硫化物无论易溶或微溶都有一定程度的水解性。Na_2S 溶于水几乎全部水解，其溶液作为强碱使用，工业上称 Na_2S 为硫化碱。

$$Na_2S+H_2O \rightleftharpoons NaHS+NaOH$$

Cr_2S_3、Al_2S_3遇水完全水解。

$$Al_2S_3+6H_2O \longrightarrow 3H_2S+2Al(OH)_3$$

根据硫化物溶解性的不同，可以用于定性分析、提纯及分离金属离子。

Na_2S 是一种白色晶状固体，熔点 1 180℃，在空气中易潮解，常见的商品是晶体 $Na_2S \cdot 9H_2O$。在工业上用于涂料、食品、漂染、制革、荧光材料等。

$(NH_4)_2S$ 是一种常用的水溶性硫化物试剂，它是将 H_2S 通入氨水中而制备的。硫化铵仅存在于水溶液中。

$$2NH_3 \cdot H_2O+H_2S \longrightarrow (NH_4)_2S+2H_2O$$

硫化钠或硫化铵溶液能够溶解单质硫，在溶液中生成了多硫化物。

$$Na_2S+(x-1)S \longrightarrow Na_2S_x$$

$$(NH_4)_2S+(x-1)S \longrightarrow (NH_4)_2S_x$$

多硫化物溶液一般显黄色，随溶解硫的增多而颜色加深。多硫化物是一种硫化试剂，在反应过程中向其他反应物供给活性硫。

练一练

用化学方法鉴别 Fe^{2+}、Pb^{2+} 和 Cu^{2+}。

（三）硫的氧化物

1. 二氧化硫(SO_2)

SO_2 是无色、有刺激性气味的气体。易溶于水，1 体积水能溶解 40 体积的 SO_2。SO_2 容易液化，0℃时的液化压力仅为 193 kPa。液态 SO_2 用作制冷剂，贮存在钢瓶中备用。SO_2 有毒，是一种大气污染物，国家规定企业排放废气中 SO_2 含量不能超过 20 mg/m^3。SO_2 的职业性慢性中毒会引起丧失食欲、大便不通和器官炎症。

硫或黄铁矿在空气中燃烧生成 SO_2。

$$S+O_2 \longrightarrow SO_2$$

$$4FeS_2+11O_2 \xrightarrow{\text{焙烧}} 2Fe_2O_3+8SO_2$$

SO_2溶于水生成亚硫酸(H_2SO_3)，所以 SO_2 也称为亚硫酸酐。

$$SO_2+H_2O \rightleftharpoons H_2SO_3$$

SO_2具有还原性和氧化性。

$$2SO_2+O_2 \xrightarrow[450℃]{V_2O_5} 2SO_3$$

$$SO_2+2CO \xrightarrow{\triangle} 2CO_2+S$$

SO_2具有漂白某些有色物质的作用，常用来漂白纸浆、毛、丝、草帽等。但其漂白性不持久，日久会逐渐恢复原来的颜色。

SO_2还有杀菌作用，用于空气消毒剂和食品防腐剂的生产。SO_2主要用来生产硫酸，也是制备亚硫酸盐的基本原料。

议一议

SO_2的漂白性与Cl_2的漂白性有何不同？

2. 三氧化硫（SO_3）

SO_3 是一种无色的易挥发固体，熔点 16.8℃，沸点 44.8℃。SO_3与水极易化合而生成硫酸（H_2SO_4），同时放出大量的热量，故 SO_3在潮湿空气中易形成酸雾。

SO_3是通过 SO_2 的催化氧化来制备的，最好的催化剂是铂，但在工业上采用比较价廉的 V_2O_5。

SO_3是一种强氧化剂。

$$5SO_3 + 2P = P_2O_5 + 5SO_2$$

$$2KI + SO_3 = K_2SO_3 + I_2$$

练一练

用化学方法鉴别 SO_2和 SO_3。

（四）硫的含氧酸及其盐

1. 亚硫酸及其盐

(1) 亚硫酸（H_2SO_3）

SO_2溶于水生成 H_2SO_3。

H_2SO_3 只能在水溶液中存在，受热分解加快，放出 SO_2。H_2SO_3 的酸性比碳酸强，是一种二元中强酸。

$$SO_2 + H_2O = H_2SO_3$$

$$H_2SO_3 \rightleftharpoons H^+ + HSO_3^- \quad 1.54\times10^{-2}(18℃)$$

$$HSO_3^- \rightleftharpoons H^+ + SO_3^{2-} \quad 1.02\times10^{-7}(18℃)$$

H_2SO_3既有氧化性又有还原性，但以还原性为主，且在碱性溶液中还原性更强。氧化产物一般都是SO_4^{2-}。

$$2H_2SO_3 + O_2 = 2H_2SO_4\text{（很慢）}$$

$$SO_3^{2-} + Cl_2 + H_2O = SO_4^{2-} + 2Cl^- + 2H^+$$

H_2SO_3 只有在与强还原剂相遇时才表现出氧化性。

$$H_2SO_3 + 2H_2S = 3S + 3H_2O$$

(2) 亚硫酸盐

亚硫酸可形成正盐如 Na_2SO_3和酸式盐如 $NaHSO_3$。碱金属和铵的亚硫酸盐易溶于水，并发生水解。亚硫酸氢盐的溶解度大于相应的正盐，也易溶于水。在含有不溶性亚硫酸钙的溶液中通入 SO_2，可使其转化为可溶性的亚硫酸氢盐。

$$CaSO_3 + SO_2 + H_2O = Ca(HSO_3)_2$$

通常在金属氢氧化物的水溶液中通入 SO_2 得到相应的亚硫酸盐。

亚硫酸盐的还原性比亚硫酸还要强，在空气中易被氧化成硫酸盐而失去还原性。

$$2Na_2SO_3 + O_2 = 2Na_2SO_4$$

亚硫酸钠和亚硫酸氢钠大量用于染料工业中作为还原剂。在纺织、印染工业中，亚硫酸盐用作织物的去氯剂。

亚硫酸盐受热时，容易歧化分解。

$$4Na_2SO_3 \xlongequal{\triangle} 3Na_2SO_4 + Na_2S$$

亚硫酸的正盐及酸式盐遇强酸即分解。

$$SO_3^{2-} + 2H^+ = H_2O + SO_2$$

亚硫酸氢钙能溶解木质素制造纸浆，大量用于造纸工业。Na_2SO_3 在化学制药工业中用作药物有效成分的抗氧化剂，还可作为照相显影液和定影液的保护剂等。

2. 硫酸及其盐

(1) 硫酸

纯硫酸是一种无色透明的油状液体。凝固点 10.36℃，沸点 338℃。商品硫酸有 92% 和 98% 两种浓度，密度分别为 1.82 g/mL 和 1.84 g/mL。

SO_3 与水化合即生成硫酸，将 SO_3 通入浓硫酸中即得发烟硫酸。在稀释硫酸时，只能把浓硫酸缓缓倒入水中，并不断搅拌。

采用接触法生产硫酸，原料主要是硫黄或硫铁矿或冶炼厂烟道气。

用 98.3% 的浓硫酸吸收 SO_3，再加入适量 92.5% 的稀硫酸将浓度调到 98%（约为 18 mol/L），此即为市售品。

动画

木器刻花

浓硫酸具有吸水性、脱水性和氧化性。

硫酸能与水形成一系列的稳定水合物，故浓硫酸有强烈的吸水性，可作干燥剂，干燥氯气、氢气和二氧化碳等气体。

浓硫酸还能从一些有机化合物（即碳水化合物如蔗糖、布、纸等）中，夺取与水组成相当的氢和氧，使这些有机物炭化。

$$C_{12}H_{22}O_{11}(\text{蔗糖}) \xlongequal{\text{浓硫酸}} 12C + 11H_2O$$

浓硫酸是中等强度的氧化剂，在加热的条件下显强氧化性，几乎能氧化所有的金属（Pt、Au 除外）和一些非金属。还原产物一般是 SO_2，若遇活泼金属会被还原为 S 或 H_2S，与反应条件（固体的粒度、温度等）有关。

$$Cu + 2H_2SO_4(\text{浓}) \xlongequal{\triangle} CuSO_4 + SO_2 + 2H_2O$$

$$Zn + 2H_2SO_4(\text{浓}) \xlongequal{\triangle} ZnSO_4 + SO_2 + 2H_2O$$

或

$$3Zn + 4H_2SO_4(\text{浓}) \xlongequal{\triangle} 3ZnSO_4 + S + 4H_2O$$

或

$$4Zn + 5H_2SO_4(\text{浓}) \xlongequal{\triangle} 4ZnSO_4 + H_2S + 4H_2O$$

$$2P + 5H_2SO_4(\text{浓}) \xlongequal{\triangle} 2H_3PO_4 + 5SO_2 + 2H_2O$$

$$C+2H_2SO_4(浓)\xlongequal{\triangle}CO_2+2SO_2+2H_2O$$

冷的浓硫酸(93%以上)遇 Fe、Al 表现为“钝态”,这是因为在冷浓硫酸中铁、铝表面生成一层致密的保护膜,保护了金属使之不与酸继续反应,这称为**钝化现象**。所以可用铁、铝制的器皿盛放浓硫酸。

浓硫酸能严重灼伤皮肤,万一误溅,先用纸沾去,再用大量水冲洗,最后用 5% $NaHCO_3$溶液或稀氨水浸泡片刻。

我国硫酸总产量的 65%用于生产化肥,其余用于化工、冶金及石油工业。

(2) 硫酸盐

硫酸能生成正盐和酸式盐(硫酸氢盐)两类盐,均属于离子晶体。大多数硫酸盐是无色的(如果金属离子是无色的),一般是晶状固体。

酸式硫酸盐均易溶于水。正硫酸盐中只有 $CaSO_4$、$BaSO_4$、$SrSO_4$、$PbSO_4$、Ag_2SO_4不溶或微溶,其余均易溶。$BaSO_4$不溶于酸和王水,据此鉴定和分离 Ba^{2+} 或SO_4^{2-} 。

ⅠA 族和ⅡA 族元素的硫酸盐对热很稳定,过渡元素的硫酸盐则较差,受热分解成金属氧化物和 SO_3,或进一步分解成金属单质。

$$CuSO_4\xlongequal{\triangle}CuO+SO_3$$

$$Ag_2SO_4\xlongequal{\triangle}Ag_2O+SO_3$$

$$2Ag_2O\xlongequal{\triangle}4Ag+O_2$$

同一金属的酸式硫酸盐不如正盐稳定。酸式硫酸盐加热到熔点以上转变为焦硫酸盐,再加强热,进一步分解为正盐和三氧化硫。

可溶性硫酸盐从溶液中析出后常带有结晶水,这些含结晶水的硫酸盐也常叫做矾类,如胆矾($CuSO_4\cdot5H_2O$)、皓矾($ZnSO_4\cdot7H_2O$)、绿矾($FeSO_4\cdot7H_2O$)等。这些盐受热易失去部分或全部结晶水,故在制备过程中只能自然晾干。

硫酸盐的另一个特性是容易形成复盐,也叫做矾。如钾明矾 $K_2SO_4\cdot Al_2(SO_4)_3\cdot24H_2O$、莫尔盐 $(NH_4)_2SO_4\cdot FeSO_4\cdot6H_2O$、铬钾矾 $K_2SO_4\cdot Cr_2(SO_4)_3\cdot24H_2O$。

许多硫酸盐有很重要的工业用途,如 $Al_2(SO_4)_3$是净水剂、造纸充填剂和媒染剂,$CuSO_4\cdot5H_2O$ 是消毒杀菌剂和农药,$FeSO_4\cdot7H_2O$ 是农药和治疗贫血的药剂,制造蓝黑墨水的原料,芒硝($Na_2SO_4\cdot10H_2O$)是重要的化工原料等。

3. 过二硫酸及其盐

(1) 过二硫酸($H_2S_2O_8$)

可以把过二硫酸看成过氧化氢中的氢原子被 HSO_3—取代的产物,得 $HSO_3O—OSO_3H$,只能存在于溶液中,但其盐却比较稳定。

过二硫酸是无色晶体,在 338 K 时熔化并分解,有很强的脱水性,使纸炭化、烧焦石蜡。具有极强的氧化性。

(2) 过二硫酸盐

过二硫酸盐与有机物混合,易引起燃烧或爆炸,必须密闭储存于阴凉处。常用的过二硫酸盐有 $K_2S_2O_8$和$(NH_4)_2S_2O_8$。

过二硫酸盐易水解,生成 H_2O_2,工业上用于制备 H_2O_2。

$$(NH_4)_2S_2O_8 + 2H_2O \rightleftharpoons 2NH_4HSO_4 + H_2O_2$$

过二硫酸盐不稳定，受热容易分解。

$$2K_2S_2O_8 \xlongequal{\triangle} 2K_2SO_4 + 2SO_3 + O_2$$

所有的过二硫酸盐都是强氧化剂，如过二硫酸钾和铜的反应：

$$Cu + K_2S_2O_8 \xlongequal{} CuSO_4 + K_2SO_4$$

过二硫酸盐在 Ag^+ 的作用下能将 Mn^{2+} 氧化成 MnO_4^-。

$$2Mn^{2+} + 5S_2O_8^{2-} + 8H_2O \xlongequal[Ag^+]{\triangle} 2MnO_4^- + 10SO_4^{2-} + 16H^+$$

在钢铁分析中常用过二硫酸铵（或过二硫酸钾）氧化法测定钢铁中锰的含量。

4．硫代硫酸钠

硫代硫酸钠（$Na_2S_2O_3$），俗名大苏打、海波，是无色透明的结晶，易溶于水，其水溶液显弱碱性。将硫粉溶于沸腾的亚硫酸钠碱性溶液中便可制得 $Na_2S_2O_3$。

$$Na_2SO_3 + S \xlongequal{OH^-,\triangle} Na_2S_2O_3$$

在工业上是将二氧化硫通入硫化钠和碳酸钠的混合液中制得。

$$2Na_2S + Na_2CO_3 + 4SO_2 \xlongequal{} 3Na_2S_2O_3 + CO_2$$

硫代硫酸钠在中性溶液和碱性溶液中很稳定，在酸性溶液中由于生成不稳定的硫代硫酸而分解。

$$Na_2S_2O_3 + 2HCl \xlongequal{} S + SO_2 + 2NaCl + H_2O$$

硫代硫酸钠有显著的还原性，碘可将硫代硫酸钠氧化成连四硫酸钠，其还原碘的反应用于化学分析的碘量法中。

$$2Na_2S_2O_3 + I_2 \xlongequal{} Na_2S_4O_6 + 2NaI$$

生成物连四硫酸盐中 S 的氧化数为+2.5。

$S_2O_3^{2-}$ 与 Cl_2、Br_2 等较强的氧化剂反应，被氧化为 SO_4^{2-}。

$$S_2O_3^{2-} + 4Br_2 + 5H_2O \xlongequal{} 2SO_4^{2-} + 10H^+ + 8Br^-$$

$$S_2O_3^{2-} + 4Cl_2 + 5H_2O \xlongequal{} 2SO_4^{2-} + 10H^+ + 8Cl^-$$

在纺织工业中用 $Na_2S_2O_3$ 作脱氯剂。

视频

硫代硫酸根离子的鉴定

$S_2O_3^{2-}$ 有很强的配位作用，可与一些金属离子如 Ag^+、Cd^{2+} 等形成稳定的配离子。$Na_2S_2O_3$ 大量用作照相的定影剂。照相底片上未感光的溴化银在定影液中形成 $[Ag(S_2O_3)_2]^{3-}$ 而溶解。

$$AgBr + 2Na_2S_2O_3 \xlongequal{} Na_3[Ag(S_2O_3)_2] + NaBr$$

练一练

用化学方法鉴别 Na_2SO_3、Na_2SO_4 和 $Na_2S_2O_3$。

第三节　氮、磷及其化合物

氮族元素包括氮（N）、磷（P）、砷（As）、锑（Sb）、铋（Bi）和镆（Mc）六种元素，称为

ⅤA 族元素。氮族元素的价层电子构型为 ns^2np^3，从非金属元素 N 和 P 到准金属元素 As 和 Sb，Bi 为金属元素。电负性较大的 N 和 P 可与碱金属或碱土金属形成极少数离子型固态化合物，如 Li_3N、Na_3P、Mg_3N_2、Ca_3P_2 等。N^{3-} 和 P^{3-} 只能存在于干态，遇水强烈水解生成 NH_3 和 PH_3。氮族元素形成的化合物大多数是共价化合物，形成 −3 氧化数的趋势从 N 到 Sb 降低，Bi 不形成 −3 氧化数的稳定化合物。氮族元素随着原子序数的增大原子半径逐渐增大，电离能、电负性逐渐减小。

议一议

根据氮、磷的价层电子构型，结合查找到的资料，推断氮、磷单质及其化合物的存在、物理性质、化学性质、制备和主要用途。

一、氮、磷的存在、物理性质

（一）氮的存在、物理性质

1. 氮的存在

绝大部分氮以单质状态存在于空气中，除了土壤中含有一些铵盐、硝酸盐外，氮的无机物在自然界很少，智利硝石（$NaNO_3$）是世界上少有的氮矿。氮普遍存在于有机体内，是构成动植物体中蛋白质的重要元素。

2. 氮的物理性质

氮气是无色、无臭、无味的气体。密度为 1.25 g/L，比空气稍轻，难溶于水，熔点为 63 K，沸点为 77 K，临界温度为 126 K，难以液化。工业上大量的氮由分馏液态空气制得。通常以约 150 MPa 装入钢瓶中备用。

实验室常用加热饱和氯化铵溶液和固体亚硝酸钠的混合物来制取氮。

$$NH_4Cl + NaNO_2 \xlongequal{} NH_4NO_2 + NaCl$$

$$NH_4NO_2 \xlongequal{\triangle} N_2 + 2H_2O$$

得到的 N_2 中仍含有一定量的 NH_3、NO、O_2 和 H_2O 等杂质。将氨通过红热的氧化铜，可以得到较纯的氮气。

$$2NH_3 + 3CuO \xlongequal{} 3Cu + N_2 + 3H_2O$$

（二）磷的存在、物理性质

1. 磷单质的存在

在自然界不存在单质磷，磷主要以化合物的形式存在。最主要的磷矿是磷灰石[$Ca_5F(PO_4)_3$]和羟磷灰石，其主要成分是磷酸钙 $Ca_3(PO_4)_2$。磷也是生物体内不可缺少的元素，它存在于细胞、蛋白质、骨骼和牙齿中。

2. 磷的物理性质

磷的同素异形体有白磷、红磷和黑磷三种，其中常见的是白磷和红磷。白磷是一种无色而透明的晶体，有剧毒，约 0.15 g 的剂量可使人致死，不溶于水，易溶于 CS_2 中，遇光即逐渐变为黄色，所以又叫做黄磷。白磷的分子式为 P_4，一般简写成 P。将白磷隔绝空气加热到 533 K，它就转变为红磷。红磷是暗红色的粉末，它不溶于水、碱和 CS_2 中，没有毒性。红磷加热至 689 K 时便升华，其蒸气冷却后变为白磷。黑磷为层状结构(磷的最稳定的一种变体)，能导电，有“金属磷”之称。在三种同素异形体中，黑磷密度最大，不溶于有机溶剂，一般不易发生化学反应。

白磷有很高的化学活性，容易被氧化，在空气中能自燃，因此必须保存在水中。

主要将磷酸钙矿混以石英砂(SiO_2)和炭粉放在 1 773 K 左右的电炉中加热制备单质磷。

$$2Ca_3(PO_4)_2 + 6SiO_2 + 10C \longrightarrow 6CaSiO_3 + P_4 + 10CO$$

把生成的磷蒸气和 CO 通过冷水，磷便凝结成白色固体。

白磷主要用于制备高纯度磷酸及磷的化合物，红磷用于生产安全火柴和农药。

议一议

磷的同素异形体白磷、红磷和黑磷的性质有何异同?

二、氮、磷的化学性质

(一) 氮的化学性质

组成 N_2 分子的两个 N 原子以三键结合，键能大。故氮气在常温下化学性质极不活泼，常用作保护气体。

1. 与金属反应

在高温特别是有催化剂存在时，氮气能和某些金属如镁、钙、锶、钡等化合生成氮化物。

$$N_2 + 3Mg \xlongequal{\triangle} Mg_3N_2$$

2. 与非金属反应

在高温、高压和存在催化剂的条件下，氮气和氢气可直接合成氨。

$$N_2 + 3H_2 \xlongequal{\triangle} 2NH_3$$

氮主要用于合成氨，由此制造化肥、硝酸和炸药等。由于氮的化学惰性，常用作保护气体，以防某些物体暴露于空气时被氧所氧化。此外，用 N_2 充填粮仓可达到安全地长期保存粮食的目的。液态氮可作为深度冷冻剂。

工业上的氮主要用于合成氨，制取硝酸，作为保护气体及深度冷冻剂。

议一议

氮气在常温下化学性质极不活泼的原因。

(二) 磷的化学性质

磷的化学性质活泼，容易与金属和非金属直接化合。白磷远比红磷活泼，白磷的着火点是 313 K，红磷的着火点是 513 K。白磷和潮湿空气接触时发生缓慢氧化作用，部分反应能量以光能的形式放出，故在暗处可以看到白磷发光。当白磷在空气中缓慢氧化到表面上积聚的热量达到它的燃点时，便发生自燃，因此通常白磷要贮存在水中以隔绝空气。

磷易与卤素剧烈反应生成相应的卤化物。磷与适量的卤素单质作用生成 PX_3（X=Cl、Br、I），与过量的卤素单质作用生成 PX_5。遇液氯或溴会发生爆炸，与冷浓硝酸反应激烈生成磷酸，与热的浓碱溶液反应生成磷化氢和次磷酸盐。

$$4P + 3KOH + 3H_2O \xlongequal{\triangle} PH_3 + 3KH_2PO_2$$

白磷能将金、铜、银等从它们的盐中还原出来。

$$11P + 15CuSO_4 + 24H_2O \xlongequal{\triangle} 5Cu_3P + 6H_3PO_4 + 15H_2SO_4$$

$$2P + 5CuSO_4 + 8H_2O \xlongequal{} 5Cu + 2H_3PO_4 + 5H_2SO_4$$

如不慎将黄磷沾到皮肤上，可用 $CuSO_4$ 溶液冲洗，利用磷的还原性来解毒。

工业上用白磷来制备高纯度的磷酸，生产有机磷杀虫剂、烟幕弹。在青铜中含有少量的磷，叫做磷青铜，它富有弹性、耐磨、抗腐蚀，用于制轴承、阀门等。大量红磷用于火柴生产，火柴盒侧面所涂的物质就是红磷与三硫化二锑等的混合物。

三、氮、磷的化合物

（一）氮的化合物

1. 氨、铵盐

(1) 氨

氨（NH_3）是无色有刺激性臭味的气体。NH_3 在常压下冷却到 -33℃ 或 25℃ 加压到 990 kPa 即液化，储存在钢瓶中备用，可作为制冷剂。必须注意钢瓶减压阀不能用铜制品，否则会迅速被 NH_3 腐蚀。

NH_3 极易溶于水，常温时 1 体积水能溶解 400 体积的 NH_3。NH_3 溶于水后体积显著增大，故氨水越浓，溶液密度反而越小。市售氨水浓度为 25%～28%，密度约为 0.9 g/mL。

在工业上氨的制备是用氮气和氢气在高温高压和催化剂存在下合成的。在实验室中通常用铵盐和碱的反应来制备少量氨气。

NH_3 与 H^+ 通过配位键结合成 NH_4^+，还能和许多金属离子通过配位键加合生成氨合离子，如 $[Cu(NH_3)_4]^{2+}$、$[Ag(NH_3)_2]^+$ 等。

NH_3 与水通过氢键加合生成氨的水合物，已确定的氨的水合物有 $NH_3 \cdot H_2O$ 和 $2NH_3 \cdot H_2O$ 两种，通常表示为 $NH_3 \cdot H_2O$。NH_3 溶于水后生成水合物的同时，发生少部分解离而显碱性。

$$NH_3 + H_2O \rightleftharpoons NH_3 \cdot H_2O \rightleftharpoons NH_4^+ + OH^-$$

常温下氨在水溶液中能被许多强氧化剂（Cl_2、H_2O_2、$KMnO_4$ 等）所氧化。例如：

$$3Cl_2 + 2NH_3 \xlongequal{} N_2 + 6HCl$$

若 Cl_2 过量则得 NCl_3。

$$3Cl_2 + NH_3 \xlongequal{} NCl_3 + 3HCl$$

NH_3 在空气中不能燃烧，但在氧气中可以燃烧。

$$3O_2 + 4NH_3 \xlongequal{} 2N_2 + 6H_2O$$

在催化剂存在的条件下，NH_3 可被 O_2 氧化为 NO。

$$4NH_3 + 5O_2 \xlongequal{催化剂} 4NO + 6H_2O$$

NH_3在空气中的爆炸极限浓度为16%～27%。

NH_3遇活泼金属，其中的 H 可被取代，生成氨基($-NH_2$)化合物、亚氨基($=NH$)化合物和氮($\equiv N$)的化合物。例如：

$$2NH_3 + 2Na \xlongequal{350℃} 2NaNH_2 + H_2$$

NH_3还以氨基或亚氨基取代其他化合物中的原子或原子团。

$$HgCl_2 + 2NH_3 = Hg(NH_2)Cl\downarrow + NH_4Cl$$

$$COCl_2(光气) + 4NH_3 = CO(NH_2)_2(尿素) + 2NH_4Cl$$

这种反应与水解反应相类似，实际上是氨参与的复分解反应，称为**氨解反应**。

(2) 铵盐

氨与酸反应可得相应的铵盐，铵盐多为无色晶体，易溶于水。铵盐都是重要的化学肥料。

① 热稳定性。固体铵盐加热极易分解，其分解产物因酸根性质不同而异。非氧化性酸形成的铵盐，一般分解为氨和相应的酸或酸式盐。

$$NH_4HCO_3 = NH_3\uparrow + CO_2\uparrow + H_2O$$

$$NH_4Cl \xlongequal{\triangle} NH_3\uparrow + HCl\uparrow$$

$$(NH_4)_2SO_4 \xlongequal{\triangle} NH_3\uparrow + NH_4HSO_4$$

$$(NH_4)_3PO_4 \xlongequal{\triangle} 3NH_3\uparrow + H_3PO_4$$

易挥发氧化性酸形成的铵盐分解出的 NH_3会立即被氧化，并随温度升高而生成物不同。

$$NH_4NO_3 \xlongequal{210℃} N_2O\uparrow + 2H_2O$$

$$2NH_4NO_3 \xlongequal{300℃} 2N_2\uparrow + 4H_2O\uparrow + O_2\uparrow$$

反应放出大量气体和热量，所以可用硝酸铵制造炸药。

② 水解性。由于氨水具有弱碱性，所以铵盐都有一定程度的水解。

$$NH_4^+ + H_2O = NH_3 \cdot H_2O + H^+$$

因此在任何铵盐溶液中加入碱并稍加热，就会有氨气放出。

$$2NH_4Cl + Ca(OH)_2 = 2NH_3\uparrow + 2H_2O + CaCl_2$$

实验室利用此反应制取氨气，并常用来鉴定NH_4^+的存在。

铵盐中的碳酸氢铵、硫酸铵、氯化铵和硝酸铵都是优良的肥料。氯化铵用于染料工业、原电池及焊接时用来除去待焊金属物体表面的氧化物，使焊料能更好地与焊件结合。

2. 氮的氧化物

(1) 一氧化氮

一氧化氮是无色气体，熔点－163.6℃，沸点－151℃，相对密度 1.27(－151℃)，难溶于水。主要用于制硝酸、人造丝漂白剂、丙烯及二甲醚的安定剂。

工业上采用在铂网催化剂上用空气将氨氧化的方法制备一氧化氮，在实验室中则用金属铜与稀硝酸反应制备一氧化氮。

$$3Cu + 8HNO_3(稀) = 3Cu(NO_3)_2 + 2NO\uparrow + 4H_2O$$

NO 在水中的溶解度较小，不助燃，而且不与水发生反应。常温下 NO 很容易氧化为红棕色的二氧化氮，也能与卤素反应生成卤化亚硝酰(NOX)。例如：

$$2NO + Cl_2 = 2NOCl$$

NO 可以被过氧化钠吸收。

$$Na_2O_2 + 2NO = 2NaNO_2$$

由于分子中存在孤电子对，可以和金属离子形成配合物，如与 $FeSO_4$ 溶液形成棕色可溶性的硫酸亚硝酰合铁(Ⅱ)。

$$FeSO_4 + NO = [Fe(NO)]SO_4$$

根据 NO 的分子结构，它有未成对的电子，两个原子共有 11 个价电子，也就是一个奇分子，大多数奇分子都有颜色，然而 NO 仅在液态或固态时才呈蓝色。NO 分子在固态时会缔合成松弛的双聚分子$(NO)_2$，这也是它具有单电子的必然结果。

(2) 二氧化氮

二氧化氮是红棕色气体，有刺激性气味，有毒气体，易压缩成无色液体。熔点 −9.3℃，沸点 22.4℃，相对密度 1.45，易溶于水。在 21.1℃以下时呈暗褐色液体，在 −11℃以下时为无色固体，加压液体为四氧化二氮。

实验室通常用不活泼金属与浓硝酸反应制备 NO_2。

$$Cu + 4HNO_3(浓) = Cu(NO_3)_2 + 2NO_2 + 2H_2O$$

在低温时，聚合成 N_2O_4，它是无色气体，在 262 K 时凝结为无色晶体。在 413 K 以上全部变为 NO_2。超过 423 K，NO_2发生分解。

$$N_2O_4 \rightleftharpoons 2NO_2$$

$$2NO_2 \xlongequal{423\ K} 2NO + O_2$$

二氧化氮不是酸性氧化物，二氧化氮溶于水并与水反应生成硝酸。

$$3NO_2 + H_2O = 2HNO_3 + NO$$

$$4NO_2 + 2H_2O + O_2 = 4HNO_3$$

NO_2可以直接被 Na_2O_2吸收。

$$Na_2O_2 + 2NO_2 = 2NaNO_3$$

NO_2易溶于碱中生成NO_3^- 和NO_2^- 的混合物。

$$2NO_2 + 2NaOH = NaNO_3 + NaNO_2 + H_2O$$

碳、硫、磷等在 NO_2中容易起火，它和许多有机物的蒸气在一起就成为爆炸性的混合物。

NO_2主要用于制硝酸、硝化剂、氧化剂、催化剂、丙烯酸酯聚合抑制剂等。

练一练

用化学方法鉴别 NO 和 NO_2。

3. 氮的含氧酸及其盐

(1) 亚硝酸及其盐

① 亚硝酸(HNO_2)。当将等物质的量的 NO 和 NO_2 混合物溶解在冰冻的水中或向亚硝酸盐的冷溶液中加酸，在溶液中就生成亚硝酸。

$$NO + NO_2 + H_2O \xlongequal{冷冻} 2HNO_2$$

$$NaNO_2 + H_2SO_4 \xlongequal{冷冻} HNO_2 + NaHSO_4$$

亚硝酸很不稳定，仅存在于冷的稀溶液中，微热甚至冷时便分解为 NO、NO_2 和 H_2O。

$$2HNO_2 \rightleftharpoons \underset{蓝色}{H_2O + N_2O_3} \rightleftharpoons \underset{棕色}{H_2O + NO + NO_2}$$

亚硝酸是一种弱酸，但酸性比醋酸略强。

② 亚硝酸盐。亚硝酸盐特别是碱金属和碱土金属的亚硝酸盐比较稳定，多为无色易溶于水($AgNO_2$ 浅黄色)的固体。亚硝酸盐都有毒，有致癌作用。皮肤接触浓度大于 1.5%的 $NaNO_2$ 溶液会发炎。用粉末状金属铅在高温下还原固态硝酸盐，可得到亚硝酸盐。

$$Pb + KNO_3 \xlongequal{} KNO_2 + PbO$$

固体亚硝酸盐与有机物接触会引起燃烧或爆炸。$NaNO_2$ 和 KNO_2 是常见的亚硝酸盐。

亚硝酸和亚硝酸盐既有氧化性又有还原性，在酸性溶液中以氧化性为主。

$$Fe^{2+} + HNO_2 + H^+ \xlongequal{} Fe^{3+} + NO + H_2O$$

$$2I^- + 2HNO_2 + 2H^+ \xlongequal{} I_2 + 2NO + 2H_2O$$

后一个反应可用于测定亚硝酸盐的含量。

亚硝酸盐在遇到更强的氧化剂时才表现出还原性，被氧化成硝酸盐。

$$2KMnO_4 + 5KNO_2 + 3H_2SO_4 \xlongequal{} 2MnSO_4 + 5KNO_3 + K_2SO_4 + 3H_2O$$

$$KNO_2 + Cl_2 + H_2O \xlongequal{} KNO_3 + 2HCl$$

在碱性溶液中，O_2 可将亚硝酸盐氧化为硝酸盐。

NO_2^- 是一种很好的配体，在氧原子和氮原子上都有孤电子对，它们能分别与金属离子形成配位键(如 $M \leftarrow NO_2$ 和 $M \leftarrow ONO$)。例如，NO_2^- 可以与钴盐生成钴亚硝酸根配离子$[Co(NO_2)_6]^{3-}$，它与 K^+ 生成 $K_3[Co(NO_2)_6]$沉淀，此方法可用于检出 K^+。

KNO_2 和 $NaNO_2$ 大量用于染料工业和有机合成工业中。

(2) 硝酸及其盐

① 硝酸(HNO_3)。纯硝酸是无色易挥发、有刺激性气味的液体，沸点 356 K，在 231 K 下凝成无色晶体。硝酸和水可以按任何比例混合。恒沸点溶液的浓度为 69.2%，沸点为 394.8 K，密度为 1.42 g/mL，约 16 mol/L，即一般市售的无色透明或略带浅黄色浓硝酸。另一种是发烟硝酸，浓度约为 98%，密度约为 1.5 g/mL，呈浅黄色。此外还有一种红色发烟硝酸，即将 NO_2 溶于 100%的纯硝酸中制得。实验室一般使用 65%左右的硝酸。

工业上制备硝酸的主要方法是氨的催化氧化法。将氨气和过量空气的混合气体通过灼热的铂铑合金网，NH_3被氧化成 NO，然后进一步被氧化成 NO_2，NO_2与水反应生成硝酸。

$$4NH_3+5O_2 \xrightarrow{Pt-Rh\ 催化剂} 4NO+6H_2O$$

$$2NO+O_2 = 2NO_2$$

$$3NO_2+H_2O = 2HNO_3+NO$$

最后生成的 NO 可回到上一步循环使用。此法所得硝酸浓度为 50%～55%。可在稀硝酸中加入浓硫酸作为吸水剂，然后蒸馏得到浓硝酸。

未处理的尾气中含有少量的 NO 和 NO_2，用 NaOH 溶液或 Na_2CO_3溶液吸收。

$$NO+NO_2+2NaOH = 2NaNO_2+H_2O$$

在实验室中，用硝酸盐与浓硫酸反应来制备少量硝酸。此法过去曾用于工业生产。

$$NaNO_3+H_2SO_4(浓) = NaHSO_4+HNO_3$$

由于硝酸是一种挥发性酸，可从反应混合物中把它蒸馏出来。不过这个反应只能利用H_2SO_4中的一个 H，因为第二步反应：

$$NaHSO_4+NaNO_3 = Na_2SO_4+HNO_3$$

需要在 773 K 左右进行，可使硝酸分解，反而使产率降低。

HNO_3受热或见光会逐渐分解。

$$4HNO_3 \xrightarrow{光或热} 4NO_2\uparrow+O_2\uparrow+2H_2O$$

实验室将硝酸盛于棕色瓶中，置于低温暗处保存。

硝酸是一种强氧化剂，它能氧化许多非金属和几乎所有金属（Pt 和 Au 等少数金属除外）。

视频

浓硝酸的氧化性

浓硝酸能氧化 C、S、P、I_2等非金属，一般把非金属氧化成相应的酸，浓硝酸的还原产物多为 NO_2。稀硝酸与非金属一般不反应。

$$C+4HNO_3(浓) = CO_2+4NO_2+2H_2O$$

$$S+6HNO_3(浓) = H_2SO_4+6NO_2+2H_2O$$

$$P+5HNO_3(浓) = H_3PO_4+5NO_2+H_2O$$

$$3I_2+10HNO_3(稀) = 6HIO_3+10NO+2H_2O$$

后一反应用于制备碘酸。

硝酸的还原产物有多种，主要取决于硝酸的浓度和金属的活泼性，硝酸的氧化性随浓度降低而减弱。一般浓硝酸的主要还原产物是 NO_2，稀硝酸的主要还原产物为 NO。稀硝酸与活泼金属如 Fe、Mg、Zn 等反应时，有可能被还原成 N_2O、N_2、NH_4^+，对同一种金属来说，酸越稀则被还原的程度越大。

$$H\overset{+V}{N}O_3-\overset{+IV}{N}O_2-H\overset{+III}{N}O_2-\overset{+II}{N}O-\overset{+I}{N_2}O-\overset{0}{N_2}-\overset{-I}{N}H_2OH-\overset{-II}{N_2}H_4-\overset{-III}{N}H_3$$

$$Cu+4HNO_3(浓) = Cu(NO_3)_2+2NO_2+2H_2O$$

$$3Cu+8HNO_3(稀) = 3Cu(NO_3)_2+2NO+4H_2O$$

$$Zn+4HNO_3(浓) = Zn(NO_3)_2+2NO_2+2H_2O$$

$$4Zn+10HNO_3(稀) = 4Zn(NO_3)_2+N_2O+5H_2O$$

$$4Zn+10HNO_3(很稀) = 4Zn(NO_3)_2+NH_4NO_3+3H_2O$$

冷的浓硝酸遇 Fe、Al、Cr 等金属表现为“钝态”，金属表面被浓硝酸氧化形成一层十分致密的氧化膜，阻止了内部金属与硝酸进一步作用，可用铁或铝罐装运，钝化了的金属很难溶于稀硝酸。

Sn、Sb、As、Mo、W 和 U 等偏酸性的金属与 HNO_3 反应后生成氧化物，其余金属与硝酸反应则生成硝酸盐。

Mg、Mn 和 Zn 与冷的稀硝酸（6～0.2 mol/L）反应后会放出 H_2。

浓硝酸与浓盐酸的混合液（体积比为 1∶3）称为王水，能溶解不与硝酸作用的金属。

$$Au + HNO_3 + 4HCl = HAuCl_4 + NO + 2H_2O$$

$$3Pt + 4HNO_3 + 18HCl = 3H_2[PtCl_6] + 4NO + 8H_2O$$

金和铂能溶于王水，主要是由于王水中含有 HNO_3、Cl_2、NOCl（氯化亚硝酰，在含氧酸中氢氧根被取代后所余下的基团叫做酰）等强氧化剂。

$$HNO_3 + 3HCl = NOCl + Cl_2 + 2H_2O$$

同时还有高浓度的氯离子，它与金属离子形成稳定的配离子如 $[AuCl_4]^-$ 或 $[PtCl_6]^{2-}$，从而降低了溶液中金属离子的浓度，有利于反应向金属溶解的方向进行。

硝化作用。硝酸以硝基（$-NO_2$）取代有机化合物分子中的一个或几个氢原子，称为硝化作用。例如，HNO_3 与苯反应而生成黄色油状的硝基苯。

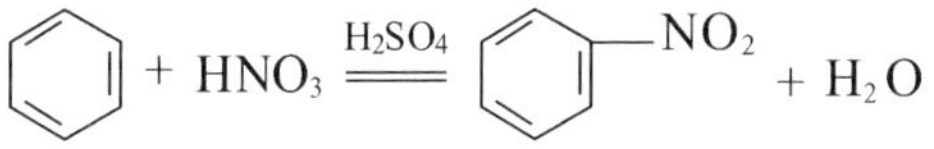

这类反应是有机化学中极其重要的反应。在硝化过程中有水生成，因此浓 H_2SO_4 可以促进硝化作用的进行。

利用硝酸的硝化作用可以制造许多含氮染料、塑料、药物，制造硝化甘油、三硝基甲苯（TNT）、三硝基苯酚（苦味酸）等，它们都是烈性的含氮炸药。

② 硝酸盐。由金属或金属氧化物与硝酸作用可制得硝酸盐。大多数硝酸盐为无色易溶于水的晶体，水溶液无氧化性。固体硝酸盐常温下比较稳定，但受热分解放出氧气。因此固体硝酸盐在高温时是强氧化剂。

硝酸盐热分解的产物取决于盐的阳离子，有三种类型。活泼金属（在金属活动顺序表中比镁活泼的碱金属和碱土金属）硝酸盐受热分解为亚硝酸盐；活泼性较小的金属（位于镁和铜之间）硝酸盐分解为相应的氧化物；活泼性更小的金属（位于铜以后）硝酸盐分解生成金属单质。

$$2KNO_3 \overset{\triangle}{=} 2KNO_2 + O_2$$

$$2Pb(NO_3)_2 \overset{\triangle}{=} 2PbO + 4NO_2 + O_2$$

$$2AgNO_3 \overset{\triangle}{=} 2Ag + 2NO_2 + O_2$$

硝酸盐受热分解都有氧气放出，与可燃物混合受热会迅速燃烧，甚至爆炸，因此可用于制造焰火和黑火药。

练一练

用化学方法鉴别 HNO_2 和 HNO_3，$NaNO_2$ 和 $NaNO_3$。

(二) 磷的化合物

1. 氧化物

磷的燃烧产物是五氧化二磷,如果氧不足则生成三氧化二磷。五氧化二磷是磷酸的酸酐,三氧化二磷是亚磷酸的酸酐。经蒸气密度测定,它们的化学式应该是 P_4O_{10} 和 P_4O_6。

(1) 三氧化二磷

三氧化二磷 $P_4O_6(P_2O_3)$为有滑腻感的白色固体,气味类似大蒜,熔点为 297 K,沸点为 447 K,易溶于有机溶剂。与冷水反应缓慢,生成亚磷酸。

$$P_4O_6+6H_2O(冷) = 4H_3PO_3$$

在热水中它发生强烈的歧化反应。

$$P_4O_6+6H_2O(热) = 3H_3PO_4+PH_3$$

或

$$5P_4O_6+18H_2O(热) = 12H_3PO_4+8P$$

P_4O_6不稳定,在空气中加热 P_4O_6得到 P_4O_{10}。常温下 P_4O_6也会缓慢地被氧化。

(2) 五氧化二磷

五氧化二磷 $P_4O_{10}(P_2O_5)$为白色雪花状的固体,工业上俗称无水磷酸。于 632 K 升华。在加压下加热到较高温度,晶体就转变为无定形玻璃状体,在 839 K 熔化。极易吸潮,对水有很强的亲和力,根据用水量的多少而生成不同组分的酸$(HPO_3)_n$—$H_5P_3O_{10}$—$H_4P_2O_7$—H_3PO_4,常用作气体和液体的干燥剂。它甚至能从许多化合物中夺取化合态的水,如使硫酸、硝酸脱水,变成相应的酸酐和磷酸。

$$P_4O_{10}+6H_2SO_4 = 6SO_3+4H_3PO_4$$

$$P_4O_{10}+12HNO_3 = 6N_2O_5+4H_3PO_4$$

2. 磷的含氧酸及其盐

磷有多种含氧酸,较重要的有焦磷酸($H_4P_2O_7$)、偏磷酸(HPO_3)、亚磷酸(H_3PO_3)、次磷酸(H_3PO_2)。P_2O_5与不等量的水反应可分别得偏磷酸、焦磷酸、正磷酸。

(1) 次磷酸及其盐

① 次磷酸(H_3PO_2)。次磷酸是一种无色晶状固体,熔点为 26.5℃,易潮解,极易溶于水。次磷酸是一元中强酸。在 H_3PO_2分子中,有两个氢原子直接与磷原子相连,具有还原性,还原性比亚磷酸更强,尤其在碱性溶液中 $H_2PO_2^-$ 是极强的还原剂。能在溶液中将 $AgNO_3$、$HgCl_2$、$CuCl_2$等重金属盐还原为金属单质。

在次磷酸钡溶液中,加硫酸使钡离子沉淀,便可得游离状态的次磷酸。

$$Ba(H_2PO_2)_2+H_2SO_4 = BaSO_4+2H_3PO_2$$

② 次磷酸盐。次磷酸盐多易溶于水,也是强还原剂,如化学镀镍就是用 NaH_2PO_2将镍盐还原为金属镍,沉积在钢或其他金属镀件的表面。

(2) 亚磷酸及其盐

① 亚磷酸。纯的亚磷酸(H_3PO_3)为无色晶体,熔点为 73℃。有大蒜味,极易溶于水,20℃时其溶解度为 82 g/(100 g H_2O)。市售亚磷酸浓度为 20%。H_3PO_3分子中直接与 P 原子相连的 H 原子不能解离,所以 H_3PO_3是二元中强酸,酸性比 HNO_2强。

在 H_3PO_3分子中,有 1 个氢原子与磷原子直接相连接,容易被氧原子进攻,故具有还原性。H_3PO_3 是强的还原剂，在碱性溶液中还原性更强。它能将不活泼的金属离子还原成单质，能被空气中的 O_2 氧化成 H_3PO_4。

$$H_3PO_3 + Cu^{2+} + H_2O \longrightarrow Cu + H_3PO_4 + 2H^+$$

H_3PO_3 受热发生歧化反应：

$$4H_3PO_3 \longrightarrow 3H_3PO_4 + PH_3\uparrow$$

三氧化二磷与冷水反应，或由三氯化磷（PCl_3）水解，或磷与溴水共煮，都能生成亚磷酸溶液。

$$PCl_3 + 3H_2O \longrightarrow H_3PO_3 + 3HCl$$

② 亚磷酸盐。亚磷酸盐有其对应的正盐和酸式盐，具有强还原性，也是弱氧化剂。

(3) 正磷酸及其盐

① 正磷酸（H_3PO_4）。正磷酸简称为磷酸，磷的含氧酸中以正磷酸为最稳定。纯净的 H_3PO_4 为无色晶体，熔点为 315 K，是一种高沸点酸。能以任意比与水混溶，但不形成水合物，不挥发。市售磷酸是一种黏稠的浓度为 83%～98% 的浓溶液。含有 88% 的磷酸溶液在常温下即凝结为固体。

H_3PO_4 为三元中强酸，磷酸是磷的最高氧化数化合物，但却没有氧化性。加热磷酸时逐渐脱水生成焦磷酸、偏磷酸，因此磷酸没有自身的沸点。

磷酸根有较强的配位能力，能与许多金属离子形成可溶性的配合物。如与黄色 Fe^{3+} 生成 $[Fe(PO_4)_2]^{3-}$、$[Fe(HPO_4)_2]^-$ 等无色配离子，浓磷酸能溶解惰性金属如钨、锆及硅、硅化铁等，与它们生成配合物。在分析化学上常用 PO_4^{3-} 作为 Fe^{3+} 掩蔽剂。

磷酸脱水缩合后形成焦磷酸、聚磷酸、（聚）偏磷酸。

工业上用 76% 左右的 H_2SO_4 与磷灰石反应生产 H_3PO_4。

$$Ca_3(PO_4)_2 + 3H_2SO_4 \longrightarrow 2H_3PO_4 + 3CaSO_4$$

试剂级磷酸多用白磷燃烧生成 P_2O_5，用水吸收，再经除杂质等工序而制得。

磷酸大量用于生产磷肥，在有机合成、塑料、医药及电镀工业中也有应用。

② 正磷酸盐。形成三种类型的盐，即磷酸二氢盐（如 NaH_2PO_4）、磷酸一氢盐（如 Na_2HPO_4）和正盐（如 Na_3PO_4）。

所有的磷酸二氢盐都易溶于水，而磷酸一氢盐和正盐除碱金属（锂除外）、NH_4^+ 盐外均不溶于水。磷酸的钙盐在水中的溶解度按 $Ca(H_2PO_4)_2$、$Ca_2(HPO_4)_2$ 和 $Ca_3(PO_4)_2$ 的次序减小。

可溶性磷酸盐在溶液中都有不同程度的水解。Na_3PO_4 的水溶液显较强碱性，可作为洗涤剂，Na_2HPO_4 水溶液显弱碱性，NaH_2PO_4 水溶液显弱酸性。

磷酸二氢钙是重要的磷肥。磷酸钙与硫酸作用的混合物称为过磷酸钙。

$$Ca_3(PO_4)_2 + 2H_2SO_4(\text{适量}) \longrightarrow 2CaSO_4 + Ca(H_2PO_4)_2$$

磷酸盐与过量钼酸铵在浓硝酸溶液中反应有淡黄色磷钼酸铵晶体析出，用此来鉴定 PO_4^{3-}。

$$PO_4^{3-} + 12MoO_4^{2-} + 3NH_4^+ + 24H^+ \longrightarrow (NH_4)_3[P(Mo_{12}O_{40})]\cdot 6H_2O\downarrow + 6H_2O$$

造成河、湖水质富营养化的磷污染主要来源于流失的磷肥和生活污水中的含磷洗涤剂。工业上大量使用磷酸的盐类处理钢材构件，使其表面生成难溶于磷酸盐保护膜的过程称为磷化。

(4) 焦磷酸及其盐

① 焦磷酸 ($H_4P_2O_7$)。焦磷酸是无色玻璃状固体,易溶于水。在冷水中,焦磷酸很缓慢地转变为磷酸。在热水中,特别是有硝酸存在时,这种转变很快。

焦磷酸酸性强于正磷酸,它是四元酸,水溶液的酸性强于正磷酸。一般来说,酸的缩合程度越大,其酸性越强。

② 焦磷酸盐。常见的焦磷酸盐有 $M_2H_2P_2O_7$ 和 $M_4P_2O_7$ 两种类型。将磷酸氢二钠加热可得到 $Na_4P_2O_7$。

$$2Na_2HPO_4 \xlongequal{\triangle} Na_4P_2O_7 + H_2O$$

分别往 Cu^{2+}、Ag^{+}、Zn^{2+}、Hg^{2+} 等离子溶液中加入 $Na_4P_2O_7$ 溶液均有沉淀生成,但由于这些金属离子能与过量的 $P_2O_7^{4-}$ 形成配离子如 $[Cu(P_2O_7)]^{2-}$、$[Mn_2(P_2O_7)_2]^{4-}$,当 $Na_4P_2O_7$ 溶液过量时,沉淀便溶解。

练一练

用化学方法鉴别 NaH_2PO_4、Na_2HPO_4 和 Na_3PO_4。

3. 磷的卤化物

(1) 三氯化磷

三氯化磷(PCl_3)是无色透明液体,易挥发,能刺激眼结膜、气管黏膜,使其疼痛发炎。

磷在干燥氯气中燃烧可以生成 PCl_3 或 PCl_5。磷过量时得 PCl_3,氯过量时得 PCl_5。

$$3PCl_5 + 2P = 5PCl_3$$
$$PCl_3 + Cl_2 = PCl_5$$

在较高温度或有催化剂存在时,可以与氧或硫反应生成三氯氧磷($POCl_3$)或三氯硫磷($PSCl_3$)。在潮湿空气中强烈地发烟,在水中强烈地水解,生成亚磷酸和氯化氢。

(2) 五氯化磷

五氯化磷(PCl_5)是白色固体,易潮解,加热时升华(433 K)并可逆地分解为 PCl_3 和 Cl_2,在 573 K 以上分解完全。

$$PCl_3 + Cl_2 = PCl_5$$

与 PCl_3 相同,PCl_5 也易水解,水量不同,其水解产物也不同。

$$PCl_5 + H_2O = POCl_3 + 2HCl$$
$$POCl_3 + 3H_2O = H_3PO_4 + 3HCl$$

PCl_3、PCl_5 和 $POCl_3$ 的蒸气均有辛辣的刺激性气味,有毒,有腐蚀性。它们在制造有机磷农药、医药、光导纤维等方面都有应用。

练一练

用化学方法鉴别 PCl_3 和 PCl_5。

第四节 硅及其化合物

碳族元素包括碳(C)、硅(Si)、锗(Ge)、锡(Sn)、铅(Pb)和𫓧(Fl)六种元素，称为ⅣA族元素。碳族元素的价层电子构型为ns^2np^2。C和Si是非金属元素，Ge是准金属元素，性质与硅相似，都是半导体材料，Sn和Pb是金属元素，但都有两性，不易形成离子，以形成共价化合物为特征。C的主要氧化数有+4和+2，Si的氧化数都是+4，而Ge、Sn、Pb的氧化数有+2和+4。本族元素由上至下从非金属递变到金属的规律体现得十分明显。

议一议

根据硅的价层电子构型，结合查找到的资料，推断硅单质及其化合物的存在、物理性质、化学性质、制备和主要用途。

一、硅的存在、物理性质

(一) 硅的存在

自然界中无单质硅存在，岩石、黏土、沙子、石棉中都有硅的化合物。硅元素几乎占地壳的1/4，仅次于氧的含量。硅多以SiO_2和各种硅酸盐形式存在于地壳中，硅是构成各种矿物的重要元素。使用的无机建筑材料如花岗石、砖瓦、水泥、灰泥、陶瓷、玻璃等都包含着硅的化合物。

(二) 硅的物理性质

硅有无定形体和晶体两种同素异形体。无定形体硅为灰黑色粉末，晶体硅为银灰色有金属光泽的晶体。晶体硅的结构与金刚石类似，熔点、沸点较高，性质脆硬。单晶硅在常温下化学性质不活泼，导电性介于金属与非金属之间，是重要的半导体材料，硅经过区域熔炼等物理方法提纯。

单质硅是在高温下用碳或镁将二氧化硅还原而成的。

$$SiO_2 + 2C \xlongequal{3\ 273\ K} Si + 2CO$$

二、硅的化学性质

在高温下硅能与所有卤素反应，生成四卤化硅(SiX_4)。硅与氢能形成一系列氢化物，称为硅烷，如甲硅烷(SiH_4)，硅烷结构与烷烃相似。无定形体硅比晶体硅活泼，能与强碱溶液作用生成硅酸盐并放出氢气。

$$Si + 2NaOH + H_2O \xlongequal{\quad} Na_2SiO_3 + 2H_2\uparrow$$

在电炉的高温下(约3 000℃)，用碳可将氧化铁和二氧化硅同时还原生成重要的硅铁合金作为炼钢的原料。

高纯硅(杂质少于百万分之一)可用作半导体材料，多晶硅也可用于制造太阳能电池板。国内部分厂家采用“改良西门子法”制造多晶硅取得了较好的效果。其主要过程是将粗硅与氯化氢反应制得三氯氢硅，精馏提纯的三氯氢硅与纯氢气在还原炉中生成多晶硅。生产过程需要制备纯度较高的氢气，还要合成氯化氢。

议一议

高纯硅的制备方法和主要用途。

三、硅的化合物

（一）二氧化硅

二氧化硅（SiO_2）又称为硅石，是由 Si 和 O 组成的巨型分子，有晶体和无定形体两种。SiO_2为原子晶体，硬度大，熔点高。石英是天然的二氧化硅晶体，纯净的石英又叫做水晶，它是一种坚硬、脆性、难熔的无色透明的固体，常用于制作光学仪器等。沙子是混有杂质的石英细粒。硅藻土是天然无定形体二氧化硅，为多孔性物质，常用作吸附剂、催化剂载体及隔音材料。

SiO_2的化学性质不活泼，在高温下只能被镁或铝还原。

$$SiO_2 + 2Mg = 2MgO + Si$$

SiO_2是不溶于水的酸性氧化物，能与热的浓碱液作用得到硅酸盐。

$$SiO_2 + 2NaOH = Na_2SiO_3 + H_2O$$

$$SiO_2 + Na_2CO_3 = Na_2SiO_3 + CO_2\uparrow$$

SiO_2能与氢氟酸作用，生成无色气体 SiF_4。

$$SiO_2 + 4HF = SiF_4 + 2H_2O$$

石英在 1 600℃熔化成黏稠液体，内部结构变成无规则状态，冷却时因为黏度大不易再结晶，变成过冷液体，称为石英玻璃，其结构是无定形。石英玻璃具有许多特殊性质，如能让可见光和紫外线通过，可用它制造紫外灯（汞灯）和光学仪器。它的膨胀系数很小，能经受温度的剧变，不溶于水，除氢氟酸外有良好的抗酸性。

（二）硅酸及其盐

1. 硅酸

与 SiO_2相应的硅酸有多种组成，如偏硅酸（H_2SiO_3）、正硅酸（H_4SiO_4）、焦硅酸（$H_6Si_2O_7$）等，常以通式 $x SiO_2 \cdot y H_2O$ 表示，习惯用 H_2SiO_3表示。

硅酸不能用 SiO_2与水直接作用制得，而只能用相应的可溶性的硅酸盐与酸作用生成。

$$SiO_4^{4-} + 4H^+ = H_4SiO_4$$

硅酸是比碳酸还弱的二元弱酸，在水中溶解度不大，很容易被其他的酸（甚至醋酸、碳酸）从硅酸盐中析出。

$$SiO_3^{2-} + CO_2 + H_2O = H_2SiO_3 + CO_3^{2-}$$

开始生成的单分子硅酸能溶于水，而后逐渐聚合成多硅酸而成为硅酸溶胶。在此溶胶中加入电解质或在适当浓度的硅酸钠溶液中加入强酸，则得到半凝固状态、软而透明的硅酸凝胶，经洗涤、干燥即成为多孔性固体硅胶。用高纯的四氯化硅和正硅酸乙酯 $(C_2H_5O)_4Si$水解可以制得纯的硅胶。

硅胶是一种白色稍透明的固体，吸附能力强，能耐强酸。它是一种很好的干燥剂、吸附剂及催化剂载体。市售品有球形和不规则形两种。

小贴士

变色硅胶是将硅酸凝胶用 $CoCl_2$ 溶液浸泡，烘干后得到的。这种硅胶由颜色变化指示其吸湿程度。因 $CoCl_2$ 无水时呈蓝色，水合的 $CoCl_2 \cdot 6H_2O$ 显红色，当干燥剂吸水后，随吸水量不同，呈现蓝紫→紫→紫粉→粉红，最后呈粉红色，说明硅胶已经吸饱水，再使用时要烘干，恢复其吸湿能力。

2. 硅酸盐

地壳的95%为天然硅酸盐矿，其种类多，结构复杂，最重要的天然硅酸盐是铝硅酸盐。主要包括正长石（$K_2O \cdot Al_2O_3 \cdot 6SiO_2$ 或 $K_2Al_2Si_6O_{16}$）、高岭土（$Al_2O_3 \cdot 2SiO_2 \cdot 2H_2O$ 或 $Al_2H_4Si_2O_9$）、白云母（$K_2O \cdot 3Al_2O_3 \cdot 6SiO_2 \cdot 2H_2O$ 或 $K_2H_4Al_6(SiO_4)_6$）、泡沸石（$Na_2O \cdot Al_2O_3 \cdot 2SiO_2 \cdot nH_2O$ 或 $Na_2Al_2(SiO_4)_2 \cdot nH_2O$）、石棉（$CaO \cdot 3MgO \cdot 4SiO_2$ 或 $CaMg_3(SiO_3)_4$）、滑石（$3MgO \cdot 4SiO_2 \cdot H_2O$ 或 $Mg_3H_2(SiO_3)_4$）。正长石和白云母是构成花岗岩的主要成分，高岭土是黏土的基本成分。人工制造的硅酸盐则有水泥、玻璃、砖瓦和一种高效吸附剂分子筛等。

硅酸盐可分为溶于水和不溶于水两大类物质。溶于水的硅酸盐具有一般组成 $aM_2O \cdot bSiO_2 \cdot cH_2O$，M 代表碱金属。将 SiO_2 和 Na_2CO_3 在 1 300℃左右熔融，根据 SiO_2 与 Na_2CO_3 的比例不同可制得不同的硅酸盐。在这类化合物中，除了水合偏硅酸钠 $Na_2SiO_3 \cdot nH_2O$（$n = 5$、6、7、8、9）以外，还有 Na_2SiO_3、$Na_2Si_2O_5$、Na_4SiO_4 和 $Na_6Si_2O_7$ 等。

在可溶性的硅酸盐中，最常见的是 Na_2SiO_3，其水溶液叫做水玻璃（工业上叫做泡花碱）。水玻璃是无色的，但由于其中含有杂质 Fe 而显紫色。水玻璃有很大的实用价值，如建筑工业上用作黏合剂，木材、织物浸过水玻璃后可以防腐，不易着火，水玻璃还可作为洗涤剂等。

除了碱金属硅酸盐是可溶的以外，许多硅酸盐都是难溶的，而且结构也比较复杂。在不溶性硅酸盐中，有一类是人工合成的高效硅铝吸附剂，即分子筛。它的组成通式是 $Me_{x/n}[(AlO_2)_x(SiO_2)_y] \cdot mH_2O$，$m$ 代表结晶水的个数，Me 代表金属阳离子，n 代表金属阳离子的电荷数，x/n 表示金属阳离子的个数。分子筛一般加工成条形和小球形，比表面积一般是 500～1 000 m^2/g。

分子筛按比表面积和组成的不同可以分为若干类型，常见的有 A 型：$Me_{12/n}[(AlO_2)_{12} \cdot (SiO_2)_{12}] \cdot 27H_2O$；X 型：$Me_{86/n}[(AlO_2)_{86}(SiO_2)_{106}] \cdot 264H_2O$；Y 型：$Me_{56/n}[(AlO_2)_{56} \cdot (SiO_2)_{136}] \cdot 250H_2O$。式中 AlO_2 和 SiO_2 仅代表原子数之比。A 型又分为 3A、4A、5A，X 型又分为 10X、13X，等等。分子筛广泛用作吸附剂、干燥剂、催化剂和催化剂载体。

练一练

用化学方法鉴别 Na_2SiO_3、Na_2SO_4 和 Na_2CO_3。

第五节 硼及其化合物

硼族元素包括硼(B)、铝(Al)、镓(Ga)、铟(In)、铊(Tl)和鉨(Nh)六种元素，称为ⅢA族元素。硼族元素的价层电子构型为 ns^2np^1。B 为非金属元素，其余为金属元素。本族元素均能导电，B 的导电性最差。它们的化合物以正氧化数为主要特征，前 4 种元素主要氧化数都是+3，Tl 主要氧化数为+1。

本族元素的共同特点如下：(1) 其+3 氧化数元素仍然具有相当强的形成共价键的倾向；(2) 它们的价电子层有 4 个原子轨道但只有 3 个电子。

本族元素的+3 氧化数化合物叫做“缺电子化合物”，它们有很强的接受电子的能力。它们的化合物容易形成聚合型的分子，容易和电子对给予体形成稳定的配合物。

议一议

根据硼的价层电子构型，结合查找到的资料，推断硼单质及其化合物的存在、物理性质、化学性质、制备和主要用途。

一、硼的存在、物理性质

(一) 硼的存在

硼在自然界没有游离态，主要以含氧化合物的形式存在，如硼酸(H_3BO_3)、硼镁矿($Mg_2B_2O_5 \cdot H_2O$) 和硼砂($Na_2B_4O_7 \cdot 10H_2O$)等。我国西部地区有丰富的硼砂矿。

(二) 硼的物理性质

单质硼有晶体和无定形体两种。晶体硼有多种同素异形体，颜色有黑色、黄色、红色等，无定形体硼为棕色粉末。硼的熔点、沸点很高，晶体硼很硬，莫氏硬度为 9.3，仅次于金刚石。

用镁或铝在高温下还原 B_2O_3 制取单质 B。

$$B_2O_3 + 3Mg \xlongequal{} 2B + 3MgO$$

得到的粗硼含有氧化镁和未反应的氧化硼及硼化物。把粗硼分别用盐酸、氢氧化钠和氢氟酸处理，便得到纯度为 95%～98%的棕色无定形单质硼。

将氢和三溴化硼的混合气体通过热至 1 200～1 400℃的金属钨丝或钽丝，三溴化硼便被氢还原而游离出硼。

$$2BBr_3(g) + 3H_2(g) \xlongequal{1\,200\sim1\,400℃} 2B(s) + 6HBr(g)$$

它成为结晶状态聚集在钨丝或钽丝上。这样得到的结晶硼是较纯的。在 800～1 000℃加热分解 BI_3：

$$2BI_3 \xlongequal{} 2B + 3I_2$$

使产物结晶在钽丝上，纯度可高于 99.95%。

二、硼的化学性质

硼主要形成共价化合物，如硼烷、卤化物和氧化物等。硼原子是缺电子原子，所形成的 BF_3 和 BCl_3 等化合物为缺电子化合物。

晶体硼的化学性质不活泼，不与氧、硝酸、热浓硫酸、烧碱等作用。

在高温下无定形硼容易和电负性高的非金属元素如氧、卤素、硫、氮等反应。金属也能和硼在高温下反应生成硼化物。

在赤热下无定形硼可以和水蒸气作用生成硼酸和氢。

$$2B+6H_2O(g) \xlongequal{} 2B(OH)_3+3H_2$$

能被浓 HNO_3 或浓 H_2SO_4 氧化成硼酸，易与强碱反应放出 H_2。

$$B+3HNO_3 \xlongequal{} B(OH)_3+3NO_2$$

$$2B+2NaOH+2H_2O \xlongequal{} 2NaBO_2+3H_2$$

硼能把铜、锡、铅、锑、铁和钴的氧化物还原为金属单质。

在有氧化剂存在的条件下，硼和强碱共熔可以得到偏硼酸盐。

$$2B+2NaOH+3KNO_3 \xlongequal{} 2NaBO_2+H_2O+3KNO_2$$

硼有较强的吸收中子的能力，在核反应堆中，硼作为良好的中子吸收剂使硼常作为原料来制备一些特殊的硼化合物，如金属硼化物和碳化硼(B_4C)等。

三、硼的化合物

(一) 三氧化二硼

三氧化二硼(B_2O_3)是白色固体，晶态 B_2O_3 比较稳定，其密度为 2.55 g/cm³，熔点为 450℃。玻璃状 B_2O_3 的密度为 1.83 g/cm³，温度升高时逐渐软化，当达到炽热的高温时即成为液态。

单质硼热至 700℃即发生燃烧，生成三氧化二硼。

$$4B+3O_2 \xlongequal{} 2B_2O_3$$

B_2O_3 的一般制备方法是加热 $B(OH)_3$(或写作 H_3BO_3)，使其脱水。

$$2H_3BO_3 \xlongequal{} B_2O_3+3H_2O$$

B_2O_3 在热的水蒸气中，形成挥发性的偏硼酸。

$$B_2O_3(s)+H_2O(g) \xlongequal{} 2HBO_2(g)$$

偏硼酸高温下脱水得到玻璃状 B_2O_3，低温减压条件下得结晶氧化硼，氧化硼可作为干燥剂。

B_2O_3 能被碱金属及镁和铝还原为单质硼。

$$B_2O_3+3Mg \xlongequal{} 2B+3MgO$$

用盐酸处理反应混合物，MgO 与盐酸作用生成溶于水的 $MgCl_2$，过滤后得到粗硼。B_2O_3 在高温时不被碳还原。

B_2O_3 与水反应可生成偏硼酸和硼酸。

$$B_2O_3+H_2O \xlongequal{} 2HBO_2$$

$$B_2O_3+3H_2O \xlongequal{} 2H_3BO_3$$

熔融的 B_2O_3 可溶解许多金属氧化物，形成具有特征颜色的玻璃状偏硼酸盐，用于制造耐高温、抗化学腐蚀的化学实验仪器和光学玻璃，还用于搪瓷和珐琅工业的彩绘装饰中。由锂、铍和硼的氧化物制成的玻璃可以用作 X 射线管的窗口。硼纤维是一种具有多种优良性能的新型无机材料。

（二）硼酸及其盐

1．硼酸

硼的含氧酸包括偏硼酸（HBO_2）、原硼酸（H_3BO_3）和多硼酸（$xB_2O_3 \cdot yH_2O$）。原硼酸通常又简称为硼酸。将硼酸加热脱水可逐渐得到偏硼酸、硼酐。将硼酐溶于水可逐渐得到偏硼酸、硼酸。

工业硼酸由盐酸或硫酸分解硼砂矿而制得。

$$Na_2B_4O_7 \cdot 10H_2O + 2HCl = 4H_3BO_3 + 2NaCl + 5H_2O$$

H_3BO_3 是白色鳞片状晶体，具有层状结构，层与层之间容易滑动，故可作为润滑剂。H_3BO_3 微溶于冷水，易溶于热水。

当把 H_3BO_3 加热至 100℃时，一个分子水脱出而成为偏硼酸。

$$H_3BO_3 = HBO_2 + H_2O$$

继续加热至 140～160℃，偏硼酸聚合而形成四硼酸。

$$4HBO_2 = H_2B_4O_7 + H_2O$$

将四硼酸继续加热，它立即脱水而成为三氧化二硼。

$$H_2B_4O_7 = 2B_2O_3 + H_2O$$

硼酸的水溶液呈弱酸性，弱酸性是由于 OH^- 中 O 的孤电子对填入 B 原子中的 p 空轨道中去，即加合氢氧离子，而不是给出质子。H_3BO_3 与水的反应如下。

$$B(OH)_3 + H_2O = [(OH)_3B \leftarrow OH]^- + H^+$$

在 H_3BO_3 溶液中加入多羟基化合物，如甘油（丙三醇）、甘露醇，由于形成配合物和 H^+ 而使溶液酸性增强。

H_3BO_3 遇到某种比它强的酸时，有显碱性的可能。

$$B(OH)_3 + H_3PO_4 = BPO_4 + 3H_2O$$

H_3BO_3 与强碱 NaOH 中和，得到偏硼酸钠（$NaBO_2$）。在碱性较弱的条件下则得到四硼酸盐，如硼砂（$Na_2B_4O_7 \cdot 10H_2O$），而得不到单个 BO_3^{3-} 的盐。

硼酸和甲醇形成挥发性的硼酸三甲酯（$(CH_3O)_3B$）。

$$3CH_3OH + H_3BO_3 = (CH_3O)_3B + 3H_2O$$

这种化合物在燃烧时产生绿色火焰，可用来鉴定硼化合物。

大量的硼酸用于搪瓷工业和玻璃工业。H_3BO_3 有缓和的防腐消毒作用，是医药上常用的消毒剂。有时也用作食物的防腐剂。

议一议

为什么说 H_3BO_3 是一元弱酸。

2．硼酸盐

硼酸盐有偏硼酸盐、原硼酸盐和多硼酸盐等多种。最重要的硼酸盐是四硼酸钠，俗称硼砂($Na_2B_4O_5(OH)_4 \cdot 8H_2O$)，习惯写作 $Na_2B_4O_7 \cdot 10H_2O$。

在工业上一般用浓碱溶液分解硼镁矿来制备硼砂。

$$Mg_2B_2O_5 \cdot H_2O + 2NaOH = 2NaBO_2 + 2Mg(OH)_2$$

将 $NaBO_2$ 从强碱性溶液中结晶出来之后，再把它溶解在水中成较浓的溶液，通入 CO_2 来调节碱度，浓缩后结晶分离便可得到硼砂。

$$4NaBO_2 + CO_2 + 10H_2O = Na_2B_4O_5(OH)_4 \cdot 8H_2O + Na_2CO_3$$

硼砂是无色透明晶体，在干燥空气中易风化失水。硼砂受热失去结晶水体积膨胀；加热到 350～400℃时进一步脱水成为无水 $Na_2B_4O_7$；加热至 878℃时熔化为玻璃状态，冷却后成为透明的玻璃状物质，称为硼砂玻璃。

小贴士

熔融状态的硼砂能溶解一些金属(如 Fe、Co、Ni、Mn 等)的氧化物形成具有特征颜色的偏硼酸的复盐。如 $Co(BO_2)_2 \cdot 2NaBO_2$ 为蓝色，$Mn(BO_2)_2 \cdot 2NaBO_2$ 为绿色。这一性质在分析化学中被用来鉴别某些金属离子，称为**硼砂珠试验**。

$$Na_2B_4O_7 + CoO = 2NaBO_2 \cdot Co(BO_2)_2 \text{（蓝宝石色）}$$

硼砂在水中的溶解度随温度升高而显著增大。其水溶液因 $B_4O_5(OH)_4^{2-}$ 水解而显碱性。

$$B_4O_5(OH)_4^{2-} + 5H_2O = 4H_3BO_3 + 2OH^- = 2H_3BO_3 + 2B(OH)_4^-$$

20℃时，硼砂溶液的 pH=9.18。硼砂溶液中含有的 H_3BO_3 和 $B(OH)_4^-$ 物质的量相等，故具有缓冲作用。在实验室中可用它来配制缓冲溶液。它也常用于作基准物质标定酸溶液的浓度。

硼砂被用于制造耐温度骤变的特种玻璃和光学玻璃。陶瓷工业上用硼砂来制备低熔点釉。由于硼砂能溶解金属氧化物，焊接金属时可以作为助熔剂，可去除金属表面的氧化物。它还是医药上的消毒剂和防腐剂。硼砂也常用作肥皂和洗衣粉的填料。

实验七　氮、磷、硅、硼重要的化合物

［实验目的］

1. 掌握氮、磷、硅、硼及其化合物的性质。
2. 掌握硝酸和亚硝酸及其盐、硼酸和硼砂、可溶性硅酸盐和难溶硅酸盐、磷酸盐的重要性质。
3. 掌握 NH_4^+、NO_2^-、NO_3^- 的鉴定方法。

［实验仪器］

试管、玻璃棒、电炉、烧杯(50 mL)、点滴板、水浴锅。

[实验试剂]

H_2SO_4(浓,1 mol/L、6 mol/L)、HNO_3(浓,2 mol/L)、HAc(1 mol/L)、HCl(浓,6 mol/L)、NaOH(2 mol/L)、KI(0.02 mol/L)、NaH_2PO_4(0.1 mol/L)、$BaCl_2$(1 mol/L)、$CaCl_2$(s, 0.1 mol/L)、$NaNO_2$(s, 1 mol/L、0.1 mol/L)、KNO_3(0.1 mol/L)、NH_4Cl(0.1 mol/L)、$KMnO_4$(0.01 mol/L)、Na_2HPO_4(0.1 mol/L)、Na_3PO_4(0.1 mol/L)、Na_2SiO_3(0.5 mol/L, 20%)、$Na_2B_4O_7 \cdot 10H_2O$(s)、$Co(NO_3)_2 \cdot 6H_2O$(s)、$FeSO_4 \cdot 7H_2O$(s)、$Fe_2(SO_4)_3$(s)、$NiSO_4 \cdot 7H_2O$(s)、$CuSO_4 \cdot 5H_2O$(s)、$ZnSO_4 \cdot 7H_2O$(s)、NH_4NO_3(s)、硫粉、锌粉、铜屑、甘油、尿素(s)、甲基橙(10 g/L 水溶液)、奈斯勒试剂、pH 试纸、红色石蕊试纸、镍铬丝(一端做成环状)、硼酸。

[实验步骤]

1. 硼酸和硼砂的性质

(1) 在试管中加入硼酸晶体 0.5 g 和去离子水 3 mL,观察溶解情况。微热后使其全溶解,冷却至室温,用 pH 试纸测定溶液的 pH。然后在溶液中加入 1 滴甲基橙指示剂,并将溶液分成 2 份,在一份中加入 10 滴甘油,混合均匀,比较 2 份溶液的颜色。写出有关反应的离子方程式。

(2) 在试管中加入硼砂约 1 g 和去离子水 2 mL,微热使其溶解,用 pH 试纸测定溶液的 pH。然后加入 6 mol/L H_2SO_4溶液 1 mL,将试管放在冷水中冷却,并用玻璃棒不断地搅拌,片刻后,观察硼酸晶体的析出。写出有关反应的离子方程式。

(3) 硼砂珠试验,用环形镍铬丝蘸取浓 HCl(盛在试管中),在氧化焰中灼烧,然后迅速蘸取少量硼砂,在氧化焰中灼烧至玻璃状。用烧红的硼砂珠蘸取少量 $Co(NO_3)_2 \cdot 6H_2O$ 晶体,在氧化焰中烧至熔融,冷却后对着亮光观察硼砂珠的颜色。写出反应方程式。

2. 硅酸盐的性质

(1) 在试管中加入 0.5 mol/L Na_2SiO_3溶液 1 mL,用 pH 试纸测其 pH。然后逐滴加入 6 mol/L HCl 溶液,使溶液 pH 在 6～9,观察硅酸凝胶的生成(若无凝胶生成可微热)。

(2) "水中花园"实验:在 50 mL 烧杯中加入 20% Na_2SiO_3溶液约 30 mL,然后分散加入 $CaCl_2$、$CuSO_4$、$ZnSO_4$、$Fe_2(SO_4)_3$、$Co(NO_3)_2$ 和 $NiSO_4$晶体各一小粒,静置 1～2 h 后,观察"石笋"的生成和颜色。

3. NH_4^+的鉴定

(1) 在试管中加入少量 0.1 mol/L NH_4Cl 溶液和 2 mol/L NaOH 溶液,微热,用湿润的红色石蕊试纸在试管口检验逸出的气体。写出有关反应方程式。

(2) 在滤纸条上加 1 滴奈斯勒试剂,代替红色石蕊试纸重复上面的实验,观察现象。写出有关的反应方程式。

4. 硝酸的氧化性

(1) 取少量硫粉放入试管中,加入 1 mL 浓 HNO_3,煮沸片刻(最好在通风橱中进行)。冷却后取少量溶液,加入 1 mol/L $BaCl_2$ 溶液,观察现象,写出反应方程式。

(2) 在试管内放入一小块铜屑,加入几滴浓 HNO_3,观察现象。然后迅速加水稀释,倒掉溶液，回收铜屑。写出反应方程式。

(3) 在试管中放入少量锌粉，加入 2 mol/L HNO_3溶液 1 mL，观察现象（如不反应可微热）。取清液检验是否有 NH_4^+ 生成。写出有关的反应方程式。

5. 亚硝酸及其盐的性质

(1) 在试管中加入 1 mol/L $NaNO_2$ 溶液 10 滴，然后滴加 6 mol/L H_2SO_4溶液，观察溶液和液面上气体的颜色（若室温较高，应将试管放在冷水中冷却）。写出有关的反应方程式。

(2) 用 0.1 mol/L $NaNO_2$ 溶液和 0.02 mol/L KI 溶液及 1 mol/L H_2SO_4溶液试验 $NaNO_2$ 的氧化性。然后加入淀粉溶液，又有何变化？写出离子反应方程式。

(3) 用下列溶液试验 $NaNO_2$ 的还原性：0.1 mol/L $NaNO_2$ 溶液、0.01 mol/L $KMnO_4$溶液和 1 mol/L H_2SO_4溶液。写出离子反应方程式。

6. NO_3^- 和 NO_2^- 鉴定

(1) 取 0.1 mol/L KNO_3溶液 2 滴，用水稀释至 1 mL，加入少量 $FeSO_4 \cdot 7H_2O$ 固体，振荡试管使其溶解。然后斜持试管，沿管壁小心滴加浓 H_2SO_4溶液 1 mL，静置片刻，观察 2 种液体界面处的棕色环。写出有关的反应方程式。

(2) 取 0.1 mol/L $NaNO_2$ 溶液 10 滴，加入数滴 1 mol/L HAc 溶液酸化，再加入少量 $FeSO_4 \cdot 7H_2O$ 固体，如有棕色出现，证明有 NO_2^- 存在。

(3) 取 0.1 mol/L $NaNO_2$ 溶液和 0.1 mol/L KNO_3溶液各 1 滴，稀释至 1 mL，再加入少量尿素和 2 滴 1 mol/L H_2SO_4溶液，以消除 NO_2^- 对鉴定 NO_3^- 的干扰，然后按步骤(1)进行棕色环实验。

7. 磷酸盐的性质

(1) 用 pH 试纸分别测定 0.1 mol/L 的 Na_3PO_4溶液、Na_2HPO_4溶液和 NaH_2PO_4溶液的 pH。写出有关的反应方程式并加以说明。

(2) 在 3 支试管中各加入几滴 0.1 mol/L $CaCl_2$ 溶液，然后分别滴加 0.1 mol/L 的 Na_3PO_4溶液、Na_2HPO_4溶液和 NaH_2PO_4溶液，观察现象。写出有关反应的离子方程式。

8. 2 种白色晶体的鉴别

有 2 种白色晶体，第一种可能是 $NaNO_2$ 或 $NaNO_3$，第二种可能是 $NaNO_3$ 或 NH_4NO_3。分别取少量固体加水溶解，并设计简单的方法加以鉴别。写出实验现象及有关的反应方程式。

思考与训练

1. 为什么硼砂的水溶液具有缓冲作用？怎样计算其 pH？

2. 鉴定 NH_4^+ 时，为什么将奈斯勒试剂滴在滤纸上检验逸出的 NH_3，而不是将奈斯勒试剂直接加到含 NH_4^+ 的溶液中？

3. NO_3^- 的存在是否干扰 NO_2^- 的鉴定？

本章小结

非金属元素位于周期表 p 区的右上方，均为主族元素，价层电子构型为 $1s^{1\sim2} \sim ns^2np^{1\sim6}$，共 22 种元素。其中单质为固态的有 B、C、Si、P、As、S、Se、Te、I 九种元素，单质为液态的有 Br 元素，其余单质都是气体。

一、氯及其化合物

(一) 卤素的通性

价层电子构型为 ns^2np^5，常见的氧化数是－1，正氧化数＋1、＋3、＋5 和＋7。主要元素氯的物理性质和化学性质。

(二) 氯的重要化合物

氯化氢、次氯酸及其盐、亚氯酸及其盐、氯酸及其盐、高氯酸及其盐的物理性质和化学性质。

二、硫及其化合物

(一) 氧族元素的通性

价层电子构型为 ns^2np^4，氧化数有＋2、＋4、＋6 三种，常见的氧化数为＋4，＋6。主要元素硫的物理性质和化学性质。

(二) 硫的重要化合物

硫化氢、硫化物、二氧化硫、三氧化硫、亚硫酸及其盐、硫酸及其盐、过二硫酸及其盐、硫代硫酸钠的物理性质和化学性质。

三、氮、磷及其化合物

(一) 氮族元素的通性

价层电子构型为 ns^2np^3，氮族元素形成的化合物大多数是共价化合物，形成－3 氧化数的趋势从 N 到 Sb 降低，Bi 不形成－3 氧化数的稳定化合物。N、P 氧化数为＋5 的化合物比＋3 的化合物稳定。As 和 Sb 常见氧化数为＋3 和＋5，Bi 氧化数主要是＋3。主要元素氮、磷的物理性质和化学性质。

(二) 氮、磷的化合物

1. 氮的重要化合物

氨、铵盐、一氧化氮、二氧化氮、亚硝酸及其盐、硝酸及其盐的物理性质和化学性质。

2. 磷的重要化合物

三氧化二磷、五氧化二磷、次磷酸及其盐、亚磷酸及其盐、正磷酸及其盐、焦磷酸及其盐、三氯化磷、五氯化磷的物理性质和化学性质。

四、硅及其化合物

(一) 碳族元素的通性

价层电子构型为 ns^2np^2，C 的主要氧化数有＋4 和＋2，Si 的氧化数都是＋4，而 Ge，Sn，Pb 的氧化数有＋2 和＋4。主要元素硅的物理性质和化学性质。

(二) 硅的重要化合物

二氧化硅、硅酸、硅酸盐的物理性质和化学性质。

五、硼及其化合物

(一) 硼族元素的通性

价层电子构型为 ns^2np^1，以正氧化数为主要特征，前四种元素氧化数都是＋3，形成“缺电子化合物”，Tl 主要氧化数为＋1。主要元素硼的物理性质和化学性质。

(二) 硼的重要化合物

三氧化二硼、硼酸、硼酸盐的物理性质和化学性质。

思考与练习题答案

思考与练习题

1. 过量的汞与硝酸反应，溶液中汞的主要存在形式是________。

2. H_2S 及 Na_2SO_3 溶液是实验室的常用试剂，但常常得不到应该出现的实验现象，其原因是________。

3. FeS 与酸作用制备 H_2S 时，有 HCl、H_2SO_4、HNO_3，最好选用________。

4. 有 5 瓶固体试剂，分别为 Na_2SO_3、Na_2SO_4、$Na_2S_2O_3$、$Na_2S_2O_8$、Na_2S，用一种试剂可以将其鉴别开来，应选用(　　)。

A. HCl　　B. NaOH　　C. $NH_3 \cdot H_2O$　　D. $BaCl_2$

5. 下列各对含氧酸酸性强弱关系错误的是(　　)。

A. $H_2CO_3 > H_2SiO_3$　　B. $H_3PO_4 > H_2SiO_3$

C. $HNO_3 > HNO_2$　　D. $HNO_2 > H_3PO_3$

6. 下列硫化物中，难溶于水易溶于稀盐酸的黑色沉淀是(　　)。

A. ZnS　　B. PbS　　C. FeS　　D. CuS

7. 下列关于氧族元素的叙述正确的是(　　)。

A. 均可显－2、＋4、＋6 化合价

B. 能和大多数金属直接化合

C. 固体单质都不导电

D. 都能和氢气直接化合

8. 如果某试液加入 NaOH 并加热后，有 NH_3 逸出，那么下列说法中完全正确的是(　　)。

A. 只有 CN^- 存在　　B. 没有 CN^- 存在

C. 只有 NH_4^+ 存在　　D. NH_4^+、CN^- 均可能存在

9. 下列卤化物不发生水解反应的是(　　)。

A. $SnCl_2$　　B. $SnCl_4$　　C. CCl_4　　D. BCl_3

10. 完成并配平下列反应方程式。

(1) $K_4[Fe(CN)_6] + Cl_2 \longrightarrow$

(2) $H_2S + Cl_2 + H_2O \longrightarrow$

(3) $I_2 + H_2SO_3 + H_2O \longrightarrow$

(4) $Na_2S_2O_3 + Cl_2 + H_2O \longrightarrow$

(5) $Na_2S_2O_3 + I_2 \longrightarrow$

(6) $S_2O_3^{2-} + AgBr \longrightarrow$

(7) $Hg + HNO_3$(浓)$\longrightarrow$

(8) $S + 6HNO_3$(浓)$\longrightarrow$

(9) $S + NaOH \longrightarrow$

(10) $S_2O_3^{2-} + 2H^+ \longrightarrow$

(11) 氯气通入 NaOH 溶液。

(12) 为什么不能用玻璃器皿盛装氢氟酸？

11. 长期存放的 Na_2S 或 $(NH_4)_2S$ 溶液为什么颜色会变深？

12. 用碱液处理含 SO_2 或 NO_2 的工业废气，是否都属于中和反应？写出反应方程式。

13. 写出下列反应的化学方程式，并注出明显的反应现象。

(1) 将 SO_2 气体通入纯碱溶液中，然后向所得溶液加入硫黄并加热。反应后，把溶液分成 2 份。一份加入 HCl，另一份滴加浓溴水。

(2) 向亚硝酸钠溶液中加几滴酸，再加入碘化钾溶液，然后加入少量四氯化碳，振荡，静置。

(3) 过量的硝酸银溶液与硫代硫酸钠溶液反应。

14. 往某溶液中加酸，出现白色乳状 S 并有 SO_2 放出，问原溶液中可能含有哪几种含硫化合物？

15. 将 H_2S 通入水中制得 H_2S 的饱和溶液，常温下这种溶液的浓度为多少？这种溶液在空气中放置一段时间后，一方面其浓度会降低，另一方面会出现浑浊，试解释之。

16. 今有一种固体试剂，它可能是次氯酸盐、氯酸盐或高氯酸盐。用什么方法加以鉴别？

17. 溴能从含碘离子的溶液中取代碘，碘又能从溴酸钾溶液中取代出溴，这两个反应有无矛盾？为什么？

18. 工业溴中常有少量杂质 Cl_2，如何除去？提纯 KCl 又如何除去其中的杂质 KBr？

19. 鉴别下列各组物质。

(1) SO_2 与 SO_3。

(2) KNO_3 与 KNO_2。

20. 在常温下，为什么能用铁、铝容器盛放浓硫酸，而不能盛放稀硫酸？

21. 什么是缺电子原子？为什么硼族元素都是缺电子原子？

22. 用实验事实说明 H_3BO_3 为弱酸。怎样证明 H_3BO_3 在溶液中没有游离的 BO_3^{3-}？

23. 试用化学方程式表示如何以硼砂为原料制备：

(1) 硼酸。

(2) 三氟化硼。

24. 用方程式表示 HNO_3 和活泼金属（以 Zn 为例）、不活泼金属（以 Cu 为例）的反应。哪些金属在冷浓 HNO_3 中呈钝态？写出王水和 Au 的反应方程式。

25. 试述工业上用 NH_3 氧化法制备 HNO_3 的过程。

26. 现有 324 kg Ag，分别用浓硝酸和稀硝酸溶解，各能生成多少千克 $AgNO_3$？两种情况消耗硝酸的量是否相等？在实际生产过程中用哪种酸成本低？

27. 有一种钠盐 A 溶于水，加入稀盐酸后生成刺激性气体 B 和黄色沉淀 C。气体 B 能使高锰酸钾溶液褪色。通 Cl_2 于 A 溶液中，得到溶液 D，向 D 溶液中加氯化钡溶液即有白色沉淀 E 生成，E 不溶于稀硝酸。指出 A、B、C、D、E 各为何物，写出有关的化学反应方程式。

第八章　金属元素

学习目标

知识目标

1. 了解碱金属、碱土金属、过渡元素等的通性。

2. 了解钠、钾、钙、镁、铝、锡、铅、砷、锑、铋、铜、银、锌、镉、汞、铁、钴、镍、钛、铬、锰单质及其化合物的存在、物理性质和用途。

3. 掌握钠、钾、钙、镁、铝、锡、铅、砷、锑、铋、铜、银、锌、镉、汞、铁、钴、镍、钛、铬、锰单质及其化合物的化学性质和制备。

能力目标

1. 能根据金属元素的价层电子构型，推断其物理性质及化学性质。

2. 能根据金属元素单质和化合物的性质判断其用途。

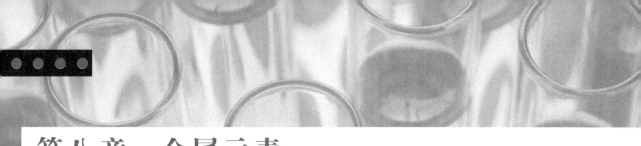

第一节　钠、钾及其化合物

碱金属元素包括锂(Li)、钠(Na)、钾(K)、铷(Rb)、铯(Cs)、钫(Fr)六种元素，称为ⅠA族元素，由于其氧化物的水化物显强碱性，故称为碱金属。钫是放射性元素。本族元素原子的价层电子构型为 ns^1，在元素周期表中属于 s 区元素，常见氧化数为+1。

碱金属元素从上至下原子及离子半径逐渐增大，化学活泼性增强，还原能力增强，同时熔点、沸点降低，硬度减小，电离能及电负性降低。

碱金属的价电子易受光激发而电离，在火焰中加热各显不同的颜色，称为**焰色反应**，锂(红色)、钠(黄色)、钾(紫色)、铷(红紫色)、铯(蓝色)。

议一议

根据钠、钾的价层电子构型，结合查找到的资料，推断钠、钾单质及其化合物的存在、物理性质、化学性质、制备和主要用途。

动画

焰色反应

一、钠、钾的存在、物理性质

(一) 钠、钾的存在

碱金属中前 5 种元素只以盐类存在于自然界，钠、钾是海洋中的常量元素，主要以氯化物的形式存在，它们也是动物生存的必需元素。钠和钾在地壳中蕴藏丰富，属于轻金属元素。

(二) 钠、钾的物理性质

钠、钾元素呈银白色，柔软似蜡，易熔。它们具有良好的延展性，硬度低，可以用小刀切割，切开后迅速变暗，钠、钾是热和电的良导体。

钠、钾是英国化学家戴维(H · Davy)于 1807 年分别电解熔融的 NaOH 和 KOH 时获得并被发现的。工业上采用电解熔融的 NaCl 来制取钠，工业上多采用在熔融状态下，用金属钠从 KCl 中置换出钾。

练一练

金属钠、钾在自然界中以化合物的形式存在的原因是什么？写出工业上制备金属钠的化学反应方程式。

二、钠、钾的化学性质

钠、钾元素的化学性质非常相似，但钾比钠活泼。现以钠为例，介绍其化学性质。

(一) 与非金属反应

$$2Na + H_2 \xlongequal{高温} 2NaH$$

$$4Na + O_2 \xlongequal{\quad} 2Na_2O \text{ (白色固体)}$$

$$2Na + O_2 \xlongequal{点燃} Na_2O_2 \text{(淡黄色粉末)}$$

（二）与金属反应

$$4Na+9Pb \xlongequal{\triangle} Na_4Pb_9$$

$$Na+Tl \xlongequal{\triangle} NaTl$$

$$Na+Hg \xlongequal{} Na\text{-}Hg(\text{钠汞齐})$$

（三）与水反应

$$2Na+2H_2O \xlongequal{} 2NaOH+H_2$$

钠和水剧烈反应生成 NaOH 和 H_2，易引起燃烧和爆炸，需贮存在煤油或石蜡油中。钾比钠更活泼，在制备、储存和使用时应更加小心。

（四）与酸反应

$$2Na+2HCl \xlongequal{} 2NaCl+H_2\uparrow$$

（五）与盐反应

钠、钾元素的化学性质非常活泼，有强还原性，在冶金工业中以钠、钾作为还原剂从金属氯化物中制取相应的金属。

$$4Na+TiCl_4 \xlongequal{\text{高温}} 4NaCl+Ti$$

$$Na+KCl \xlongequal{\text{高温}} K\uparrow+NaCl$$

Na 与 $CuSO_4$、NH_4Cl 反应。

$$2Na+2H_2O \xlongequal{} 2NaOH+H_2$$

$$2NaOH+CuSO_4 \xlongequal{} Na_2SO_4+Cu(OH)_2$$

或

$$2Na+2H_2O \xlongequal{} 2NaOH+H_2$$

$$NH_4Cl+NaOH \xlongequal{} NaCl+NH_3+H_2O$$

（六）与氧化物反应

$$4Na+CO_2 \xlongequal{\text{点燃}} 2Na_2O+C$$

（七）碱金属与碱不反应，但与碱溶液反应

做一做

请设计一个实验，证明钠和水反应生成碱和 H_2。

三、钠、钾的化合物

（一）钠、钾的氧化物

钠、钾金属常见的氧化物有正常氧化物、过氧化物、超氧化物三类。钠在氧气中燃烧生成过氧化物 Na_2O_2，钾在氧气中燃烧生成超氧化物 KO_2。

在实验室里，正常氧化物可利用金属还原相应的硝酸盐得到。

$$10M+2MNO_3 \xlongequal{} 6M_2O+N_2(g) \quad (M=Na、K)$$

碱金属与氧所形成的氧化物如表 8-1 所示。

表 8-1　碱金属与氧所形成的氧化物

氧化物类型	阴离子	直接生成	间接生成
正常氧化物	O^{2-}	Li	ⅠA 族所有元素
过氧化物	O_2^{2-}	Na	ⅠA 族所有元素
超氧化物	O_2^-	Na、K、Rb、Cs	ⅠA 族所有元素

动画

Na_2O_2 与 H_2O 的反应

Na_2O_2 的制备是将熔融的金属钠在干燥的氧气或空气(无 CO_2)中燃烧。

钠、钾金属的氧化物在水中的溶解度逐渐增大,与水反应的剧烈程度逐渐增大。

过氧化物与水或稀酸反应,生成过氧化氢,同时放出大量的热。

$$Na_2O_2+2H_2O = H_2O_2+2NaOH$$

$$Na_2O_2+H_2SO_4(稀) = Na_2SO_4+H_2O_2$$

H_2O_2 分解可放出 O_2,所以 Na_2O_2 可用作氧化剂、漂白剂和氧气发生剂。

Na_2O_2 在碱性介质中也是一种强氧化剂,是分析化学中分解矿石常用的溶剂。

$$Na_2O_2+MnO_2 = Na_2MnO_4$$

Na_2O_2 与 CO_2 反应也能放出 O_2。

$$2Na_2O_2+2CO_2 = 2Na_2CO_3+O_2$$

Na_2O_2 常作为急救器、防毒面具、高空飞行和潜艇中的 CO_2 吸收剂和供氧剂。

超氧化物与水反应剧烈,生成过氧化氢、氧气和对应的碱,也能与 CO_2 反应放出 O_2,因此也可作为强氧化剂和供氧剂。

$$2KO_2+2H_2O = 2KOH+H_2O_2+O_2$$

$$4KO_2+2CO_2 = 2K_2CO_3+3O_2$$

练一练

用化学方法鉴别 Na_2O 和 Na_2O_2。

(二) 钠、钾的氢氧化物

钠、钾的氢氧化物都是白色固体,容易吸潮和吸收 CO_2。钠、钾金属的氧化物与水反应都生成相应的氢氧化物,在水中都易溶。氢氧化钾的溶解度较大,氢氧化钾的碱性较强。氢氧化钠和氢氧化钾最为重要,但氢氧化钾价格较贵,限制了其使用。

氢氧化钠(NaOH)是一种强碱,又称为烧碱、火碱、苛性钠,能与非金属及其氧化物作用,还能与一些两性金属及其氧化物作用,生成钠盐。

$$3I_2+6NaOH = 5NaI+NaIO_3+3H_2O$$

$$SiO_2+2NaOH = Na_2SiO_3+H_2O$$

$$2Al+2NaOH+2H_2O = 2NaAlO_2+3H_2$$

$$ZnO+2NaOH = Na_2ZnO_2+H_2O$$

在制备浓碱或熔融烧碱时,因玻璃、陶瓷含有 SiO_2 亦受 NaOH 侵蚀,常采用铸铁、镍或银制器皿。实验室中储存 NaOH 溶液的玻璃瓶需用橡胶塞,而不能用玻璃塞,以防腐蚀。如为浓的烧碱溶液,则应储存在塑料瓶中。

小贴士

工业上生产 NaOH 的方法有苛化法、隔膜电解法、水银电解法和新兴的离子膜法。除苛化法外，其余几种方法均以食盐为原料，除得到 NaOH 外，同时产生副产品氯气，故通称为氯碱工业。

(三) 钠、钾的盐类

钠、钾金属常见的盐有卤化物、碳酸盐、硫酸盐、硝酸盐和硫化物。

1. 盐类的一般性质

(1) 晶型

卤化物为离子晶体，熔点较高。钠、钾金属氟化物或氯化物的熔点逐渐降低。

(2) 溶解性

碱金属的盐类大多都易溶于水，仅有少数碱金属的盐是难溶的。如 Li 的氟化物、碳酸盐、磷酸盐等。由 K^+、Rb^+、Cs^+ 和复杂阴离子形成的盐也是难溶的，如六羟基锑酸钠($Na[Sb(OH)_6]$，白色)、醋酸双氧铀酰锌钠九水合物($NaAc \cdot Zn(Ac)_2 \cdot 3UO_2(Ac)_2 \cdot 9H_2O$，黄绿色)、高氯酸钾($KClO_4$，白色)。在实验室里可利用生成这些难溶盐来鉴别 Na^+ 和 K^+。

(3) 热稳定性

碱金属一般具有较高的热稳定性，只有硝酸盐的热稳定性较低，加热到一定的温度可分解。

$$2NaNO_3 \xlongequal{720℃} 2NaNO_2 + O_2\uparrow$$

2. 重要的盐类

(1) 氯化钠(NaCl)

氯化钠俗名食盐，是人类赖以生存的物质，也是化学工业的基础(用于生产烧碱、氯气、氢气和金属钠)。NaCl 广泛存在于海洋、盐湖和岩盐中。通常将海水或盐湖水晾晒，蒸发结晶出含有硫酸钙和硫酸镁等杂质的粗盐，把粗盐溶于水，依次加入 $BaCl_2$、Na_2CO_3 和 NaOH，借沉淀反应将 SO_4^{2-}、Ca^{2+}、Mg^{2+}、Fe^{3+} 等杂质离子除去，所得清液经过蒸发、浓缩，结晶析出物则为较纯净的精盐。

NaCl 是很好的红外滤光材料，能使红外光通过而吸收可见光，广泛应用于红外技术。

(2) 碳酸钠(Na_2CO_3)

碳酸钠俗名苏打、纯碱、洗涤碱，是重要的化工原料之一，用于制清洗剂、洗涤剂、照相技术和药品。

Na_2CO_3 在饱和状态时能强烈水解，使 pH 达到 12。

Na_2CO_3 与金属离子作用时，能析出三种不同形式的沉淀。

$$Na_2CO_3 + 2AgNO_3 \xlongequal{} Ag_2CO_3 + 2NaNO_3$$

$$2Na_2CO_3 + 2CuSO_4 + H_2O \xlongequal{} Cu_2(OH)_2CO_3 + 2Na_2SO_4 + CO_2$$

$$3Na_2CO_3 + 2Fe(NO_3)_3 + 3H_2O \xlongequal{} 2Fe(OH)_3 + 6NaNO_3 + 3CO_2$$

目前工业上常用氨碱法和联合制碱法制取 Na_2CO_3。联合制碱法将合成氨和制碱联合在一起，是用氨、二氧化碳和食盐水制碱，同时得到的副产品氯化铵还可作为氮肥，该法是 20 世纪 40 年代由我国化学家侯德榜研究成功的，也称为**侯氏制碱法**。

(3) 碳酸氢钠($NaHCO_3$)

碳酸氢钠俗名“小苏打”“苏打粉”，白色细小晶体，在水中的溶解度小于碳酸钠。固体 50℃以上开始逐渐分解生成碳酸钠、二氧化碳和水，270℃时完全分解。碳酸氢钠是强碱与弱酸中和后生成的酸式盐，溶于水时呈现弱碱性。常利用此特性作为食品制作过程中的膨松剂。碳酸氢钠在作用后会残留碳酸钠，使用过多会使成品有碱味。

(4) 碳酸钾(K_2CO_3)

碳酸钾又称为钾碱，溶于水，吸湿性很强，主要用于制造钾玻璃、钾肥皂和其他无机化学品，以及用于脱除工业气体中的硫化氢和二氧化碳，也用于电焊条、油墨制造、印染工业等方面。

动画

$NaHCO_3$ 性质实例(发酵粉)

练一练

用化学方法鉴别 NaCl、$NaHCO_3$ 和 Na_2CO_3。

第二节　钙、镁及其化合物

碱土金属元素包括铍(Be)、镁(Mg)、钙(Ca)、锶(Sr)、钡(Ba)和镭(Ra)六种元素，称为ⅡA 族元素，它们的氧化物的水化物既具有碱性，又具有“土”性(土壤中的氧化铝的性质)，故称为碱土金属。其原子的价层电子构型为 ns^2，在周期表中属于 s 区元素，常见氧化数为+2。

碱土金属元素从上而下性质的变化呈现明显的规律性，原子及离子半径逐渐增大，化学活泼性增强，还原能力增强，同时熔、沸点降低，硬度减小，电离能及电负性降低。

碱土金属元素燃烧时，发出不同颜色的光辉。镁产生耀眼的白光，钙可发出砖红色光芒，锶则产生艳红色，钡盐为绿色。利用焰色反应的不同，可分别检验这些离子是否存在。

议一议

根据钙、镁的价层电子构型，结合查找到的资料，推断钙、镁单质及其化合物的存在、物理性质、化学性质、制备和主要用途。

一、钙、镁的存在、物理性质

(一) 钙、镁元素的存在

在自然界中，碱土金属都以化合物的形式存在。由于它们的性质活泼，只能用电解方法制取。镁存在于白云石($MgCO_3 \cdot CaCO_3$)、菱镁矿($MgCO_3$)、光卤石($KCl \cdot MgCl_2 \cdot 6H_2O$)和海水中。钙多以难溶的碳酸盐或硫酸盐存在，如方解石($CaCO_3$)、天青石($SrSO_4$)和重晶石($BaSO_4$)等。

(二) 钙、镁的物理性质

钙、镁的单质为银白色固体,容易与空气中的氧气和水蒸气作用,在表面形成氧化物和碳酸盐,失去光泽而变暗。它们的原子有两个价电子,形成的金属键较强,熔、沸点较相应的碱金属高。单质的还原性逐渐增强。

钙、镁金属的硬度略大于碱金属,钙可用刀子切割,新切出的断面有银白色光泽,但在空气中迅速变暗。其熔点和密度也都大于碱金属,但仍属于轻金属。钙、镁金属的导电性和导热性较好。

钙、镁是英国化学家戴维于 1808 年电解混有氧化汞的各相应氧化物时获得并被发现的。工业上采用电解熔融的氯化物或氧化物来制取。

二、钙、镁的化学性质

钙、镁金属能与大多数的非金属反应,所生成的盐多半很稳定,遇热不易分解,在室温下也不发生水解反应。

在空气中,镁表面生成一薄层致密而坚硬的氧化膜,有抗腐蚀性能。钙易被氧化,生成的氧化物疏松,内部金属会继续被空气氧化,所以钙、镁金属需密封保存。

钙能与氢气反应。

钙、镁金属与其他元素化合时,一般生成离子化合物。Mg^{2+} 具有较小的离子半径,在一定的程度上容易形成共价化合物。

钙、镁金属与水作用时,放出氢气,生成氢氧化物,碱性比碱金属的氢氧化物弱,但钙的氢氧化物仍属强碱。镁跟热水发生反应,钙与冷水反应。

动画

CaO 与 H_2O 的反应

三、钙、镁的化合物

(一) 钙、镁的氧化物

钙、镁金属的氧化物均是难溶于水的白色粉末。熔点较高,硬度也较大,溶于水显较强的碱性,其盐类皆为离子晶体,但溶解度较小。

钙、镁金属在常温或加热时与氧气化合。

$$2M + O_2 = 2MO \quad (M = Ca, Mg)$$

常由碳酸盐、硝酸盐或氢氧化物加热分解来制备钙、镁金属的氧化物。

$$MCO_3 = MO + CO_2 \uparrow$$

MgO 根据制备方法不同分轻质和重质。将每克细粉状 MgO 自然倒入量器中,所占体积在 5 cm^3 以上者称为轻质氧化镁,反之为重质氧化镁。由此得到的密度值在工业上称为假密度(真密度为 3.58 g/cm^3)。CaO 又名石灰、生石灰,由自然界的石灰石、方解石、大理石等矿物煅烧而得。

MgO 常用来制造耐火材料和金属陶瓷,CaO 是重要的建筑材料,也可由它制得价格便宜的碱 $Ca(OH)_2$。在冶金工业 CaO 作熔剂除去钢中多余的磷、硫、硅,在化学工业 CaO 制电石、造纸、水处理等。

(二) 钙、镁的氢氧化物

CaO 与水作用,得到相应的氢氧化钙。MgO 不与水作用。钙、镁的氢氧化物均为白色固体，易潮解，在空气中吸收 CO_2 生成碳酸盐。固体 $Ca(OH)_2$ 常被用作干燥剂。

钙、镁氢氧化物的溶解度较低，$Mg(OH)_2$ 属于难溶氢氧化物，$Mg(OH)_2$ 为中强碱。

练一练

如何由原料 Ca 用化学方法制备 $CaCl_2$。

(三) 钙、镁的盐类

1. 盐类的一般性质

常见钙、镁金属的盐类有卤化物、硝酸盐、硫酸盐、碳酸盐、磷酸盐等。

(1) 晶体类型

绝大多数钙、镁金属盐类的晶体属于离子型晶体，具有较高的熔点和沸点。常温下是固体，熔化时能导电。$MgCl_2$ 有一定程度的共价性。

钙、镁金属离子(M^{2+})都是无色的，它们盐类的颜色一般取决于阴离子的颜色。无色阴离子(X^-、NO_3^-、SO_4^{2-}、CO_3^{2-}、ClO^-等)，与之形成的盐一般是无色或白色的；有色阴离子(MnO_4^-、CrO_4^{2-}、$Cr_2O_7^{2-}$等)，与之形成的盐则具有阴离子的颜色。

(2) 溶解性

钙、镁金属的盐比相应的碱金属的盐溶解度小，有的是难溶解。钙、镁金属的硝酸盐、氯酸盐、高氯酸盐和醋酸盐等易溶，卤化物中除氟化物外，也是可溶的。碳酸盐、磷酸盐和草酸盐等都难溶于水。对于硫酸盐和铬酸盐来说，$MgSO_4$ 和 $MgCrO_4$ 易溶，$CaSO_4$ 和 $CaCrO_4$ 难溶。

(3) 热稳定性

钙、镁金属盐的热稳定性较碱金属的差，但常温下稳定。钙、镁金属的碳酸盐在强热的情况下，才能分解成相应的氧化物 MO 和 CO_2。

2. 重要的盐类

(1) 氯化镁($MgCl_2 \cdot 6H_2O$)

$MgCl_2 \cdot 6H_2O$ 俗名称为苦卤，海水中含量丰富。用于生产碳酸镁、氢氧化镁、氧化镁等镁产品，可作食品添加剂、蛋白质凝固剂、融雪剂、冷冻剂、防尘剂、耐火材料等。

(2) 无水氯化钙($CaCl_2$)

氯化钙有无水物和二水合物。无水 $CaCl_2$ 有强吸水性，用于各种物质的干燥剂，但不能干燥氨和乙醇，因易与其加合。二水合物可用作制冷剂，用它与冰混合，可获得 −55℃低温，融化公路上的积雪效果好于食盐。还可用于马路防尘、土质改良、化学试剂、医药原料、食品添加剂、饲料添加剂及制造金属钙的原料。

(3) 硫酸钙($CaSO_4$)

硫酸钙有不同的水合物，$CaSO_4 \cdot 2H_2O$ 为石膏、生石膏，$CaSO_4 \cdot (1/2)H_2O$ 为熟石膏、烧石膏。可用作磨光粉、纸张填充物、气体干燥剂及医疗上的石膏绷带，也用于冶金和农业等方面。水泥厂也用石膏调节水泥的凝固时间。

工业上将氯化钙和硫酸铵溶液混合制得 $CaSO_4 \cdot 2H_2O$，$CaSO_4 \cdot 2H_2O$ 经煅烧脱水即得 $CaSO_4 \cdot (1/2)H_2O$。

练一练

用化学方法鉴别 $MgCl_2$、$CaCl_2$ 和 $CaSO_4$。

第三节　铝及其化合物

铝是硼族元素，亦称为ⅢA 族元素。

议一议

根据铝的价层电子构型，结合查找到的资料，推断铝单质及其化合物的存在、物理性质、化学性质、制备和主要用途。

一、铝的存在、物理性质

(一) 铝的存在

铝元素在地壳中的含量仅次于氧和硅，居第三位，在地壳中含量为 7.73%。它在自然界中主要以复杂的铝硅酸盐形式存在，如长石、黏土、云母等，以及铝矾土($Al_2O_3 \cdot nH_2O$)、冰晶石(Na_3AlF_6)。它们是冶炼金属铝的重要原料。

$$2Al_2O_3(\text{熔融}) \xrightarrow{\text{电解 } 1\,000^\circ C} \underset{(\text{阴极})}{4Al} + \underset{(\text{阳极})}{3O_2\uparrow}$$

(二) 铝的物理性质

铝是银白色的轻金属，无毒、质软，密度为 2.7 g/cm³，熔点 660℃。纯铝的导电性很好，仅次于银、铜。铝是热的良导体，在工业上可用铝制造各种热交换器、散热材料和民用炊具等。铝有良好的延展性，能够抽成细丝，轧制成各种铝制品，还可制成薄至 0.01 mm的铝箔，广泛地用于包装香烟、糖果等。

铝对光的反射性能良好，铝越纯反射能力越好，常用真空镀铝膜的方法来制得高质量的反射镜。真空镀铝膜和多晶硅薄膜结合，就成为价廉轻巧的太阳能电池材料。铝粉能保持银白色的光泽，常用来制作涂料，俗称银粉。

铝合金强度大，密度较小，不易锈蚀，广泛用于飞机、汽车、火车、船舶、人造卫星、火箭的制造。

二、铝的化学性质

铝的化学性质活泼，与空气接触很快形成致密氧化膜，使铝不会进一步氧化并能耐水；熔融的铝能与水猛烈反应。

高温下，铝极易和卤素、氧、硫等非金属起反应。

铝粉在氧气中加热，可以燃烧发光，在生成氧化铝的同时放出大量的热。

$$4Al + 3O_2 = 2Al_2O_3 + 3\,340\ kJ/mol$$

铝可作冶金还原剂，将高熔点的金属氧化物还原为相应的金属单质。铝在反应中释放的热量将金属熔化，使其他氧化物分离，这种方法叫做“铝热法”。由铝粉和粉末状的四氧化三铁组成的混合物，称为“铝热剂”，经引燃发生反应后，可达 3 000℃的高温，将铁熔化，常用于焊接铁轨。

$$8Al+3Fe_3O_4 \xlongequal{高温} 4Al_2O_3+9Fe+3\ 329\ kJ/mol$$

在常温下，铝在浓硝酸和浓硫酸中会被钝化，不与它们反应，所以浓硝酸是用铝罐运输的。铝的抗腐蚀性优异，外观质感佳，价格适中，现已成为世界上应用最为广泛的金属之一。

铝是典型的两性金属，既能溶于强酸，也能溶于强碱。

$$2Al+6H^+ \xlongequal{} 2Al^{3+}+3H_2\uparrow$$

$$2Al+2OH^-+6H_2O \xlongequal{} 2Al(OH)_4^-+3H_2\uparrow$$

铝的两性还表现在它的氧化物和氢氧化物上。

练一练

利用铝的还原性可以焊接铁轨，试设计此化学实验，写出化学反应方程式。

三、铝的化合物

(一) 铝的氧化物

氧化铝为白色无定形粉末，是矾土的主要成分，它是离子晶体，具有不同的晶型，常见的是 $\alpha-Al_2O_3$ 和 $\gamma-Al_2O_3$。自然界中的刚玉为 $\alpha-Al_2O_3$，六方紧密堆积晶体，$\alpha-Al_2O_3$ 的熔点高达(2 015±15)℃，密度 3.965 g/cm^3，硬度 8.8，不溶于水、酸或碱，耐磨、耐高温。可用作精密仪器的轴承，钟表的钻石、砂轮、抛光剂、耐火材料和电的绝缘体。天然品因含少量杂质而显出不同的颜色，这类矿石就是宝石。

将金属铝在氧气中燃烧，或者高温灼烧氢氧化铝、硝酸铝、硫酸铝可制得 $\alpha-Al_2O_3$。人造宝石是将铝矾土在电炉中熔融制得的，人造红宝石单晶是制造激光器的材料。

在 450℃左右加热分解氢氧化铝或铝铵矾制得 $\gamma-Al_2O_3$，又称为活性氧化铝。$\gamma-Al_2O_3$ 具有强吸附力和催化活性，可作吸附剂和催化剂。

$\gamma-Al_2O_3$ 属于立方紧密堆积晶体，不溶于水，但能溶于酸和碱，是典型的两性氧化物。

$$Al_2O_3+6H^+ \xlongequal{} 2Al^{3+}+3H_2O$$

$$Al_2O_3+2OH^- \xlongequal{} 2AlO_2^-+H_2O$$

透明的 Al_2O_3 陶瓷(玻璃)不仅有优良的光学性能，而且耐高温(2 000℃)、耐冲击、耐腐蚀，可用于高压钠灯、防弹汽车窗、坦克观察窗和轰炸机的瞄准器等。

(二) 铝的氢氧化物

氢氧化铝是一种两性物质，是一种碱，由于又显酸性，所以又称之为铝酸，但实际与碱反应时生成的是偏铝酸盐，因此通常可把它视作一水合偏铝酸($HAlO_2 \cdot H_2O$)。

$$Al(OH)_3+3H^+ \xlongequal{} Al^{3+}+3H_2O$$

$$Al(OH)_3+OH^- \xlongequal{} AlO_2^-+2H_2O$$

按用途分为工业级和医药级两种。氢氧化铝作为阻燃剂不仅能阻燃，而且可以防止发烟，不产生滴下物，不产生有毒气体。氢氧化铝用于肠胃类抑制胃酸用原料药，常用作氢氧化铝片等主要成分，亦可用于药用辅料。

（三）铝的盐类

1. 氯化物

氯化铝为无色透明晶体或白色而微带浅黄色的结晶性粉末，易溶于水并强烈水解，水溶液呈酸性。可溶于乙醇和乙醚，同时放出大量的热。100℃时分解。无水氯化铝大量用作石油工业和有机合成反应中的催化剂。

无水氯化铝只能用干法合成。

氯化铝溶于水生成无色结晶六水合氯化铝（$AlCl_3 \cdot 6H_2O$），工业级氯化铝呈淡黄色，吸湿性强，易潮解同时水解。主要用作精密铸造的硬化剂、净化水的絮凝剂、木材防腐及医药等方面。

六水合氯化铝由金属铝或氧化铝与盐酸作用而制得。

2. 硫酸盐

无水硫酸铝 $Al_2(SO_4)_3$ 是白色粉末，从饱和溶液中析出的白色针状结晶为 $Al_2(SO_4)_3 \cdot 18H_2O$。受热时会逐渐失去结晶水，至250℃失去全部结晶水。约600℃时即分解成 Al_2O_3。$Al_2(SO_4)_3$ 易溶于水，发生水解而呈酸性。

$Al_2(SO_4)_3$ 水解后生成 $Al(OH)_3$。$Al(OH)_3$ 为胶体，它能以细密分散态沉积在棉纤维上，并可牢固地吸附染料，因此铝盐是优良的媒染剂，也常用作水净化的凝聚剂和造纸工业的胶料等，$Al_2(SO_4)_3$ 与钾、钠、铵的硫酸盐形成的复盐称为矾。

铝钾矾 $K_2SO_4 \cdot Al_2(SO_4)_3 \cdot 24H_2O$ 俗称明矾，易溶于水，水解生成 $Al(OH)_3$ 或碱式盐的胶体沉淀。明矾被广泛应用于水的净化、食品的膨化，造纸业的上浆剂，印染业的媒染剂，医药上的防腐、收敛和止血剂等。

纯品 $Al_2(SO_4)_3$ 可用纯铝和硫酸作用制得。

练一练

用化学方法鉴别 $AlCl_3$ 和 $Al_2(SO_4)_3$。

动画

$AlCl_3$ 二聚分子的结构

第四节 锡、铅及其化合物

锡和铅是碳族元素，亦称为ⅣA族元素。

议一议

根据锡、铅的价层电子构型，结合查找到的资料，推断锡、铅单质及其化合物的存在、物理性质、化学性质、制备和主要用途。

一、锡、铅的存在、物理性质

（一）锡、铅的存在

锡占地壳总量的0.004%，自然界中锡的主要矿石是锡石（SnO_2），我国的锡矿储量丰富，其中以云南的锡矿最著名。

锡冶炼的主要过程是先将锡石焙烧，除去锡石中的硫、砷等杂质，然后用碳还原得到金属。

$$SnO_2 + 2C \xlongequal{} Sn + 2CO\uparrow$$

视频

铅铋合金的溶解

铅占地壳总量的 0.001 6%，自然界中铅的主要矿石是方铅矿（PbS），我国的铅矿储量丰富，其中以湖南的铅矿最著名。

铅的冶炼过程是先将矿石焙烧，除去矿石中的硫、砷等杂质，使硫化物矿转化为氧化物，然后用碳还原得到金属。

$$2PbS + 3O_2 \xlongequal{} 2PbO + 2SO_2$$

$$PbO + C \xlongequal{} Pb + CO\uparrow$$

$$PbO + CO \xlongequal{} Pb + CO_2$$

（二）锡、铅的物理性质

金属锡是银白色的软金属，易弯曲，密度 7.3 g/cm^3，熔点 232℃。有灰锡（α）、白锡（β）、脆锡（γ）三种同素异形体，在不同的温度下可以相互转变。

$$\text{灰锡} \xleftarrow{13℃} \text{白锡} \xrightarrow{161℃} \text{脆锡}$$

锡很容易碾成薄片，叫做锡箔。在低于 13℃时会缓慢地变成灰白色粉末，叫做灰锡。在天气寒冷时，用锡制造的器件很可能会损坏。锡无毒，人们常把它镀在铜锅内壁，以防铜在温水中生成有毒的铜绿。锡制造马口铁（镀锡铁）、各种含锡合金如青铜（Cu－Sn）、轴承合金（Sn 和 Pb、Sb、Cu）、铸字合金（Sn 和 Sb、Pb）等，高纯度的锡也用于半导体工业中。

铅为带蓝色的银白色重金属，有毒性，有延伸性，质地柔软。铅表面在空气中能生成碱式碳酸铅薄膜，防止内部再被氧化。制造铅砖或铅衣以防护 X 射线及其他放射线。用于制造合金。铅与锑的合金熔点低，用于制造保险丝。可用作耐硫酸腐蚀、防丙种射线、蓄电池等的材料。

二、锡、铅的化学性质

（一）锡的化学性质

锡的化学性质不活泼，在空气中或水中通常很稳定，不被氧化。在强热下，锡可被氧化为氧化锡。

视频

Sn(Ⅱ)的还原性

$$Sn + O_2 \xlongequal{\triangle} SnO_2$$

锡可置换酸中的氢。

$$Sn + 2HCl \xlongequal{\triangle} SnCl_2 + H_2$$

锡是两性元素，能溶于稀硝酸，放出一氧化氮，也能缓慢溶于强碱中生成亚锡酸盐，同时放出氢气。

$$3Sn + 8HNO_3(\text{稀}) \xlongequal{} 3Sn(NO_3)_2 + 2NO\uparrow + 4H_2O$$

$$Sn + 2OH^- \xlongequal{} SnO_2^{2-} + H_2\uparrow$$

浓硝酸可将锡氧化为四价锡，因为二价锡有还原性，而四价锡更稳定。

$$Sn + 4HNO_3(\text{浓}) \xlongequal{} H_2SnO_3\downarrow + 4NO_2\uparrow + H_2O$$

（二）铅的化学性质

铅是中性活泼金属，常温下，可与空气中的氧反应生成氧化铅或碱式碳酸铅，使铅失去金属光泽且不至于进一步氧化。铅在空气存在的条件下，可与水缓慢作用。

$$2Pb + O_2 + 2H_2O \longrightarrow 2Pb(OH)_2$$

铅在高温下，可与氧反应。

$$Pb + O_2 \xlongequal{\triangle} PbO_2$$

$$3Pb + 2O_2(\text{过量}) \xlongequal{\triangle} Pb_3O_4(\text{红色})$$

因为氯化铅和硫酸铅均难溶于水，所以铅与稀盐酸及稀硫酸反应很慢，几乎不作用。

$$Pb + H_2SO_4 \xlongequal{\triangle} PbSO_4 + H_2$$

铅与热浓硫酸强烈作用，生成可溶性酸式盐 $Pb(HSO_4)_2$。

$$Pb + 3H_2SO_4(\text{浓度大于 }85\%) \xlongequal{\triangle} Pb(HSO_4)_2 + 2H_2O + SO_2$$

铅能溶于稀硝酸，但与浓硝酸作用缓慢，因为生成的 $Pb(NO_3)_2$ 不溶于浓硝酸。

$$3Pb + 8HNO_3(\text{稀}) \longrightarrow 3Pb(NO_3)_2 + 2NO\uparrow + 4H_2O(\text{较快})$$

$$Pb + 4HNO_3(\text{浓}) \longrightarrow Pb(NO_3)_2 + 2NO_2\uparrow + 2H_2O(\text{较慢})$$

铅还易溶于含有溶解氧的醋酸中。

$$2Pb + O_2 \longrightarrow 2PbO$$

$$PbO + 2HAc \longrightarrow Pb(Ac)_2 + H_2O$$

铅在碱中也能溶解。

$$Pb + 4KOH + 2H_2O \longrightarrow K_4[Pb(OH)_6] + H_2\uparrow$$

所有铅的可溶化合物都有毒。

视频

Pb(Ⅳ)的氧化性

三、锡、铅的化合物

（一）锡、铅的氧化物和氢氧化物

锡、铅的氧化物及其氢氧化物都具有两性，其酸碱性、氧化还原性的递变规律如图 8-1 所示。

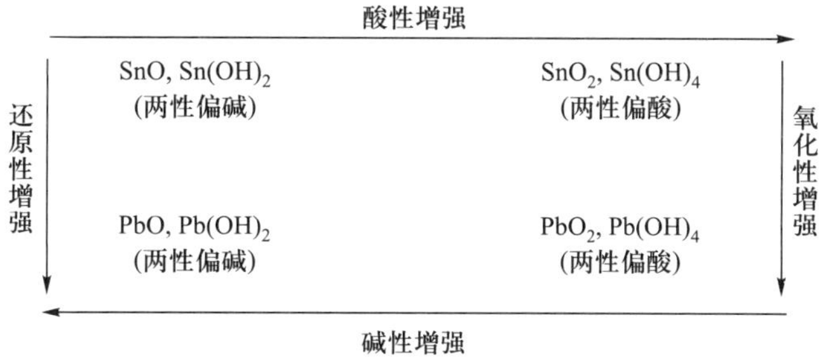

图 8-1　锡、铅酸碱性、氧化还原性的递变规律

锡和铅的氧化还原性可用它们相应的标准电极电势来说明。

$$Sn^{4+} + 2e^- \longrightarrow Sn^{2+} \qquad \varphi_a^\ominus = +0.154\ V$$

$$SnO_3^{2-} + 2H_2O + 2e^- \longrightarrow HSnO_2^- + 3OH^- \qquad \varphi_b^\ominus = -0.96\ V$$

$$PbO_2 + 4H^+ + 2e^- \longrightarrow Pb^{2+} + 2H_2O \quad \varphi_a^\ominus = +1.455\ V$$

$$PbO_2 + H_2O + 2e^- \longrightarrow PbO + 2OH^- \quad \varphi_b^\ominus = +0.247\ V$$

由此可见，在酸性介质中，PbO_2 是一种很强的氧化剂，它能将 Mn^{2+} 氧化成紫色的 MnO_4^-。

$$2Mn^{2+} + 5PbO_2 + 4H^+ \longrightarrow 2MnO_4^- + 5Pb^{2+} + 2H_2O$$

而在碱性环境中，Sn^{2+} 是典型的强还原剂，如它能将 $Bi(OH)_3$ 还原为金属铋。

$$3SnO_2^{2-} + 2Bi(OH)_3 \longrightarrow 3SnO_3^{2-} + 2Bi + 3H_2O$$

练一练

用化学方法证明锡和铅的氧化物与氢氧化物具有两性。

(二) 锡、铅的盐类

1. 锡的盐类

锡的卤化物有二卤化锡(SnX_2)和四卤化锡(SnX_4)两类，其中亚锡盐有还原性，易被氧化为锡盐。

(1) 氯化亚锡

氯化亚锡($SnCl_2 \cdot 2H_2O$)是无色晶体，易溶于水。在水溶液中由于强烈水解生成难溶的碱式氯化亚锡沉淀。

$$SnCl_2 + H_2O \longrightarrow Sn(OH)Cl \downarrow + HCl$$

配制 $SnCl_2$ 溶液时必须先加入适量的盐酸抑制水解(加锡粒防止 Sn^{2+} 氧化)。

$SnCl_2$ 是实验室中常用的还原剂。例如：

$$K_2Cr_2O_7 + 3SnCl_2 + 14HCl \longrightarrow 2CrCl_3 + 3SnCl_4 + 2KCl + 7H_2O$$

$$2HgCl_2 + SnCl_2 \longrightarrow SnCl_4 + Hg_2Cl_2 \downarrow \text{(白色沉淀)}$$

$$Hg_2Cl_2 + SnCl_2 \longrightarrow SnCl_4 + 2Hg \downarrow \text{(黑色沉淀)}$$

在定性分析中常利用后一个反应来鉴定 Sn^{2+} 和 Hg^{2+}。

制取 $SnCl_2$ 采用锡花浸入水中，加入少量盐酸后通入氯气。

$$Sn + 2HCl \longrightarrow SnCl_2 + H_2$$

$$SnCl_2 + Cl_2 \longrightarrow SnCl_4$$

$$SnCl_4 + Sn \longrightarrow 2SnCl_2$$

(2) 氯化锡

无水氯化锡($SnCl_4$)是无色液体，不能导电，可由锡加热和氯气充分作用时制取。它易溶于四氯化碳等有机溶剂中，是典型的共价化合物。它沸点较低，易挥发，遇水强烈水解，所以在潮湿的空气中发烟。

$$SnCl_4 + 2H_2O \longrightarrow SnO_2 + 4HCl$$

氯化锡在印染工业中可作为媒染剂。

$SnCl_4$ 常由氯气和金属锡直接合成。

$$Sn + 2Cl_2 \longrightarrow SnCl_4$$

(3) 锡的硫化物

将 H_2S 分别通入 Sn(Ⅱ)和 Sn(Ⅳ)盐溶液中,得到棕色 SnS 沉淀或黄色 SnS_2 沉淀,SnS_2 溶于碱金属硫化物中,生成硫代锡酸盐:

$$SnS_2 + S^{2-} = SnS_3^{2-}$$

SnS 不溶于碱金属硫化物,但溶于多硫化物中,生成硫代锡酸盐:

$$SnS + S_2^{2-} = SnS_3^{2-}$$

$$SnS_3^{2-} + 2H^+ = SnS_2\downarrow(\text{黄色}) + H_2S\uparrow$$

2. 铅的盐类

(1) 二卤化铅

PbF_2 是无色晶体,$PbCl_2$ 和 $PbBr_2$ 是白色晶体,PbI_2 是金黄色晶体。

$PbCl_2$ 难溶于冷水,易溶于热水,也能溶解于盐酸中。

$$PbCl_2 + 2HCl(\text{浓}) = H_2[PbCl_4]$$

PbI_2 为黄色丝状有亮光的沉淀,易溶于沸水,或因生成配位盐而溶解于 KI 的溶液中。

$$PbI_2 + 2KI = K_2[PbI_4]$$

(2) 四卤化铅

在用盐酸酸化过的 $PbCl_2$ 溶液中通入 Cl_2,得到黄色液体 $PbCl_4$,这种化合物极不稳定,容易分解为 $PbCl_2$ 和 Cl_2。PbF_4 是无色晶体,$PbBr_4$ 和 PbI_4 不容易制得,就是制得了,也会迅速分解。

(3) 硫酸铅

白色的 $PbSO_4$ 能溶于浓硫酸生成 $Pb(HSO_4)_2$,也能溶于饱和醋酸铵溶液,生成难解离的 $Pb(Ac)_2$。

$$PbSO_4 + H_2SO_4(\text{浓}) = Pb(HSO_4)_2$$

$$PbSO_4 + 2Ac^- = Pb(Ac)_2 + SO_4^{2-}$$

(4) 铬酸铅

黄色的 $PbCrO_4$ 可由 Pb^{2+} 和 CrO_4^{2-} 作用而制得。

$$Pb^{2+} + CrO_4^{2-} = PbCrO_4\downarrow$$

此反应常用于鉴定 Pb^{2+} 或 CrO_4^{2-}。$PbCrO_4$ 可溶于过量碱中,生成$[Pb(OH)_3]^-$。

$$PbCrO_4 + 3OH^- = [Pb(OH)_3]^- + CrO_4^{2-}$$

(5) 硫化铅

Pb^{2+} 与 S^{2-} 生成黑色的 PbS 的反应常用于检验 Pb^{2+} 与 S^{2-},或鉴别 H_2S 气体。

Pb^{4+} 具有氧化性,S^{2-} 具有还原性,因而不存在 PbS_2。

练一练

用化学方法鉴别 $SnCl_2$ 和 $SnCl_4$,$PbCl_2$ 和 $PbCl_4$。

第五节　砷、锑、铋及其化合物

砷、锑、铋是氮族元素，亦称为ⅤA族元素。

议一议

根据砷、锑、铋的价层电子构型，结合查找到的资料，推断砷、锑、铋单质及其化合物的存在、物理性质、化学性质、制备和主要用途。

一、砷、锑、铋的存在、物理性质

(一) 砷、锑、铋的存在

砷、锑、铋在自然界中主要以硫化矿存在。如雌黄(As_2S_3)、雄黄(As_4S_4)、砷硫铁矿(FeAsS)、辉锑矿(Sb_2S_3)和辉铋矿(Bi_2S_3)。我国锑的蕴藏量居世界首位，也是世界所需锑的主要供应者。

(二) 砷、锑、铋的物理性质

常温下，砷、锑、铋在空气中都比较稳定。砷、锑、铋熔点依次降低，铋的熔点为271.3℃。

二、砷、锑、铋的化学性质

砷、锑、铋能与大多数金属形成合金和化合物。砷、锑、铋与ⅢA族元素形成的砷化镓(GaAs)、锑化镓(GaSb)、砷化铟(InAs)等都是优良的半导体材料，可以满足各种技术和工程对半导体的要求，广泛应用于激光和光能转换等方面。As、Sb、Bi和其他金属形成的合金也有较大的应用价值。

砷、锑、铋的化学性质不太活泼，但与氯能直接作用。

砷、锑、铋只与硝酸有显著的化学反应。

$$3As + 5HNO_3 + 2H_2O = 3H_3AsO_4 + 5NO$$

$$9Sb + 10HNO_3 + 3xH_2O = 3Sb_3O_5 \cdot xH_2O + 10NO + 5H_2O$$

$$Bi + 6HNO_3 = Bi(NO_3)_3 + 3NO_2 + 3H_2O$$

三、砷、锑、铋的化合物

(一) 砷、锑、铋的氢化物

砷、锑、铋的氢化物都有大蒜味，是有毒气体。它们的稳定性依砷、锑、铋顺序降低。BiH_3在室温下几乎不能稳定存在。它们在空气中燃烧，生成三氧化物和水。这些氢化物中较重要的是砷化氢，又称为胂。

小贴士

胂是一种很强的还原剂，除能与一般常见的氧化剂反应外，还能与 Ag^{+} 反应析出银。

$$AsH_3 + 6AgNO_3 + 3H_2O \xlongequal{} H_3AsO_3 + 6HNO_3 + 6Ag$$

根据此反应可用 $AgNO_3$ 溶液除去有毒的 AsH_3 气体。

(二) 砷、锑、铋的氧化物及其水合物

砷、锑、铋可形成氧化数 +3 和 +5 的氧化物。它们的氧化物及其水合物的性质如表 8-2 所示。

表 8-2 砷、锑、铋的氧化物及其水合物的性质

氧化数	砷	锑	铋
+3，有还原性	As_2O_3 白色 H_3AsO_3 两性偏酸性	Sb_2O_3 白色 $Sb(OH)_3$ 两性	Bi_2O_3 黄色 $Bi(OH)_3$ 弱酸性
+5，有氧化性	As_2O_5 白色 H_3AsO_4 中强酸	Sb_2O_5 淡黄色 H_3SbO_4 两性偏酸性	Bi_2O_5 红棕色 $HBiO_3$ 不能稳定存在
酸碱性递变规律	从砷至铋，化合物的碱性递增、酸性递减，同一元素，氧化数为 +5 的酸性比氧化数为 +3 的酸性强		

As_2O_3 俗称砒霜，为白色粉末状剧毒物质。它是砷的重要化合物，用于制造杀虫剂和含砷药物。As_2O_3 微溶于冷水，生成亚砷酸。

$$As_2O_3 + 3H_2O \xlongequal{} 2H_3AsO_3$$

As_2O_3 是两性偏酸性物质，能溶于酸，更能溶于碱。

$$As_2O_3 + 6HCl \xlongequal{} 2AsCl_3 + 3H_2O$$

$$As_2O_3 + 6NaOH \xlongequal{} 2Na_3AsO_3 + 3H_2O$$

(三) 砷、锑、铋的盐

砷、锑、铋的盐有氧化数 +3 和 +5 两类。氧化数 +3 的盐有还原性，按 As(Ⅲ)-Sb(Ⅲ)-Bi(Ⅲ) 还原性依次减弱；而氧化数 +5 的盐有氧化性，按上述顺序氧化性依次增强。

1. 亚砷酸钠

亚砷酸钠(Na_3AsO_3)为白色粉末，易溶于水，溶液呈碱性。工业品常染上蓝色以警示其毒性，用作除草剂、皮革防腐剂、有机合成的催化剂。Na_3AsO_3 可由 As_2O_3 和 NaOH 反应来制得。

2. 锑的氯化物

锑的氯化物有 $SbCl_3$ 和 $SbCl_5$，遇水都会发生强烈水解。$SbCl_3$ 为白色固体，熔点 79℃，烧蚀性极强，有毒，沾在皮肤上会立即起泡。用作有机合成的催化剂、织物阻燃剂、媒染剂及医药等。$SbCl_5$ 为无色液体，熔点 3.5℃，在空气中发烟，用作有机合成的氯化催化剂。

动画

锑的氯化物性质实例(阻燃织物)

锑的氯化物都是由氯气和金属锑直接合成的。Cl_2 是强氧化剂，将 Sb 氧化成 $SbCl_3$，进一步将 $SbCl_3$ 氧化成 $SbCl_5$。而 Sb 是还原剂，将 $SbCl_5$ 还原成 $SbCl_3$。

3. 铋酸钠

铋酸钠（$NaBiO_3$）又称为偏铋酸钠，是黄色或褐色无定形粉末，强氧化剂，难溶于水。$NaBiO_3$ 遇酸易分解为 Bi_2O_3，并放出氧气。在酸性介质中表现出强氧化性，它能氧化盐酸放出 Cl_2。氧化 H_2O_2 放出氧气，甚至能把 Mn^{2+} 氧化成 MnO_4^-。

练一练

用化学方法鉴别 $SbCl_3$ 和 $SbCl_5$。

第六节　铜、银及其化合物

议一议

元素周期表中，过渡元素的价层电子构型有何特点？

过渡元素是指性质从典型金属元素向非金属元素过渡的元素，通常是指元素周期表中从ⅠB 族到ⅧB 族的化学元素。这些元素在原子结构上的共同特点是价电子依次填充在 d 轨道和 f 轨道上，即 d 区、ds 区和 f 区元素。

1. 过渡元素单质都是金属

过渡元素单质具有金属的一般性质，如有金属光泽，有良好的导电性、导热性、较好的延展性和机械加工性能，还具有熔点高、沸点高、硬度高、密度大等特性，不同的过渡金属之间可形成多种合金。

2. 过渡元素具有多种氧化数

由于过渡元素最外层 s 电子和次外层 d 电子能级接近，在形成化合物时除最外层 s 电子参与成键外，次外层 d 电子也部分或全部参与成键，因此过渡元素一般都具有多种氧化数。如 Mn 有 +2、+3、+4、+6、+7 氧化数。

3. 过渡金属多数具有磁性和催化性

过渡金属的原子或离子中可能有成单的 d 电子，电子的自旋决定了原子或分子的磁性。许多过渡金属有顺磁性，铁、钴、镍三种金属还能强烈地被磁化而表现出铁磁性，可用作磁性材料。

也因为电子在 d 轨道未填满使得过渡元素及其化合物具有催化作用，如铁和钼是合成氨的催化剂，V_2O_5 是将 SO_2 氧化成 SO_3 的催化剂。

4. 过渡元素的离子大多具有一定的颜色

由于过渡元素的离子具有未成对的 d 电子，使过渡元素的离子大多具有一定的颜色。若离子中没有成单的 d 电子，则离子是无色的，如 Ag^+、Zn^{2+} 是无色的。

5. 过渡元素易形成配合物

由于过渡元素的原子或离子具有 $(n-1)d$、ns 和 np 共 9 个价电子轨道。对它的离

子而言 ns 和 np 轨道是空的，$(n-1)d$ 轨道为部分空或全空，对它的原子也存在着空的 np 轨道和部分填充的 $(n-1)d$ 轨道。这种电子构型具备了接受配体孤电子对形成配合物的条件。因此它们的离子和原子都很容易形成稳定的配合物。

铜族元素包括铜(Cu)、银(Ag)、金(Au)三种元素，称为ⅠB族元素，其价层电子构型为 $(n-1)d^{10}ns^1$。铜族元素的氧化数有+1、+2、+3 三种，常见的氧化数铜是+2，银是+1，金是+3。铜族元素是变价元素，一般能形成稳定的配合物。

议一议

根据铜、银的价层电子构型，结合查找到的资料，推断铜、银单质及其化合物的存在、物理性质、化学性质、制备和主要用途。

一、铜、银的存在、物理性质

议一议

根据银的价层电子构型说明在自然界中有单质银存在。

(一) 铜的存在、物理性质

铜是呈紫红色光泽的软金属，稍硬，极坚韧，耐磨损，密度为 8.95 g/cm³，熔点 1 083℃，硬度 3.0。有很好的延展性、导热性和导电性。铜和它的一些合金有较好的耐腐蚀能力，在干燥的空气里很稳定。

铜存在于地壳和海洋中。铜在地壳中的含量约为 0.01%，在个别铜矿床中，铜的含量可以达到 3%～5%。自然界中的铜，多数以化合物即铜矿物存在，如辉铜矿(Cu_2S)、黄铜矿($CuFeS_2$)、赤铜矿(Cu_2O)、蓝铜矿[$2CuCO_3 \cdot Cu(OH)_2$]和孔雀石[$CuCO_3 \cdot Cu(OH)_2$]。

铜主要是从黄铜矿提炼。黄铜矿经焙烧使部分硫化物变为氧化物，再经鼓风熔炼，得到含铜 98%的粗铜。主要反应如下：

$$2CuFeS_2 + O_2 = Cu_2S + 2FeS + SO_2\uparrow$$
$$2Cu_2S + 3O_2 = 2Cu_2O + 2SO_2\uparrow$$
$$2Cu_2O + Cu_2S = 6Cu + SO_2\uparrow$$

生成的 SO_2 气体，可用来制硫酸。粗铜再经过电解精炼进一步提纯。

(二) 银的存在、物理性质

银是具有银白色金属光泽的软金属，密度为 10.5 g/cm³，熔点 961℃，硬度 2.7。在所有金属中，银是热和电的最良导体，具有很好的延展性。1 g 银可以拉成 1 800 m 长的细丝，可轧成厚度为(1/100 000)mm 的银箔。

银在地壳中的含量很少，仅占 7×10^{-8}，在自然界中有单质的银存在，大量的银以硫化物的形式存在。我国的银矿非常丰富。

银在银矿中的含量比较低，多采用氰化法溶解，然后用锌置换，使银从溶液中析出。

二、铜、银的化学性质

(一) 铜单质的化学性质

1. 铜与氧反应

常温下铜不与氧化合。在潮湿的空气中久置，铜表面慢慢生成一层绿色的铜锈，其主要成分是 $Cu_2(OH)_2CO_3$（碱式碳酸铜）。

$$2Cu+O_2+H_2O+CO_2 = Cu_2(OH)_2CO_3$$

在空气中将铜加热，能生成黑色的氧化铜：

$$2Cu+O_2 \xlongequal{\triangle} 2CuO$$

2. 铜与非金属反应

在高温时，铜能和卤素、硫、氨等非金属直接化合。

$$Cu+Cl_2 \xlongequal{燃烧} \underset{棕色}{CuCl_2}$$

3. 铜与水、酸反应

铜不与水或稀酸反应。但在空气中，铜可缓慢地溶于稀盐酸或稀硫酸中。

$$2Cu+4HCl+O_2 = 2CuCl_2+2H_2O$$
$$2Cu+2H_2SO_4+O_2 = 2CuSO_4+2H_2O$$

铜易被 HNO_3、热浓硫酸等氧化性较强的酸氧化而溶解。

4. 形成配合物

铜、银、金都易形成配合物，可用氰化物从银、金的硫化物或砂金中提取银合金。

$$2Ag_2S+10NaCN+O_2+2H_2O = 4Na[Ag(CN)_2]+4NaOH+2NaCNS$$

加入锌粉，金、银被置换出来。

$$2Na[Ag(CN)_2]+Zn = Na_2[Zn(CN)_4]+2Ag$$

练一练

说明铜绿的主要成分，用反应方程式表示其形成过程。

(二) 银单质的化学性质

银的化学活泼性较差，在空气中很稳定。遇到含 H_2S 的空气时，表面会生成一层黑色的 Ag_2S，使银失去金属光泽。

$$4Ag+2H_2S+O_2 = 2Ag_2S+2H_2O$$

银的标准电极电势比氢高，它不能从稀酸中置换出氢，但能溶于热硫酸及硝酸中。

$$2Ag(粉)+2H_2SO_4(热、浓) = Ag_2SO_4+SO_2\uparrow+2H_2O$$
$$3Ag+4HNO_3(稀) = 3AgNO_3+NO\uparrow+2H_2O$$
$$Ag+2HNO_3(浓) = AgNO_3+NO_2\uparrow+H_2O$$

三、铜、银的化合物

(一) 铜的化合物

铜通常有+1和+2两种氧化数的化合物,+2氧化数的化合物较常见。

1. 氢氧化铜和氧化铜

(1) 氢氧化铜

$Cu(OH)_2$ 呈淡蓝色,难溶于水。它受热脱水变成黑色的 CuO。

$$Cu(OH)_2 \xlongequal{800℃} CuO + H_2O$$

$Cu(OH)_2$ 具有微弱的两性,不但可溶于酸,也可溶于碱。

$$Cu(OH)_2 + 2H^+ \xlongequal{} Cu^{2+} + 2H_2O$$

$$Cu(OH)_2 + 2OH^- \xlongequal{} [Cu(OH)_4]^{2-}$$

$Cu(OH)_2$ 易溶于 $NH_3 \cdot H_2O$,生成深蓝色的$[Cu(NH_3)_4]^{2+}$。

$$Cu(OH)_2 + 4NH_3 \xlongequal{} [Cu(NH_3)_4]^{2+} + 2OH^-$$

铜氨溶液具有溶解纤维的性能,在所得的纤维溶液中再加酸时,纤维又可沉淀析出。工业上利用这种性质来制造人造丝。

四羟基合铜离子可被葡萄糖还原为鲜红色的 Cu_2O。

$$2[Cu(OH)_4]^{2-} + C_6H_{12}O_6 \xlongequal{} Cu_2O\downarrow + 2H_2O + C_6H_{12}O_7 + 4OH^-$$

在医疗上常用此反应来检验尿糖含量。

(2) 氧化铜

CuO 为黑色粉末,难溶于水。由 $Cu(NO_3)_2$ 或 $Cu_2(OH)_2CO_3$ 受热分解可制得。氧化铜不溶于水,能溶于酸生成铜盐。由于配合作用,也溶于氯化铵或氰化钾。

CuO 对热较稳定,只有超过 1 000℃时,才开始分解,生成 Cu_2O。

$$4CuO \xlongequal{>1\,000℃} 2Cu_2O + O_2\uparrow$$

高温时 CuO 表现出强氧化性。有机分析中,常应用 CuO 的氧化性来测定有机物中 C 和 H 的含量。

(3) 氧化亚铜

Cu_2O 为暗红色固体,有毒。在自然界中,以赤铜矿形式存在,难溶于水,溶于稀酸时,发生歧化反应生成 Cu^{2+} 和 Cu。

用 Cu 粉和 CuO 的混合物在密闭容器中煅烧,即得 Cu_2O。

$$Cu + CuO \xlongequal{800\sim900℃} Cu_2O$$

Cu_2O 在潮湿的空气中可缓慢地被氧化成 CuO,能溶于稀酸,但立即歧化分解。

$$Cu_2O + 2H^+ \xlongequal{} Cu^{2+} + Cu\downarrow + H_2O$$

Cu_2O 还溶于 $NH_3 \cdot H_2O$ 和氢卤酸,分别形成稳定的无色配合物$[Cu(NH_3)_2]^+$、$[CuX_2]^-$、$[CuX_3]^{2-}$等。

Cu_2O 是制造玻璃和搪瓷的红色颜料。它具有半导体性质,常用它和 Cu 装成亚铜整流器。Cu_2O 还用作船舶底漆(可杀死低级海生动物)及农业上的杀虫剂。

2. 硫酸铜

$CuSO_4$为白色粉末，有毒，极易吸水，生成蓝色水合物$[Cu(H_2O)_4]^{2+}$。故无水$CuSO_4$可以用来检验或除去有机物（如乙醇、乙醚）中的微量水分。$CuSO_4 \cdot 5H_2O$俗称蓝矾或胆矾，为蓝色晶体，在空气中表面缓慢风化，成为白色粉状物，若加热至513 K，可失去全部结晶水。

用热浓H_2SO_4溶解Cu屑，或在O_2存在时用稀热H_2SO_4与Cu屑反应可得到$CuSO_4 \cdot 5H_2O$。

$$Cu + 2H_2SO_4(浓) \overset{\triangle}{=\!=\!=} CuSO_4 + SO_2\uparrow + 2H_2O$$

$$2Cu + 2H_2SO_4(稀) + O_2 \overset{\triangle}{=\!=\!=} 2CuSO_4 + 2H_2O$$

CuO与稀H_2SO_4反应，也可以制得$CuSO_4 \cdot 5H_2O$。

无水硫酸铜加热到923 K时，分解成CuO。

$$CuSO_4 \overset{\triangle}{=\!=\!=} CuO + SO_3\uparrow$$

$$2CuSO_4 \overset{\triangle}{=\!=\!=} 2CuO + 2SO_2\uparrow + O_2\uparrow$$

$CuSO_4$广泛应用于无机工业、染料和颜料工业、电镀工业等行业。它有较强的杀菌能力，在农业上和石灰乳混合得到的波尔多液，配方为$n(CuSO_4 \cdot 5H_2O) : n(CaO) : n(H_2O) = 1 : 1 : 100$，杀灭树木上的害虫。在医疗上用于治疗沙眼、磷中毒和用作催吐剂等。

3. 氯化物

(1) 氯化亚铜

CuCl为白色晶体，难溶于水，它是共价化合物。在热的浓HCl中，用Cu还原$CuCl_2$可制得CuCl。

$$CuCl_2 + Cu \overset{浓\ HCl}{=\!=\!=} 2CuCl$$

CuCl在潮湿的空气中迅速被氧化，由白色变为绿色。它能溶于$NH_3 \cdot H_2O$、浓HCl、KCl、NaCl溶液，分别生成相应的配离子。

CuCl是亚铜盐中最重要的一种，它是有机合成的催化剂和干燥剂，是石油工业的脱硫剂和脱色剂，是肥皂、脂肪的凝聚剂，还用作杀虫剂和防腐剂。在分析化学中CuCl的HCl溶液作为CO的吸收剂（定量生成CuCl · CO）。

(2) 氯化铜

$CuCl_2$为棕黄色固体，有毒，是共价化合物，易溶于水，还易溶于乙醇、丙酮等有机溶剂。$CuCl_2 \cdot 2H_2O$为绿色结晶，在潮湿的空气中潮解，在干燥的空气中易风化。$CuCl_2$的溶液中存在着下列平衡。

$$\underset{(黄色)}{[CuCl_4]^{2-}} + 4H_2O =\!=\!= \underset{(蓝色)}{[Cu(H_2O)_4]^{2+}} + 4Cl^-$$

$CuCl_2$浓溶液为黄绿色或绿色，稀溶液为蓝色。

CuO和盐酸反应得到$CuCl_2 \cdot 2H_2O$，$CuCl_2 \cdot 2H_2O$受热时分解。

$$2CuCl_2 + 2H_2O \overset{\triangle}{=\!=\!=} Cu(OH)_2 \cdot CuCl_2 + 2HCl$$

在制备无水$CuCl_2$时，要在HCl气流中将$CuCl_2 \cdot 2H_2O$加热到140～150℃的条件

下进行。

$CuCl_2$ 受热分解，可得到氯化亚铜。

$$2CuCl_2 \xlongequal{500℃} 2CuCl + Cl_2\uparrow$$

练一练

用化学方法鉴别 $CuCl_2$、$CuSO_4$ 和 $Cu(OH)_2$。

（二）银的化合物

1. 氧化银(Ag_2O)

向可溶性银盐溶液中加入强碱，可生成暗褐色 Ag_2O 沉淀。

$$2Ag^+ + 2OH^- \xlongequal{} Ag_2O + H_2O$$

这个反应实质是生成了极不稳定的 AgOH，常温下 AgOH 立即脱水生成 Ag_2O。

Ag_2O 受热时(573 K)分解为 Ag 和 O_2，也容易被 CO 或 H_2O_2 所还原。

$$Ag_2O + CO \xlongequal{} 2Ag + CO_2$$

$$Ag_2O + H_2O_2 \xlongequal{} 2Ag + H_2O + O_2\uparrow$$

Ag_2O 微溶于水，可溶于硝酸，也可溶解于氰化钠或氨水溶液中。

$$Ag_2O + 4CN^- + H_2O \xlongequal{} 2[Ag(CN)_2]^- + 2OH^-$$

$$Ag_2O + 4NH_3 + H_2O \xlongequal{} 2[Ag(NH_3)_2]^+ + 2OH^-$$

小贴士

$[Ag(NH_3)_2]^+$ 的溶液在放置的过程中，会发生分解，生成黑色的易爆物 AgN_3，因此溶液不宜久置。储存溶液的器具也应该妥善处理。若要破坏银氨配离子，可加入盐酸。

Ag_2O 与 MnO_2、Co_2O_3、CuO 的混合物能在室温下，将 CO 迅速氧化成 CO_2，可用在防毒面具中。

氧化银与易燃物接触能引起燃烧。

2. 硝酸银

$AgNO_3$ 为无色晶体，易溶于水，可由 Ag 与 HNO_3 反应制得，然后蒸发并结晶即得 $AgNO_3$。

$$3Ag + 4HNO_3 \xlongequal{} 3AgNO_3 + NO\uparrow + 2H_2O$$

$AgNO_3$ 受热或见光易发生分解，因此盛装 $AgNO_3$ 的试剂瓶应为棕色。

$$2AgNO_3 \xlongequal{加热或光} 2Ag + 2NO_2 + O_2\uparrow$$

$AgNO_3$ 有氧化能力，遇微量有机物即被还原成单质 Ag，皮肤或衣服沾上 $AgNO_3$ 溶液后逐渐变成黑色。

$AgNO_3$ 广泛用于感光材料、制镜、保温瓶胆电镀和电子等工业。10% $AgNO_3$ 溶液在医疗上作为消毒剂或腐蚀剂。

3. 卤化银

在硝酸银中加入卤化物可生成相应的 AgCl、AgBr、AgI，它们均不溶于稀 HNO_3，但能分别与溶液中过量的 Cl^-、Br^-、I^- 形成 $[AgX_2]^-$ 配离子而使沉淀的溶解度增大。

$$AgX + X^- \xlongequal{} [AgX_2]^-$$

AgCl、AgBr、AgI 的颜色依次加深（白色、浅黄色、黄色），溶解度依次降低。AgF 则易溶于水。

AgCl、AgBr、AgI 都具有感光性。在光的作用下，AgX 分解。例如，照相底片进行曝光时，发生如下反应：

$$2AgBr \xlongequal{光} 2Ag + Br_2$$

再经过显影、定影，就可以得到形象清晰的底片了。

$$AgBr + 2S_2O_3^{2-} \xlongequal{} [Ag(S_2O_3)_2]^{3-} + Br^-$$

大量的 AgX 用作照相底片和相纸的制造。

4. 银的配合物

Ag^+ 可与 NH_3、$S_2O_3^{2-}$、CN^- 等形成配位数为 2 的配合物。许多难溶性的银盐也是借助生成银的配合物而溶解的。向银的配合物中加入适当的沉淀剂，可将其转化为银的沉淀而析出。

银的配离子在实际生产、生活中有较广泛的应用，如电镀、照相、制镜等方面。

练一练

用化学方法鉴别 Cl^-、Br^- 和 I^-。

第七节 锌、镉、汞及其化合物

锌族元素包括锌(Zn)、镉(Cd)、汞(Hg)三种元素，称为ⅡB 族元素，其价层电子构型为 $(n-1)d^{10}ns^2$。锌族元素的氧化数有 +1、+2 两种，锌常见的氧化数是 +2，镉常见的氧化数是 +1、+2，汞常见的氧化数是 +1、+2。

议一议

根据锌、镉、汞的价层电子构型，结合查找到的资料，推断锌、镉、汞单质及其化合物的存在、物理性质、化学性质、制备和主要用途。

一、锌、镉、汞的存在、物理性质

（一）锌的存在、物理性质

锌是银白色而略带蓝色的金属，密度 7.133 g/cm^3，熔点 420℃，在常温下有一定的韧性，硬度为 2.5。在 100～150℃时变软而且还有延展性。在 200℃时很脆，甚至可以压成粉末。

锌在自然界中多以硫化物形式存在。主要矿石有闪锌矿(ZnS)和菱锌矿($ZnCO_3$)。

单质锌通常由闪锌矿提炼得到：

$$2ZnS(s)+3O_2(g)\xlongequal{焙烧}2ZnO(s)+2SO_2(g)$$

$$ZnS(s)+C(s)\xlongequal{\quad}Zn(l)+CS(g)$$

得到的粗产品可用电解法纯化。

（二）镉的存在、物理性质

镉是灰色有光泽的软质金属，硬度 2.0，密度 8.64 g/cm^3，熔点 320℃。

镉在自然界中主要以硫镉矿存在，往往有少量存在于锌矿中，所以是锌矿冶炼时的副产品。镉的冶炼主要是在炼锌时，同时被还原出来，经过分馏将镉分离出来（镉的沸点为 765℃，锌的沸点为 907℃）。

（三）汞的存在、物理性质

汞呈银白色，俗称水银，是常温下唯一的液态金属。汞易挥发、剧毒，用水封。汞的密度为 13.546 g/cm^3，熔点－39℃，沸点 357℃。

汞在自然界中主要以硫化物的形式存在，主要矿石是**辰砂**（HgS），又名**朱砂**。

汞的冶炼是使辰砂在空气中焙烧或与石灰共热，然后使汞蒸馏出来。

$$HgS+O_2\xlongequal{\triangle}Hg+SO_2$$

$$4HgS+4CaO\xlongequal{\triangle}4Hg+3CaS+CaSO_4$$

二、锌、镉、汞的化学性质

（一）锌的化学性质

锌是活泼金属，能与许多非金属直接化合。在潮湿的空气中，锌与水蒸气、二氧化碳化合，表面生成一层致密的碱式碳酸锌[$ZnCO_3\cdot 3Zn(OH)_2$]保护膜，反应方程式为

$$4Zn+2O_2+3H_2O+CO_2\xlongequal{\quad}ZnCO_3\cdot 3Zn(OH)_2$$

因此，锌在空气中比较稳定。而且锌在常温下不与水反应，所以常在钢铁表面镀锌，以增强其抗腐蚀能力。锌白铁就是将干净的铁片浸在熔化的锌中而制得的。

锌在红热时能分解水蒸气，生成氧化锌，放出氢气。

$$Zn+H_2O\xlongequal{高温}ZnO+H_2\uparrow$$

锌是两性元素，既能溶于稀酸又能溶于碱。

$$Zn+2HCl\xlongequal{\quad}ZnCl_2+H_2\uparrow$$

$$Zn+2NaOH+2H_2O\xlongequal{\quad}Na_2[Zn(OH)_4]+H_2\uparrow$$

锌是较强的还原剂，与氧化性酸反应时，可将对应的元素还原至最低价态。例如与浓硫酸、稀硝酸的反应：

$$Zn+2H_2SO_4\xlongequal{\triangle}ZnSO_4+SO_2+2H_2O$$

$$4Zn+10HNO_3(极稀)\xlongequal{\triangle}4Zn(NO_3)_2+NH_4NO_3+3H_2O$$

锌的用途广泛，易与其他金属形成合金，锌的最重要的合金是黄铜。大量的锌还用于制造白铁皮，锌还是制造干电池的重要材料。

（二）镉的化学性质

镉的活泼性比锌差，在空气中迅速失去光泽，并覆盖上一层氧化薄膜，防止进一步

氧化。

$$2Cd+O_2 \xlongequal{燃烧} 2CdO$$

在加热的条件下，镉可与 F_2、Cl_2、Br_2、S 等反应。

$$Cd+Cl_2 \xlongequal{\triangle} CdCl_2$$

$$Cd+S \xlongequal{\triangle} CdS$$

镉不溶于水，可溶于硝酸和硝酸铵。

镉在稀硫酸和稀盐酸中溶解缓慢。

$$Cd+2HCl \xlongequal{缓慢} CdCl_2+H_2\uparrow$$

镉与碱不反应。

镉用于制镉盐、镉蒸气灯、烟幕弹、颜料、合金、焊药、标准电池、冶金去氧剂等，用作核反应堆中的控制杆和屏障。

(三) 汞的化学性质

常温下汞很稳定，不被空气氧化，热至 300℃时才能与空气中的氧作用，生成红色的氧化汞。

$$2Hg+O_2 \xlongequal{\triangle} 2HgO$$

小贴士

在常温下汞与硫混合进行研磨能生成 HgS。因此可利用撒硫粉的方法处理落在地上的汞，使其化合，以消除汞蒸气的污染。

$$Hg+S \xlongequal{} HgS$$

加热时，汞可直接与卤素化合，生成+2 价的卤化物。

$$Hg+Cl_2 \xlongequal{\triangle} HgCl_2$$

汞不能置换酸中的氢，但可被氧化性酸氧化。

汞能溶解多种金属，如金、银、锡、钠、钾等溶于汞形成合金，叫做**汞齐**。汞受热时膨胀均匀，不润湿玻璃，相对密度大，可用来制作温度计、气压计。

三、锌、镉、汞的化合物

(一) 锌的化合物

1. 氢氧化锌和氧化锌

(1) 氢氧化锌

$Zn(OH)_2$ 为白色粉末，不溶于水。$Zn(OH)_2$ 由可溶性锌盐与适量强碱作用来制取。

$$Zn^{2+}+2OH^- \xlongequal{} Zn(OH)_2\downarrow$$

$Zn(OH)_2$ 在水中存在如下平衡：

$$Zn^{2+}+2OH^- \rightleftharpoons Zn(OH)_2 \overset{2H_2O}{\rightleftharpoons} 2H^+ + [Zn(OH)_4]^{2-}$$

可见 $Zn(OH)_2$ 既可溶于酸，又可溶于碱，表现出两性。$Zn(OH)_2$ 可溶于 $NH_3 \cdot H_2O$ 形成配合物，这一点与 $Al(OH)_3$ 不同。

$$Zn(OH)_2 + 4NH_3 \rightleftharpoons [Zn(NH_3)_4]^{2+} + 2OH^-$$

(2) 氧化锌

ZnO 为白色粉末，不溶于水。ZnO 可由 Zn 在空气中燃烧或 $ZnCO_3$、$Zn(NO_3)_2$ 受热分解而制得。ZnO 是一种两性氧化物，既溶于酸，又溶于碱。

$$ZnO + 2HCl = ZnCl_2 + H_2O$$

$$ZnO + 2NaOH = Na_2ZnO_2 + H_2O$$

ZnO(俗称锌白)是一种优良的白色颜料，它是橡胶制品的增强剂。在有机合成工业中作为催化剂，也是制备各种锌化合物的基本原料。ZnO 无毒，具有收敛性和一定的杀菌能力，在医药上制造橡胶软膏。

2. 氯化锌

$ZnCl_2$ 为白色熔块，吸水性强，易潮解，在水中的溶解度很大，在酒精和其他有机溶剂中也能溶解，熔点为 365℃，说明它有明显的共价性。

将 Zn、ZnO 或 $ZnCO_3$ 与盐酸作用，经过浓缩冷却后，有 $ZnCl_2 \cdot H_2O$ 白色晶体析出。欲制备无水 $ZnCl_2$，要在干燥的 HCl 气氛中加热脱水，防止加热时 $ZnCl_2 \cdot H_2O$ 转化为碱式盐。

$$ZnCl_2 + H_2O \xlongequal{\triangle} Zn(OH)Cl + HCl$$

$ZnCl_2 \cdot H_2O$ 加热时不易脱水，而生成碱式盐。

$$ZnCl_2 \cdot H_2O \xlongequal{\triangle} Zn(OH)Cl + HCl$$

小贴士

$ZnCl_2$ 的浓溶液(俗称**熟镪水**)，由于生成配位酸而具有显著的酸性：

$$ZnCl_2 + H_2O = H[ZnCl_2(OH)]$$

它能将金属氧化物溶解，所以 $ZnCl_2$ 可用作焊药，以清除金属表面的氧化物，便于焊接。大量的 $ZnCl_2$ 还用于印染和染料的制备中。

3. 硫化锌

在锌盐溶液中，通入 H_2S，会有硫化物析出。

$$Zn^{2+} + H_2S = 2H^+ + ZnS(白色)$$

ZnS 不溶于碱和 HAc，但能溶于 HCl 溶液和稀 H_2SO_4。

ZnS 在 H_2S 气流中灼烧，即转变为晶体 ZnS。若在 ZnS 晶体中加入微量的 Cu、Mn、Ag 作为激活剂，经光照后发出不同颜色的荧光，这种材料叫做荧光粉，可制作荧光屏、夜光表、发光油漆等。ZnS 与 $BaSO_4$ 共沉淀所形成的混合晶体 $ZnS \cdot BaSO_4$ 叫做**锌钡白**(也叫做**立德粉**)，是一种优良的白色颜料。

$$ZnSO_4 + BaS = ZnS \cdot BaSO_4 \downarrow$$

动画

ZnCl₂ 作焊药

4. 锌的配合物

Zn^{2+} 可与 CN^-、SCN^-、NH_3、en 等形成配合物，配位数为 4，其中 $[Zn(NH_3)_4]^{2+}$、$[Zn(en)_2]^{2+}$ 和 $[Zn(CN)_4]^{2-}$ 较稳定。

练一练

用化学方法鉴别 $Zn(OH)_2$ 和 $Al(OH)_3$。

（二）镉的化合物

1. 氢氧化物和氧化物

（1）氢氧化物

将氢氧化钠加入镉盐溶液中，即有白色的氢氧化镉 $Cd(OH)_2$ 析出。$Cd(OH)_2$ 溶于酸，但不溶于碱。

$Cd(OH)_2$ 溶于氨水中形成配离子。

$$Cd(OH)_2(s)+4NH_3(aq) = [Cd(NH_3)_4]^{2+}(aq)+2OH^-(aq)$$

（2）氧化物

镉在空气中加热生成棕色氧化镉（CdO）。由于制备方法不同，颜色也各异，如在 250℃，将 $Cd(OH)_2$ 加热，得到绿色的氧化镉。在 800℃ 加热，则得到蓝黑色的氧化镉。CdO 可以升华，而不分解。

2. 硫酸镉

将碳酸镉溶于稀硫酸中得到硫酸镉。最常见的水合物为 $3CdSO_4 \cdot 8H_2O$，还有 $CdSO_4 \cdot H_2O$。水合物 $CdSO_4 \cdot 7H_2O$ 是最稳定的化合物。水合物的转变和转变温度如下：

$$3CdSO_4 \cdot 8H_2O \xrightleftharpoons{-H_2O(75℃)} CdSO_4 \cdot H_2O \xrightleftharpoons{-H_2O(105℃)} CdSO_4$$

（三）汞的化合物

汞有 +1 价和 +2 价两类化合物，前者称为亚汞化合物，其结构为 $^+[Hg:Hg]^+$，一般简写为 Hg_2^{2+}，它的化合物有 $Hg_2(NO_3)_2$、Hg_2Cl_2 等。+2 价汞化合物除硫酸盐、硝酸盐在固态时是离子型外，其余大多数化合物如硫化物、卤化物等都是共价化合物。

绝大多数的亚汞化合物难溶于水，+2 价汞化合物也大多难溶于水。汞及其化合物均是有毒的。

1. 汞的氧化物

小贴士

在可溶性的汞盐溶液中，加碱得到氧化物沉淀，而不是氢氧化物。因为汞的氢氧化物极不稳定，在它生成的瞬间即分解为氧化物和水。

Hg^{2+} 遇碱生成黄色 HgO 沉淀。

$$Hg^{2+}+2OH^- = \underset{（黄色）}{HgO\downarrow}+H_2O$$

Hg_2^{2+} 遇碱发生歧化反应生成黑褐色沉淀，该沉淀是黄色的 HgO 和黑色的 Hg 的混合物。

$$Hg_2^{2+} + 2OH^- \longrightarrow \underset{(黄色)}{HgO\downarrow} + \underset{(黑色)}{Hg\downarrow} + H_2O$$

氧化汞由于晶型不同，有红、黄两种颜色。若将黄色氧化汞加热可转变为红色氧化汞。当温度升高到 773 K 时，HgO 即分解为 Hg 和 O_2。氧化汞是制备汞的原料。

2. 汞的氯化物

(1) 氯化汞

$HgCl_2$ 是白色针状结晶或颗粒粉末，熔点低，易升华，称为升汞。升汞有剧毒，致死量为 0.2～0.4 g。少量使用，有消毒作用。微溶于水，解离度很小，易水解。

$$HgCl_2 + H_2O \longrightarrow Hg(OH)Cl + HCl$$

在较高的温度下，汞和氯气直接反应生成 $HgCl_2$，也可用氧化汞与盐酸反应制取。

氯化汞遇到氨水，即析出白色的氯化氨基汞。

$$HgCl_2 + 2NH_3 \longrightarrow Hg(NH_2)Cl + NH_4Cl$$

在酸性溶液中，氯化汞是一种较强的氧化剂，与适量的 $SnCl_2$ 反应生成白色的 Hg_2Cl_2。

$$2HgCl_2 + SnCl_2 + 2HCl \longrightarrow Hg_2Cl_2 + H_2SnCl_6$$

与过量的 $SnCl_2$ 则生成黑色的金属汞。

$$Hg_2Cl_2 + SnCl_2 + 2HCl \longrightarrow 2Hg + H_2SnCl_6$$

氯化汞主要用作有机合成的催化剂，医疗上常用 $HgCl_2$ 的稀溶液(1∶1 000)作器械消毒剂，中医称之为白降丹，用以治疗疔毒。外科上用作消毒剂。

(2) 氯化亚汞

Hg_2Cl_2 是一种不溶于水的白色粉末，味甜，又称为甘汞。无毒、微溶于水。

将 Hg 与 $HgCl_2$ 固体一起研磨，可制得白色的 Hg_2Cl_2。

$$HgCl_2 + Hg \longrightarrow Hg_2Cl_2$$

Hg_2Cl_2 不稳定，见光易分解。

$$Hg_2Cl_2 \longrightarrow HgCl_2 + Hg$$

所以 Hg_2Cl_2 应避光保存，并放在阴凉干燥处。

Hg_2Cl_2 可与氨水反应，歧化生成氯化氨基汞和金属汞。

$$Hg_2Cl_2 + 2NH_3 \longrightarrow Hg(NH_2)Cl + Hg + NH_4Cl$$

$Hg(NH_2)Cl$ 是白色的，与黑色的金属汞微粒混在一起，使溶液呈灰黑色。这个反应可用来检验 Hg_2^{2+}。Hg_2Cl_2 用于制造甘汞电极。

练一练

现有一瓶甘汞和一瓶升汞，怎样利用化学反应把它们区分开来？写出反应方程式。

3. 汞的硝酸盐

硝酸汞[$Hg(NO_3)_2$]和亚硝酸汞[$Hg_2(NO_3)_2$]都易溶于水，并水解生成碱式盐。在配制溶液时，应先将它们溶解在稀硝酸中，以抑制其水解。

$$Hg(NO_3)_2 + H_2O \xlongequal{} Hg(OH)NO_3 + HNO_3$$

$$Hg_2(NO_3)_2 + H_2O \xlongequal{} Hg_2(OH)NO_3 + HNO_3$$

$Hg(NO_3)_2$ 和金属汞一起振荡时，可得到 $Hg_2(NO_3)_2$。

$$Hg(NO_3)_2 + Hg \xlongequal{} Hg_2(NO_3)_2$$

$Hg(NO_3)_2$ 与 $Hg_2(NO_3)_2$ 受热时都可分解。

$$2Hg(NO_3)_2 \xlongequal{\triangle} 2HgO + 4NO_2 + O_2$$

$$Hg_2(NO_3)_2 \xlongequal{\triangle} 2HgO + 2NO_2$$

在 $Hg(NO_3)_2$ 及 $Hg_2(NO_3)_2$ 溶液中加入 KI 时发生如下反应。

$$Hg^{2+} + 2I^- \xlongequal{} HgI_2 \downarrow \text{(橘红色)}$$

$$HgI_2 + 2I^- \xlongequal{} [HgI_4]^{2-} \text{(无色)}$$

$$Hg_2^{2+} + 2I^- \xlongequal{} Hg_2I_2 \text{(绿色)}$$

$$Hg_2I_2 + 2I^- \xlongequal{} [HgI_4]^{2-} + Hg \text{(黑色)}$$

$Hg(NO_3)_2$ 是常用的化学试剂，也是制备其他含汞化合物的主要原料。

4. 汞的配合物

Hg^{2+} 可以和卤素离子、氰根等形成一系列的配合物，其中 $[HgI_4]^{2-}$ 的碱性溶液叫做**奈斯勒试剂**，是分析化学中检验铵盐的主要试剂，NH_4^+ 与其反应的方程式为

$$NH_4^+ + 2[HgI_4]^{2-} + 4OH^- \xlongequal{} [Hg_2O(NH_2)]I\text{(红棕色)} \downarrow + 7I^- + 3H_2O$$

练一练

汞溶于过量的硝酸产物是什么？如果汞过量会有何不同？写出反应方程式。

第八节 铁、钴、镍及其化合物

铁系元素包括铁(Fe)、钴(Co)、镍(Ni)三种元素，称为ⅧB族。铁、钴、镍的电子层结构相似，原子半径相近，物理性质和化学性质也很相似。铁、钴、镍的价层电子构型为 $3d^{6\sim8}4s^2$。除了铁、镍能形成+6氧化数外，一般都表现为+2、+3氧化数。铁以+3氧化数较稳定，钴、镍则以+2氧化数较稳定。

议一议

根据铁、钴、镍的价层电子构型，结合查找到的资料，推断铁、钴、镍单质及其化合物的存在、物理性质、化学性质、制备和主要用途。

一、铁、钴、镍的存在、物理性质

(一) 铁的存在、物理性质

纯净的铁是光亮的银白色金属，密度为 7.85 g/cm³，熔点 1 540℃，沸点 2 500℃。铁能被磁体吸引，在磁场的作用下，铁自身也能具有磁性。

铁在地壳中的丰度居第四位，仅次于铝，均以化合态存在。铁主要存在于磁铁矿

(Fe_3O_4)、赤铁矿(Fe_2O_3)、褐铁矿$(Fe_2O_3 \cdot nH_2O)$和菱铁矿$(FeCO_3)$等中。按照含碳量的不同，铁有熟铁和生铁之分，含碳量在 0.1%以下的铁称为**熟铁**，含碳量在 1.7%～4.5%的铁称为**生铁**，而钢的含碳量则介于两者之间。

炼铁是以焦炭在高温炉中燃烧生成的 CO 作为还原剂，将氧化铁还原为单质铁。

$$Fe_2O_3 + 3CO \xlongequal{\text{高温}} 2Fe + 3CO_2$$

(二) 钴的存在、物理性质

钴是蓝白色金属，硬而脆。密度为 8.9 g/cm^3，熔点为 1 492℃。

钴主要存在于砷化物和硫化物矿中，如辉钴矿(CoAsS)。钴金属和它的化合物主要是以提取其他金属的副产品，特别是镍的副产品为原料的，使钴的化合物转变成 Co_3O_4，然后用 Al 或 C 还原 Co_3O_4 得到金属 Co。粗 Co 再用电解法精制。

(三) 镍的存在、物理性质

镍为银白色金属，有较好的延展性，密度为 8.902 g/cm^3，熔点 1 453℃。

镍共生于其他金属的硫化物矿和砷化物矿中，通常是从分离出其他金属的渣中获得镍。镍黄铁矿(Fe、Ni)S 在空气中焙烧转化为氧化物。然后用碳还原，得粗镍。粗镍用电解法精制或在 100～200℃将镍与 CO 作用，生成挥发性四羰基合镍 $Ni(CO)_4$，之后在 150～300℃分解得到纯镍。

$$Ni(\text{粗}) + 4CO \xlongequal{\text{常压加热}(100\sim200℃)} Ni(CO)_4$$

二、铁、钴、镍的化学性质

(一) 铁的化学性质

铁在潮湿的空气中会生锈，在干燥的空气中加热到 150℃也不与氧作用，灼烧到 500℃则形成 Fe_3O_4，在更高的温度时，可形成 Fe_2O_3。铁在 570℃左右能与水蒸气作用。

$$3Fe + 4H_2O = Fe_3O_4 + 4H_2\uparrow$$

铁能溶于稀盐酸和稀硫酸中，形成 Fe^{2+} 并放出氢气。

冷的浓硝酸和浓硫酸能使其钝化。热的稀硝酸能使铁形成 Fe^{3+}，本身被还原为 NO 气体，甚至形成铵离子。

在加热时铁与氯发生剧烈反应形成 $FeCl_3$。铁也能和硫、磷直接化合。在 1 200℃时，铁与碳形成 Fe_3C，钢铁中的碳常以这种形式存在。

铁被浓碱缓慢腐蚀。

(二) 钴的化学性质

钴在性质上与铁很相似，但比铁的活泼性差。

钴缓慢溶解于稀酸中，冷的浓硝酸使钴钝化，不与碱反应。

在低温下钴不与氧反应，但细粉可以着火。在高温下钴能和 O_2、S、X_2 等反应。钴与氟在 250℃作用得到 CoF_3，和其他卤素作用仅得到二卤化钴。

$$3Co + 8HNO_3(\text{冷、稀}) = 3Co(NO_3)_2 + 2NO + 4H_2O$$

钴主要用于制造特种钢和磁性材料。钴的化合物广泛用作颜料和催化剂。维生素 B_{12} 含有钴，可防治恶性贫血。钴的放射性同位素 ^{60}Co 可用在放射医疗上。

(三) **镍的化学性质**

镍的最重要的氧化态是 Ni(Ⅱ),镍的化学活性像钴。

在高温下镍与水蒸气作用。

镍与氟作用生成致密的 NiF_2 膜,使镍钝化,镍器皿可用来处理氟和有腐蚀性的氟化物。镍与其他卤素生成二卤化物。

镍难溶于盐酸、硫酸,遇冷的、发烟的硝酸呈钝态。但溶于冷、稀的硝酸和热、浓的硝酸,镍质容器可盛熔融碱。

镍用作防锈保护层和货币合金(和铜)及耐热组件(和铁与铬),是重要的催化剂,不锈钢的合金元素。

三、铁、钴、镍的化合物

(一) 铁的化合物

铁通常形成+2 和+3 两种氧化数的化合物,其中氧化数为+3 的比较稳定。

1. 氧化物和氢氧化物

铁的氧化物有氧化亚铁(FeO)、氧化铁(Fe_2O_3)和四氧化三铁(Fe_3O_4),都不溶于水。

(1) 氧化亚铁

氧化亚铁(FeO)是碱性氧化物,在隔绝空气的情况下,将草酸亚铁(FeC_2O_4)加热可制得黑色的 FeO。

$$FeC_2O_4 \xlongequal{100℃} FeO + CO_2\uparrow + CO\uparrow$$

氧化亚铁能溶于强酸而不溶于碱,溶于酸形成亚铁盐。

亚铁盐与碱作用能析出白色 $Fe(OH)_2$ 沉淀。$Fe(OH)_2$ 的还原性很强,在空气中迅速被氧化,沉淀很快由白色变为灰绿色[$Fe_3(OH)_8$],最后成为红棕色 $Fe(OH)_3$ 沉淀。

$$Fe^{2+} + 2OH^- \xlongequal{} Fe(OH)_2\downarrow$$

$$4Fe(OH)_2 + O_2 + 2H_2O \xlongequal{} 4Fe(OH)_3\downarrow$$

铁盐与碱作用也可得到红棕色 $Fe(OH)_3$ 沉淀。$Fe(OH)_3$ 受热脱水,生成红棕色氧化铁粉末。

$$Fe^{3+} + 3OH^- \xlongequal{} Fe(OH)_3\downarrow$$

$$2Fe(OH)_3 \xlongequal{\triangle} Fe_2O_3 + 3H_2O$$

(2) 氧化铁

氧化铁(Fe_2O_3)俗称**铁红**,它是两性氧化物,但碱性强于酸性。与酸作用生成铁盐,与 NaOH、Na_2CO_3、Na_2O 等碱性物质共熔生成铁酸盐。

$$Fe_2O_3 + 6HCl \xlongequal{} 2FeCl_3 + 3H_2O$$

$$Fe_2O_3 + 2NaOH \xlongequal{} 2NaFeO_2 + H_2O$$

Fe_2O_3 可以作为红色颜料、磨光粉、催化剂等。

(3) 四氧化三铁

四氧化三铁(Fe_3O_4)是具有磁性的黑色晶体,又称磁性氧化铁、氧化铁黑、磁铁、磁石、吸铁石,天然矿物类型为磁铁矿,是炼铁的重要原料。

铁在四氧化三铁中有+2、+3 两种氧化数,在磁铁矿中由于 Fe^{2+} 与 Fe^{3+} 在八面体位置上基本上是无序排列的，电子可在铁的两种氧化态间迅速发生转移，具有优良的导电性。Fe_3O_4不可以看作氧化亚铁(FeO)与氧化铁(Fe_2O_3)组成的混合物，但可以近似地看作是氧化亚铁与氧化铁组成的化合物($FeO \cdot Fe_2O_3$)。Fe_3O_4溶于酸溶液，不溶于水、碱溶液及乙醇、乙醚等有机溶剂。天然的Fe_3O_4不溶于酸溶液，潮湿状态下在空气中容易氧化成氧化铁(Fe_2O_3)。通常用作颜料和抛光剂，也可用于制造录音磁带和通信器材。

2. 亚铁盐

亚铁盐溶液显浅绿色，稀溶液几乎无色。强酸盐几乎都溶于水，如硫酸盐、硝酸盐、卤化物等。由于水解呈酸性，所以 Fe^{2+} 的弱酸盐大多难溶于水而溶于酸，如碳酸盐、磷酸盐、硫化物等。

$FeSO_4$ 为白色粉末，带有结晶水的 $FeSO_4 \cdot 7H_2O$ 为蓝绿色晶体，俗称**绿矾**。它在空气中可逐渐风化，且表面容易氧化为黄褐色碱式硫酸铁。

$$4FeSO_4 + O_2 + 2H_2O = 4Fe(OH)SO_4$$

由金属 Fe 与稀 H_2SO_4 反应可制得 $FeSO_4$。工业上用氧化黄铁矿的方法来制取 $FeSO_4$，它是一种副产品。

$$2FeS_2 + 7O_2 + 2H_2O = 2FeSO_4 + 2H_2SO_4$$

由于亚铁盐有较强的还原性，易被氧化成 Fe(Ⅲ)盐。

亚铁盐在酸性介质中较稳定，在碱性介质中立即被氧化，因而在保存亚铁盐溶液时，应加入一定量的酸，同时加入少量的 Fe 屑来防止氧化。

$$2Fe^{3+} + Fe = 3Fe^{2+}$$

在酸性溶液中，只有强氧化剂如 $KMnO_4$、$K_2Cr_2O_7$、Cl_2 等，才能将 Fe^{2+} 氧化。例如：

$$2FeCl_2 + Cl_2 = 2FeCl_3$$

亚铁盐在分析化学中是常用的还原剂，通常使用的是比绿矾稳定的**莫尔盐** $(NH_4)_2Fe(SO_4)_2$，常用来标定 $K_2Cr_2O_7$或 $KMnO_4$ 溶液的浓度。例如：

$$2KMnO_4 + 10FeSO_4 + 8H_2SO_4 = K_2SO_4 + 2MnSO_4 + 5Fe_2(SO_4)_3 + 8H_2O$$

$FeSO_4$ 可以用作媒染剂、鞣革剂、木材防腐剂、种子杀虫剂及制备蓝黑墨水。

3. 铁盐

铁盐的氧化能力相对较弱，但在一定的条件下，它仍有较强的氧化性。例如，在酸性介质中，Fe^{3+} 可将 H_2S、KI、$SnCl_2$ 等物质氧化。

$$2Fe^{3+} + Sn^{2+} = 2Fe^{2+} + Sn^{4+}$$

$$2Fe^{3+} + 2I^- = 2Fe^{2+} + I_2$$

$$2Fe^{3+} + H_2S = 2Fe^{2+} + S + 2H^+$$

动画

歧化反应

铁盐容易水解，溶液显酸性。

$$Fe^{3+} + 3H_2O = Fe(OH)_3 + 3H^+$$

故配制铁盐溶液时，往往需加入一定的酸抑制其水解。

在生产过程中，常用加热的方法，使 Fe^{3+} 水解析出 $Fe(OH)_3$ 沉淀，来除去产品中的杂质铁。用 $FeCl_3$ 或 $Fe_2(SO_4)_3$ 作为净水剂，也是利用上述性质。

棕黑色的无水 $FeCl_3$ 可由 Fe 屑与 Cl_2 在高温下直接合成而制得，所生成的 $FeCl_3$ 因升华而分离出来。将 Fe 屑溶于盐酸中，再进行氧化（如通入 Cl_2），可制得橘黄色的 $FeCl_3 \cdot 6H_2O$ 晶体。

$FeCl_3$ 主要用于有机染料的生产中。在印刷制版中，它可用作铜版的腐蚀剂。

$$2FeCl_3 + Cu = 2FeCl_2 + CuCl_2$$

$FeCl_3$ 能引起蛋白质的迅速凝聚，所以在医疗上用作伤口的止血剂，在有机合成工业中作为催化剂等。

硫酸铁也是重要的铁盐，易形成矾，如蓝紫色硫酸铁铵晶体 $NH_4Fe(SO_4)_2 \cdot 12H_2O$。

4. 铁的配合物

铁形成配合物的能力很强，配位数多为 6。

(1) 氨配合物

Fe^{2+} 能形成 NH_3 配合物。但 $[Fe(NH_3)_6]^{2+}$ 极不稳定，遇水即分解。而 Fe^{3+} 由于水解，在其溶液中加入 $NH_3 \cdot H_2O$ 时，不形成 NH_3 配合物，而是生成 $Fe(OH)_3$ 沉淀。

(2) 异硫氰配合物

在 Fe^{3+} 溶液中加入 KSCN 时，能形成血红色的异硫氰酸根合铁(Ⅲ)离子 $[Fe(NCS)]^{2+}$。

动画

铁离子的鉴定

$$Fe^{3+} + n\,SCN^- = [Fe(NCS)_n]^{3-n} \quad (n=1\sim6)$$

这是检验 Fe^{3+} 的灵敏反应。加入 NaF，血红色消失。

$$[Fe(NCS)_n]^{3-n} + 6F^- = [FeF_6]^{3-} + n\,SCN^-$$

(3) 氰配合物

① 亚铁氰化钾。Fe^{2+} 与 KCN 溶液作用，首先生成白色氰化亚铁沉淀，KCN 过量，沉淀溶解而形成六氰合铁(Ⅱ)酸钾 $K_4[Fe(CN)_6]$，简称亚铁氰化钾，俗名**黄血盐**，为柠檬黄色晶体。

在黄血盐溶液中通入氯气或加入高锰酸钾溶液，可把 $[Fe(CN)_6]^{4-}$ 氧化为 $[Fe(CN)_6]^{3-}$。

$$2K_4[Fe(CN)_6] + Cl_2 = 2K_3[Fe(CN)_6] + 2KCl$$

$$3K_4[Fe(CN)_6] + KMnO_4 + 2H_2O = 3K_3[Fe(CN)_6] + MnO_2 + 4KOH$$

② 铁氰化钾。六氰合铁(Ⅲ)酸钾 $K_3[Fe(CN)_6]$，简称铁氰化钾，俗名**赤血盐**，为深红色晶体。

小贴士

在 Fe^{2+} 溶液中加入赤血盐，或在 Fe^{3+} 溶液中加入黄血盐，都有蓝色沉淀生成。

$$K^+ + Fe^{2+} + [Fe(CN)_6]^{3-} = KFe[Fe(CN)_6]\downarrow$$

滕氏蓝

$$K^+ + Fe^{3+} + [Fe(CN)_6]^{4-} = KFe[Fe(CN)_6]\downarrow$$

普鲁士蓝

以上两个反应用来鉴定 Fe^{2+} 和 Fe^{3+} 的存在。经研究表明，两种蓝色物质具有相同的晶体结构，实际是同一种物质，其化学式是 $[KFe^{Ⅲ}(CN)_6Fe^{Ⅱ}]$。它们被广泛应用在油墨和油漆制造业。

(4) 五羰基合铁

铁粉与羰基在 150～200℃ 和 101.3 kPa 下反应，生成黄色液体五羰基合铁 [$Fe(CO)_5$]。五羰基合铁不溶于水而溶于苯和乙醚中，易挥发。热稳定性差，加热至 140℃时分解，析出单质铁。利用此性质可以提纯铁。

练一练

用化学方法鉴别 $Fe(NO_3)_2$ 和 $Fe(NO_3)_3$。

（二）钴的化合物

1. 钴(Ⅱ)化合物

(1) 氧化物和氢氧化物

CoO 为橄榄绿色，由不溶的碳酸盐或硝酸盐热分解制得，在空气中加热到 500℃ 得到黑色 Co_3O_4。

新生成的 $Co(OH)_2$ 是蓝色沉淀，放置后转变为粉红色，是由于金属离子配位数改变引起的。在空气中氧化生成水合 Co_2O_3。

$Co(OH)_2$ 有弱的两性，溶解在热浓碱中形成 $Co(OH)_4^{2-}$，呈蓝色。

(2) 卤化物

CoF_2 为粉红色，由 HF 和氯化物在 300℃ 反应制得。$CoCl_2$ 为蓝色，由元素的单质直接化合制得，$CoCl_2$ 中所含的结晶水的数目不同而呈现多种颜色。随着温度的升高，所含结晶水逐渐减少，颜色同时也发生变化。

$$\underset{\text{粉红色}}{CoCl_2\cdot 6H_2O} \xrightarrow{52.3℃} \underset{\text{紫红色}}{CoCl_2\cdot 2H_2O} \xrightarrow{90℃} \underset{\text{蓝紫色}}{CoCl_2\cdot H_2O} \xrightarrow{120℃} \underset{\text{蓝色}}{CoCl_2}$$

利用 $CoCl_2$ 的这种性质，将少量 $CoCl_2$ 掺入硅胶干燥剂，可以指示干燥剂的吸水情况。

2. 钴(Ⅲ)化合物

(1) 氧化物和氢氧化物

无水 Co_2O_3 不存在，但过量碱和大多数 Co(Ⅲ)作用时会很慢地沉淀出水合氧化物，或者用空气氧化 $Co(OH)_2$ 悬浮液得到。

Co^{3+} 在水溶液中不稳定，只存在于固态化合物和配合物中。

$Co(OH)_2$ 不稳定，生成后被氧化为 $Co(OH)_3$ 的氢氧化物，能氧化 HCl 生成 Co^{2+} 和 Cl_2。

$$2Co(OH)_3 + 6H^+ + 2Cl^- = 2Co^{2+} + Cl_2\uparrow + 6H_2O$$

(2) 卤化物

CoF_3 为浅棕色固体，是有用的氟化剂，它遇水迅速水解。蓝色配合物 $M_3[CoF_6]$（M 代表碱金属离子）由金属氯化物的混合物经氟化作用制得。

议一议

试说明硅胶干燥剂的使用原理。

视频

$Co(OH)_3$ 的生成和性质

视频

Ni^{2+}的鉴定

（三）镍的化合物

1．氧化物和氢氧化物

绿色氧化镍可由加热分解碳酸镍或硝酸镍得到。

$$NiCO_3 \xrightarrow{\triangle} NiO + CO_2$$

氧化镍可与氢作用，被还原为单质镍。

$$NiO + H_2 \xrightarrow{\triangle} Ni + H_2O$$

氧化镍可溶于酸，生成Ni(Ⅱ)盐。

$$NiO + H_2SO_4 = NiSO_4 + H_2O$$

三氧化二镍具有较强的氧化性。

$$Ni_2O_3 + 6HCl = 2NiCl_2 + Cl_2\uparrow + 3H_2O$$

$$2Ni_2O_3 + 4H_2SO_4 = 4NiSO_4 + O_2\uparrow + 4H_2O$$

镍盐与碱作用可生成不溶于水的$Ni(OH)_2$（苹果绿色）。它不溶于NaOH溶液，但溶于氨，形成蓝紫色配离子$[Ni(NH_3)_6]^{2+}$。

$$Ni^{2+} + 2OH^- = Ni(OH)_2\downarrow$$

$$Ni(OH)_2 + 6NH_3 = [Ni(NH_3)_6]^{2+} + 2OH^-$$

2．卤化物

NiF_2和$NiCl_2$是黄色固体，氯化镍易溶于水，从水中结晶出来时得到绿棕色$NiCl_2 \cdot H_2O$。

3．硫化物

镍的硫化物在空气中被氧化，形成NiS(OH)。NiS溶于稀酸，暴露在空气中则不溶，就是因为形成了NiS(OH)。

4．镍的配合物

水合镍盐通常含有$[Ni(NH_3)_6]^{2+}$。

丁二酮肟(DMG)和镍反应生成红色晶体丁二酮肟镍沉淀用于鉴定和测定镍。

$$Ni^{2+} + 2(CH_3—C=NOH)_2 + 2NH_3 \cdot H_2O = \underset{\text{红色晶体}}{Ni[(CH_3)_2C_2N_2OOH]_2\downarrow} + 2NH_4^+ + 2H_2O$$

或

$$[Ni(NH_3)_6]^{2+} + 2DMG = Ni(DMG)_2\downarrow + 2NH_4^+ + 4NH_3$$

练一练

用化学方法鉴别$Fe(NO_3)_2$、$Hg(NO_3)_2$和$Ni(NO_3)_2$。

第九节 钛、铬、锰及其化合物

议一议

根据钛、铬、锰的价层电子构型，结合查找到的资料，推断钛、铬、锰单质及其化合物的存在、物理性质、化学性质、制备和主要用途。

一、钛、铬、锰的存在、物理性质

(一) 钛的存在、物理性质

钛(Ti)是银白色金属,其熔点为 1 663℃,密度 4.54 g/cm³。其机械强度和钢相近,是电和热的良导体,质地非常轻盈,却又十分坚韧和耐腐蚀,是航空、宇航、兵器等部门不可缺少的材料,有"太空金属"之称。液体钛几乎可溶解所有的金属,故易制成性能更好的合金。在医疗上把钛称为亲生物金属,它容易和肌肉长在一起,可用来制造人造骨。

Ti 在地壳中的含量仅次于 Al、Fe、Mg,我国钛储量很丰富(约占世界的一半),矿物有钛铁矿($FeTiO_3$)、金红石矿(TiO_2)、钒酸钾铀矿($K(UO_2)(VO_4)\cdot 1.5H_2O$)、钒铅矿($Pb_5(VO_4)_3\cdot Cl$)等。钛的冶炼比较困难。

(二) 铬的存在、物理性质

铬是具有银白色光泽的金属,是最硬的金属,其熔点 1 900℃,沸点 2 600℃,密度 7.2 g/cm³。铬延展性好,质硬而脆,抗腐蚀能力强,主要用于电镀和冶炼合金钢。

铬原子的价层电子构型是 $3d^54s^1$,并有+2、+3、+4、+5、+6 多种氧化数,其中氧化数为+3 和+6 的最为重要,其他氧化数的化合物都不稳定。

铬在地壳中的含量为 0.008 3%,在自然界只以化合状态存在,主要以铬铁矿形式存在,组成为 $FeO\cdot Cr_2O_3$ 或 $FeCr_2O_4$。在我国多分布在西北地区的青海、甘肃和宁夏等地。

一般用铝热法冶炼金属铬。

$$Cr_2O_3+2Al \xlongequal{} Al_2O_3+2Cr$$

(三) 锰的存在、物理性质

纯锰为银白色金属,外形似铁,坚硬而脆。密度为 7.2 g/cm³,熔点 1 250℃。

锰原子的价层电子构型是 $3d^54s^2$,最高氧化数为+7,还有+2、+3、+4、+6 等多种氧化数,其中以+2、+4 和+7 氧化数的化合物较重要。

锰在地壳中的丰度为第 14 位,含量为 0.1%,主要以氧化物的形式存在,如软锰矿($MnO_2\cdot xH_2O$)、黑锰矿(Mn_3O_4)和水锰矿($MnO(OH)$)。

金属锰一般以铝热法还原软锰矿制取。因铝与软锰矿反应激烈,故先将软锰矿强热则变为 Mn_3O_4,然后再与铝粉混合燃烧。

$$3MnO_2 \xlongequal{\triangle} Mn_3O_4+O_2$$

$$3Mn_3O_4+8Al \xlongequal{} 9Mn+4Al_2O_3$$

此法制得的锰,纯度为 95%~98%,纯的金属锰则用电解法制取。

二、钛、铬、锰的化学性质

(一) 钛的化学性质

钛的氧化数有+4、+3 和+2,以+4 较为常见和稳定。

钛在常温下不能与水或稀酸反应,但能溶于热的浓盐酸中。

$$2Ti+6HCl \xlongequal{\triangle} 2TiCl_3+3H_2\uparrow$$

（二）铬的化学性质

铬金属活泼性较差，在空气中铬表面易形成致密的氧化物保护膜，对空气和水都比较稳定。

动画

六价铬的鉴定

铬缓缓地溶于稀盐酸、稀硫酸，但不溶于稀硝酸。在热盐中，铬能很快地溶解并放出氢气，溶液呈蓝色（Cr^{2+}），随即又被空气氧化成绿色（Cr^{3+}）。

$$Cr + 2HCl \xlongequal{} \underset{\text{（蓝色）}}{CrCl_2} + H_2 \uparrow$$

$$4CrCl_2 + O_2 + 4HCl \xlongequal{} \underset{\text{（绿色）}}{4CrCl_3} + 2H_2O \uparrow$$

铬在浓硫酸中也能迅速溶解。

$$2Cr + 6H_2SO_4 \xlongequal{} Cr_2(SO_4)_3 + 3SO_2 \uparrow + 6H_2O$$

在高温下，铬能与卤素、硫、氮、碳等直接化合。

铬能从锡、镍、铜的盐溶液中将它们置换出来，有钝化膜的铬在冷的硝酸、浓硫酸和王水中皆不溶解。

含铬 12% 的钢称为**"不锈钢"**，有极强的耐腐蚀性，应用范围广泛。铬和镍的合金用来制造电热丝和电热设备。

（三）锰的化学性质

锰的化学性质活泼，在空气中氧化或燃烧时均生成 Mn_3O_4，加热时可直接与氟、氯、溴作用。在 1 200℃ 以上与氮作用形成 Mn_3N_2，与硫作用形成 MnS。

锰溶于一般的无机酸，生成 Mn^{2+} 盐，与冷的浓硫酸作用缓慢。在有氧化剂存在的条件下，金属锰可以与熔融碱作用。

$$2Mn + 4KOH + 3O_2 \xlongequal{} 2K_2MnO_4 + 2H_2O$$

纯锰的用途不多，但它的合金非常重要，当钢中的含锰量超过 1% 时，称为锰钢。锰钢很坚硬，抗冲击、耐磨损，可制钢轨、钢甲和破碎机等。锰是人体必需的微量元素，在体内一部分作为金属酶的组成成分，一部分作为酶的激活剂起作用。

三、钛、铬、锰的化合物

（一）钛的化合物

常见的是 TiO_2 钛白，不溶于水、稀酸或稀碱溶液中，能溶于热的浓硫酸或氢氟酸中。

$$TiO_2 + H_2SO_4 \xlongequal{} TiOSO_4 + H_2O$$

$$TiO_2 + 6HF \xlongequal{} H_2[TiF_6] + 2H_2O$$

纯钛白颜色干得快，干后容易变黄，所以经常和锌白混合使用。锌钛白既减轻了锌白的易脆性，又改善了钛白单独使用的缺点。钛白和锌白一样具有无毒的优点，锌钛白是目前中国用量较大的白颜料。

（二）铬的化合物

1. 铬（Ⅲ）的化合物

（1）三氧化二铬

三氧化二铬（Cr_2O_3）是绿色晶体，难溶于水。Cr_2O_3 可由重铬酸铵加热分解或用金属 Cr 在 O_2 中燃烧而制得。

$$(NH_4)_2Cr_2O_7 \xlongequal{\triangle} Cr_2O_3 + N_2 + 4H_2O$$

$$4Cr + 3O_2 \xlongequal{点燃} 2Cr_2O_3$$

Cr_2O_3 具有两性，溶于酸生成 Cr(Ⅲ)盐，溶于强碱生成亚铬酸盐。

$$Cr_2O_3 + 3H_2SO_4 = Cr_2(SO_4)_3 + 3H_2O$$

$$Cr_2O_3 + 2NaOH = 2NaCrO_2 + H_2O$$

经过高温灼烧的 Cr_2O_3 不溶于酸碱，但可用熔融法使它变为可溶性的盐。如 Cr_2O_3 与焦硫酸钾在高温下反应：

$$Cr_2O_3 + 3K_2S_2O_7 \xlongequal{高温} 3K_2SO_4 + Cr_2(SO_4)_3$$

Cr_2O_3 常作为绿色颜料(铬绿)而广泛用于油漆、陶瓷及玻璃工业，还可作有机合成的催化剂，也是制取铬盐和冶炼金属 Cr 的原料。

(2) 氢氧化铬

氢氧化铬($Cr(OH)_3$)是蓝灰色胶状沉淀，在铬(Ⅲ)盐溶液中加入适量的 $NH_3 \cdot H_2O$ 或 NaOH 溶液，即有 $Cr(OH)_3$ 析出。

$$CrCl_3 + 3NH_3 \cdot H_2O = Cr(OH)_3 \downarrow + 3NH_4Cl$$

$$CrCl_3 + 3NaOH = Cr(OH)_3 \downarrow + 3NaCl$$

$Cr(OH)_3$ 是一种两性物质，既能溶于酸也能溶于碱。

$$Cr(OH)_3 + 3HCl = CrCl_3 + 3H_2O$$

$$Cr(OH)_3 + NaOH = NaCrO_2 + 2H_2O$$

或

$$Cr(OH)_3 + NaOH = Na[Cr(OH)_4]$$

$Cr(OH)_3$ 还能溶于液氨中，形成相应的配离子。

(3) 三氯化铬

$CrCl_3 \cdot 6H_2O$ 为紫色或暗绿色晶体，易潮解，在工业上用作催化剂、媒染剂和防腐剂等。在铬酐(CrO_3)的水溶液中慢慢加入浓盐酸即可制得。

$$2CrO_3 + H_2O = H_2Cr_2O_7$$

$$H_2Cr_2O_7 + 12HCl = 2CrCl_3 + 3Cl_2 + 7H_2O$$

在碱性介质中，Cr(Ⅲ)化合物有较强的还原性，可被 H_2O_2 或 Na_2O_2 氧化，生成 Cr(Ⅵ)酸盐。

$$2[Cr(OH)_4]^-(绿色) + 2OH^- + 3H_2O_2 \xlongequal{\triangle} 2CrO_4^{2-}(黄色) + 8H_2O$$

常利用此反应来鉴定 Cr^{3+} 的存在。

在酸性介质中，Cr(Ⅲ)盐的还原性很弱，只有用强氧化剂(如 $K_2S_2O_8$、$KMnO_4$ 等)才能将 Cr(Ⅲ)氧化成 Cr(Ⅵ)。

$$10Cr^{3+} + 6MnO_4^- + 11H_2O = 5Cr_2O_7^{2-} + 6Mn^{2+} + 22H^+$$

小贴士

Cr^{3+} 常易形成配位数为 6 的配合物，常见的配体有 H_2O、CN^-、Cl^-、SCN^-、NH_3、$C_2O_4^{2-}$ 等。如 $CrCl_3 \cdot 6H_2O$ 的 3 种不同颜色的异构体为

$[Cr(H_2O)_4Cl_2]Cl$（绿色），$[Cr(H_2O)_5Cl]Cl_2$（蓝绿色），$[Cr(H_2O)_6]Cl_3$（紫色）

Cr(Ⅲ)盐还有硫酸铬 $Cr_2(SO_4)_3 \cdot 18H_2O$(紫色)及铬钾矾 $KCr(SO_4)_2 \cdot 12H_2O$(蓝紫色)，它们都易溶于水。

2. 铬(Ⅵ)的化合物

(1) 三氧化铬

三氧化铬(CrO_3)为暗红色的针状晶体，易潮解，易溶于水，有毒。向重铬酸钾的溶液中加入浓 H_2SO_4，可以析出 CrO_3 晶体。

$$K_2Cr_2O_7 + H_2SO_4 = 2CrO_3 \downarrow + K_2SO_4 + H_2O$$

CrO_3 遇热不稳定，超过熔点即分解放出 O_2。因此，CrO_3 是一种强氧化剂，一些有机物质如酒精等与 CrO_3 接触时即着火。

$$4CrO_3 \xlongequal{196℃} 2Cr_2O_3 + 3O_2$$

CrO_3 溶于水中，生成铬酸(H_2CrO_4)，因此它是 H_2CrO_4 的酸酐，称为**铬酐**。CrO_3 也可与水反应生成重铬酸($H_2Cr_2O_7$)。

$$CrO_3 + H_2O = H_2CrO_4$$

H_2CrO_4 为二元强酸，与 H_2SO_4 的酸性强度接近，但它不稳定，只能存在于溶液中。

CrO_3 与冷的氨水反应生成重铬酸铵$(NH_4)_2Cr_2O_7$。

$$2CrO_3 + 2NH_3 + H_2O = (NH_4)_2Cr_2O_7$$

生成的$(NH_4)_2Cr_2O_7$受热即可完全分解。

$$(NH_4)_2Cr_2O_7 \xlongequal{170℃} Cr_2O_3 + N_2 + 4H_2O$$

CrO_3 溶于碱生成铬酸盐。

$$CrO_3 + 2NaOH = Na_2CrO_4 + H_2O$$

(2) 铬酸盐

常见的铬酸盐有铬酸钾(K_2CrO_4)和铬酸钠(Na_2CrO_4)，它们都是黄色晶体。碱金属和铵的铬酸盐易溶于水，其他金属的铬酸盐大多难溶于水。实验室常用来鉴定 Pb^{2+}、Ba^{2+}、Ag^+ 及 CrO_4^{2-} 的存在。

$$Pb^{2+} + CrO_4^{2-} = PbCrO_4 \downarrow \text{(黄色)}$$

$$Ba^{2+} + CrO_4^{2-} = BaCrO_4 \downarrow \text{(柠檬黄色)}$$

$$2Ag^+ + CrO_4^{2-} = Ag_2CrO_4 \downarrow \text{(砖红色)}$$

(3) 重铬酸盐

钾、钠的重铬酸盐都是橙红色的晶体，$K_2Cr_2O_7$俗称**红钾矾**，$Na_2Cr_2O_7$俗称**红钠矾**。

CrO_4^{2-} 和 $Cr_2O_7^{2-}$之间存在如下平衡：

$$2CrO_4^{2-} + 2H^+ \rightleftharpoons 2HCrO_4^- \rightleftharpoons Cr_2O_7^{2-} + H_2O$$

在酸性介质中主要以 $Cr_2O_7^{2-}$ 存在，在碱性介质中主要以 CrO_4^{2-} 存在。

重铬酸盐在酸性介质中，显强氧化性。如经酸化的 $K_2Cr_2O_7$ 溶液，能氧化 S^{2-}、SO_3^{2-}、I^-、Fe^{2+}、Sn^{2+} 等离子，本身被还原为绿色的 Cr^{3+}。

$K_2Cr_2O_7$ 是分析化学中常用的基准试剂之一，等体积的 $K_2Cr_2O_7$ 饱和溶液与浓 H_2SO_4 的混合液称为**铬酸洗液**，用来洗涤玻璃器皿的油污，当溶液变为暗绿色时，洗液失效。在工业上 $K_2Cr_2O_7$ 大量用于鞣革、印染、电镀和医药等方面。

视频

重铬酸铵的分解

练一练

写出 Cr^{3+} 与 Cr^{6+}，CrO_4^{2-} 与 $Cr_2O_7^{2-}$ 相互转化的化学反应方程式。

（三）锰的化合物

1. 锰（Ⅱ）的化合物

（1）氢氧化锰

在 Mn（Ⅱ）盐溶液中加入强碱，即生成白色 $Mn(OH)_2$ 沉淀。

$$Mn^{2+} + 2OH^- = Mn(OH)_2$$

在碱性介质中，$Mn(OH)_2$ 很不稳定，极易被氧化，甚至溶解在水中的氧也能使它氧化，生成棕色的水合二氧化锰。

$$2Mn(OH)_2 + O_2 = 2MnO(OH)_2（或 2MnO_2 \cdot H_2O）$$

$MnO(OH)_2$ 脱水生成 MnO_2。

$$MnO(OH)_2 = MnO_2 + H_2O$$

此反应在水质分析中用于测定水中的溶解氧。

（2）氧化锰

氧化锰（MnO）也称为氧化亚锰，是绿色粉末，不溶于水，溶于酸后形成相应的 Mn^{2+}。

（3）Mn^{2+} 盐

Mn^{2+} 的强酸盐都易溶于水，少数弱酸盐不溶于水，如 $MnCO_3$、MnC_2O_4、MnS 不溶于水。在水溶液中，Mn^{2+} 常以浅粉红色的 $[Mn(H_2O)_6]^{2+}$ 水合离子形式存在。

动画

Mn^{2+} 的鉴定

金属锰与盐酸、硫酸、醋酸都能反应制得相应的 Mn^{2+} 盐，同时放出 H_2。用 MnO_2 与浓 H_2SO_4 或浓 HCl 反应来制取 $MnSO_4$ 或 $MnCl_2$。

$$MnO_2 + 4HCl(浓) \xlongequal{\triangle} MnCl_2 + Cl_2\uparrow + 2H_2O$$

$$2MnO_2 + 2H_2SO_4(浓) \xlongequal{\triangle} 2MnSO_4 + O_2\uparrow + 2H_2O$$

其他一些难溶 Mn^{2+} 盐如 $MnCO_3$、MnS 等，常由复分解反应得到。

Mn^{2+} 在酸性溶液中很稳定，既不易被氧化，也不易被还原。只有与强氧化剂如 $K_2S_2O_8$、$NaBiO_3$、PbO_2 反应，才能使 Mn^{2+} 氧化为 MnO_4^-。

$$2Mn^{2+} + 5S_2O_8^{2-} + 8H_2O = 2MnO_4^- + 10SO_4^{2-} + 16H^+$$

$$2Mn^{2+} + 5NaBiO_3 + 14H^+ = 2MnO_4^- + 5Bi^{3+} + 5Na^+ + 7H_2O$$

$$2Mn^{2+} + 5PbO_2 + 4H^+ = 2MnO_4^- + 5Pb^{2+} + 2H_2O$$

MnO_4^- 在很稀的溶液中也能显示出它特殊的红色，所以上述最后反应可用于检验溶液中 Mn^{2+} 的存在。

Mn^{2+} 盐属于弱碱盐，在水溶液中有水解性。Mn^{2+} 盐具有一定的毒性，吸入含锰的粉尘会引起神经系统中毒。

2. 锰(Ⅳ)的化合物

二氧化锰(MnO_2)是黑色粉末状物质，难溶于水，是锰最稳定的氧化物，是软锰矿的主要成分。

通常状况下它的性质稳定，具有两性性质，在酸碱介质中易被氧化或还原，不稳定。MnO_2 在酸性介质中有较强的氧化能力，能被还原成 Mn^{2+}，与浓盐酸和浓硫酸均可发生反应。

还可以氧化 H_2O_2 和 Fe^{2+} 盐。

$$MnO_2 + H_2O_2 + H_2SO_4 = MnSO_4 + O_2\uparrow + 2H_2O$$

$$MnO_2 + 2FeSO_4 + 2H_2SO_4 = MnSO_4 + Fe_2(SO_4)_3 + 2H_2O$$

MnO_2 与碱作用则可以被氧化为锰(Ⅵ)。

$$2MnO_2 + 4KOH + O_2 \xlongequal{\text{熔融}} 2K_2MnO_4 + 2H_2O$$

$$3MnO_2 + 6KOH + KClO_3 \xlongequal{\text{熔融}} 3K_2MnO_4 + KCl + 3H_2O$$

MnO_2 制备有干法和湿法两种。干法由灼烧 $Mn(NO_3)_2$ 制取。

$$Mn(NO_3)_2 \xlongequal{\triangle} MnO_2 + 2NO_2$$

湿法由 $KMnO_4$ 和 $MnSO_4$ 或 $Mn(NO_3)_2$ 作用而制得。

$$2KMnO_4 + 3MnSO_4 + 2H_2O = 5MnO_2 + K_2SO_4 + 2H_2SO_4$$

$$2KMnO_4 + 3Mn(NO_3)_2 + 2H_2O = 5MnO_2 + 2KNO_3 + 4HNO_3$$

二氧化锰大量用于制造干电池，是一种广泛使用的氧化剂。在玻璃、油漆、陶瓷等工业也有应用，也是制造锰盐的原料。

3. 锰(Ⅶ)的化合物

高锰酸钾是最重要的 Mn(Ⅶ)的化合物，俗名灰锰氧，为暗紫色晶体，有光泽，易溶于水，水溶液为紫红色。

高锰酸钾对热不稳定，加热到 200℃ 就能分解放出氧气，故与有机物混合会发生燃烧或爆炸。

$$2KMnO_4 \xlongequal{\triangle} K_2MnO_4 + MnO_2 + O_2$$

$KMnO_4$ 在酸性溶液中缓慢地分解，析出 MnO_2。

$$4MnO_4^- + 4H^+ = 4MnO_2 + 3O_2 + 2H_2O$$

$KMnO_4$ 在中性或微碱性溶液中分解较缓慢。但是光对高锰酸盐的分解起催化作用，因此 $KMnO_4$ 溶液必须保存于棕色瓶中。

小贴士

粉末状的 $KMnO_4$ 与质量分数为 90% 的 H_2SO_4 反应，生成绿色油状的高锰酸酐(Mn_2O_7)，它在 273 K 以下稳定，在常温下会爆炸分解。Mn_2O_7 有强氧化性，遇有机物就发生燃烧。因此保存固体时应避免与浓 H_2SO_4 及有机物接触。

在酸性介质中，其还原产物是 Mn^{2+}，如可氧化 Fe^{2+}、I^-、Cl^-、$S_2O_3^{2-}$ 等。

$$2MnO_4^- + 5SO_3^{2-} + 6H^+ \xlongequal{} 2Mn^{2+} + 5SO_4^{2-} + 3H_2O$$

$$MnO_4^- + 5Fe^{2+} + 8H^+ \xlongequal{} Mn^{2+} + 5Fe^{3+} + 4H_2O$$

在中性、微碱性溶液中，其还原产物是 MnO_2。

$$2MnO_4^- + 3SO_3^{2-} + H_2O \xlongequal{} 2MnO_2 + 3SO_4^{2-} + 2OH^-$$

在强碱性溶液中，其还原产物是MnO_4^{2-}。

$$2MnO_4^- + SO_3^{2-} + 2OH^- \xlongequal{} 2MnO_4^{2-} + SO_4^{2-} + H_2O$$

如还原剂SO_3^{2-} 过量，会进一步还原MnO_4^{2-}，最后产物是 MnO_2。

工业上制取 $KMnO_4$ 常以 MnO_2 为原料，分两步氧化。

$$2MnO_2 + 4KOH + O_2 \xlongequal{\triangle} 2K_2MnO_4 + 2H_2O$$

$$2K_2MnO_4 + 2H_2O \xlongequal{电解} 2KMnO_4(阳极) + 2KOH(阴极) + H_2$$

0.1%的 $KMnO_4$ 稀溶液可用于浸洗水果和杯、碗等用具，起消毒和杀菌作用。5%的 $KMnO_4$ 溶液可治疗轻度烫伤，还可用作油脂及蜡的漂白剂，是常用的化学试剂。

动画

$KMnO_4$ 的氧化能力

练一练

用化学反应方程式说明 $KMnO_4$ 在不同介质中的氧化能力的不同。

实验八　锡、铅、锑和铋及其重要化合物的性质

[实验目的]

1. 掌握 Sn(Ⅱ)、Pb(Ⅱ)、Sb(Ⅲ)、Bi(Ⅲ)氢氧化物的酸碱性。
2. 掌握 Sn(Ⅱ)的还原性，Pb(Ⅳ)和 Bi(Ⅴ)的氧化性。
3. 掌握 Sn(Ⅱ)、Sb(Ⅲ)、Bi(Ⅲ)盐的水解性，熟悉 Pb(Ⅱ)的难溶盐。
4. 了解 Sb(Ⅲ)、Bi(Ⅲ)硫化物的生成和性质。

[实验仪器]

离心机。

[实验试剂]

HCl(2 mol/L、6 mol/L、浓)、HNO_3(6 mol/L)、H_2SO_4(2 mol/L)、$NaOH$(2 mol/L)、$SnCl_2$(0.1 mol/L)、$Pb(NO_3)_2$(0.1 mol/L)、$BiCl_3$(0.1 mol/L)、$MnSO_4$(0.01 mol/L)、KI(0.1 mol/L、2 mol/L)、Na_2S(0.5 mol/L)、K_2CrO_4(0.1 mol/L)、$SbCl_3$(0.1 mol/L)、$HgCl_2$(0.1 mol/L)、$NaBiO_3$(s)、PbO_2(s)、$SnCl_2 \cdot 2H_2O$(s)、KI-淀粉试纸。

[实验步骤]

1. Sn(Ⅱ)和 Pb(Ⅱ)氢氧化物的酸碱性及 Sn(Ⅱ)盐的水解性

(1) 在2支试管中各加入0.1 mol/L $SnCl_2$ 溶液3滴，再各自逐滴加入2 mol/L NaOH溶液至沉淀生成为止，观察沉淀颜色。而后分别逐滴加入2 mol/L NaOH和2 mol/L HCl溶液，观察沉淀是否溶解。写出有关的离子反应方程式。

(2) 用0.1 mol/L $Pb(NO_3)_2$ 溶液代替 $SnCl_2$ 溶液，重复上述实验。

(3) $SnCl_2$ 的水解：取少量 $SnCl_2 \cdot 2H_2O$ 晶体放入试管中，加入1～2 mL蒸馏水，观察现象。再加入6 mol/L HCl溶液，有何变化？写出反应方程式。

2. Sn(Ⅱ)的还原性和Pb(Ⅳ)的氧化性

(1) 取0.1 mol/L $HgCl_2$ 溶液3滴，加入0.1 mol/L $SnCl_2$ 溶液1滴，观察现象。继续滴加 $SnCl_2$ 有何变化？写出反应方程式。

(2) 自行设计实验，证明Sn(Ⅱ)在碱性介质中的还原性。

(3) 在干燥试管中加入少量 PbO_2 固体，加入浓HCl 1 mL，观察固体和溶液的颜色变化，并用化学方法验证、判断生成的气体产物，解释现象并写出反应方程式。

(4) 在干燥的试管中加入少量 PbO_2 固体，加入1 mL 6 mol/L HNO_3 溶液和0.01 mol/L $MnSO_4$ 溶液2滴，微热后静置片刻，观察现象并写出离子反应方程式。

3. 铅(Ⅱ)的难溶盐

(1) 自行设计实验，观察 $PbCl_2$、$PbCrO_4$、$PbSO_4$、PbI_2 与PbS沉淀的颜色。

(2) 将(1)中有 $PbCl_2$ 沉淀的试管离心，弃去清液，向沉淀中逐滴加入浓HCl，观察沉淀是否溶解，解释并写出反应方程式。

(3) 将(1)中有 PbI_2 沉淀的试管离心，弃去清液，向沉淀中逐滴加入2 mol/L KI溶液，观察沉淀是否溶解，解释并写出反应方程式。

4. 自行设计实验

(1) 检验Sb(Ⅲ)和Bi(Ⅲ)氢氧化物的酸碱性。

(2) 观察 Sb^{3+} 和 Bi^{3+} 盐的水解及如何抑制水解。写出有关的反应方程式。

5. Bi(Ⅴ)的氧化性

在试管中加入0.01 mol/L $MnSO_4$ 溶液2滴和1 mL 6 mol/L HNO_3 溶液，加入少许 $NaBiO_3$ 固体，振荡，并微热。观察溶液的颜色，解释现象，写出反应方程式。

6. Sb(Ⅲ)和Bi(Ⅲ)的硫化物

(1) 在试管中加入0.1 mol/L $SbCl_3$ 溶液10滴，0.5 mol/L Na_2S 溶液5～6滴，摇匀，观察沉淀颜色。离心沉降，吸去清液，用少量蒸馏水洗涤沉淀，离心分离。将沉淀分为2份，分别滴加2 mol/L HCl和0.5 mol/L Na_2S 溶液，振荡，观察沉淀是否溶解。在加入 Na_2S 溶液的试管中，再逐滴加入2 mol/L HCl溶液，观察现象，解释并写出反应方程式。

(2) 用0.1 mol/L $BiCl_3$ 溶液代替 $SbCl_3$ 溶液重复上述实验，比较两个实验的现象有何区别。解释之。

思考与训练

1. 在实验室中配制 $SnCl_2$ 溶液时，为什么既要加盐酸又要加锡粒？

2. 怎样试验Sb(Ⅲ)和Bi(Ⅲ)氢氧化物的酸碱性？试验 $Pb(OH)_2$ 的碱性时，应使用何种酸？为什么？

3. 用标准电极电势说明下面两个反应可以进行：

$$SnCl_2 + 2HgCl_2 \longrightarrow SnCl_4 + Hg_2Cl_2 \downarrow$$

$$SnCl_2 + Hg_2Cl_2 \longrightarrow SnCl_4 + 2Hg \downarrow$$

4. 用 PbO_2 和 $NaBiO_3$ 作为氧化剂氧化 Mn^{2+} 时，应采用什么酸？为什么？
5. 为什么 $PbCl_2$ 能溶于浓 HCl？为什么 PbI_2 能溶于 KI 溶液？
6. 写好自行设计实验的操作步骤，并注明反应条件。写出相关的反应方程式。

实验九　铜、银、锌、汞及其重要化合物的性质

［实验目的］

1. 熟悉 Cu^{2+}、Ag^+、Zn^{2+}、Hg^{2+} 与氢氧化钠、氨水、硫化氢的反应。
2. 熟悉 Cu^{2+}、Ag^+、Hg^{2+} 与碘化钾的反应，以及它们的氧化性。

［实验仪器］

离心试管、离心机、试管、水浴锅。

［实验试剂］

H_2SO_4(2 mol/L)、HCl(2 mol/L、6 mol/L)、HNO_3(6 mol/L)、H_2S(饱和)、NaOH (2 mol/L、6 mol/L)、$NH_3 \cdot H_2O$(2 mol/L、6 mol/L)、$HgCl_2$(0.1 mol/L)、KI(0.1 mol/L)、$CuSO_4$(0.1 mol/L)、$ZnSO_4$(0.1 mol/L)、$AgNO_3$(0.1 mol/L)、$Hg(NO_3)_2$(0.1 mol/L)、$SnCl_2$(0.1 mol/L)、NaCl (0.1 mol/L)、$Na_2S_2O_3$(0.1 mol/L)、NH_4Cl(0.1 mol/L)、淀粉溶液(0.2%)、甲醛(2%)。

［实验步骤］

1. Cu^{2+}、Zn^{2+}、Ag^+、Hg^{2+} 与氢氧化钠的反应

(1) 取 3 支试管，均加入 1 mL 0.1 mol/L $CuSO_4$ 溶液，并滴加 2 mol/L NaOH 溶液，观察 $Cu(OH)_2$ 沉淀的颜色，然后进行下列实验。

第一支试管中滴加 2 mol/L H_2SO_4 溶液，观察现象。写出化学反应方程式。

第二支试管中加入过量的 6 mol/L NaOH 溶液，振荡试管，观察现象。写出化学方程式。

将第三支试管加热，观察现象。写出化学方程式。

(2) 取 2 支试管，均加入 1 mL 0.1 mol/L $ZnSO_4$ 溶液，并滴加 2 mol/L NaOH 溶液(不要过量)，观察 $Zn(OH)_2$ 沉淀的颜色。然后在一支试管中滴加 2 mol/L HCl 溶液，在另一支试管中滴加 2 mol/L NaOH 溶液，观察现象。写出化学反应方程式。

比较 $Cu(OH)_2$ 和 $Zn(OH)_2$ 的两性。

(3) 在试管中加入 5 滴 0.1 mol/L $AgNO_3$ 溶液，然后逐滴加入新配制的 2 mol/L NaOH 溶液，观察产物的状态和颜色，写出化学方程式。

(4) 在试管中加入 10 滴 0.1 mol/L $Hg(NO_3)_2$ 溶液，然后滴加 2 mol/L NaOH 溶液，观察产物的状态和颜色。写出化学反应方程式。

2. Cu^{2+}、Zn^{2+}、Ag^{+}、Hg^{2+}与氨水的反应

(1) 在试管中加入 1 mL 0.1 mol/L $CuSO_4$ 溶液，逐滴加入 6 mol/L $NH_3 \cdot H_2O$，观察沉淀的产生。继续滴加 6 mol/L $NH_3 \cdot H_2O$ 至沉淀溶解。写出化学反应方程式。

将上述溶液分为两份。一份滴加 6 mol/L NaOH 溶液，另一份滴加 2 mol/L H_2SO_4 溶液，观察沉淀重新生成。写出化学反应方程式并说明配位平衡的移动情况。

(2) 在试管中加入 1 mL 0.1 mol/L $ZnSO_4$ 溶液，并滴加 2 mol/L $NH_3 \cdot H_2O$，观察沉淀的产生。继续滴加 2 mol/L $NH_3 \cdot H_2O$ 至沉淀溶解。写出化学反应方程式。

将上述溶液分成两份，一份加热至沸腾，另一份逐滴加入 2 mol/L HCl 溶液，观察现象。写出化学反应方程式。

(3) 在试管中加入 5 滴 0.1 mol/L $AgNO_3$ 溶液，再滴加 5 滴 0.1 mol/L NaCl 溶液，观察白色沉淀的产生。然后滴加 6 mol/L $NH_3 \cdot H_2O$ 至沉淀溶解。写出化学反应方程式。

(4) 在试管中加入 5 滴 0.1 mol/L $Hg(NO_3)_2$ 溶液，并滴加 2 mol/L $NH_3 \cdot H_2O$，观察沉淀的产生。加入过量的 $NH_3 \cdot H_2O$，沉淀是否溶解？

3. Cu^{2+}、Zn^{2+}、Ag^{+}、Hg^{2+}与硫化氢的反应

取 4 支试管，分别加入 0.5 mL 0.1 mol/L $CuSO_4$、0.1 mol/L $ZnSO_4$、0.1 mol/L $AgNO_3$、0.1 mol/L $Hg(NO_3)_2$ 溶液，再各滴加饱和 H_2S 水溶液，观察它们反应后生成沉淀的颜色，然后依次试验这些沉淀与 6 mol/L HCl 溶液和 6 mol/L HNO_3 溶液作用的情况。

铜、银、锌、汞的硫化物中，ZnS 可溶于盐酸，Ag_2S 和 CuS 不溶于盐酸，可溶于 HNO_3。HgS 既不溶于盐酸，也不溶于 HNO_3，只能溶于王水。

4. Cu^{2+}、Ag^{+}、Hg^{2+}与 KI 溶液的反应

(1) 在离心试管中，加入 5 滴 0.1 mol/L $CuSO_4$ 溶液和 1 mL 0.1 mol/L KI 溶液，观察沉淀的产生及其颜色，离心分离，在清液中滴加 1 滴淀粉溶液，检查是否有 I_2 存在。在沉淀中滴加 0.1 mol/L $Na_2S_2O_3$ 溶液，再观察沉淀的颜色(白色)。

(2) 在试管中加入 3～5 滴 0.1 mol/L $AgNO_3$ 溶液，然后滴加 0.1 mol/L KI 溶液，观察现象。写出化学反应方程式。

(3) 在试管中加入 5 滴 0.1 mol/L $Hg(NO_3)_2$ 溶液，逐滴加入 0.1 mol/L KI 溶液，观察沉淀的产生。继续滴加 KI 溶液至沉淀溶解。写出化学反应方程式。

视频

乙醛的银镜反应

$K_2[HgI_4]$的碱性溶液称为奈斯勒试剂，用于检验 NH_4^+。

取一支试管，加入 1 mL 0.1 mol/L NH_4Cl 溶液和 1 mL 2 mol/L NaOH 溶液，加热至沸。在试管口用一条经奈斯勒试剂润湿过的滤纸检验放出的气体，观察滤纸上颜色的变化。离子方程式为

$$NH_4^+ + 2[HgI_4]^{2-} + 4OH^- = [Hg_2O(NH_2)]I(\text{红棕色}) + 7I^- + 3H_2O$$

5. Cu^{2+}、Ag^{+}、Hg^{2+}的氧化性

(1) Cu^{2+}的氧化性见实验内容 4(1)，其离子方程式为

$$2Cu^{2+} + 4I^- = Cu_2I_2 + I_2$$

(2) 银镜反应

取一支洁净的试管，加入 1 mL 0.1 mol/L $AgNO_3$ 溶液，逐滴加入 6 mol/L $NH_3 \cdot$

H_2O 至产生沉淀后又刚好消失，再多加 2 滴。然后加入 1～2 滴 2%甲醛溶液，将试管置于 77～87℃的水浴中加热数分钟，观察银镜的产生。其离子方程式为

$$2Ag^+ + 2NH_3 \cdot H_2O = Ag_2O + 2NH_4^+ + H_2O$$

$$Ag_2O + 4NH_3 \cdot H_2O = 2[Ag(NH_3)_2]^+ + 2OH^- + 3H_2O$$

$$2[Ag(NH_3)_2]^+ + 2OH^- + HCHO = 2Ag + HCOO^- + NH_4^+ + 3NH_3 + H_2O$$

(3) 在试管中加入 10 滴 0.1 mol/L $HgCl_2$ 溶液，滴加 $SnCl_2$ 溶液，观察沉淀的生成及其颜色的变化。写出化学反应方程式。

思考与训练

1. $Cu(OH)_2$ 与 $Zn(OH)_2$ 的两性有何差别？
2. Hg^{2+}、Ag^+ 与 NaOH 溶液反应的产物为何不是氢氧化物？
3. Cu^{2+}、Zn^{2+}、Ag^+、Hg^{2+} 与 $NH_3 \cdot H_2O$ 反应有何异同？
4. Cu^{2+}、Ag^+、Hg^{2+} 与 KI 溶液反应有何不同？

实验十　铬、锰、铁、钴、镍及其重要化合物的性质

[实验目的]

1. 了解氢氧化铬的两性，了解铬常见氧化态间的相互转化及转化条件，了解一些难溶的铬酸盐。

2. 掌握 Mn(Ⅱ)盐与高锰酸盐的性质。

3. 掌握 Fe(Ⅱ)、Co(Ⅱ)、Ni(Ⅱ)化合物的还原性和 Fe(Ⅲ)、Co(Ⅲ)、Ni(Ⅲ)化合物的氧化性。

[实验仪器]

试管、胶头滴管。

[实验试剂]

HCl(2 mol/L，浓)、H_2SO_4(2 mol/L)、HNO_3(3 mol/L)、NaOH(2 mol/L，6 mol/L)、H_2O_2(3%)、$Cr_2(SO_4)_3$(0.1 mol/L)、$K_2Cr_2O_7$(0.1 mol/L)、$AgNO_3$(0.1 mol/L)、$BaCl_2$(0.1 mol/L)、$Pb(NO_3)_2$(0.1 mol/L)、K_2CrO_4(0.1 mol/L)、$MnSO_4$(0.1 mol/L)、$KMnO_4$(0.01 mol/L)、$CoCl_2$(0.1 mol/L)、$NiSO_4$(0.1 mol/L)、$FeCl_3$(0.1 mol/L)、KI(0.1 mol/L)、KSCN(0.1 mol/L)、$K_4[Fe(CN)_6]$(0.1 mol/L)、$K_3[Fe(CN)_6]$(0.1 mol/L)、$FeSO_4$(0.1 mol/L)、Na_2SO_3(s)、$NaBiO_3$(s)、$(NH_4)_2Fe(SO_4)_2 \cdot 6H_2O$(s)、$CCl_4$、淀粉-KI 试纸。

[实验步骤]

1. 氢氧化铬的生成和性质

在 2 支试管中均加入 10 滴 0.1 mol/L $Cr_2(SO_4)_3$ 溶液，逐滴加入 2 mol/L NaOH 溶液，观察灰蓝色 $Cr(OH)_3$ 沉淀的生成。然后在一支试管中继续滴加 NaOH 溶液，而在另

一支试管中滴加 2 mol/L HCl 溶液，观察现象。写出化学反应方程式。

2. Cr(Ⅲ)与 Cr(Ⅵ)的相互转化

(1) 在试管中加入 1 mL 0.1 mol/L $Cr_2(SO_4)_3$ 溶液和过量的 2 mol/L NaOH 溶液，使之成为 CrO_4^{2-}(至生成的沉淀刚好溶解)，再加入 5～8 滴 3% H_2O_2 溶液，在水浴中加热，观察黄色 CrO_4^{2-} 的生成。写出化学反应方程式。

(2) 在试管中加入 10 滴 0.1 mol/L $K_2Cr_2O_7$溶液和 1 mL 2 mol/L H_2SO_4 溶液，然后滴加 3% H_2O_2 溶液，振荡，观察现象。写出化学反应方程式。

(3) 在试管中加入 10 滴 0.1 mol/L $K_2Cr_2O_7$溶液和 1 mL 2 mol/L H_2SO_4 溶液，然后加入黄豆大小的 Na_2SO_3 固体，振荡，观察溶液颜色的变化。写出化学反应方程式。

(4) 在试管中加入 10 滴 0.1 mol/L $K_2Cr_2O_7$溶液和 3～5 mL 浓 HCl，微热，用湿润的淀粉-KI 试纸在试管口检验逸出的气体，观察试纸和溶液颜色的变化。写出化学反应方程式。

3. $Cr_2O_7^{2-}$ 与 CrO_4^{2-} 的相互转化

在试管中加入 1 mL 0.1 mol/L $K_2Cr_2O_7$溶液，逐滴加入 2 mol/L NaOH 溶液，观察溶液由橙黄色变为黄色，加入 2 mol/L H_2SO_4 酸化，观察溶液由黄色转变为橙黄色。写出转化的平衡方程式。

4. 难溶铬酸盐的生成

取 3 支试管，分别加入 10 滴 0.1 mol/L $AgNO_3$、0.1 mol/L $BaCl_2$、0.1 mol/L $Pb(NO_3)_2$溶液，然后均滴加 0.1 mol/L K_2CrO_4 溶液，观察生成沉淀的颜色。写出化学反应方程式。

5. Mn(Ⅱ)盐与高锰酸盐的性质

(1) 取 3 支试管，均加入 10 滴 0.1 mol/L $MnSO_4$ 溶液，再滴加 2 mol/L NaOH 溶液，观察沉淀的颜色。写出化学方程式。然后，在第一支试管中加入 2 mol/L NaOH 溶液，观察沉淀是否溶解。在第二支试管中加入 2 mol/L H_2SO_4 溶液，观察沉淀是否溶解。将第三支试管充分振荡后放置，观察沉淀颜色的变化，写出化学反应方程式。

(2) 在试管中加入 2 mL 3 mol/L HNO_3 溶液和 1～2 滴 0.1 mol/L $MnSO_4$ 溶液，然后加入绿豆大小的 $NaBiO_3$ 固体，微热，观察紫红色 MnO_4^- 的生成。写出化学反应方程式。

(3) 取 3 支试管，均加入 1 mL 0.01 mol/L $KMnO_4$ 溶液，再分别加入 2 mol/L H_2SO_4 溶液、6 mol/L NaOH 溶液及水各 1 mL，然后均加入少量 Na_2SO_3 固体，振荡试管，观察反应现象，比较它们的产物。写出离子方程式。

6. Fe(Ⅱ)、Co(Ⅱ)、Ni(Ⅱ)化合物的还原性

(1) 取一支试管，加入 1～2 mL H_2O 和 3～5 滴 2 mol/L H_2SO_4 溶液，煮沸，去除溶解氧，加入黄豆大小的$(NH_4)_2Fe(SO_4)_2 \cdot 6H_2O$ 固体，振荡，使之溶解。另取一支试管，加入 1～2 mL 2 mol/L NaOH 溶液，煮沸，去除溶解氧，迅速倒入第一支试管中，观察现象。然后振荡试管，放置片刻，观察沉淀颜色的变化。说明原因，写出化学反应方程式。

(2) 在试管中加入 1 mL 0.01 mol/L $KMnO_4$ 溶液，用 1 mL 2 mol/L H_2SO_4 溶液酸化，然后加入黄豆大小的$(NH_4)_2Fe(SO_4)_2 \cdot 6H_2O$ 固体，振荡，观察 $KMnO_4$ 溶液颜色的变化。写出化学反应方程式。

(3) 在试管中加入 2 mL 0.1 mol/L $CoCl_2$ 溶液，滴加 2 mol/L NaOH 溶液，观察粉红色沉淀的产生，振荡试管或微热，观察沉淀颜色的变化。写出化学反应方程式。

(4) 在试管中加入 2 mL 0.1 mol/L $NiSO_4$ 溶液，滴加 2 mol/L NaOH 溶液，观察绿色沉淀的产生，写出化学方程式。放置，再观察沉淀颜色是否发生变化。

通过上述实验，比较 Fe(Ⅱ)、Co(Ⅱ)、Ni(Ⅱ)的还原性。

7. Fe(Ⅲ)、Co(Ⅲ)、Ni(Ⅲ)化合物的氧化性

(1) 在试管中加入 1 mL 0.1 mol/L $FeCl_3$ 溶液，滴加 2 mol/L NaOH 溶液，在生成的$Fe(OH)_3$沉淀上滴加浓 HCl，观察是否有气体产生，写出有关的化学反应方程式。

(2) 在试管中加入 1 mL 0.1 mol/L $FeCl_3$ 溶液，滴加 0.1 mol/L KI 溶液至红棕色。加入 5 滴左右的 CCl_4，振荡，观察 CCl_4 层的颜色。写出化学反应方程式。

(3) 在试管中加入 1 mL 0.1 mol/L $CoCl_2$ 溶液，滴加 5～10 滴溴水后，再滴加 2 mol/L NaOH 溶液至棕色 $Co(OH)_3$ 沉淀产生。将沉淀加热后静置，吸去上层清液并以少量水洗涤沉淀，然后在沉淀上滴加 5 滴浓 HCl 溶液，加热。以湿润的淀粉-KI 试纸检验放出的气体。化学反应方程式为

$$2CoCl_2 + Br_2 + 6NaOH = 2Co(OH)_3 + 2NaBr + 4NaCl$$

$$2Co(OH)_3 + 6HCl = 2CoCl_2 + Cl_2 + 6H_2O$$

(4) 以 $NiSO_4$ 代替 $CoCl_2$，重复实验内容 7(3)的操作。写出有关的化学反应方程式。

8. 铁的配合物

(1) 在试管中加入 1 mL 0.1 mol/L $K_4[Fe(CN)_6]$溶液，滴加 0.1 mol/L $FeCl_3$ 溶液，观察蓝色沉淀的产生。写出化学反应方程式(该反应用于 Fe^{3+} 的鉴定)。

(2) 在试管中加入 1 mL 0.1 mol/L $FeCl_3$ 溶液，滴加 0.1 mol/L KSCN 溶液，观察现象，写出反应的离子方程式(该反应用于 Fe^{3+} 的鉴定)。

(3) 在试管中加入 1 mL 0.1 mol/L $K_3[Fe(CN)_6]$溶液，滴加新配制的 0.1 mol/L $FeSO_4$ 溶液，观察蓝色沉淀的产生。写出化学反应方程式(该反应用于 Fe^{2+} 的鉴定)。

思考与训练

1. 如何实现 Cr(Ⅲ)和 Cr(Ⅵ)的相互转化？

2. $KMnO_4$ 的还原产物与介质有什么关系？

3. 由实验总结 Fe(Ⅱ)、Co(Ⅱ)、Ni(Ⅱ)化合物的还原性和 Fe(Ⅲ)、Co(Ⅲ)、Ni(Ⅲ)化合物的氧化性强弱的顺序。

4. 如何检验 Cr^{3+}、Mn^{2+}、Fe^{3+} 和 Fe^{2+}？

实验十一　硫酸铜的提纯

[实验目的]

1. 掌握粗硫酸铜提纯的原理和方法。
2. 熟练溶解、过滤、蒸发、结晶等操作。

[实验原理]

工业粗硫酸铜中含有不溶性杂质和可溶性杂质 $FeSO_4$ 和 $Fe_2(SO_4)_3$ 等物质。不溶性杂质可以在溶解-过滤的过程中除去。可用氧化剂 H_2O_2 或 Br_2 将杂质 Fe^{2+} 氧化为 Fe^{3+},然后在溶液 pH≈4 的条件下,使 Fe^{3+} 水解形成 $Fe(OH)_3$ 沉淀而除去。该过程可用下列反应表示:

$$2Fe^{2+}+H_2O_2+2H^+ = 2Fe^{3+}+2H_2O$$

$$Fe^{3+}+3H_2O = Fe(OH)_3\downarrow+3H^+$$

[实验仪器]

托盘天平、普通漏斗、布氏漏斗、吸滤瓶、蒸发皿、真空泵、烧杯(100 mL)、电炉、表面皿、玻璃棒、石棉网。

[实验试剂]

粗 $CuSO_4\cdot 5H_2O(s)$、H_2SO_4(1 mol/L)、H_2O_2(3%)、NaOH(0.5 mol/L)、pH 试纸、滤纸、角匙。

[实验步骤]

1. 称量和溶解

用托盘天平称取已研磨过的粗硫酸铜晶体 5 g,放入洁净的 100 mL 烧杯中,加入纯水 20 mL。将烧杯置于石棉网上加热,并用玻璃棒搅拌。当硫酸铜完全溶解时,立即停止加热。

2. 氧化和沉淀

往上述溶液中加入 1 mL 3% H_2O_2 溶液,加热,边搅拌边滴加 0.5 mol/L NaOH 溶液直到 pH=4(用 pH 试纸检验),再加热片刻,放置,使红棕色 $Fe(OH)_3$ 沉降(勿搅动)。用 pH 试纸检验溶液的酸碱性时,应将小块试纸放入干燥清洁的表面皿上,然后用玻璃棒蘸取待检验溶液点在试纸上,切忌将试纸投入溶液中检验。

3. 过滤

趁热用倾析法将上层清液在普通漏斗上过滤,滤液收在洁净的蒸发皿中,待清液滤完后再逐步倒入悬浊液过滤,用蒸馏水洗涤烧杯及玻璃棒,洗涤液倒入漏斗中过滤,待全部滤完后,弃去滤渣,投入废液缸中。

4. 蒸发和结晶

将蒸发皿中的滤液用 1 mol/L H_2SO_4 调至 pH=1~2(2~3 滴 H_2SO_4),使溶液酸化,然后放在石棉网上加热蒸发浓缩(勿加热过猛以免液体飞溅而损失)。当溶液表面刚出现薄层晶膜时,停止加热。静置让其自然冷却到室温,使 $CuSO_4\cdot 5H_2O$ 慢慢地充分结晶析出。

5. 减压过滤

将蒸发皿中的 $CuSO_4\cdot 5H_2O$ 晶体用玻璃棒全部转移到布氏漏斗中,减压过滤,尽量抽干,用干净的玻璃棒轻轻挤压布氏漏斗上的晶体,尽可能除去晶体间夹带的母液。

停止抽气过滤，将晶体转到已备好的干净滤纸上，再用滤纸尽量吸干母液，最后将吸干的晶体称量，计算收率。

$$收率=\frac{精制硫酸铜质量}{粗硫酸铜质量}\times 100\% \tag{8-1}$$

思考与训练

1. 粗硫酸铜中的杂质有哪些？
2. Fe^{2+} 为什么要氧化为 Fe^{3+} 除去？调节溶液 pH≈4 的目的是什么？
3. 提纯硫酸铜在蒸发滤液时，为什么加热不可过猛？为什么不可将滤液蒸干？
4. 为了提高精制硫酸铜的产率，在实验过程中应注意哪些问题？

实验十二　硫酸亚铁铵的制备

[实验目的]

1. 了解硫酸亚铁铵的制备原理和方法。
2. 掌握蒸发、结晶和减压过滤等基本操作。

[实验仪器]

托盘天平、电子天平、恒温水浴、布氏漏斗、吸滤瓶、真空泵、烧杯(150 mL)、量筒、锥形瓶、蒸发皿、聚四氟乙烯塞滴定管(50 mL)、移液管(10 mL、25 mL)、表面皿、点滴板、试管、电炉。

[实验试剂]

Na_2CO_3(s, 1 mol/L)、H_2SO_4(3 mol/L)、HCl(2 mol/L、6 mol/L)、H_3PO_4(浓)、$(NH_4)_2SO_4$(s)、$KMnO_4$ 标准溶液(0.100 0 mol/L)、无水乙醇、$(NH_4)_2SO_4$(s)、铁屑、$K_3[Fe(CN)_6]$(0.1 mol/L)、NaOH(2 mol/L)、pH 试纸、奈斯勒试剂、$BaCl_2$(1 mol/L)。

一、无机化合物的制备方法

无机化合物的制备又称为无机合成，是利用化学反应通过某些实验方法，由一种或几种物质得到一种或几种无机物质的过程。某一物质的制备方法，不仅与物质性质有关，而且与所用原料及产品要求有关。因此，即使是同一种化合物往往也会有多种制备方法。所以选择合理、先进的合成路线是制备化合物的关键。为了制备出较纯净的物质，得到的化合物往往需要进一步的纯化处理。

无机化合物制备中涉及的反应很多，其中主要有化合反应、复分解反应、分解反应、氧化还原反应、取代反应等。

1. 无机物制备的设计

设计无机化合物制备(或合成)路线的基本原则如下。

(1) 一个化学反应能否实现，首先要从热力学角度考虑其可能性，还应从动力学角度分析其现实性。

(2) 制备(或合成)路线的先进性。

① 环境污染小。在设计制订合成路线时,应考虑从源头防止污染,减少使用和产生有害化学品。

② 合成反应的原子利用率高,经济效果好。在设计合成工艺路线时,应以“原子经济性”为基本原则,寻求原子利用率高的合成反应,充分利用每一个原料原子。其原料不仅无毒无害,且价廉易得、成本低。

③ 在保证质量、经济效益及无污染(或环境污染小)的条件下,要求工艺简单、生产安全性好。

④ 尽可能符合绿色(原子经济、环境友好和节能)合成的原则。

2. 无机化合物制备的一般方法

(1) 利用水溶液中的离子反应制备

利用水溶液中的离子反应制备化合物时,若产物是沉淀或气体,则通过分离沉淀或收集气体,获得产品。若产物也可溶于水,就要采用结晶法获得产品。这种制备方法主要包括溶液的蒸发、浓缩、结晶、重结晶、过滤和沉淀洗涤等操作。铬黄颜料的制备就是其中一例。它是利用铬酸铅的难溶性,在水溶液中使 CrO_4^{2-} 与 Pb^{2+} 反应,生成 $PbCrO_4$ 沉淀制备的。

(2) 由矿石制备无机化合物

由矿石制备无机化合物时,首先必须精选矿石,其目的是利用矿石中各组分之间物理及化学性质上的差别使有用成分得到富集。精选后的矿石,根据其性质的不同,通过酸(碱)熔、浸取、氧化或还原、灼烧等处理,就可得到所需的化合物。如由铬铁矿制备重铬酸钾则采用了碱熔法。

(3) 分子间化合物的制备

分子间化合物的制备是由简单化合物按一定的化学计量比结合而成的。有水合物,如 $CuSO_4 \cdot 5H_2O$;氨合物,如 $CaCl_2 \cdot 8NH_3$;复盐,如莫尔盐 $(NH_4)_2SO_4 \cdot FeSO_4 \cdot 6H_2O$、明矾 $K_2SO_4 \cdot Al_2(SO_4)_3 \cdot 24H_2O$ 等。

分子间化合物的制备过程,一般是由简单化合物在水溶液中互相作用,经蒸发浓缩溶液、冷却、结晶,再经过过滤、洗涤、烘干结晶而得产品。

(4) 非水溶剂制备化合物

水廉价易得并易纯化,无毒无害容易操作,因此对大多数溶质来说,水是最理想的溶剂。但在某些情况下,在水溶液中进行反应会受到限制。如有些化合物遇水强烈水解,有很强的还原剂参加的反应会将水还原等。常用的无机非水溶剂有液氨、H_2SO_4、HF 等,有机非水溶剂有冰醋酸、四氯化碳、乙醚、丙酮和苯等。

二、无机化合物的纯化

无机化合物提纯的一般方法主要有以下几种。

1. 沉淀分离法

当溶液中所含杂质离子易水解时,可通过调节溶液 pH 使杂质生成沉淀,经分离后除去,达到提纯的目的。亦可通过改变杂质离子的氧化数,促使其离子水解更加完全。

2. 化学转移反应

化学转移反应的基本原理是：一种挥发性的固体(A)在气态传输剂(B)的作用下，生成一种气态物质(C)，该气态物质在不同的温度下又可发生分解，重新得到纯的固体物质。

3. 蒸馏

蒸馏是利用液体混合物中各组分挥发性的不同，使组分分离，达到提纯的目的。对液体混合物加热，其蒸气中易挥发物质含量较多，而剩余液体中难挥发组分含量较高，将蒸气冷凝后，则易挥发组分富集在冷凝液中，这样便将液体混合物中各组分部分地或全部分离。根据被蒸馏物质性质的不同，可采用不同的蒸馏方法，如常压蒸馏、减压蒸馏、分馏等。

此外还有结晶、重结晶等方法。

三、固体的干燥技术

物质制备或重结晶得到的固体常带有少量的水分或液体溶剂，应根据化合物的性质选择适当的干燥方法。

1. 自然晾干

自然晾干适用于在空气中稳定、不吸潮的固体物质。干燥时，把试样放在洁净干燥的表面皿或培养皿中，薄薄摊开，再于上面覆盖一张滤纸，让其在空气中慢慢干燥。该法最方便、最经济。

2. 加热干燥

加热干燥适用于高熔点且遇热不分解的固体试样。把试样置于蒸发皿上，用红外灯或烘箱烘干。用红外灯干燥时，注意被干燥固体与红外灯保持一定的距离，以免温度太高使被干燥固体熔化或分解，而且加热温度一定要低于固体化合物的熔点或分解温度。

3. 干燥器干燥

干燥器干燥适用于干燥易吸潮、分解或升华的固体物质。

四、产率的计算

要根据基准原料的实际消耗量和初始量计算转化率(%)，根据理论产量和实际产量计算产率(%)。

$$转化率=\frac{基准原料的实际消耗量}{基准原料的初始量}\times 100\% \qquad (8-2)$$

$$产率=\frac{实际产量}{理论产量}\times 100\% \qquad (8-3)$$

为了提高转化率和产率，常常增加某一反应物的用量。计算转化率和产率时，以不过量的反应物为基准原料。基准原料的实际消耗量是指实验中实际消耗的基准原料的质量，基准原料的初始量是指实验开始时加入的基准原料的质量，实际产量是指实验中实际得到纯品的质量，理论产量是指按反应方程式，实际消耗的基准原料全部转化成产物的质量。提高产率的方法如下。

1. 增加反应物浓度

增加一种反应物的用量或除去产物之一，使反应向正方向进行。

2. 加催化剂

选用适当的催化剂，可加快反应速率，缩短反应时间，提高实验产率，增加经济效益。

3. 控制反应条件

实验中若能严格地控制反应条件，就可有效地抑制副反应的发生，从而提高实验产率。在某些制备反应中，充分的搅拌或振摇可促使多相体系中物质间的接触充分，也可使均相体系中分次加入的物质迅速而均匀地分散在溶液中，从而避免局部浓度过高或过热，以减少副反应的发生。

五、硫酸亚铁铵的制备

硫酸亚铁铵$(NH_4)_2SO_4 \cdot FeSO_4 \cdot 6H_2O$俗称莫尔盐，为浅绿色单斜晶体。约在100℃失去晶体水，溶于水，不溶于乙醇。它在空气中比一般亚铁盐稳定，不易被氧化，而且价格低，制造工艺简单。

像所有的复盐一样，硫酸亚铁铵在水中的溶解度比组成它的任何一个组分$FeSO_4$和$(NH_4)_2SO_4$的溶解度都小，如表8-3所示。因此将含有$FeSO_4$和$(NH_4)_2SO_4$的溶液经蒸发浓缩、冷却结晶可得到莫尔盐晶体。

表8-3　硫酸亚铁、硫酸铵、硫酸亚铁铵在水中的溶解度(g/100 g H_2O)

物质	温度/℃							
	0	10	20	30	40	50	60	70
硫酸亚铁	15.7	20.5	26.6	33.2	40.2	48.6	—	56
硫酸铵	70.6	73.0	75.4	78.1	81.0	84.5	88	91.9
硫酸亚铁铵	12.5	18.1	21.2	24.5	—	31.3	—	38.5

本实验采用铁屑与稀硫酸作用生成硫酸亚铁溶液，然后在硫酸亚铁溶液中加入硫酸铵并使其全部溶解，经蒸发浓缩，冷却结晶，得到$(NH_4)_2SO_4 \cdot FeSO_4 \cdot 6H_2O$晶体。

$$Fe + H_2SO_4(稀) = FeSO_4 + H_2\uparrow$$

$$FeSO_4 + (NH_4)_2SO_4 + 6H_2O = (NH_4)_2SO_4 \cdot FeSO_4 \cdot 6H_2O$$

产品的质量鉴定可以采用高锰酸钾滴定法确定有效成分的含量。在酸性介质中Fe^{2+}被$KMnO_4$定量氧化为Fe^{3+}，$KMnO_4$的颜色变化可以指示滴定终点的到达。

产品等级也可以通过测定其杂质Fe^{3+}的含量来确定。硫酸亚铁铵的产品等级如表8-4所示。

表8-4　硫酸亚铁铵的产品等级

产品等级	Ⅰ级	Ⅱ级	Ⅲ级
$\rho(Fe^{3+})/(mg \cdot mL^{-1})$	0.05	0.1	0.2

[实验步骤]

1. 铁屑的净化

用托盘天平称取2.0 g铁屑于150 mL烧杯中,加入20 mL 1 mol/L Na_2CO_3溶液,小火加热约10 min,以除去铁屑表面的油污。用倾析法除去碱液,再用水洗净铁屑。

2. 硫酸亚铁的制备

在盛有洗净铁屑的烧杯中加入15 mL 3 mol/L H_2SO_4溶液,盖上表面皿,放在水浴上加热(在通风橱中进行),温度控制在70～80℃,直至不再大量冒气泡,表示反应基本完成(反应过程中要适当添加去离子水,以补充蒸发掉的水分)。趁热过滤,将滤液转入50 mL蒸发皿中。用去离子水洗涤残渣,用滤纸吸干后称量,从而计算出溶液中所溶解的铁屑的质量。

3. 硫酸亚铁铵的制备

根据$FeSO_4$的理论产量,计算所需$(NH_4)_2SO_4$的用量。称取$(NH_4)_2SO_4$固体,将其加入上述所制得的$FeSO_4$溶液中,在水浴上加热搅拌,使硫酸铵全部溶解,调pH为1～2,蒸发浓缩至液面出现一层晶膜为止,取下蒸发皿,冷却至室温,使$(NH_4)_2SO_4 \cdot FeSO_4 \cdot 6H_2O$结晶出来。用布氏漏斗减压抽滤,用少量无水乙醇洗去晶体表面所附着的水分,转移至表面皿上,晾干(或真空干燥)后称量,计算产率。

4. 产品检验

(1) 定性鉴定产品中的NH_4^+、Fe^{2+}和SO_4^{2-}

① 取10滴试液于试管中,加入2 mol/L NaOH溶液使呈碱性,微热,并用滴加奈斯勒试剂($K_2[HgI_4]+KOH$)的滤纸条检验逸出的气体,如有红棕色斑点出现,表示有NH_4^+存在。

② 取1滴试液于点滴板上,加1滴2 mol/L HCl溶液酸化,加1滴0.1 mol/L $K_3[Fe(CN)_6]$溶液,如出现蓝色沉淀,表示有Fe^{2+}存在。

③ 取5滴试液于试管中,加6 mol/L HCl溶液至无色气泡产生,再多加1～2滴。加入1～2滴1 mol/L $BaCl_2$溶液,若生成白色沉淀,表示有SO_4^{2-}存在。

(2) $(NH_4)_2SO_4 \cdot FeSO_4 \cdot 6H_2O$质量分数的测定

称取0.8～0.9 g(准确至0.100 0 g)产品于250 mL锥形瓶中,加50 mL除氧气去离子水,15 mL 3 mol/L H_2SO_4、2 mL浓H_3PO_4,使试样溶解。从滴定管中放出约10 mL 0.100 0 mol/L $KMnO_4$标准溶液入锥形瓶中,加热至70～80℃,再继续用$KMnO_4$标准溶液滴定至溶液刚出现微红色(30 s内不消失)为终点。

根据$KMnO_4$标准溶液的用量(mL),按式(8-4)计算产品中$(NH_4)_2Fe(SO_4)_2 \cdot 6H_2O$的质量分数。

$$w=\frac{5c(KMnO_4)\cdot V(KMnO_4)\cdot M\times 10^{-3}\ L/mL}{m} \tag{8-4}$$

式中:w——产品中$(NH_4)_2SO_4 \cdot FeSO_4 \cdot 6H_2O$的质量分数;

M——$(NH_4)_2SO_4 \cdot FeSO_4 \cdot 6H_2O$的摩尔质量;

m——所取产品的质量。

注意事项

1. 用 Na_2CO_3 溶液清洗铁屑油污过程中，一定要不断地搅拌以免暴沸烫伤人，并应补充适量水。

2. 硫酸亚铁铵溶液要趁热过滤，以免出现结晶。

3. 制备硫酸亚铁铵时，切忌用直火加热。否则会有大量 Fe^{3+} 生成，而使溶液变成棕红色。

思考与训练

1. 制备硫酸亚铁铵时为什么要保持溶液呈强酸性？
2. 检验产品中 Fe^{3+} 的质量分数时，为什么要用不含氧的去离子水？
3. 如何计算 $FeSO_4$ 的理论产量和反应所需 $(NH_4)_2SO_4$ 的质量？
4. 制备时哪一种物质过量？为什么要按理论量配比？
5. 如何制备不含氧的蒸馏水？

实验十三　硝酸钾的制备

［实验目的］

1. 了解利用温度对物质溶解度的影响制备盐类。

2. 掌握溶解、蒸发、结晶、过滤等技术，学会用重结晶法提纯物质的技术。

［实验仪器］

托盘天平、表面皿、烧杯(50 mL、150 mL)、量筒(50 mL)、布氏漏斗、吸滤瓶、安全瓶、试管、电炉、玻璃棒、定性滤纸。

［实验试剂］

$NaNO_3(s)$、$KCl(s)$、$AgNO_3$(0.1 mol/L)。

［实验原理］

制备硝酸钾的原料是 KCl 和 $NaNO_3$，其反应为

$$NaNO_3 + KCl \xlongequal{} KNO_3 + NaCl$$

反应生成的产物均是可溶性盐，在混合液中同时存在 Na^+、K^+、Cl^- 和 NO_3^- 四种离子。由于这四种离子组成的四种盐在不同的温度时的溶解度有所不同，其中 NaCl 的溶解度随温度变化极小，KCl 和 $NaNO_3$ 的溶解度也改变不大，只有 KNO_3 的溶解度随着温度的升高而加快，如图 8-2 所示，因此，只要把一定量的 $NaNO_3$ 和 KCl 混合溶液加热浓缩，当浓缩到 NaCl 过饱和时，则 NaCl 析出，浓缩到一定的程度后，趁热过滤，分离去除所析出的 NaCl 晶体，滤液冷却至室温，便有大量的 KNO_3 晶体析出。可通过重结晶进一步纯化产品。产物 KNO_3 中杂质 NaCl 的含量可利用 $AgNO_3$ 与氯化物生成 AgCl 白色沉淀的反应来检验。

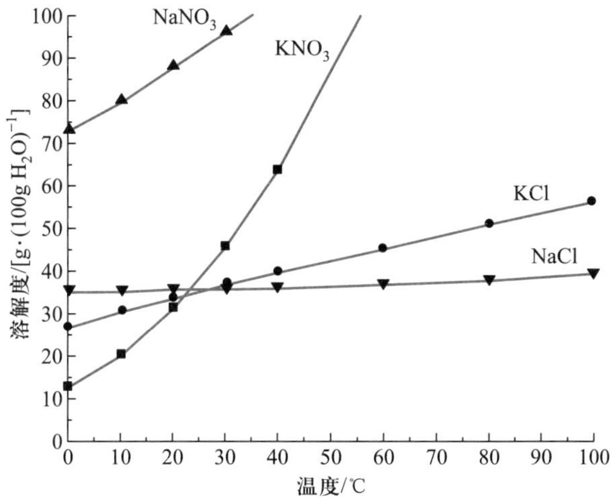

图 8-2 KNO_3、$NaNO_3$、KCl、NaCl 的溶解度曲线

［实验步骤］

1. 硝酸钾的制备

用表面皿在托盘天平上称取 21 g $NaNO_3$、18.5 g KCl，放入烧杯中，加入 35 mL 蒸馏水（记下总体积），加热至沸，使固体溶解。继续加热蒸发，并不断地搅拌，有晶体析出。待溶液蒸发至原来体积的 2/3 时，停止加热，趁热过滤。将滤液冷却至室温，滤液中便有晶体析出，减压过滤，并尽量抽干此晶体中的水分，即得粗产品。将其转移到干燥洁净的滤纸上，上面再覆一层滤纸，吸干晶体表面的水分后转移到已称重的洁净表面皿中，用托盘天平称量，计算粗产品的产率。

2. 重结晶法提纯 KNO_3

将粗产品放在 50 mL 烧杯中（留 0.5 g 粗产品作纯度对比检验用），加入计算量的蒸馏水（多少水？怎样算？）并搅拌之，用小火加热，直至晶体全部溶解为止。然后冷却溶液至室温，待大量晶体析出后减压过滤，晶体用滤纸吸干，放在表面皿上称量（外观如何？）。

3. 产品纯度的检验

称取 KNO_3 产品 0.5 g（剩余产品回收）放入盛有 20 mL 蒸馏水的小烧杯中，溶解后取出1 mL，稀释至 100 mL。取稀释液 1 mL 放在试管中，加 1～2 滴 0.1 mol/L $AgNO_3$ 溶液，观察有无 AgCl 白色沉淀产生。与粗产品的纯度做比较。

思考与训练

1. 如何制备 KNO_3？其关键点是什么？
2. 粗产品 KNO_3 中混有什么杂质？应如何提纯？
3. 实验中为何要趁热过滤除去 NaCl 晶体？为何要小火加热？
4. 如何提高 KNO_3 的产率？
5. 在硝酸钾的制备过程中，为什么要控制“蒸发至原来体积的 2/3”？

实验十四　硫代硫酸钠的制备

［实验目的］

1. 了解硫代硫酸钠的制备原理和方法。
2. 了解检验硫代硫酸钠的方法。

［实验仪器］

托盘天平、布氏漏斗、玻璃棒、吸滤瓶、真空泵、烧杯、石棉网、表面皿、试管、电炉。

［实验试剂］

硫黄粉、Na_2SO_3(s)、$Na_2S_2O_3$(s)、HCl(2 mol/L)、$KMnO_4$(0.01 mol/L)、乙醇(95%)、氯水、碘水、pH 试纸、滤纸。

［实验原理］

用硫黄粉和亚硫酸钠溶液共煮发生化合反应制备硫代硫酸钠。

$$Na_2SO_3+S \xlongequal{\triangle} Na_2S_2O_3$$

经过滤、蒸发、浓缩、结晶即可制得 $Na_2S_2O_3 \cdot 5H_2O$ 晶体。硫代硫酸钠溶液在浓缩时能形成过饱和溶液，此时加入晶种(几粒硫代硫酸钠晶体)，就会有晶体析出。

硫代硫酸钠的重要性质之一是其具有还原性。它是常用的还原剂，但它与不同强度的氧化剂作用时，可得到不同的产物。当遇到中等强度的氧化剂 I_2、Fe^{3+} 时，硫代硫酸钠被氧化成连四硫酸钠。

$$2Na_2S_2O_3+I_2 \xlongequal{} Na_2S_4O_6+2NaI$$

而遇到强氧化剂 $KMnO_4$、Cl_2 时，硫代硫酸钠可被氧化成硫酸盐。

$$8KMnO_4+5Na_2S_2O_3+7H_2SO_4 \xlongequal{} 8MnSO_4+5Na_2SO_4+4K_2SO_4+7H_2O$$

$$4Cl_2+Na_2S_2O_3+5H_2O \xlongequal{} Na_2SO_4+H_2SO_4+8HCl$$

硫代硫酸钠的另一重要性质就是配位性。例如，AgCl、AgBr 与过量硫代硫酸钠作用，生成配离子而使其溶解，故黑白摄影中以其作为定影液中的主要试剂，洗去未被感光的银盐。其反应如下：

$$AgBr+2Na_2S_2O_3 \xlongequal{} Na_3[Ag(S_2O_3)_2]+NaBr$$

可以把硫代硫酸钠看做硫代硫酸的盐，硫代硫酸($H_2S_2O_3$)极不稳定，所以硫代硫酸盐遇酸即分解。

$$Na_2S_2O_3+2HCl \xlongequal{} S+SO_2+2NaCl+H_2O$$

分解反应既有 SO_2 气体逸出，又有乳白色或淡黄色的硫析出，致使溶液变浑浊，这是硫代硫酸盐和亚硫酸盐的区别，也是检验 $Na_2S_2O_3$ 的根据。

[实验步骤]

1. $Na_2S_2O_3$ 的制备

(1) 在托盘天平上称取 12.5 g $Na_2S_2O_3$，置于烧杯中，加入蒸馏水 75 mL，用表面皿盖上，加热、搅拌使其溶解，继续加热至近沸。

(2) 另称取硫黄 6 g 放在小烧杯内，加水和乙醇各半，将硫黄调成糊状，在搅拌下分次加入近沸的亚硫酸钠溶液中，继续加热保持沸腾状态 1～1.5 h。

在沸腾过程中，要经常搅拌，并将烧杯壁上黏附的硫黄用少量水冲淋下来，同时也要补充因蒸发损失的水分。

(3) 反应完毕，趁热用布氏漏斗减压过滤，弃去未反应的硫黄。

(4) 将滤液转入蒸发皿中，并放在石棉网上加热蒸发，浓缩至≥20 mL，搅拌、冷却至室温，如无结晶析出，加几粒硫代硫酸钠晶种，搅拌，即有大量晶体析出。静置 20 min。

(5) 用布氏漏斗减压过滤，并用广口瓶的玻璃盖面轻压晶体，尽量抽干水分，取出称量，计算产率。

2. 产品检验

称取 0.3 g 产品，溶于 10 mL 水，制成样品试液，做以下性质实验，观察并记录实验现象。

(1) 检验试液的酸碱性。

(2) 试液与 2 mol/L 盐酸的反应。

(3) 试液与碘水的反应。

(4) 试液与氯水的反应。

(5) 试液与 0.01 mol/L 高锰酸钾溶液的反应。

(6) $S_2O_3^{2-}$ 的鉴定。

思考与训练

1. 简述 $Na_2S_2O_3$ 的合成原理。
2. 加入硫黄粉有何要求？如何操作？
3. 如何加速 $Na_2S_2O_3$ 的结晶析出？
4. 如何检验 $Na_2S_2O_3$ 的产品质量？

实验十五　从海带中提取单质碘

[实验目的]

1. 掌握从海带中提取单质碘的原理与方法，学会升华的操作。
2. 掌握溶解、减压过滤、蒸发等基本操作。

[实验仪器]

铁皿、烧杯(250 mL)、量筒(50 mL)、托盘天平、酒精灯、铁架台、蒸发皿、支管烧瓶(250 mL)、抽滤装置、称量瓶、石棉网。

[实验试剂]

$K_2Cr_2O_7$(CP,s)、干海带、H_2SO_4(2 mol/L)、滤纸、pH 试纸。

[实验原理]

海带中含有大量碘,其主要以碱金属、碱土金属碘化物形式存在。I^-具有比较明显的还原性,因此可用重铬酸钾氧化,使 I^- 转变为 I_2 而从海带中提取出来。

碱金属、碱土金属碘化物具有受热不分解及溶于水的性质,因此制备时可先高温灼烧干燥的海带使之灰化,再溶解、过滤出杂质。然后调节滤液 pH 至呈微酸性,将溶液蒸干。最后使干燥的碘化物与重铬酸钾固体共热,单质碘(I_2)即被游离出来,并被升华为碘蒸气。碘蒸气遇冷即生成紫黑色的碘晶体,从而得到较纯的单质碘。

$$6NaI + K_2Cr_2O_7 + 7H_2SO_4 = Cr_2(SO_4)_3 + 3Na_2SO_4 + K_2SO_4 + 3I_2 + 7H_2O$$

[实验步骤]

1. 海带的灰化

用托盘天平称取 30 g 干燥的海带(市售干海带可先蒸 20 min,再水洗晒干备用),剪碎,放在铁皿中用煤气喷灯(或酒精喷灯)灼烧,直至使其完全灰化为止。

2. 浸取

将海带灰倒入烧杯中,依次加入 40 mL、20 mL、10 mL 蒸馏水熬煮至微沸腾。每次熬煮 8～10 min,然后倾泻上清液,抽滤。将三次滤液合并在一起,总体积不应超过 30 mL。

3. 酸化浸取液

用 2 mol/L H_2SO_4 溶液酸化滤液,至滤液呈微酸性(海带灰里含有碳酸钾,酸化使其呈中性或微酸性,对下一步氧化析出碘有利;但酸不能多加,否则易使碘化物氧化出单质碘而造成损失)。

4. 氧化

将酸化后的滤液先在蒸发皿中蒸干,尽量烧干,再加入 2 g $K_2Cr_2O_7$ 固体,混合均匀。

5. 碘的分离、纯化

将上述混合物放入干燥的烧杯中,并将装有水冷却的支管烧瓶放在烧杯口上(为防止碘溶解,通水冷却时要保持适宜冷却速度,以保证支管烧瓶外面不出现冷凝水)。

加热烧杯,使碘升华,则碘蒸气在支管烧瓶底部凝聚。当再没有紫色碘蒸气生成时,停止加热。取下支管烧瓶,将瓶底凝聚的固体碘刮到小称量瓶中,称量。计算海带中碘的含量。最后将所得的单质碘回收在棕色试剂瓶内。

思考与训练

1. 制备单质碘的原理是什么?写出化学反应方程式。
2. 为什么酸化浸取液时,硫酸不宜过多?
3. 如何进行升华操作?如何控制冷却速度?
4. 如何计算海带中碘的含量?

实验十六　用废电池的锌皮制备硫酸锌

[实验目的]

1. 学习由废锌皮制备硫酸锌的方法。
2. 熟悉控制 pH 进行沉淀分离——除杂质的方法。
3. 掌握无机制备中的一些基本操作及对比检查。
4. 了解硫酸锌的性质。

[实验仪器]

托盘天平、普通漏斗、布氏漏斗、吸滤瓶、蒸发皿。

[实验试剂]

H_2SO_4(2 mol/L)、HNO_3(2 mol/L)、HCl(2 mol/L)、NaOH(2 mol/L)、$AgNO_3$(0.1 mol/L)、KSCN(0.5 mol/L)、H_2O_2(质量分数为 3%)、pH 试纸,滤纸。

[实验原理]

锌锰干电池上的锌皮,既是电池的负极,又是电池的壳体。当电池报废后,锌皮一般仍大部分留存,将其回收利用,既能节约资源,又能减少对环境的污染。

锌是两性金属,能溶于酸或碱,在常温下,锌片和碱的反应极慢,而锌与酸的反应则快得多。本实验采用稀硫酸溶解回收的锌皮以制取硫酸锌:

$$Zn + H_2SO_4 = ZnSO_4 + H_2\uparrow$$

此时,锌皮中含有的少量杂质铁也同时溶解,生成硫酸亚铁:

$$Fe + H_2SO_4 = FeSO_4 + H_2\uparrow$$

因此,在所得的硫酸锌溶液中,先用过氧化氢将 Fe^{2+} 氧化为 Fe^{3+}:

$$2FeSO_4 + H_2O_2 + H_2SO_4 = Fe_2(SO_4)_3 + 2H_2O$$

然后用 NaOH 调节溶液的 pH=8,使 Zn^{2+}、Fe^{3+} 生成氢氧化物沉淀:

$$ZnSO_4 + 2NaOH = Zn(OH)_2\downarrow + Na_2SO_4$$
$$Fe_2(SO_4)_3 + 6NaOH = 2Fe(OH)_3\downarrow + 3Na_2SO_4$$

再加入稀硫酸,控制溶液 pH=4.0～4.5,此时氢氧化锌溶解而氢氧化铁不溶解,可过滤除去。最后将滤液酸化、蒸发浓缩、结晶,即得 $ZnSO_4\cdot7H_2O$ 晶体。

[实验步骤]

1. 锌皮的回收及处理

拆下废电池的锌皮(一个大号废电池,锌皮如无严重腐性,可供两人实验),锌皮表面可能有氯化锌、氯化铵及二氧化锰等杂质，应先用水刷洗除去。锌皮上还可能沾有石蜡、沥青等有机物，用水难以洗净，但它们不溶于酸，可在锌皮溶于酸后过滤除去。将锌皮剪成细条备用(以上由学生在实验前准备好)。

2. 锌的溶解

称取处理好的锌皮 5 g，加入 2 mol/L H_2SO_4 溶液(体积在实验前算好)，加热，待反应较快时停止加热。反应完毕，用表面皿盖好，放置过夜或留至下次实验。过滤，滤液盛在400 mL烧杯中。

3. $Zn(OH)_2$ 的生成

将滤液加热至近沸，加入 3% H_2O_2 溶液 10 滴，在不断搅拌下滴加 2 mol/L NaOH 溶液，逐渐有大量白色 $Zn(OH)_2$ 沉淀生成。当加入 NaOH 溶液约 20 mL 时，加水 150 mL，充分搅匀。在不断搅拌下，继续滴加 NaOH 溶液至溶液 pH＝8 为止。用布氏漏斗减压过滤，取后期滤液 2 mL，加 2 mol/L HNO_3 溶液 2～3 滴、0.1 mol/L $AgNO_3$ 溶液 2～3 滴，振荡试管，观察现象(用蒸馏水代替滤液做对照试验)。如有浑浊，说明沉淀中含有可溶性杂质，需用蒸馏水洗涤(淋洗)，直至滤液中不含 Cl^- 为止，弃去滤液。

4. $Zn(OH)_2$ 的溶解及除铁

将 $Zn(OH)_2$ 沉淀转移至烧杯中，另取 2 mol/L H_2SO_4 溶液滴加到 $Zn(OH)_2$ 沉淀中(不断搅拌)。当有溶液出现时，小火加热，并继续滴加硫酸，控制溶液 pH＝4(注意：后期加酸要缓慢。当溶液 pH＝4.0～4.5 时，即使还有少量白色沉淀未溶，也不再加酸，加热、搅拌，沉淀自会逐渐溶解。共约加硫酸 30 mL)。

将溶液加热至沸，促使 Fe^{3+} 水解完全，生成 FeO(OH)沉淀，趁热过滤，弃去沉淀。

5. 蒸发、结晶

在除铁后的滤液中，滴加 2 mol/L H_2SO_4 溶液，使溶液 pH＝2，将其转入蒸发皿中，在水浴上蒸发、浓缩至液面上出现晶膜。自然冷却后，用布氏漏斗减压过滤，将滤饼放在两层滤纸间吸干，称量并计算产率。

6. 产品质量检验

产品质量检验的实验现象与实验室提供的试剂(三级品)“标准”进行对比。

称取制得的 $ZnSO_4 \cdot 7H_2O$ 晶体 1 g，加水 10 mL 使之溶解，将其均分于 2 支试管中，进行下述实验。

(1) Cl^- 的检验　在一支试管中加入 2 mol/L HNO_3 溶液 2 滴和 0.1 mol/L $AgNO_3$ 溶液 2 滴，摇匀，观察现象并与“标准”进行比较。

(2) Fe^{3+} 的检验　在另一支试管中加入 2 mol/L HCl 溶液 5 滴和 0.5 mol/L KSCN 溶液 2 滴，摇匀，观察现象并与“标准”进行比较。

根据上面检验比较的结果，评定产品中 Cl^-、Fe^{3+} 含量是否达到三级品试剂标准。

思考与训练

1. 计算溶解锌需要 2 mol/L H_2SO_4 溶液(过量 25%)多少毫升？
2. 沉淀 $Zn(OH)_2$ 时，为什么要控制溶液 pH＝8？计算说明。
3. 在实验步骤 5 中，溶液蒸发前为什么要加 H_2SO_4 溶液，使溶液 pH＝2？
4. 本实验若不经过 $Zn(OH)_2$ 的生成及溶解除铁，而是采用控制加 NaOH 溶液的量进行分步沉淀，一次性制备硫酸锌，该工艺是否可行？为什么？

附表　有关氢氧化物沉淀的 pH

氢氧化物	开始沉淀时的 pH		沉淀完全时的 pH
	初始浓度		
	1 mol/L	0.01 mol/L	
$Fe(OH)_3$	1.5	2.2	3.2
$Zn(OH)_2$	5.5	6.5	7.8
$Fe(OH)_2$	6.5	7.5	9.0

实验十七　硫酸铝钾的制备

[实验目的]

1. 掌握硫酸铝钾的制备原理及方法。
2. 了解 Al 屑中杂质的去除方法。
3. 掌握 $KAl(SO_4)_2 \cdot 12H_2O$ 大晶体的制备方法。

[实验仪器]

烧杯(250 mL)、吸滤瓶(口径 19 mm、容积 20 mL)、布氏漏斗、真空泵、托盘天平。

[实验试剂]

Al 屑(s)、K_2SO_4(s)、NaOH(s)、H_2SO_4(3 mol/L、1∶1)。

[实验原理]

十二水合硫酸铝钾($KAl(SO_4)_2 \cdot 12H_2O$)是一种无色晶体,俗称明矾。易溶于水并水解生成 $Al(OH)_3$胶状沉淀,具有强的吸附性能,可作为净水剂、媒染剂、造纸充填剂等。本实验采用硫酸铝同硫酸钾作用生成硫酸铝钾。

金属铝溶于氢氧化钠溶液,生成可溶性的四羟基铝酸钠,金属铝中其他杂质则不溶。

$$2Al + 2NaOH + 6H_2O = 2NaAl(OH)_4 + 3H_2\uparrow$$

用 H_2SO_4溶液调节此溶液的 pH 为 8～9,即有 $Al(OH)_3$沉淀产生,分离后在沉淀中加入 H_2SO_4溶液使 $Al(OH)_3$转化为 $Al_2(SO_4)_3$。

$$2Al(OH)_3 + 3H_2SO_4 = Al_2(SO_4)_3 + 6H_2O$$

在 $Al_2(SO_4)_3$溶液中加入等量的 K_2SO_4,即可制得十二水合硫酸铝钾。

$$Al_2(SO_4)_3 + K_2SO_4 + 12H_2O = 2KAl(SO_4)_2 \cdot 12H_2O$$

[实验步骤]

1. $Al(OH)_3$的生成

称取 4.5 g NaOH 固体,置于 250 mL 烧杯中。加入 60 mL 去离子水溶解。称 2 g Al 屑,分批放入溶液中(反应激烈,防止溅出,应在通风橱内进行)。至不再有气泡产生,说明反应完毕，然后再加入去离子水，使体积约为 80 mL，趁热抽滤。

将滤液转入 250 mL 烧杯中，加热至沸，在不断搅拌下，滴加 3 mol/L H_2SO_4 溶液，使溶液的 pH 为 8～9，继续搅拌煮沸数分钟，然后抽滤，并用沸水洗涤沉淀，直至洗涤液 pH 降至 7 左右，抽干。

2. $Al_2(SO_4)_3$ 的制备

将制得的 $Al(OH)_3$ 沉淀转入烧杯中，加入约 16 mL(1∶1)H_2SO_4 溶液，并不断搅拌，小火加热使沉淀溶解，得 $Al_2(SO_4)_3$ 溶液。

3. $KAl(SO_4)_2 \cdot 12H_2O$ 的制备

将 $Al_2(SO_4)_3$ 溶液与 6.5 g K_2SO_4 配成的饱和溶液相混合。搅拌均匀，充分冷却后，减压抽滤，尽量抽干，称量产品，计算产率。

思考与训练

1. Al 屑为什么分批放入溶液中？为什么用碱溶解 Al？
2. Al 屑中的杂质是如何除去的？
3. 结晶原理和操作步骤是怎样的？
4. 如何制备 $KAl(SO_4)_2 \cdot 12H_2O$ 大晶体？

本 章 小 结

一、钠、钾及其化合物

(一) 碱金属元素的通性

碱金属元素包括锂(Li)、钠(Na)、钾(K)、铷(Rb)、铯(Cs)和钫(Fr)，称为ⅠA 族元素。价层电子构型为 ns^1，在元素周期表中属于 s 区元素，常见氧化数为+1。主要元素钠、钾的物理性质和化学性质。

(二) 钠、钾的重要化合物

1. 钠的重要化合物

氧化钠、过氧化钠、氢氧化钠、氯化钠、碳酸钠、碳酸氢钠的物理性质和化学性质。

2. 钾的重要化合物

氧化钾、过氧化钾、超氧化钾、氢氧化钾、碳酸钾的物理性质和化学性质。

二、钙、镁及其化合物

(一) 碱土金属元素的通性

碱土金属元素包括铍(Be)、镁(Mg)、钙(Ca)、锶(Sr)、钡(Ba)和镭(La)，称为ⅡA 族元素。价层电子构型为 ns^2，在元素周期表中属于 s 区元素，常见氧化数为+2。主要元素钙、镁的物理性质和化学性质。

(二) 钙、镁的重要化合物

1. 钙的重要化合物

氧化钙、氢氧化钙、氯化钙、硫酸钙的物理性质和化学性质。

2. 镁的重要化合物

氧化镁、氢氧化镁、氯化镁的物理性质和化学性质。

三、铝及其化合物

(一) 硼族元素的通性

硼族元素包括硼(B)、铝(Al)、镓(Ga)、铟(In)和铊(Tl)，称为ⅢA 族元素。价层电子构型为 ns^2np^1，氧化数一般为+3，除硼外其余都为金属元素。主要元素铝的物理性质和化学性质。

(二) 铝的重要化合物

氧化物($\alpha-Al_2O_3$、$\gamma-Al_2O_3$)、氢氧化铝、氯化铝、硫酸铝的物理性质和化学性质。

四、锡、铅及其化合物

（一）碳族元素的通性

碳族元素包括碳(C)、硅(Si)、锗(Ge)、锡(Sn)和铅(Pb)，称为ⅣA族元素。价层电子构型为ns^2np^2，有+2、+4氧化数的化合物。除碳、硅外其余都为金属元素。主要元素锡、铅的物理性质和化学性质。

（二）锡、铅的重要化合物

1. 锡的重要化合物

氧化锡、二氧化锡、$Sn(OH)_2$、$Sn(OH)_4$、氯化亚锡、氯化锡、硫化亚锡、硫化锡的物理性质和化学性质。

2. 铅的重要化合物

氧化铅、二氧化铅、$Pb(OH)_2$、$Pb(OH)_4$、二氯化铅、四氯化铅、铬酸铅、硫化铅的物理性质和化学性质。

五、砷、锑、铋及其化合物

（一）氮族元素的通性

氮族元素包括氮(N)、磷(P)、砷(As)、锑(Sb)和铋(Bi)，称为ⅤA族元素。价层电子层结构为ns^2np^3，形成氧化数为−3、+3、+5的化合物。主要元素砷、锑、铋的单质的物理性质和化学性质。

（二）砷、锑、铋的重要化合物

1. 砷的重要化合物

砷化氢(胂)、三氧化二砷、五氧化二砷、亚砷酸钠的物理性质和化学性质。

2. 锑的重要化合物

锑化氢、三氧化二锑、五氧化二锑、三氯化锑、五氯化锑的物理性质和化学性质。

3. 铋的重要化合物

砷化铋、三氧化二铋、五氧化二铋、铋酸钠的物理性质和化学性质。

六、铜、银及其化合物

（一）过渡元素单质的通性

过渡元素是指性质从典型金属元素向非金属元素过渡的元素，通常是指元素周期表中从ⅠB族到ⅧB族的化学元素。这些元素在原子结构上的共同特点是价层电子依次填充在d轨道和f轨道上，即为d区、ds区和f区元素。

过渡元素单质都是金属，过渡元素具有多种氧化数，过渡金属多数具有磁性，过渡元素的离子大多具有一定的颜色，过渡元素易形成配合物。

（二）铜族元素的通性

铜族元素包括铜(Cu)、银(Ag)、金(Au)，称为ⅠB族元素，价层电子构型为$(n-1)d^{10}ns^1$，氧化数有+1、+2、+3三种，常见的氧化数铜是+2，银是+1，金是+3。主要元素铜、银的物理性质和化学性质。

（三）铜、银的重要化合物

1. 铜的重要化合物

氧化铜、氧化亚铜、氢氧化铜、硫酸铜、氯化铜、氯化亚铜的物理性质和化学性质。

2. 银的重要化合物

氧化银、硝酸银、卤化银、银的配合物的物理性质和化学性质。

七、锌、镉、汞及其化合物

（一）锌族元素的通性

锌族元素包括锌(Zn)、镉(Cd)、汞(Hg)，称为ⅡB族元素，价层电子构型为$(n-1)d^{10}ns^2$，氧化数有+1、+2两种，常见的氧化数锌是+2，镉是+1、+2，汞是+1、+2。主要元素锌、镉、汞的物理性质和化学性质。

(二) 锌、镉、汞的重要化合物

1. 锌的重要化合物

氧化锌、氢氧化锌、氯化锌、硫化锌、锌的配合物的物理性质和化学性质。

2. 镉的重要化合物

氧化镉、氢氧化镉、硫酸镉的物理性质和化学性质。

3. 汞的重要化合物

氧化汞、氯化汞、氯化亚汞、硝酸汞、亚硝酸汞、汞的配合物的物理性质和化学性质。

八、铁、钴、镍及其化合物

(一) 铁系元素的通性

铁系元素包括铁(Fe)、钴(Co)、镍(Ni),处于元素周期表中ⅧB族,铁、钴、镍的价层电子构型为$3d^{6\sim8}4s^2$,除了铁、镍能形成+6氧化数外,一般都表现为+2、+3氧化数。铁以+3氧化数较稳定,钴、镍则以+2氧化数较稳定。主要元素铁、钴、镍单质的物理性质和化学性质。

(二) 铁、钴、镍的重要化合物

1. 铁的重要化合物

氧化亚铁、氧化铁、四氧化三铁、亚铁盐、铁盐、铁的配合物的物理性质和化学性质。

2. 钴的重要化合物

氧化钴(Ⅱ、Ⅲ)、氢氧化钴(Ⅱ、Ⅲ)、卤化钴(Ⅱ、Ⅲ)的物理性质和化学性质。

3. 镍的重要化合物

氧化镍、氢氧化镍、卤化镍、硫化镍、镍的配合物的物理性质和化学性质。

九、钛、铬、锰及其化合物

1. 钛的重要化合物

二氧化钛的物理性质和化学性质。

2. 铬的重要化合物

(1) 铬(Ⅲ)的化合物　三氧化二铬、氢氧化铬、三氯化铬的物理性质和化学性质。

(2) 铬(Ⅵ)的化合物　三氧化铬、铬酸盐、重铬酸盐的物理性质和化学性质。

3. 锰的重要化合物

(1) 锰(Ⅱ)的化合物　氢氧化锰、氧化锰、Mn^{2+}盐的物理性质和化学性质。

(2) 锰(Ⅳ)的化合物　二氧化锰的物理性质和化学性质。

(3) 锰(Ⅶ)的化合物　高锰酸钾的物理性质和化学性质。

思考与练习题

思考与练习题答案

1. 碱土金属与其他元素化合时,一般生成________型的化合物。

2. $Al(OH)_3$为胶体,它能以细密分散态沉积在棉纤维上,并可牢固地吸附染料,因此铝盐是优良的媒染剂,也常用作水净化的________和造纸工业的胶料等。

3. 过渡元素都是________,过渡元素具有多种________,过渡元素多数具有________,过渡元素的离子大多呈现一定的________,过渡元素易形成________。

4. ZnO无毒,具有________和一定的________能力,在医药上制造软膏。

5. ________可用作焊药,以清除金属表面的氧化物,便于焊接。

6. 钛是航空、宇航、兵器等部门不可缺少的材料,有________之称。

7. 含________的钢称为“不锈钢”,有极强的耐腐蚀性,应用范围广泛。

8. ________的$KMnO_4$稀溶液可用于浸洗水果和杯、碗等用具,起消毒和杀菌作用。________的

$KMnO_4$ 溶液可治疗轻度烫伤。

9. 熔点最高的金属是________,硬度最大的金属是________,密度最大的金属是________。

10. 使用汞时如溅落,汞无孔不入,对遗留在缝隙处的汞要覆盖上________防止其挥发。

11. 过量的汞与硝酸反应,溶液中汞的主要存在形式是________。

12. $CrCl_3$ 溶液与氨水反应生成________色的________,该产物与 NaOH 溶液作用生成________色的________。

13. 锰在自然界主要以________的形式存在。锰有从________到________氧化数的化合物,在酸性溶液中 Mn(Ⅱ)的还原性较________。

14. 将盛有$[Ag(NH_3)_2]^+$溶液及葡萄糖的试管在水浴中加热后产生________反应。鉴定 Zn^{2+} 的方法是在溶液中加入________,反应现象是水溶液中生成________色的________。

15. 下列关于碱土金属氢氧化物的叙述正确的是(　　)。

A. 碱土金属的氢氧化物均难溶于水

B. 碱土金属的氢氧化物均为强碱

C. 碱土金属的氢氧化物的碱性由铍到钡依次递增

D. 碱土金属的氢氧化物的碱性强于碱金属

16. 下列物质中溶解度最小的是(　　)。

A. $Ba(OH)_2$　　B. $Be(OH)_2$　　C. $Sr(OH)_2$　　D. $Ca(OH)_2$

17. 将 H_2S 通入下列离子的溶液中,无硫化物沉淀生成的是(　　)。

A. Mn^{2+}　　B. Fe^{2+}　　C. Ni^{2+}　　D. $[Ag(NH_3)_2]^+$

18. 下列碳酸盐与碳酸氢盐,热稳定性顺序中正确的是(　　)。

A. $NaHCO_3 < Na_2CO_3 < BaCO_3$　　B. $Na_2CO_3 < NaHCO_3 < BaCO_3$

C. $BaCO_3 < NaHCO_3 < Na_2CO_3$　　D. $NaHCO_3 < BaCO_3 < Na_2CO_3$

19. 在酸性溶液中,当适量的 $KMnO_4$ 与 Na_2SO_3 反应时出现的现象是(　　)。

A. 棕色沉淀　　B. 紫色褪去　　C. 绿色溶液　　D. 以上都不对

20. 下列金属离子的溶液在空气中放置时,易被氧化变质的是(　　)。

A. Pb^{2+}　　B. Sn^{2+}　　C. Sb^{3+}　　D. Bi^{3+}

21. 久置的 $[Ag(NH_3)_2]OH$ 溶液,会分解生成爆炸性很强的黑色物质 AgN_3,若要破坏$[Ag(NH_3)_2]^+$,不能加入(　　)。

A. HCl　　B. $Na_2S_2O_3$　　C. $NH_3 \cdot H_2O$　　D. Na_2S

22. 有 4 瓶硝酸盐溶液,分别是 $AgNO_3$、$Cu(NO_3)_2$、$Hg(NO_3)_2$、$Hg_2(NO_3)_2$,要用一种试剂可以将其鉴别开来,应选用(　　)。

A. $NH_3 \cdot H_2O$　　B. H_2SO_4　　C. HCl　　D. NaCl

23. 欲处理含 Cr(Ⅵ)的酸性废水,选用的试剂应是(　　)。

A. H_2SO_4 和 $FeSO_4$　　B. $FeSO_4$ 和 NaOH

C. $AlCl_3$和 NaOH　　D. $FeCl_3$和 NaOH

24. 在硝酸介质中,欲使 Mn^{2+}氧化为MnO_4^-,可选择的氧化剂为(　　)。

A. $KClO_3$　　B. $K_2Cr_2O_7$　　C. H_2O_2　　D. $K_2S_2O_8$

25. 下列溶液不能与 MnO_2 作用的是(　　)。

A. 浓 HCl　　B. 稀 HCl　　C. 浓 H_2SO_4　　D. H_2O_2

26. 在含有下列物质的溶液中分别加入 Na_2S 溶液,发生特征反应用于离子鉴定的是(　　)。

A. $[Cu(NH_3)_4]^{2+}$　　B. Hg^{2+}　　C. Hg_2^{2+}　　D. Cd^{2+}

27. 下列金属与相应的盐可以发生反应的是(　　)。

A. Fe 和 Fe^{2+}　　B. Cu 和 Cu^{2+}　　C. Hg 和 Hg^{2+}　　D. Zn 和 Zn^{2+}

28. 下列物质不易被空气中的 O_2 氧化的是(　　)。

A. $Mn(OH)_2$　　B. $Ni(OH)_2$　　C. Fe^{2+}　　D. $[Co(NH_3)_6]^{2+}$

29. 要配制标准的溶液,最好的方法是将(　　)。

A. 硫酸亚铁铵溶于水　　B. $FeCl_2$ 溶于水

C. 铁钉溶于水　　D. $FeCl_3$ 与铁屑反应

30. 下列氢氧化物中溶于浓盐酸能发生氧化还原反应的是(　　)。

A. $Fe(OH)_3$　　B. $Co(OH)_3$　　C. $Cr(OH)_3$　　D. $Mn(OH)_2$

31. 下列试剂中,不能与 $FeCl_3$ 溶液反应的是(　　)。

A. Fe　　B. Cu　　C. KI　　D. $SnCl_4$

32. 完成下列方程式。

(1) $AgNO_3 + NaOH \longrightarrow$

(2) $Hg_2Cl_2 + NaOH \longrightarrow$

(3) $Cr_2O_7^{2-} + H_2O_2 + H^+ \longrightarrow$

(4) $Cr_2O_7^{2-} + Fe^{2+} + H^+ \longrightarrow$

(5) $Cr^{3+} + S_2O_8^{2-} + H_2O \longrightarrow$

(6) $MnO_4^- + H_2O_2 + H^+ \longrightarrow$

(7) $Mn^{2+} + S_2O_8^{2-} + H_2O \longrightarrow$

(8) $Mn + KOH + O_2 \longrightarrow$

(9) $Hg + HNO_3$(浓) $\longrightarrow$

33. 现有 5 瓶无标签的白色固体粉末,它们是 $MgCO_3$、$BaCO_3$、无水 Na_2CO_3、无水 $CaCl_2$ 及无水 Na_2SO_4,试设法加以鉴别。

34. 如何区分下列物质?

(1) Na_2CO_3、$NaHCO_3$、NaOH

(2) $CaSO_4$、$CaCO_3$

(3) Na_2SO_4、$MgSO_4$

(4) $Al(OH)_3$、$Mg(OH)_2$、$MgCO_3$

35. 为什么 $FeSO_4$ 溶液久置会变黄?为了防止变质,储存 $FeSO_4$ 溶液可采取什么措施?为什么?

36. Mn^{2+}、MnO_2、MnO_4^{2-}、MnO_4^- 各是什么颜色?如何鉴别 Mn^{2+}?

37. 固体 NaOH 中常含有杂质 Na_2CO_3,试用最简单的方法检验其存在,并设法去除。

38. 有一种淡绿色晶体 A,可溶于水。在其水溶液中加入 NaOH 溶液,得到白色沉淀 B。B 在空气中慢慢地变成棕色沉淀 C。C 溶于 HCl 溶液得到黄棕色溶液 D。在 D 中加几滴 KSCN 溶液,立即变成血红色溶液 E。在 E 中通入 SO_2 气体或者加入 NaF 溶液均可使血红色褪去。在 A 溶液中加几滴 $BaCl_2$ 溶液,得到白色沉淀 F,F 不溶于 HNO_3。问 A、B、C、D、E、F 各为何物?写出有关的化学反应方程式。

39. 用盐酸处理 $Fe(OH)_3$、$Co(OH)_3$、$Ni(OH)_3$ 三种沉淀,分别有何现象?写出化学反应方程式。

40. 某紫色晶体溶于水得到溶液 A,与过量的氨水反应生成蓝灰色的沉淀 B,B 可溶于氢氧化钠溶液,得到绿色溶液 C。在 C 中加入 H_2O_2 并微加热,得到黄色溶液 D。在 D 中加入氯化钡溶液生成黄色沉淀 E,E 可溶于盐酸得到橙红色溶液 F。指出 A、B、C、D、E、F 的名称,写出有关的化学反应方程式。

41. 某金属 A 与水反应激烈,生成的产物 B 呈碱性。B 与溶液 C 反应得到溶液 D,D 在无色火焰中燃烧呈黄色。在 D 中加入 $AgNO_3$ 溶液有白色沉淀 E 生成,E 可溶于氨水。一种黄色粉末状物质 F 与 A 反应生成 G,G 溶于水得到 B。F 溶于水则得到 B 和 H 的混合溶液,H 的酸性溶液使高锰酸钾溶液褪色,并放出气体 I。试确定各字母所代表的物质,并写出有关的化学反应方程式。

42. 某黑色过渡金属 A 溶于浓盐酸后得到绿色溶液 B 和气体 C。C 能使湿润的淀粉-KI 试纸变蓝。B 与 NaOH 溶液反应生成苹果绿色沉淀 D。D 可溶于氨水得到蓝紫色溶液 E,再加入丁二酮肟溶液则生成鲜红色沉淀。试确定各字母所代表的物质,写出有关的化学反应方程式。

43. 铬的某化合物 A 是橙红色溶于水的固体,将 A 用浓 HCl 处理,产生黄绿色刺激性气体 B 和生成暗绿色溶液 C,在 C 中加入 KOH 溶液,先生成灰蓝色沉淀 D,继续加入过量的 KOH 溶液,则沉淀消失,变成绿色溶液 E。在 E 中加入 H_2O_2,加热,则生成黄色溶液 F,F 用稀酸酸化,又变为原来的化合物 A 的溶液。问A～F各是什么物质?写出各步变化的化学反应方程式。

附录

附录一　无机化学实验基本常识

1. 无机化学实验室规则

无机化学实验室规则是人们在长期实验室工作中归纳总结出来的，它是保持正常从事实验的环境和工作秩序，防止意外事故，做好实验的　个重要前提，人人必须做到，必须遵守。遵守实验室各项规章制度，遵守操作规则，遵守一切必要的安全措施，以保证实验安全。

(1) 进入实验室前应认真预习，明确实验目的，了解实验的基本原理、方法、步骤，以及有关的基本操作和注意事项。未写实验预习报告，就不能做规定以外的实验。

(2) 遵守纪律，不迟到、不早退，不得无故缺席，因故缺席未做的实验应该补做，实验中保持室内安静，不要大声谈笑。

(3) 实验前要做好实验准备工作，认真清点仪器和药品，如有破损或缺少，应立即报告指导教师，按规定手续向实验室老师补领。如在实验过程中损坏仪器，应及时报告，并填写仪器破损报告单进行登记，按规定价格进行赔偿，再换领新仪器，不得擅自拿其他位置上的仪器。

(4) 实验时要听从教师的指导，严格按操作规程正确操作，如发现仪器有故障，立即停止使用，报告教师，及时排除故障。在实验过程中仔细观察，积极思考，将实验中的一切现象和数据都如实、详细地记录在报告本上，不得涂改和伪造。

(5) 使用水、电、煤气、药品时都要以节约为原则，要爱护公用仪器和试剂瓶等，用毕立即放回原处，不得随意乱拿乱放。试剂瓶中的试剂不足时应报告指导教师，及时补充。

(6) 严格按规定的量取用药品，药勺一定要干净，洒在瓶外的药品和取出剩余的药品不得倒回原瓶中，以免污染药品。称取药品后，及时盖好原瓶盖。在实验过程中，随时注意保持工作环境的整洁，火柴梗、纸张、废品等只能丢入废物缸内，不能丢入水槽，以免水槽堵塞。酸性废液应倒入废液缸内，切勿倒入水池。

(7) 对实验内容和安排不合理的地方提出改进的方法，对实验中的一切现象（包括反常现象）进行讨论，并大胆地提出自己的看法，做到生动、活泼、主动地学习。

(8) 实验完毕后洗净、收好玻璃仪器，把实验台、公用仪器、试剂架整理好，最后关好各自使用的电闸、水开关，并检查门窗是否关好。实验柜内的仪器应存放有序，干净整齐。实验后由同学轮流值日，负责打扫和整理实验室。

如果发生意外事故，不要惊慌失措，遇到失火、烧伤、烫伤、割伤时应立即报告教师，及时救治。

2. 无机化学实验室安全守则

在无机化学实验中接触各种化学药品、电学仪器、玻璃仪器，因此实验室常常隐藏着爆炸、着火、中毒、灼烧、割伤、触电等事故的危险性。首先要从思想上重视实验安全，决不能麻痹大意。其次，在实验前必须做到认真预习，了解仪器的性能和药品的性质，以及本实验中的安全注意事项。在实验过程中，应集中精力，并严格遵守实验安全守则，以防意外事故的发生。最后，要学会一般救护措施，一旦发生意外事故，可进行及时处理。

(1) 学生进实验室前，必须进行安全、环保意识的教育和培训。

(2) 熟悉实验室环境，了解与安全有关的设施的位置和使用方法。不用湿手、湿物接触电源。点燃的火柴用后立即熄灭，不得乱扔。水、电、煤气一经使用完毕应立即关闭开关，拉掉电闸。

(3) 实验室内禁止饮食、吸烟或把餐具带进实验室，实验完毕，应将双手洗净。实验时应穿上工作服，不得穿拖鞋。

(4) 绝对不允许随意混合各种化学药品，以免发生事故。自行设计的实验在和老师讨论后方可进行。极易挥发的有机溶剂(如乙醚、乙醇、丙醇、苯等)，使用时必须远离明火。用后要立即塞紧瓶塞，放在阴凉处。某些强氧化剂(如氯酸钾、硝酸钾、高锰酸钾等)或其混合物不能研磨，否则可能引起爆炸。

(5) 容易产生有毒气体以及挥发性、刺激性毒物(如 H_2S、CO、NO_2 等)的实验必须在通风橱内进行，不要俯向容器去嗅放出的气味，面部应远离容器，用手把逸出容器的气流慢慢地扇向鼻孔。

(6) 注意自我保护，应配备必要的护目镜。倾注试剂或加热液体时，容易溅出，不要俯视容器尤其是浓酸、浓碱，它们具有强腐蚀性，切勿使其溅在皮肤或衣服上，眼睛更应注意防护，取用时要戴胶皮手套和防护眼镜。稀释它们(特别是浓硫酸)时，只能在不断地搅拌下将其慢慢倒入水中以避免迸溅。给试管加热时，切记不要使试管口对着自己或别人。

(7) 实验室内的任何药品不得进入口中或接触伤口，有毒药品(如重铬酸钾、钡盐、铅盐、砷的化合物、汞的化合物，特别是氰化物)更应特别注意。剩余的废液不能随便倒入下水道，应倒入废液缸或教师指定的容器里。

(8) 金属汞易挥发，并通过呼吸道进入人体内，逐渐积累会引起慢性中毒。取用汞时，应该在盛水的搪瓷盘上方操作。做金属汞的实验时应特别小心，不要把金属汞洒落在桌上或地上，一旦洒落，必须尽可能收集起来，并用硫黄粉盖在洒落的地方，使金属汞转变成不挥发的硫化汞。

(9) 金属钾、钠应保存在煤油或石蜡油中，白磷(或黄磷)应保存在水中，取用它们时必须用镊子，绝不能用手拿。

(10) 实验室中所有药品不得携带出室外，用剩的有毒药品应交还给教师。

(11) 洗涤的试管等容器应放在规定的地方(如试管架上)干燥,严禁用手甩干,以防未洗净容器中所含的酸碱液等伤害他人身体或衣物。

3. 无机化学实验消防常识

无机化学实验室内常使用易燃物质,在实验过程中也经常产生易燃物,如果对此缺乏足够的认识,就会发生火灾。

活性炭与硝酸铵、沾染了强氧化剂(如氯酸钾)的衣服、抹布与浓硫酸、可燃性物质(木材、织物等)与浓硝酸、有机物与液氧、铝与有机氯化物、硝酸铵或氯酸钾与有机物混合、磷化氢、硅烷、烷基金属及白磷等与空气接触特别容易引起火灾。

万一发生火灾,要冷静、果断地采取措施进行扑救。灭火的原则是:移去或隔绝燃料的来源,隔绝空气(氧),降低温度。对不同物质引起的火灾、扑救的方法也不同。

水能和某些化学药品(如金属钠)发生剧烈反应,用水灭火会导致更大的火灾。又如某些有机溶剂(如苯、汽油)着火时,因它们比水轻,又与水互不相溶,这样水不仅不能灭火,反而使火场扩大。在这种情况下应用沙土和石棉布或灭火器灭火。实验室常备的灭火器有二氧化碳灭火器、泡沫灭火器和干粉灭火器。

二氧化碳灭火器:内装液体 CO_2,是实验室最常用的,也是最安全的一种灭火器,适用于油脂和电气的灭火,但不能用于金属火灾。

泡沫灭火器:药液成分是碳酸氢钠和硫酸铝。用灭火器喷射着火处,泡沫把燃烧物包住,使燃烧物与空气隔绝而灭火。但由于泡沫是良导体,所以不能用于电线着火引起的火灾。

干粉灭火器:主要成分是碳酸氢钠等盐类物质、适量的润滑剂和防潮剂,适用于可燃气体和电气设备等不能用水扑灭的火焰。

在失火时或救火过程中,衣服着火千万不要乱跑,因为这样会使空气迅速流动而加剧燃烧。应当迅速躺在地上,就地滚动,这样一方面可压熄火焰,另一方面也免得火焰烧到头部。

4. 无机化学实验意外伤害和处理

(1) 烫伤

可用高锰酸钾或苦味酸溶液擦洗灼烧处,再搽上凡士林或烫伤油膏。

(2) 受强酸腐伤

应立即用大量水冲洗,然后搽上碳酸氢钠油膏或凡士林。

(3) 受浓碱腐伤

应立即用大量水冲洗,然后用柠檬酸或硼酸饱和溶液洗涤,再搽上凡士林。遇酸碱或其他试剂溅入眼中,应立即用洗眼器冲洗眼部。

(4) 割伤

应立即用药棉揩净伤口,搽上龙胆紫药水,再用纱布包扎。如果伤口较大,应立即到医务室医治。

5. 无机化学实验室废物处理

无机化学实验室会遇到各种有毒的废渣、废液和废气，对周围的环境、水源和空气造成污染，形成公害。

(1) 废渣处理

有回收价值的废渣应收集起来统一处理，回收利用，少量无回收价值的有毒废渣也应集中起来分别进行处理或深埋于远离水源的指定地点。

(2) 废液处理

① 废酸液。

用耐酸塑料网纱或玻璃纤维过滤，滤液用石灰或碱中和，调 pH 至 6～8 后就可排出。少量的滤渣可埋于地下。

② 废铬酸洗液。

用高锰酸钾氧化法使其再生，继续使用。方法是先在 110～130℃下不断地搅拌加热浓缩，蒸发水分后，冷却至室温，缓缓加入高锰酸钾粉末，每 1 000 mL 中加入 10 g 左右，直至溶液呈深褐色或微紫色(注意不要加过量)，边加边搅拌，然后直接加热至有三氧化硫出现，停止加热。稍冷，通过玻璃砂芯漏斗过滤，除去沉淀，冷却后析出红色三氧化铬沉淀，再加适量硫酸使其溶解即可使用。少量的洗液可加入废碱液或石灰使其生成氢氧化铬沉淀，将废渣埋于地下。

③ 氰化物废液。

少量的含氰废液可先加氢氧化钠调至 pH 大于 10，再加入少量高锰酸钾使 CN^- 氧化分解。大量的含氰废液可用碱性氯化法处理，方法是先用碱调至 pH 大于 10，再加入漂白粉，使 CN^- 氧化成氰酸盐，并进一步分解为二氧化碳和氮气，再将溶液 pH 调至 6～8 排放。

④ 含汞废水。

先加氢氧化钠调 pH 至 8～10 后，加适当的硫化钠，生成硫化汞沉淀，同时加入硫酸亚铁生成硫化亚铁沉淀，从而吸附硫化汞，使其沉淀下来。静置后分离，再离心过滤。清液中的含汞量降到 0.02 mg/L 以下，可直接排放。少量残渣可埋于地下，大量残渣需要用焙烧法回收汞，在通风橱内进行。

⑤ 含砷废水。

将石灰投入到含砷废水中，使其生成难溶的砷酸盐和亚砷酸盐。

⑥ 含重金属离子的废液。

加碱或加硫化钠把重金属离子变成难溶性的氢氧化物和硫化物而沉积下来，并过滤分离，少量残渣可埋于地下。

(3) 废气处理

产生少量有毒气体的实验，可在通风橱内进行，通过排风设备将少量有毒气体排到室外，以免污染室内空气。产生毒气量较大的实验，必须备有吸收或处理装置。如二氧化氮、二氧化硫、氯气、硫化氢、氟化氢等可用碱溶液吸收，一氧化碳可直接点燃使其转为二氧化碳。

附录二　无机化学实验常用仪器简介

仪器名称	主要用途	使用方法和注意事项
  试管　离心试管	试管可用于盛少量试剂并作为少量试剂反应的容器;制取和收集少量气体;离心试管可用于沉淀分离	反应液体不得超过试管容积的1/2,加热时不超过1/3;加热前试管外面要擦干,加热时要用试管夹;加热后的试管不能骤冷,否则容易破裂; 离心试管只能用于水浴加热
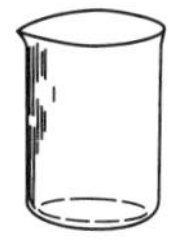 烧杯	可用于大量物质反应的容器;配制溶液用;接受滤液	反应液体不得超过烧杯容积的2/3,以免搅动时溅出或沸腾时溢出;加热前要将烧杯外壁擦干,加热时烧杯底要垫石棉网,以免受热不均匀而破裂
  圆底烧瓶　平底烧瓶	圆底烧瓶可供试剂量较大的物质在常温或加热条件下反应用;平底烧瓶可用于配制溶液或加热用	烧瓶盛放液体不得超过烧瓶容积的2/3,也不能太少;加热前要将烧瓶外壁擦干,加热时烧瓶底要垫石棉网或利用空气浴加热,不能直接加热;圆底烧瓶放在桌面上,下面要垫石棉环或木环
 滴瓶	盛液体试剂或液体	棕色滴瓶盛放见光易分解或不太稳定的物质;滴管不能吸得太满,也不能倒置;滴管专用,不得弄乱、弄脏,以免污染试剂
  细口瓶　广口瓶	细口试剂瓶用于储存液体和液体药品;广口试剂瓶用于存放固体试剂或收集气体	不能直接加热,取用试剂时,瓶盖应倒放在桌上,不能弄脏、弄乱;储存碱液时应用橡皮塞,以防瓶塞被腐蚀粘牢;棕色试剂瓶用于盛见光易分解或不稳定的物质;磨口瓶不用时应洗净并在磨口塞与瓶颈间垫上纸条
  量筒　量杯	用于粗略地量取一定体积的液体	不能加热,不可用试剂反应容器;不可量热的溶液或热的液体;读数时视线应和液面水平,读取与弯月面底相切的刻度

续表

仪器名称	主要用途	使用方法和注意事项
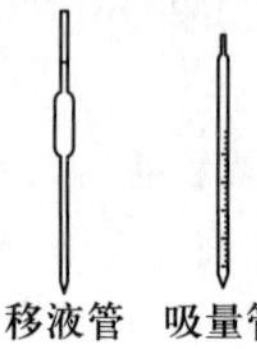 移液管　吸量管	移液管、吸量管用于精确移取一定体积的液体时用	取洁净的吸量管，用少量移取液润洗 2～3 次； 将液体吸入，液面超过刻度，再用食指按住管口，轻轻转动吸量管放气，使液面降至刻度后，用食指按住管口，移至指定容器中，放开食指，使液体沿容器壁自动流下；未标明“吹”字的吸量管，残留的最后一滴液体不用吹出
 容量瓶	用于配制准确浓度的溶液时用	溶质先在烧杯内全部溶解，然后定量转移入容量瓶；不能加热，不能代替试剂瓶用来存放溶液；磨口塞是配套的，不能互换
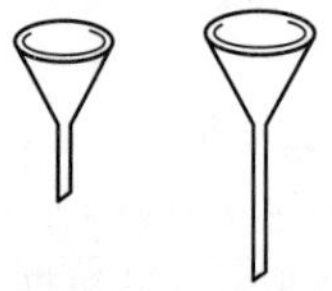 短颈漏斗　长颈漏斗	过滤液体；倾注液体	不可直接加热；过滤时，滤纸角对漏斗角；滤纸边缘低于漏斗边缘，液体液面低于滤纸边缘；杯靠棒，棒靠多层滤纸处，漏斗颈尖端必须紧靠盛接滤液的容器内壁(即“一角、二低、三紧靠”)
 分液漏斗	用于互不相溶的液一液分离； 气体发生装置中加液用	不能加热；旋塞上涂一层凡士林，旋塞处不能漏液，分液时，下层液体从漏斗管流出，上层液体从上口倒出；作为气体发生器时，漏斗颈应插入液面内
 吸滤瓶和布氏漏斗	两者配套使用。用于无机制备中晶体或沉淀的减压过滤，利用水泵或真空泵降低吸滤瓶中的压力以加速过滤	不能用火直接加热；滤纸要略小于布氏漏斗内径才能盖住漏斗所有小孔；漏斗与吸滤瓶接触部位要配橡胶圈密封；漏斗大小与过滤的沉淀或晶体要适应
 表面皿	用于覆盖烧杯或蒸发皿； 作为点滴反应器皿或气室； 盛放干净物品或试剂	不能直接用火加热；不能当蒸发皿用
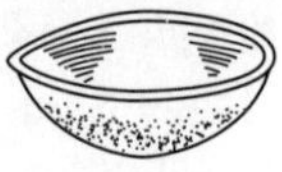 蒸发皿	用于溶液的蒸发、浓缩；炒干或焙干物质	盛液量不能超过容积的 2/3；可直接加热，但不能骤冷；在加热过程中，应不断地搅拌以促使溶剂蒸发；临近蒸干时，降低温度或停止加热，利用余热蒸干

续表

仪器名称	主要用途	使用方法和注意事项
 酒精灯	常用热源之一;进行焰色反应	使用前应检查灯芯和酒精的量不少于容积的1/5,不超过容积的2/3;用火柴点火,禁止用燃着的酒精灯去点另外一盏酒精灯;不用时应立即用灯帽盖灭,并用镊子上提灯芯透气,再将灯帽盖好
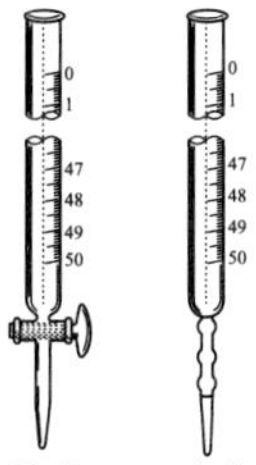 酸式　碱式 滴定管	滴定时准确测量溶液的体积	酸的滴定用酸式滴定管,碱的滴定用碱式滴定管,不可混用(如果旋塞是聚氟乙烯材质的则酸碱均可以使用);使用前应检查酸式滴定管旋塞是否漏液,转动是否灵活;碱式滴定管胶管和玻璃珠是否合适,是否漏液
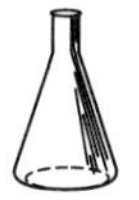 锥形瓶	反应容器;加热时可避免所盛大量液体大量蒸发;振荡方便,用于滴定操作	加热时置于石棉网或平底电热套上使其受热均匀;刚加热后不能置于桌面上,应垫以石棉网
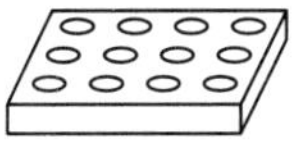 点滴板	用于产生颜色或生成有色沉淀的点滴反应	常用白色点滴板;有白色沉淀的用黑色点滴板;试剂常用量为1～2滴
 研钵	研碎固体物质;混匀固体物质	不能加热或作为反应容器用;不能将易爆物质混合研磨;盛固体物质的量不宜超过研钵容积的1/3;只能研磨、挤压,勿敲击
 坩埚	耐高温,用于灼烧固体,根据固体的性质选用不同材质的坩埚	灼烧时,可置于泥三角上直接用火烧,或放入高温炉中煅烧;灼热的坩埚不能骤冷;热的坩埚应置于石棉网上或搪瓷盘内冷却,稍冷后转入干燥器中存放;用坩埚钳夹取坩埚或盖子时,坩埚钳需预热,以免坩埚炸裂
 坩埚钳	从热源(如酒精灯、电炉、马弗炉等)中,夹持、取放坩埚或蒸发皿	用前应洗干净;夹取灼热的坩埚时,钳尖要先预热,以免坩埚因局部骤冷而破裂;使用前后,应使钳尖向上放在桌面或石棉网上
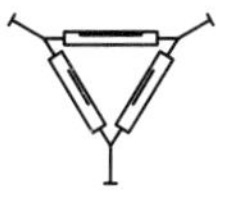 泥三角	用于搁置坩埚加热	选择泥三角时,要使搁置的坩埚所露出的上部不超过本身高度的1/3;坩埚放置要正确,坩埚底应横着斜放在三个瓷管中的一个上;灼热的泥三角不要放在桌面上,不要滴上冷水,以免瓷管骤冷破裂

附录三　酸、碱的标准解离常数

(1) 弱酸的标准解离常数(298.15 K)

弱　酸	标准解离常数 $K_a^\ominus$
H_3AlO_3	$K_1^\ominus=6.3\times10^{-12}$
H_3AsO_4	$K_1^\ominus=6.0\times10^{-3}$； $K_2^\ominus=1.0\times10^{-7}$； $K_3^\ominus=3.2\times10^{-12}$
H_3AsO_3	$K_1^\ominus=6.6\times10^{-10}$
H_3BO_3	$K_1^\ominus=5.8\times10^{-10}$
$H_2B_4O_7$	$K_1^\ominus=1\times10^{-4}$； $K_2^\ominus=1\times10^{-9}$
HBrO	$K_1^\ominus=2.0\times10^{-9}$
H_2CO_3	$K_1^\ominus=4.4\times10^{-7}$； $K_2^\ominus=4.7\times10^{-11}$
HCN	$K_1^\ominus=6.2\times10^{-10}$
H_2CrO_4	$K_1^\ominus=4.1$； $K_2^\ominus=1.3\times10^{-6}$
HClO	$K_1^\ominus=2.8\times10^{-8}$
HF	$K_1^\ominus=6.6\times10^{-4}$
HIO	$K_1^\ominus=2.3\times10^{-11}$
HIO_3	$K_1^\ominus=0.16$
H_5IO_6	$K_1^\ominus=2.8\times10^{-2}$； $K_2^\ominus=5.0\times10^{-9}$
H_2MnO_4	$K_2^\ominus=7.1\times10^{-11}$
HNO_2	$K_1^\ominus=7.2\times10^{-4}$
HN_3	$K_1^\ominus=1.9\times10^{-5}$
H_2O_2	$K_1^\ominus=2.2\times10^{-12}$
H_2O	$K_1^\ominus=1.8\times10^{-16}$
H_3PO_4	$K_1^\ominus=7.1\times10^{-3}$； $K_2^\ominus=6.3\times10^{-8}$； $K_3^\ominus=4.2\times10^{-13}$
$H_4P_2O_7$	$K_1^\ominus=3.0\times10^{-2}$； $K_2^\ominus=4.4\times10^{-3}$； $K_3^\ominus=2.5\times10^{-7}$； $K_4^\ominus=5.6\times10^{-10}$
$H_5P_3O_{10}$	$K_3^\ominus=1.6\times10^{-3}$； $K_4^\ominus=3.4\times10^{-7}$； $K_5^\ominus=5.8\times10^{-10}$
H_3PO_3	$K_1^\ominus=6.3\times10^{-2}$； $K_2^\ominus=2.0\times10^{-7}$
H_2SO_4	$K_2^\ominus=1.0\times10^{-2}$
H_2SO_3	$K_1^\ominus=1.3\times10^{-2}$； $K_2^\ominus=6.1\times10^{-8}$
$H_2S_2O_3$	$K_1^\ominus=0.25$； $K_2^\ominus=3.2\times10^{-2}\sim2.0\times10^{-2}$
$H_2S_2O_4$	$K_1^\ominus=0.45$； $K_2^\ominus=3.5\times10^{-3}$
H_2Se	$K_1^\ominus=1.3\times10^{-4}$； $K_2^\ominus=1.0\times10^{-11}$
* H_2S	$K_1^\ominus=1.32\times10^{-7}$； $K_2^\ominus=7.10\times10^{-15}$

弱 酸	标准解离常数 $K_a^\ominus$
H_2SeO_4	$K_2^\ominus=2.2\times10^{-2}$
H_2SeO_3	$K_1^\ominus=2.3\times10^{-3}$； $K_2^\ominus=5.0\times10^{-9}$
* HSCN	$K_1^\ominus=1.41\times10^{-1}$
H_2SiO_3	$K_1^\ominus=1.7\times10^{-10}$； $K_2^\ominus=1.6\times10^{-12}$
$HSb(OH)_6$	$K_1^\ominus=2.8\times10^{-3}$
H_2TeO_3	$K_1^\ominus=3.5\times10^{-3}$； $K_2^\ominus=1.9\times10^{-8}$
H_2Te	$K_1^\ominus=2.3\times10^{-3}$； $K_2^\ominus=1.0\times10^{-11}\sim10^{-12}$
H_2WO_4	$K_1^\ominus=3.2\times10^{-4}$； $K_2^\ominus=2.5\times10^{-5}$
NH_4^+	$K_1^\ominus=5.8\times10^{-10}$
$H_2C_2O_4$(草酸)	$K_1^\ominus=5.4\times10^{-2}$； $K_2^\ominus=5.4\times10^{-5}$
HCOOH(甲酸)	$K_1^\ominus=1.77\times10^{-4}$
CH_3COOH (醋酸)	$K_1^\ominus=1.75\times10^{-5}$
$ClCH_2COOH$ (氯代醋酸)	$K_1^\ominus=1.4\times10^{-3}$
CH_2CHCO_2H (丙烯酸)	$K_1^\ominus=5.5\times10^{-5}$
$CH_3COCH_2CO_2H$ (乙酰醋酸)	$K_1^\ominus=2.6\times10^{-4}$(316.15 K)
$H_3C_6H_5O_7$ (柠檬酸)	$K_1^\ominus=7.4\times10^{-4}$； $K_2^\ominus=1.73\times10^{-5}$； $K_3^\ominus=4\times10^{-7}$
H_4Y (乙二胺四乙酸)	$K_1^\ominus=10^{-2}$； $K_2^\ominus=2.1\times10^{-3}$； $K_3^\ominus=6.9\times10^{-7}$； $K_4^\ominus=5.9\times10^{-11}$

(2) 弱碱的标准解离常数(298.15 K)

弱 碱	标准解离常数 $K_b^\ominus$
$NH_3\cdot H_2O$	1.8×10^{-5}
$NH_2—NH_2$(联氨)	9.8×10^{-7}
NH_2OH(羟胺)	9.1×10^{-9}
$C_6H_5NH_2$(苯胺)	4×10^{-10}
C_5H_5N(吡啶)	1.5×10^{-9}
$(CH_2)_6N_4$(六亚甲基四胺)	1.4×10^{-9}

注:① 本表及后面附录表 2,3 的数据主要取自 Lange's Handbook of Chemistry,13th ed.1985。

② 本表中前面有*符号的数据取自同一手册的 11 版。

附录四　溶度积常数(298.15 K)

化合物	$K_{sp}^{\ominus}$	化合物	$K_{sp}^{\ominus}$
AgAc	4.4×10^{-3}	$Ba_2P_2O_7$	3.2×10^{-11}
Ag_3AsO_4	1.0×10^{-22}	$BaSO_4$	1.1×10^{-10}
AgBr	5.0×10^{-13}	$BaSO_3$	8×10^{-7}
AgCl	1.8×10^{-10}	BaS_2O_3	1.6×10^{-5}
Ag_2CO_3	8.1×10^{-12}	$BeCO_3\cdot4H_2O$	1×10^{-3}
Ag_2CrO_4	1.1×10^{-12}	$Be(OH)_2$(无定形)	1.6×10^{-22}
AgCN	1.2×10^{-16}	$Bi(OH)_3$	4×10^{-31}
$Ag_2Cr_2O_7$	2.0×10^{-7}	BiI_3	8.1×10^{-19}
$Ag_2C_2O_4$	3.4×10^{-11}	Bi_2S_3	1×10^{-97}
$Ag_4[Fe(CN)_6]$	1.6×10^{-41}	BiOBr	3.0×10^{-7}
AgOH	2.0×10^{-8}	BiOCl	1.8×10^{-31}
$AgIO_3$	3.0×10^{-8}	$BiONO_3$	2.82×10^{-3}
AgI	8.3×10^{-17}	$CaCO_3$	2.8×10^{-9}
Ag_2MoO_4	2.8×10^{-12}	$CaC_2O_4\cdot H_2O$	4×10^{-9}
$AgNO_2$	6.0×10^{-4}	$CaCrO_4$	7.1×10^{-4}
Ag_3PO_4	1.4×10^{-16}	CaF_2	5.3×10^{-9}
Ag_2SO_4	1.4×10^{-5}	$Ca(OH)_2$	5.5×10^{-6}
Ag_2SO_3	1.5×10^{-14}	$CaHPO_4$	1×10^{-7}
Ag_2S	6.3×10^{-50}	$Ca_3(PO_4)_2$	2.0×10^{-29}
AgSCN	1.0×10^{-12}	$CaSiO_3$	2.5×10^{-8}
$AlAsO_4$	1.6×10^{-16}	$CaSO_4$	9.1×10^{-6}
$Al(OH)_3$(无定形)	1.3×10^{-33}	$CdCO_3$	5.2×10^{-12}
$AlPO_4$	6.3×10^{-19}	$Cd(OH)_2$(新鲜)	2.5×10^{-14}
Al_2S_3	2×10^{-7}	CdS	8.0×10^{-27}
AuCl	2.0×10^{-13}	CeF_3	8×10^{-16}
$AuCl_3$	3.2×10^{-25}	$Ce(OH)_3$	1.6×10^{-20}
AuI	1.6×10^{-23}	$Ce(OH)_4$	2×10^{-28}
AuI_3	1×10^{-46}	Ce_2S_3	6.0×10^{-11}
$BaCO_3$	5.1×10^{-9}	$Co(OH)_2$(新鲜)	1.6×10^{-15}
BaC_2O_4	1.6×10^{-7}	$Co(OH)_3$	1.6×10^{-44}
$BaCrO_4$	1.2×10^{-10}	α-CoS	4.0×10^{-21}
$Ba_2[Fe(CN)_6]\cdot6H_2O$	3.2×10^{-8}	β-CoS	2.0×10^{-25}
BaF_2	1.0×10^{-6}	$Cr(OH)_3$	6.3×10^{-31}
$Ba(OH)_2$	5×10^{-3}	CuBr	5.3×10^{-9}
$Ba(NO_3)_2$	4.5×10^{-3}	CuCl	1.2×10^{-6}
$BaHPO_4$	3.2×10^{-7}	CuCN	3.2×10^{-20}
$Ba_3(PO_4)_2$	3.4×10^{-23}	CuI	1.1×10^{-12}

续表

化合物	$K_{sp}^{\ominus}$	化合物	$K_{sp}^{\ominus}$
$CuOH$	1×10^{-14}	$MnCO_3$	1.8×10^{-11}
Cu_2S	2.5×10^{-48}	$Mn(OH)_2$	1.9×10^{-13}
$CuSCN$	4.8×10^{-15}	MnS(无定形)	2.5×10^{-10}
$CuCO_3$	1.4×10^{-10}	MnS(晶体)	2.5×10^{-13}
$CuCrO_4$	3.6×10^{-6}	Na_3AlF_6	4.0×10^{-10}
$Cu_2[Fe(CN)_6]$	1.3×10^{-6}	$NiCO_3$	6.6×10^{-9}
$Cu(OH)_2$	2.2×10^{-20}	$Ni(OH)_2$(新鲜)	2.0×10^{-15}
CuC_2O_4	2.3×10^{-8}	$\alpha-NiS$	3.2×10^{-19}
$Cu_3(PO_4)_2$	1.3×10^{-37}	$\beta-NiS$	1.0×10^{-24}
$Cu_2P_2O_7$	8.3×10^{-16}	$\gamma-NiS$	2.0×10^{-26}
CuS	6.3×10^{-36}	$PbCO_3$	7.4×10^{-14}
$FeCO_3$	3.2×10^{-11}	$PbCl_2$	1.6×10^{-5}
$Fe(OH)_2$	8.0×10^{-16}	$PbCrO_4$	2.8×10^{-13}
$FeC_2O_4\cdot2H_2O$	3.2×10^{-7}	PbC_2O_4	4.8×10^{-10}
$Fe_4[Fe(CN)_6]_3$	3.3×10^{-41}	PbI_2	7.1×10^{-9}
$Fe(OH)_3$	4×10^{-38}	$Pb(N_3)_2$	2.5×10^{-9}
FeS	6.3×10^{-18}	$Pb(OH)_2$	1.2×10^{-15}
Hg_2CO_3	8.9×10^{-17}	$Pb(OH)_4$	3.2×10^{-66}
$Hg_2(CN)_2$	5×10^{-40}	$Pb_3(PO_4)_2$	8.0×10^{-43}
Hg_2Cl_2	1.3×10^{-18}	$PbSO_4$	1.6×10^{-8}
Hg_2CrO_4	2.0×10^{-9}	PbS	8.0×10^{-28}
Hg_2I_2	4.5×10^{-29}	$Pt(OH)_2$	1×10^{-35}
$Hg_2(OH)_2$	2.0×10^{-24}	$Sn(OH)_2$	1.4×10^{-28}
$Hg(OH)_2$	3.0×10^{-26}	$Sn(OH)_4$	1×10^{-56}
Hg_2SO_4	7.4×10^{-7}	SnS	1.0×10^{-25}
Hg_2S	1.0×10^{-47}	$SrCO_3$	1.1×10^{-10}
HgS(红)	4×10^{-53}	$SrC_2O_4\cdot H_2O$	1.6×10^{-7}
HgS(黑)	1.6×10^{-52}	$SrCrO_4$	2.2×10^{-5}
$K_2Na[Co(NO_2)_6]\cdot H_2O$	2.2×10^{-11}	$SrSO_4$	3.2×10^{-7}
$K_2[PtCl_6]$	1.1×10^{-5}	$TlCl_4$	1.7×10^{-4}
K_2SiF_6	8.7×10^{-7}	TlI	6.5×10^{-8}
Li_2CO_3	2.5×10^{-2}	$Tl(OH)_3$	6.3×10^{-46}
LiF	3.8×10^{-3}	Tl_2S	5.0×10^{-21}
Li_3PO_4	3.2×10^{-9}	$ZnCO_3$	1.4×10^{-11}
$MgCO_3$	3.5×10^{-8}	$Zn(OH)_2$	1.2×10^{-17}
MgF_2	6.5×10^{-9}	$\alpha-ZnS$	1.6×10^{-24}
$Mg(OH)_2$	1.8×10^{-11}	$\beta-ZnS$	2.5×10^{-22}
$Mg_3(PO_4)_2$	$10^{-28}\sim10^{-27}$		

附录五　标准电极电势(298.15 K)

电极反应			$\varphi^{\ominus}$/V
氧化型		还原型	
$Li+e^-$	$\rightleftharpoons$	Li	−3.045
K^++e^-	$\rightleftharpoons$	K	−2.925
Rb^++e^-	$\rightleftharpoons$	Rb	−2.925
Cs^++e^-	$\rightleftharpoons$	Cs	−2.923
$Ra^{2+}+2e^-$	$\rightleftharpoons$	Ra	−2.92
$Ba^{2+}+2e^-$	$\rightleftharpoons$	Ba	−2.90
$Sr^{2+}+2e^-$	$\rightleftharpoons$	Sr	−2.89
$Ca^{2+}+2e^-$	$\rightleftharpoons$	Ca	−2.87
Na^++e^-	$\rightleftharpoons$	Na	−2.714
$La^{3+}+3e^-$	$\rightleftharpoons$	La	−2.52
$Mg^{2+}+2e^-$	$\rightleftharpoons$	Mg	−2.37
$Sc^{3+}+3e^-$	$\rightleftharpoons$	Sc	−2.08
$[AlF_6]^{3-}+3e^-$	$\rightleftharpoons$	$Al+6F^-$	−2.07
$Be^{2+}+2e^-$	$\rightleftharpoons$	Be	−1.85
$Al^{3+}+3e^-$	$\rightleftharpoons$	Al	−1.66
$Ti^{2+}+2e^-$	$\rightleftharpoons$	Ti	−1.63
$Zr^{4+}+4e^-$	$\rightleftharpoons$	Zr	−1.53
$[TiF_6]^{2-}+4e^-$	$\rightleftharpoons$	$Ti+6F^-$	−1.24
$[SiF_6]^{2-}+4e^-$	$\rightleftharpoons$	$Si+6F^-$	−1.2
$Mn^{2+}+2e^-$	$\rightleftharpoons$	Mn	−1.18
$^*SO_4^{2-}+H_2O+2e^-$	$\rightleftharpoons$	$SO_3^{2-}+2OH^-$	−0.93
$TiO^{2+}+2H^++4e^-$	$\rightleftharpoons$	$Ti+H_2O$	−0.89
$^*Fe(OH)_2+2e^-$	$\rightleftharpoons$	$Fe+2OH^-$	−0.887
$H_3BO_3+3H^++3e^-$	$\rightleftharpoons$	$B+3H_2O$	−0.87
$SiO_2(s)+4H^++4e^-$	$\rightleftharpoons$	$Si+2H_2O$	−0.86
$Zn^{2+}+2e^-$	$\rightleftharpoons$	Zn	−0.763
$^*FeCO_3+2e^-$	$\rightleftharpoons$	$Fe+CO_3^{2-}$	−0.756
$Cr^{3+}+3e^-$	$\rightleftharpoons$	Cr	−0.74
$As+3H^++3e^-$	$\rightleftharpoons$	AsH_3	−0.60
$^*2SO_3^{2-}+3H_2O+4e^-$	$\rightleftharpoons$	$S_2O_3^{2-}+6OH^-$	−0.58
$^*Fe(OH)_3+e^-$	$\rightleftharpoons$	$Fe(OH)_2+OH^-$	−0.56
$Ga^{3+}+3e^-$	$\rightleftharpoons$	Ga	−0.56
$Sb+3H^++3e^-$	$\rightleftharpoons$	$SbH_3(g)$	−0.51
$H_3PO_2+H^++e^-$	$\rightleftharpoons$	$P+2H_2O$	−0.51
$H_3PO_3+2H^++2e^-$	$\rightleftharpoons$	$H_3PO_2+H_2O$	−0.50
$2CO_2+2H^++2e^-$	$\rightleftharpoons$	$H_2C_2O_4$	−0.49

电极反应			$\varphi^\ominus$/V
氧化型		还原型	
$^*S+2e^-$	⇌	S^{2-}	−0.48
$Fe^{2+}+2e^-$	⇌	Fe	−0.44
$Cr^{3+}+e^-$	⇌	Cr^{2+}	−0.41
$Cd^{2+}+2e^-$	⇌	Cd	−0.403
$Se+2H^++2e^-$	⇌	H_2Se	−0.40
$Ti^{3+}+e^-$	⇌	Ti^{2+}	−0.37
PbI_2+2e^-	⇌	$Pb+2I^-$	−0.365
$^*Cu_2O+H_2O+2e^-$	⇌	$2Cu+2OH^-$	−0.361
$PbSO_4+2e^-$	⇌	$Pb+SO_4^{2-}$	−0.355 3
$In^{3+}+3e^-$	⇌	In	−0.342
Tl^++e^-	⇌	Tl	−0.336
$^*[Ag(CN)_2]^-+e^-$	⇌	$Ag+2CN^-$	−0.31
$PtS+2H^++2e^-$	⇌	$Pt+H_2S(g)$	−0.30
$PbBr_2+2e^-$	⇌	$Pb+2Br^-$	−0.280
$Co^{2+}+2e^-$	⇌	Co	−0.277
$H_3PO_4+2H^++2e^-$	⇌	$H_3PO_3+H_2O$	−0.276
$PbCl_2+2e^-$	⇌	$Pb+2Cl^-$	−0.268
$V^{3+}+e^-$	⇌	V^{2+}	−0.255
$VO_2^++4H^++5e^-$	⇌	$V+2H_2O$	−0.253
$[SnF_6]^{2-}+4e^-$	⇌	$Sn+6F^-$	−0.25
$Ni^{2+}+2e^-$	⇌	Ni	−0.246
$N_2+5H^++4e^-$	⇌	$N_2H_5^+$	−0.23
$Mo^{3+}+3e^-$	⇌	Mo	−0.20
$CuI+e^-$	⇌	$Cu+I^-$	−0.185
$AgI+e^-$	⇌	$Ag+I^-$	−0.152
$Sn^{2+}+2e^-$	⇌	Sn	−0.136
$Pb^{2+}+2e^-$	⇌	Pb	−0.126
$^*[Cu(NH_3)_2]^++e^-$	⇌	$Cu+2NH_3$	−0.12
$^*CrO_4^{2-}+2H_2O+3e^-$	⇌	$CrO_2^-+4OH^-$	−0.12
$WO_3(cr)+6H^++6e^-$	⇌	$W+3H_2O$	−0.09
$^*2Cu(OH)_2+2e^-$	⇌	$Cu_2O+2OH^-+H_2O$	−0.08
$^*MnO_2+2H_2O+2e^-$	⇌	$Mn(OH)_2+2OH^-$	−0.05
$[HgI_4]^{2-}+2e^-$	⇌	$Hg+4I^-$	−0.039
$^*AgCN+e^-$	⇌	$Ag+CN^-$	−0.017
$2H^++2e^-$	⇌	$H_2(g)$	0.00
$[Ag(S_2O_3)_2]^{3-}+e^-$	⇌	$Ag+2S_2O_3^{2-}$	0.01
$^*NO_3^-+H_2O+2e^-$	⇌	$NO_2^-+2OH^-$	0.01
$AgBr(s)+e^-$	⇌	$Ag+Br^-$	0.071

电极反应			$\varphi^{\ominus}$/V
氧化型		还原型	
$S_4O_6^{2-}+2e^-$	$\rightleftharpoons$	$2S_2O_3^{2-}$	0.08
$^*[Co(NH_3)_6]^{3+}+e^-$	$\rightleftharpoons$	$[Co(NH_3)_6]^{2+}$	0.1
$TiO^{2+}+2H^++e^-$	$\rightleftharpoons$	$Ti^{3+}+H_2O$	0.10
$S+2H^++2e^-$	$\rightleftharpoons$	$H_2S(aq)$	0.141
$Sn^{4+}+2e^-$	$\rightleftharpoons$	Sn^{2+}	0.154
$Cu^{2+}+e^-$	$\rightleftharpoons$	Cu^+	0.159
$SO_4^{2-}+4H^++2e^-$	$\rightleftharpoons$	$H_2SO_3+H_2O$	0.17
$[HgBr_4]^{2-}+2e^-$	$\rightleftharpoons$	$Hg+4Br^-$	0.21
$AgCl(s)+e^-$	$\rightleftharpoons$	$Ag+Cl^-$	0.222 3
$^*PbO_2+H_2O+2e^-$	$\rightleftharpoons$	$PbO+2OH^-$	0.247
$HAsO_2+3H^++3e^-$	$\rightleftharpoons$	$As+2H_2O$	0.248
$Hg_2Cl_2(s)+2e^-$	$\rightleftharpoons$	$2Hg+2Cl^-$	0.268
$BiO^++2H^++3e^-$	$\rightleftharpoons$	$Bi+H_2O$	0.32
$Cu^{2+}+2e^-$	$\rightleftharpoons$	Cu	0.337
$^*Ag_2O+H_2O+2e^-$	$\rightleftharpoons$	$2Ag+2OH^-$	0.342
$[Fe(CN)_6]^{3-}+e^-$	$\rightleftharpoons$	$[Fe(CN)_6]^{4-}$	0.36
$^*ClO_4^-+H_2O+2e^-$	$\rightleftharpoons$	$ClO_3^-+2OH^-$	0.36
$^*[Ag(NH_3)_2]^++e^-$	$\rightleftharpoons$	$Ag+2NH_3$	0.373
$2H_2SO_3+2H^++4e^-$	$\rightleftharpoons$	$S_2O_3^{2-}+3H_2O$	0.40
$^*O_2+2H_2O+4e^-$	$\rightleftharpoons$	$4OH^-$	0.401
$Ag_2CrO_4+2e^-$	$\rightleftharpoons$	$2Ag+CrO_4^{2-}$	0.447
$H_2SO_3+4H^++4e^-$	$\rightleftharpoons$	$S+3H_2O$	0.45
Cu^++e^-	$\rightleftharpoons$	Cu	0.52
$TeO_2(s)+4H^++4e^-$	$\rightleftharpoons$	$Te+2H_2O$	0.529
$I_2(s)+2e^-$	$\rightleftharpoons$	$2I^-$	0.534 5
$H_3AsO_4+2H^++2e^-$	$\rightleftharpoons$	$H_3AsO_3+H_2O$	0.560
$MnO_4^-+e^-$	$\rightleftharpoons$	MnO_4^{2-}	0.564
$^*MnO_4^-+2H_2O+3e^-$	$\rightleftharpoons$	MnO_2+4OH^-	0.588
$^*MnO_4^{2-}+2H_2O+2e^-$	$\rightleftharpoons$	MnO_2+4OH^-	0.60
$^*BrO_3^-+3H_2O+6e^-$	$\rightleftharpoons$	Br^-+6OH^-	0.61
$2HgCl_2+2e^-$	$\rightleftharpoons$	$Hg_2Cl_2(s)+2Cl^-$	0.63
$^*ClO_2^-+H_2O+2e^-$	$\rightleftharpoons$	ClO^-+2OH^-	0.66
$O_2(g)+2H^++2e^-$	$\rightleftharpoons$	$H_2O_2(aq)$	0.682
$[PtCl_4]^{2-}+2e^-$	$\rightleftharpoons$	$Pt+4Cl^-$	0.73
$Fe^{3+}+e^-$	$\rightleftharpoons$	Fe^{2+}	0.771
$Hg_2^{2+}+2e^-$	$\rightleftharpoons$	$2Hg$	0.793
Ag^++e^-	$\rightleftharpoons$	Ag	0.799
$NO_3^-+2H^++e^-$	$\rightleftharpoons$	NO_2+H_2O	0.80
$^*HO_2^-+H_2O+2e^-$	$\rightleftharpoons$	$3OH^-$	0.88
$^*ClO^-+H_2O+2e^-$	$\rightleftharpoons$	Cl^-+2OH^-	0.89
$2Hg^{2+}+2e^-$	$\rightleftharpoons$	Hg_2^{2+}	0.920

续表

电极反应			$\varphi^{\ominus}$/V
氧化型		还原型	
$NO_3^- + 3H^+ + 2e^-$	$\rightleftharpoons$	$HNO_2 + H_2O$	0.94
$NO_3^- + 4H^+ + 3e^-$	$\rightleftharpoons$	$NO + 2H_2O$	0.96
$HNO_2 + H^+ + e^-$	$\rightleftharpoons$	$NO + H_2O$	1.00
$NO_2 + 2H^+ + 2e^-$	$\rightleftharpoons$	$NO + H_2O$	1.03
$Br_2(l) + 2e^-$	$\rightleftharpoons$	$2Br^-$	1.065
$NO_2 + H^+ + e^-$	$\rightleftharpoons$	HNO_2	1.07
$Cu^{2+} + 2CN^- + e^-$	$\rightleftharpoons$	$[Cu(CN)_2]^-$	1.12
$^*ClO_2 + e^-$	$\rightleftharpoons$	ClO_2^-	1.16
$ClO_4^- + 2H^+ + 2e^-$	$\rightleftharpoons$	$ClO_3^- + H_2O$	1.19
$2IO_3^- + 12H^+ + 10e^-$	$\rightleftharpoons$	$I_2 + 6H_2O$	1.20
$ClO_3^- + 3H^+ + 2e^-$	$\rightleftharpoons$	$HClO_2 + H_2O$	1.21
$O_2 + 4H^+ + 4e^-$	$\rightleftharpoons$	$2H_2O(l)$	1.229
$MnO_2 + 4H^+ + 2e^-$	$\rightleftharpoons$	$Mn^{2+} + 2H_2O$	1.23
$^*O_3 + H_2O + 2e^-$	$\rightleftharpoons$	$O_2 + 2OH^-$	1.24
$ClO_2 + H^+ + e^-$	$\rightleftharpoons$	$HClO_2$	1.275
$2HNO_2 + 4H^+ + 4e^-$	$\rightleftharpoons$	$N_2O + 3H_2O$	1.29
$Cr_2O_7^{2-} + 14H^+ + 6e^-$	$\rightleftharpoons$	$2Cr^{3+} + 7H_2O$	1.33
$Cl_2 + 2e^-$	$\rightleftharpoons$	$2Cl^-$	1.36
$2HIO + 2H^+ + 2e^-$	$\rightleftharpoons$	$I_2 + 2H_2O$	1.45
$PbO_2 + 4H^+ + 2e^-$	$\rightleftharpoons$	$Pb^{2+} + 2H_2O$	1.455
$Au^{3+} + 3e^-$	$\rightleftharpoons$	Au	1.50
$Mn^{3+} + e^-$	$\rightleftharpoons$	Mn^{2+}	1.51
$MnO_4^- + 8H^+ + 5e^-$	$\rightleftharpoons$	$Mn^{2+} + 4H_2O$	1.51
$2BrO_3^- + 12H^+ + 10e^-$	$\rightleftharpoons$	$Br_2(l) + 6H_2O$	1.52
$2HBrO + 2H^+ + 2e^-$	$\rightleftharpoons$	$Br_2(l) + 2H_2O$	1.59
$H_5IO_6 + H^+ + 2e^-$	$\rightleftharpoons$	$IO_3^- + 3H_2O$	1.60
$2HClO + 2H^+ + 2e^-$	$\rightleftharpoons$	$Cl_2 + 2H_2O$	1.63
$HClO_2 + 2H^+ + 2e^-$	$\rightleftharpoons$	$HClO + H_2O$	1.64
$Au^+ + e^-$	$\rightleftharpoons$	Au	1.68
$NiO_2 + 4H^+ + 2e^-$	$\rightleftharpoons$	$Ni^{2+} + 2H_2O$	1.68
$MnO_4^- + 4H^+ + 3e^-$	$\rightleftharpoons$	$MnO_2 + 2H_2O$	1.695
$H_2O_2 + 2H^+ + 2e^-$	$\rightleftharpoons$	$2H_2O$	1.77
$Co^{3+} + e^-$	$\rightleftharpoons$	Co^{2+}	1.84
$Ag^{2+} + e^-$	$\rightleftharpoons$	Ag^+	1.98
$S_2O_8^{2-} + 2e^-$	$\rightleftharpoons$	$2SO_4^{2-}$	2.01
$O_3 + 2H^+ + 2e^-$	$\rightleftharpoons$	$O_2 + H_2O$	2.07
$F_2 + 2e^-$	$\rightleftharpoons$	$2F^-$	2.87
$F_2 + 2H^+ + 2e^-$	$\rightleftharpoons$	$2HF$	3.06

注：本表中凡前面有 * 符号的电极反应是在碱性溶液中进行，其余都在酸性溶液中进行。

附录六　配离子的稳定常数(298.15 K)

化学式	稳定常数 $K^{\ominus}_{稳}$	lg $K^{\ominus}_{稳}$	化学式	稳定常数 $K^{\ominus}_{稳}$	lg $K^{\ominus}_{稳}$
* $[AgCl_2]^-$	1.1×10^{5}	5.04	* $[Cu(en)_2]^{2+}$	1.0×10^{20}	20.00
* $[AgI_2]^-$	5.5×10^{11}	11.74	$[Cu(NH_3)_2]^+$	7.4×10^{10}	10.87
$[Ag(CN)_2]^-$	5.6×10^{18}	18.74	$[Cu(NH_3)_4]^{2+}$	4.3×10^{13}	13.63
$[Ag(NH_3)_2]^+$	1.7×10^{7}	7.23	$[Fe(C_2O_4)_3]^{3-}$	10^{20}	20
$[Ag(S_2O_3)_2]^{3-}$	1.7×10^{13}	13.23	$[FeF_6]^{3-}$	$\sim2\times10^{15}$	~15.3
$[AlF_6]^{3-}$	6.9×10^{19}	19.84	$[Fe(CN)_6]^{4-}$	10^{35}	35
$[AuCl_4]^-$	2×10^{21}	21.3	$[Fe(CN)_6]^{3-}$	10^{42}	42
$[Au(CN)_2]^-$	2.0×10^{38}	38.3	$[Fe(NCS)_6]^{3-}$	1.3×10^{9}	9.10
$[CdI_4]^{2-}$	2×10^{6}	6.3	$[HgCl_4]^{2-}$	9.1×10^{15}	15.96
$[Cd(CN)_4]^{2-}$	7.1×10^{18}	18.85	$[HgI_4]^{2-}$	1.9×10^{30}	30.28
$[Cd(NH_3)_4]^{2+}$	1.3×10^{7}	7.12	$[Hg(CN)_4]^{2-}$	2.5×10^{41}	41.40
* $[Co(NCS)_4]^{2-}$	1.0×10^{3}	3.00	$[Hg(NH_3)_4]^{2+}$	1.9×10^{19}	19.28
$[Co(NH_3)_6]^{2+}$	8.0×10^{4}	4.90	$[Hg(SCN)_4]^{2-}$	2×10^{19}	19.3
$[Co(NH_3)_6]^{3+}$	4.6×10^{33}	33.66	$[Ni(CN)_4]^{2-}$	10^{22}	22
* $[CuCl_2]^-$	3.2×10^{5}	5.50	* $[Ni(en)_3]^{2+}$	2.1×10^{18}	18.33
$[CuBr_2]^-$	7.8×10^{5}	5.89	$[Ni(NH_3)_6]^{2+}$	5.6×10^{8}	8.74
* $[CuI_2]^-$	7.1×10^{8}	8.85	$[Zn(CN)_4]^{2-}$	7.8×10^{16}	16.89
$[Cu(CN)_2]^-$	1×10^{16}	16.0	$[Zn(en)_2]^{2+}$	6.8×10^{10}	10.83
$[Cu(CN)_4]^{3-}$	1.0×10^{30}	30.00	$[Zn(NH_3)_4]^{2+}$	2.9×10^{9}	9.47

本书采用的配离子稳定常数,除另加说明外,均引自 Atimer W M. Oxidation Potentials,2nd ed,1952;本表中标有 * 符号的数据引自 Dean J A. Lange's Handbook of Chemistry,Tab. 5-14,Tab. 5-15,12th ed,1979;en 为乙二胺 $H_2N(CH_2)_2NH_2$的代用符号。

附录七　主要的化学矿物

矿类	矿物名称	主要成分	颜色	工业品位	用　途
砷矿	雄黄	As_4S_4	橘红	As 含量大于 70%	生产砷酸盐
	雌黄	As_2S_3	柠檬黄色	As_2S_3 含量大于 95%	生产砷酸盐
	亚砷黄铁矿	FeAsS	无色		
铝矿	铝土矿	$Al_2O_3\cdot2H_2O$	白、灰 褐,黄、淡红	Al_2O_3 90%~95%	生产铝化合物
	一水硬铝石	$\alpha-Al_2O_3\cdot H_2O$		Al_2O_3 85%	生产铝化合物
	一水软铝石	$\gamma-Al_2O_3\cdot H_2O$	无色或白色带黄	Al_2O_3 85%	生产铝化合物

续表

矿类	矿物名称	主要成分	颜色	工业品位	用途
铝矿	三水铝矿	$Al_2O_3 \cdot 3H_2O$	白色、浅灰、浅绿或浅黄	Al_2O_3 65.4%	生产铝化合物
	高岭土	$Al_2O_3 \cdot 2SiO_2 \cdot 2H_2O$	白灰、淡黄	Al_2O_3 含量大于 15%	生产明矾、分子筛、硫酸铝等
钡矿	重晶石	$BaSO_4$	浅灰、浅红、浅黄	$BaSO_4$ 含量大于 90%	生产钡盐、锌钡白、作石油钻井调浆剂
	毒重石	$BaCO_3$	无色、淡灰、淡黄	$BaCO_3$ 75%～80%	生产钡盐
石灰岩矿	石灰石	$CaCO_3$	灰白、灰黑、浅黄、淡红	$CaCO_3$ 含量大于 90%	生产碳酸盐、钙盐、石灰、建筑材料，用于石油钻井
	文石	$CaCO_3$			
镁矿	菱镁矿	$MgCO_3$	白、黄、灰褐	MgO 含量大于 44%	生产镁盐、耐火材料
	白云石	$CaCO_3 \cdot MgCO_3$	白、黄、灰、白		生产镁盐
	水镁石	$Mg(OH)_2$			生产氧化镁
	硫酸镁	$MgSO_4 \cdot 7H_2O$			用于制革、造纸、印染
氟矿	萤石	CaF_2	白、绿、黄、棕、粉红、蓝紫		制取氟化氢
	冰晶石	Na_3AlF_6			炼铝助熔剂、玻璃、搪瓷
磷矿	氟磷灰石	$Ca_5(PO_4)_3F$	灰白、褐、绿	P_2O_5 含量大于 30%	生产磷肥、磷酸盐
	磷块岩	$Ca_5(PO_4)_3F$	淡绿、淡红、蓝紫		生产磷肥、磷酸盐、直接作磷肥使用
锰矿	菱锰矿	$MnCO_3$	粉红、褐、黑	$MnCO_3$ 含量大于 60%	生产锰盐和活性二氧化锰
	软锰矿	MnO_2	黑色	MnO_2 含量大于 85%	生产锰盐和高锰酸钾
铬矿	铬铁矿	$Fe(CrO_2)_2$	黑色	Cr_2O_3 含量大于 44%	生产铬酸酐、铬酸盐、重铬酸盐
钾矿	钾岩盐	KCl	白、灰、粉红、褐		生产钾的盐类
	钾石盐	KCl+NaCl			生产钾的盐类
	光卤石	$KCl \cdot MgCl_2 \cdot 6H_2O$	红、橙、黄		生产钾的盐类
	钾长石	$K_2O \cdot Al_2O_3 \cdot 6SiO_2$	浅玫瑰		生产钾肥
硼矿	方硼石(α,β)	$MgCl_2 \cdot 5MgO \cdot 7B_2O_3$	无色、白、黄、绿		生产硼砂、硼酸
	纤维硼镁石	$MgHBO_3$	白至黄	B_2O_3 含量大于 10%	生产硼砂、硼酸
	硬硼钙石	$2CaO \cdot 3B_2O_3 \cdot 5H_2O$	无色、乳白、灰	B_2O_3 含量大于 45%	生产硼砂、硼酸
	天然硼砂	$Na_2O \cdot 2B_2O_3 \cdot 10H_2O$	白、浅灰	B_2O_3 含量大于 45%	生产硼砂、硼酸

续表

矿类	矿物名称	主要成分	颜色	工业品位	用途
硼矿	天然硼酸	H_3BO_3	无色至白色		生产硼砂、硼酸
钛矿	金红石	TiO_2	黄、赤褐、黑	TiO_2 含量大于 85%	生产钛白、宝石、金属钛
	钛铁矿	$FeTiO_3$	黑色	TiO_2 含量大于 35%	生产钛白、钛酸钡
硫酸盐矿及硫、黄铁矿	芒硝	$Na_2SO_4 \cdot 10H_2O$	无色、灰	Na_2SO_4 含量大于 95%(干基)	生产硫化碱、泡花碱
	石膏	$CaSO_4 \cdot 2H_2O$	无色、黑、红、褐、白色	$CaSO_4$ 含量大于 95%	染料、洗衣粉 作建筑材料、制硫酸
	天青石	$SrSO_4$	白灰、天青	$SrSO_4$ 含量大于 65%	锶盐
	硫黄	S		S 含量大于 90%	生产 Na_2SO_3，CS_2，H_2SO_4 等
	黄铁矿	FeS_2	金黄	S 含量大于 35%	生产 Na_2SO_3，SO_2，H_2SO_4 等
	硫铁矿	$Fe_5S_6 \sim Fe_{16}S_{17}$			生产 Na_2SO_3，SO_2，H_2SO_4 等
硅石及硅酸盐矿	纤维蛇纹石 硅石	$H_4Mg_2Si_2O_3$ SiO_2	白色	SiO_2 含量大于 96%	生产钙镁磷肥、耐火材料、泡花碱，生产黄磷辅料
	滑石	$H_2Mg_3Si_4O_{12}$	白、淡黄	SiO_2 63.5% MgO 31.7%	用作橡胶、塑料的填料
天然碱	晶碱石	$NaHCO_3 \cdot Na_2CO_3 \cdot 2H_2O$	无色、白、黄	Na_2O 含量大于 41%	制碱
	天然碱石	$Na_2CO_3 \cdot 10H_2O$	白、浅黄		制碱、水玻璃
钼矿	辉钼矿	MoS_2	铅灰色	MoS_2 含量大于 75%	生产硫酸钼及钼酸盐
钨矿	黑钨矿	$(Fe,Mn)WO_4$	黑灰、黄棕	WO_3 含量大于 65%	生产钨酸钠
	白钨矿	$CaWO_4$	白、灰白		生产钨酸钠
铌钽矿	铌铁矿	$(Fe,Mn)(Nb,Ta)_2O_5$	铁黑色	Ta_2O_3 1%～40% Nb_2O_5 40%～75%	
	铁钽矿	$(Fe,Mn)(Nb,Ta)_2O_5$	铁灰色	Ta_2O_5 42%～84% Nb_2O_5 3%～40%	
	黄钽矿	$2CaO \cdot Ta_2O_5$ 及 F，Na，Mg 等		Ta_2O_5 55%～74% Nb_2O_5 5%～10%	
其他	锆英石	$ZnSiO_4$	浅黄、黄褐、紫		制取锆盐、耐火材料
	闪锌矿	ZnS	黄、褐黑		制取锌及锌盐
	独居石	$(Ge,Th,U)PO_4$	黄、黄绿	ThO_2 4%～20%	制取硝酸钍、氧化钍
	辰砂	HgS	大红		制汞、汞齐、汞盐
	镍黄铁矿	$(Ni,Fe)S$	黄铜色		炼镍、炼钢

续表

矿类	矿物名称	主要成分	颜色	工业品位	用　途
其他	针硫镍矿	NiS	浅铜黄色		炼镍
	绿柱石	$Be_2Al_3(SiO_2)_6\cdot\frac{1}{2}H_2O$	黄、微绿		炼铍、铍合金
	岩盐	NaCl	无色		
	天然硝石	$NaNO_3$	无色或白色		制硝酸盐、炸药

参考文献

[1] 北京师范大学,华中师范大学,南京师范大学无机化学教研室.无机化学(上、下册).4版.北京:高等教育出版社,2002.
[2] 蔡维平.基础化学实验.北京:科学出版社,2004.
[3] 吴英绵.基础化学.北京:高等教育出版社,2006.
[4] 张荣.无机化学实验.北京:化学工业出版社.2006.
[5] 张正兢.基础化学.北京:化学工业出版社,2007.
[6] 丁敬敏.化学实验技术(上、下册).北京:化学工业出版社,2008.
[7] 张艳华.基础化学.北京:化学工业出版社,2008年.
[8] 邓基芹.无机化学.北京:冶金工业出版社,2009.
[9] 邓基芹.无机化学实验.北京:冶金工业出版社.2009.
[10] 周晓莉,时憧宇.无机化学.北京:化学工业出版社,2009.
[11] 陆家政,傅春华.基础化学.北京:人民卫生出版社,2009.
[12] 朱裕贞,顾达,黑恩成.现代基础化学.3版.北京:化学工业出版社,2010.
[13] 王英健,王宝仁.基础化学实验技术.大连:大连理工大学出版社,2011.
[14] 吴秀玲,李勇.无机化学.北京:化学工业出版社,2011.
[15] 韩忠霄,孙乃有.无机与分析化学.北京:化学工业出版社,2011.
[16] 张国升,靳学远.无机化学.北京:化学工业出版社,2013.
[17] 高职高专化学教材编写组.无机化学.5版.北京:高等教育出版社,2019.
[18] 古国榜,李朴.无机化学.4版.北京:化学工业出版社,2015.
[19] 王建梅,刘晓薇.化学实验基础.3版.北京:化学工业出版社,2015.
[20] 高职高专化学教材编写组.无机化学实验.5版.北京:高等教育出版社,2020.
[21] 高琳.基础化学.4版.北京:高等教育出版社,2019.

族 周期
1
2
3
4
5
6
7